Mathematical Engineering –
Mathematische Methoden der Ingenieurwissenschaften

Gerhard Wunsch · Helmut Schreiber

Stochastische Systeme

4., neu bearbeitete Auflage

Mit 125 Abbildungen

Professor Dr.-Ing. habil. Dr. e. h. Dr. e. h. Gerhard Wunsch
Professor Dr.-Ing. habil. Helmut Schreiber

Technische Universität Dresden
Institut für Grundlagen der Elektrotechnik und Elektronik
Mommsenstraße 13
01062 Dresden
Deutschland

Die dritte Auflage ist in der Reihe Springer-Lehrbuch erschienen.

Bibliografische Information der Deutschen Bibliothek

Die Deutsche Bibliothek verzeichnet diese Publikation in der Deutschen Nationalbibliografie; detaillierte bibliografische Daten sind im Internet über http://dnb.ddb.de abrufbar.

ISBN-10 3-540-29225-X 4. Aufl. Springer Berlin Heidelberg New York
ISBN-13 978-3-540-29225-8 4. Aufl. Springer Berlin Heidelberg New York
ISBN 3-540-54313-9 3. Aufl. Springer-Verlag Berlin Heidelberg New York

Springer ist ein Unternehmen von Springer Science+Business Media
springer.de

Satz: Reproduktionsfertige Vorlage der Autoren
Herstellung: LE-TEX Jelonek, Schmidt & Vöckler GbR, Leipzig
Umschlagentwurf: *design & production* GmbH, Heidelberg

Gedruckt auf säurefreiem Papier 7/3142/YL - 5 4 3 2 1 0

Vorwort zur 4. Auflage

Das vorliegende Buch enthält die wichtigsten Begriffe und Grundlagen zur Analyse stochastischer Systeme. Es verfolgt das Ziel, eine dem gegenärtigen internationalen Niveau entsprechende, für Ingenieure gedachte Darstellung der Wahrscheinlichkeitsrechnung, der Theorie zufälliger Prozesse und deren Anwendungen auf Systeme der Informationstechnik zu geben. Damit unterscheidet sich das Buch grundlegend einerseits von den hauptsächlich für Mathematiker gedachten Darstellungen, für deren Studium gute Kenntnisse der Wahrscheinlichkeitsrechnung vorausgesetzt werden (z.B. [4], [5], [17], [18]), und andererseits von den zahlreichen Werken der technischen Literatur, in denen die angewandten Rechenmethoden meist recht knapp begründet sind oder nur sehr spezielle Anwendungen betrachtet werden.

Das Buch ist aus Vorlesungen für Studierende der Fachrichtung Informationstechnik und aus der bereits in [20] verfolgten Konzeption hervorgegangen. Dabei wurde in verstärktem Maße auf eine international übliche Diktion Wert gelegt, um dem Leser so einen leichteren Übergang zu größeren und anerkannten Standardwerken mit weiterführendem Inhalt zu ermöglichen. Es wurde versucht, den allgemeinen theoretischen Rahmen, in dem sich heute jede moderne Darstellung der Stochastik bewegt, möglichst allgemeingültig und zugleich anschaulich darzustellen. Dabei wurden gleichzeitig alle Abschnitte stärker als üblich ausgebaut, die eine direkte Anwendung in der Systemanalyse (Schaltungsanalyse) zulassen (z.B. die Abschnitte 2.1., 2.2., 3.2. und 4.2.).

Der gesamte Stoff ist in vier Hauptabschnitte unterteilt. Der erste enthält die Grundlagen der Wahrscheinlichkeitsrechnung einschließlich der Grundlagen der Theorie stochastischer Prozesse mit stetiger Zeit. Der zweite Hauptabschnitt enthält die Anwendungen im Zusammenhang mit statischen Systemen. Im dritten und vierten Hauptabschnitt wird eine gegenüber der vorhergehenden Auflage [24] stärker ausgebaute Darstellung der Zusammenhänge von zufälligen Prozessen und dynamischen Systemen gegeben, wobei sowohl zeitkontinuierliche als auch zeitdiskrete Prozesse und Systeme betrachtet werden. Um dem Charakter dieses Buches als Lehrbuch zu entsprechen, wurden die Abschnitte mit zahlreichen Beispielen und Übungsaufgaben ausgestattet, deren Lösungen in einem fünften Hauptabschnitt zusammengefasst sind.

Dresden, im Juni 2005

G. Wunsch H. Schreiber

Formelzeichen

$A, B, \ldots$	(zufällige) Ereignisse
$\overline{A}$	zu A komplementäres Ereignis
$\underline{A}$	Ereignisraum (σ-Algebra über Ω)
$\mathbb{A}$	Menge aller Zufallsgrößen auf $(\Omega, \underline{A}, P)$
$\underline{\mathbb{A}}$	Menge aller zufälligen Prozesse auf $(\Omega, \underline{A}, P)$
A, B, C, D	Systemmatrizen (lineares dynamisches System)
A'	zur Matrix A transponierte Matrix
$\underline{B}$	Borel-Mengen-System (σ-Algebra über $\mathbb{R}$)
$\mathrm{Cov}(\boldsymbol{X})$	Kovarianzmatrix des Prozesses $\boldsymbol{X}$
$\mathrm{Cov}(X, Y)$	Kovarianz der Zufallsgrößen X und Y
$\mathrm{Cov}(\boldsymbol{X},\boldsymbol{Y})$	Kovarianzmatrix der Vektorprozesse $\boldsymbol{X}$ und $\boldsymbol{Y}$
$\det A$	Determinate der Matrix A
$\mathrm{E}(X) = m_X$	Erwartungswert von X, Mittelwert
$\mathrm{E}(X^n)$	Moment n-ter Ordnung
F	Überführungsoperator
f, g	Überführungsfunktion, Ergebnisfunktion
$f(\cdot \mid \cdot)$	bedingte Dichtefunktion
f_X	Dichtefunktion der Zufallsgröße X
$f_{\boldsymbol{X}}$	Dichtefunktion des zufälligen Prozesses $\boldsymbol{X}$
F_X	Verteilungsfunktion der Zufallsgröße X
$F_{\boldsymbol{X}}$	Verteilungsfunktion des zufälligen Prozesses $\boldsymbol{X}$
g	Gewichtsfunktion, Impulsantwort (lineares System)
G	Übertragungsfunktion (lineares System)
$\underline{G(\mathrm{j}\omega)}$	Übertragungsmatrix (im Bildbereich der Fourier-Transformation)
$\overline{G(\mathrm{j}\omega)}$	zu $G(\mathrm{j}\omega)$ konjugierte Matrix
$G'(\mathrm{j}\omega)$	zu $G(\mathrm{j}\omega)$ transponierte Matrix
$G(s)$	Übertragungsmatrix (im Bildbereich der Laplace-Transformation),
$G(z)$	Übertragungsmatrix (im Bildbereich der Z-Transformation),
$g(k)$, $g(t)$	Gewichtsmatrix, Übertragungsmatrix im Originalbereich
$h_A(n)$	relative Häufigkeit von A bei n Versuchen
i.q.M.	im quadratischen Mittel
$I_\xi = (-\infty, \xi)$	reelles Intervall
$k_A(n)$	Häufigkeit von A bei n Versuchen
l.i.m.	Grenzwert im (quadratischen) Mittel
$\mathbb{L}_2$	Menge aller Zufallsgrößen mit $\mathrm{E}(X^2) < \infty$
$\underline{M}$	Mengensystem

$M, N, \dots$	Mengen
m_X	Erwartungswert von X, Mittelwert
$\mathbb{N}$	Menge der natürlichen Zahlen
N^M	Menge aller Abbildungen von M in N
P	Wahrscheinlichkeitsmaß auf $\underline{A}$
$P(A)$	Wahrscheinlichkeit des Ereignisses A
$P(A\|B)$	Wahrscheinlichkeit von A unter der Bedingung B
$\underline{P}(M)$	Potenzmenge der Menge M
P_X	Wahrscheinlichkeitsmaß auf $\underline{B}$, Verteilung der Zufallsgröße X
$P_{\boldsymbol{X}}$	Verteilung des Prozesses $\boldsymbol{X}$
$P\{X < \xi\}$	Wahrscheinlichkeit, dass X einen Wert kleiner als ξ annimmt
q	Ergebnisfunktion (stochastischer Automat)
$\mathbb{R}^+$	Menge der nicht negativen reellen Zahlen
$\mathbb{R}$	Menge der reellen Zahlen
$(\mathbb{R}, \underline{B}, P_X)$	spezieller Wahrscheinlichkeitsraum
$s_{\boldsymbol{X}}$	(Auto-)Korrelationsfunktion des Prozesses $\boldsymbol{X}$
$s_{\boldsymbol{XY}}$	Kreuzkorrelationsfunktion der Prozesse $\boldsymbol{X}$ und $\boldsymbol{Y}$
$S_{\boldsymbol{X}}$	Leistungsdichtespektrum des Prozesses $\boldsymbol{X}$
$S_{\boldsymbol{XY}}$	Kreuzleistungsdichtespektrum der Prozesse $\boldsymbol{X}$ und $\boldsymbol{Y}$
$\mathrm{Var}(X)$	Varianz der Zufallsgröße X
w	Verhaltensfunktion (stochastischer Automat)
$x = X(\omega)$	Wert der Zufallsgröße X
$X = \langle X_1, \dots, X_n \rangle$	zufälliger Vektor, n-dimensionale Zufallsgröße
$x = (x_1, \dots, x_n)$	n-Tupel, Wert des zufälligen Vektors X $(X(\omega) = x)$
$\mathbb{X}$	Menge der zufälligen Vektoren $X = \langle X_1, \dots, X_n \rangle$
$\boldsymbol{X}$	zufälliger Prozess
$\boldsymbol{x} = \boldsymbol{X}(\omega)$	Realisierung des Prozesses $\boldsymbol{X}$
$\boldsymbol{X} = \langle \boldsymbol{X}_1, \dots, \boldsymbol{X}_n \rangle$	Vektorprozess
$\underline{\mathbb{X}}$	Menge der Vektorprozesse $\boldsymbol{X} = \langle \boldsymbol{X}_1, \dots, \boldsymbol{X}_l \rangle$ (Eingabe)
$\\|X\\|$	Norm der Zufallsgröße X
$\dot{\boldsymbol{X}}$	Ableitung i.q.M. des Prozesses $\boldsymbol{X}$
$\boldsymbol{x}(t)$	Wert der Realisierung $\boldsymbol{x}$ an der Stelle t
$\widetilde{\boldsymbol{x}(t)}$	zeitlicher Mittelwert der Realisierung $\boldsymbol{x}$
$X_t = \boldsymbol{X}(t)$	zur Zeit t betrachteter zufälliger Prozess $\boldsymbol{X}$, Zufallsgröße
$X, Y, \dots$	Zufallsgrößen, zufällige Veränderliche
$\mathbb{Y}$	Menge der zufälligen Vektoren $Y = \langle Y_1, \dots, Y_m \rangle$
$\underline{\mathbb{Y}}$	Menge der Vektorprozesse $\boldsymbol{Y} = \langle \boldsymbol{Y}_1, \dots, \boldsymbol{Y}_m \rangle$ (Ausgabe)
$\underline{\mathbb{Z}}$	Menge der Vektorprozesse $\boldsymbol{Z} = \langle \boldsymbol{Z}_1, \dots, \boldsymbol{Z}_n \rangle$ (Zustand)
$\mathbb{Z}$	Menge der ganzen Zahlen
$\mathbf{1}$	Sprungfunktion, Sprungsignal
δ	Dirac–Funktion, Impulssignal
$\dfrac{\partial(\varphi_1, \dots, \varphi_n)}{\partial(x_1, \dots, x_n)}$	Funktionaldeterminate
$\underline{\pi}(M)$	Klasseneinteilung der Menge M
$\varrho(X, Y)$	Korrelationskoeffizient der Zufallsgrößen X und Y

$\varrho(X)$	Korrelationsmatrix des zufälligen Vektors X
ψ	Überführungsfunktion (stochastischer Automat)
φ	einfache Alphabetabbildung (statisches System)
Φ	Alphabetabbildung (statisches System), Systemabbildung
$\boldsymbol{\varphi}$	einfache Realisierungsabbildung, Prozessabbildung
$\boldsymbol{\Phi}$	Realisierungsabbildung, Prozessabbildung
$\varphi : M \to N$	Abbildung φ von M in N
φ_X	charakteristische Funktion der Zufallsgröße X
$\varphi_{\boldsymbol{X}}$	charakteristische Funktion des Prozesses $\boldsymbol{X}$
$\varphi(t)$	Fundamentalmatrix (im Originalbereich)
$\Phi(s)$	Fundamentalmatrix (im Bildbereich der Laplace-Transformation)
ω	Elementarereignis, Kreisfrequenz (je nach Zusammenhang)
Ω	sicheres Ereignis, Kreisfrequenz (je nach Zusammenhang)
$(\Omega, \underline{A})$	Ereignisraum
$(\Omega, \underline{A}, P)$	Wahrscheinlichkeitsraum
$\emptyset$	unmögliches Ereignis
$\in$	Elementrelation („ist Element von“)
$\Rightarrow$	folgt (bei Aussagen)
$\Leftrightarrow$	ist äquivalent (bei Aussagen)
$\subset$	ist Teilmenge von, ist enthalten in
$\cup$	Vereinigung (bei Mengen), Summe (bei Ereignissen)
$\cap$	Durchschnitt (bei Mengen), Produkt (bei Ereignissen)
$\bigcup$	mehrfache Vereinigung
$\bigcap$	mehrfacher Durchschnitt
$\setminus$	Differenz (bei Mengen und Ereignissen)
$\times$	kartesisches Produkt (bei Mengen)
$\circ$	Verkettung, Komposition von Abbildungen
$*$	Faltung (bei reellen Funktionen)
$\doteq$	Äquivalenz (bei Zufallsgrößen)
$\bullet$	Wortverkettung (Aneinanderfügung)

Inhaltsverzeichnis

Einführung

Das heutige Forschungs- und Anwendungsgebiet der Systemanalyse (im weiteren Sinne) ist dadurch gekennzeichnet, dass die betrachteten Gegenstände und Probleme einen hohen Grad an Kompliziertheit und Komplexität aufweisen (z.B. Energiesysteme, Verkehrssysteme, biologische und ökologische Systeme usw.).

Demgegenüber untersucht man bei der Analyse vieler technischer Systeme folgende (relativ einfache) Aufgabe:

Gegeben ist ein System (z.B. elektrische Schaltung, mechanische Apparatur o.ä.), die durch eine Eingangsgröße (z.B. Strom, Spannung, Kraft o.ä.) erregt wird. Gesucht ist die Reaktion des Systems auf diese Erregung.

Je nach der Art der Zeitabhängigkeit und dem Charakter der Eingangs-, Ausgangs- und inneren Systemgrößen unterscheidet man drei Teilgebiete der Systemanalyse, die mit drei wichtigen Systemklassen eng verknüpft sind und sich zunächst relativ selbständig entwickelt haben.

Ein besonders einfacher Sonderfall liegt vor, wenn die zur Beschreibung des Systemverhaltens verwendeten Größen nur endlich viele diskrete Werte (z.B. aus der Menge $\{0, 1\}$, aus der Menge $\{x_1, x_2, \ldots, x_n\}$ usw.) annehmen können und die Zeit ebenfalls eine diskrete Variable (z.B. $t = 0, 1, 2, \ldots$) ist. Die Untersuchung von Systemen unter diesem und einigen weiteren Voraussetzungen mit mathematischen Methoden, die hauptsächlich der Algebra zuzuordnen sind, führte zum Begriff des *digitalen Systems* bzw. *Automaten* [22].

Eine weitere Klasse bilden die Systeme, bei denen die Eingangs-, Ausgangs- und inneren Systemgrößen sowie die Zeit t Werte aus der Menge der reellen Zahlen annehmen können. Aus der Mechanik, Elektrotechnik und Akustik sind viele Beispiele für solche Systeme bekannt, bei denen z.B. die Eingangsgrößen durch stetige Zeitfunktionen (häufig mit sinusförmiger Zeitabhängigkeit) beschrieben werden. Die Entwicklung der Systemtheorie in dieser Richtung vollzog sich hauptsächlich auf der mathematischen Grundlage der (Funktional–)Analysis und Funktionentheorie und führte zum Begriff des *analogen Systems* [23].

Bei den bisher genannten Systemklassen wurde angenommen, dass die das Systemverhalten beschreibenden Funktionen (z.B. Ein- und Ausgangsgrößen, gewisse Systemcharakteristiken usw.) determiniert sind. Es gibt aber auch Fälle, bei denen diese Funktionswerte nicht genau bekannt sind. Häufig kann man in solchen Fällen aber gewisse Wahrscheinlichkeitsaussagen über die Funktionswerte als gegeben voraussetzen, wobei diese Funktionen selbst endlich viele diskrete Werte (die mit gewissen Wahrscheinlichkeiten auftreten) oder Werte aus der Menge der reellen Zahlen annehmen können und die Zeit t eine diskrete oder stetige Variable sein kann. Die Grundlage für die mathematische Beschreibung solcher Systeme ist die Wahrscheinlichkeitsrechnung, insbesondere die Theorie zufälliger

Prozesse. Ihre Verbindung mit der Automatentheorie und der Theorie der analogen Systeme führte zum Begriff des *stochastischen Systems* [24].

Hauptanliegen dieses Buches ist es, dem Studierenden die fundamentalen Begriffe der Theorie der stochastischen Systeme verständlich zu machen.Zusammen mit zwei weiteren Lehrbüchern (*Digitale Systeme* [22] (neu: [25]) und *Analoge Systeme* [23] (neu: [26])) soll es zu einem einheitlichen und systematischen Herangehen bei der Lösung von Aufgaben der Systemanalyse beitragen.

Kapitel 1

Mathematische Grundlagen

1.1 Ereignis und Wahrscheinlichkeit

1.1.1 Ereignisraum

1.1.1.1 Elementarereignis

In den Naturwissenschaften und in der Technik werden sehr häufig Experimente (Vorgänge, Prozesse) beschrieben, bei denen der Ausgang (das Ergebnis, der Ablauf) ungewiss ist. Man nennt ein Experiment mit ungewissem Ausgang ω einen *zufälligen Versuch* V. Der Ausgang ω liegt bei einem solchen Versuch in einer Gesamtheit Ω sich ausschließender Möglichkeiten.

Daraus ergibt sich das im Bild 1.1 dargestellte allgemeine Schema. Jeder Punkt der umrandeten Fläche bezeichnet einen Versuchsgang ω aus der Gesamtheit Ω aller möglichen Versuchsausgänge. Wird ein Versuch V durchgeführt, so erhält man das Ergebnis ω (oder ω' oder ω'' usw.).

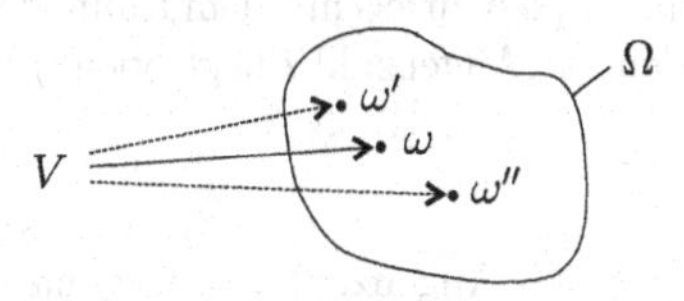

Bild 1.1: Zufälliger Versuch und Raum der Elementarereignisse

Beispiel 1.1 Beim Werfen eines Spielwürfels ist

$$\Omega = \{\omega_1, \omega_2, \omega_3, \omega_4, \omega_5, \omega_6\},$$

wenn wir mit ω_i den Versuchsausgang „Augenzahl i liegt oben“ bezeichnen.

Beispiel 1.2 Betrachtet man beim Schießen auf eine Scheibe jeden Treffer (als Punkt idealisiert) auf der Schießscheibe als einen möglichen Versuchsausgang, so enthält Ω (überzählbar) unendlich viele Versuchsausgänge ω.

Allgemein kann also Ω eine beliebige Menge sein, so z.B. eine endliche Menge, eine abzählbare Menge oder $\Omega = \mathbb{R}$ (Menge der reellen Zahlen), $\Omega = \mathbb{R}^n$ (Menge aller Punkte des n–dimensionalen Raumes, $\Omega = \mathbb{R}^{\mathbb{R}}$ (Menge aller reellen Funktionen) usw.

Man bezeichnet die Menge Ω aller Versuchausgänge in der Wahrscheinlichkeitsrechnung als *Raum der Elementarereignisse* und die Elemente $\omega \in \Omega$ als *Elementarereignisse*. Man beachte, dass die Elementarereignisse stets einander ausschließende Versuchsergebnisse darstellen und dass in Ω *alle* möglichen Versuchsausgänge berücksichtigt sind.

1.1.1.2 Ereignisse

Aufbauend auf dem Begriff des Elementarereignisses und des Raumes der Elementarereignisse, erhalten wir die folgende für die weiteren Ausführungen grundlegende Definition.

Definition 1.1 Zufälliges Ereignis

1. Jede Teilmenge $A \subset \Omega$ stellt ein (*zufälliges*) *Ereignis* dar.
2. Das (zufällige) Ereignis A ist genau dann *eingetreten*, wenn das auftretende Elementarereignis ω ein Element von A ist, d.h. wenn $\omega \in A$ gilt (Bild 1.2).

Das Attribut „zufällig“ wird fortgelassen, wenn Verwechslungen ausgeschlossen sind.

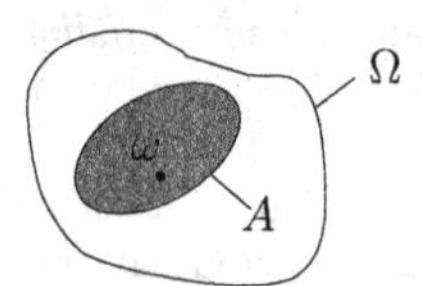

Bild 1.2: Zufälliges Ereignis

Beispiel 1.3 Beim Werfen eines Spielwürfels mit dem Raum der Elementarereignisse $\Omega = \{\omega_1, \omega_2, \omega_3, \omega_4, \omega_5, \omega_6\}$ (ω_i bedeutet „Augenzahl i liegt oben“) bezeichnet die Teilmenge

$$A = \{\omega_2, \omega_4, \omega_6\} \subset \Omega$$

das Ereignis „Würfeln einer geraden Augenzahl“. Erhält man nun als Versuchsergebnis $\omega = \omega_4 \in A$ (d.h. die Augenzahl 4 wurde gewürfelt), so ist das Ereignis A (gerade Augenzahl) eingetreten. A ist ebenfalls eingetreten, wenn die Versuchsergebnisse $\omega = \omega_2 \in A$ oder $\omega = \omega_6 \in A$ auftreten. Dagegen ist A nicht eingetreten, wenn z.B. das Versuchsergebnis $\omega = \omega_5 \notin A$ lautet.

Zwei spezielle Ereignisse sollen noch besonders hervorgehoben werden: Da jede Menge zugleich Teilmenge von sich selbst ist, ist auch $A = \Omega \subseteq \Omega$ ein Ereignis. Da dieses Ereignis alle Elementarereignisse als Elemente enthält, tritt es stets ein – gleichgültig, welches Versuchsergebnis ω auftritt. Man nennt $A = \Omega$ deshalb das *sichere Ereignis*.

Jede Menge enthält als Teilmenge auch die leere Menge, folglich ist auch $A = \emptyset \subset \Omega$ ein Ereignis. Dieses Ereignis enthält keine Elementarereignisse als Elemente, kann also niemals eintreten. Darum heißt $A = \emptyset$ das *unmögliche Ereignis*.

Ähnlich wie bei Mengen können auch zwischen Ereignissen Relationen bestehen. Ist z.B. für zwei Ereignisse A und B

$$A \subseteq B, \tag{1.1}$$

so ist jedes Elementarereignis $\omega \in A$ auch in B enthalten, d.h. es ist $\omega \in B$. Man sagt in diesem Fall: *A ist in B enthalten.* Das bedeutet, dass das Eintreten von A immer das Eintreten von B zur Folge hat (*A zieht B nach sich*). Gilt gleichzeitig $A \subseteq B$ und $B \subseteq A$, so enthalten beide Ereignisse dieselben Elementarereignisse, und es sind A und B *gleich*:

$$A = B. \tag{1.2}$$

Ereignisse können auch miteinander verknüpft werden. Man verwendet meist die gleiche Symbolik wie in der Mengenlehre (vgl. [22], Abschnitt 1.1). In der Tabelle 1.1 sind die gebräuchlichen Ereignisoperationen zusammengstellt ($A, B \subseteq \Omega$).

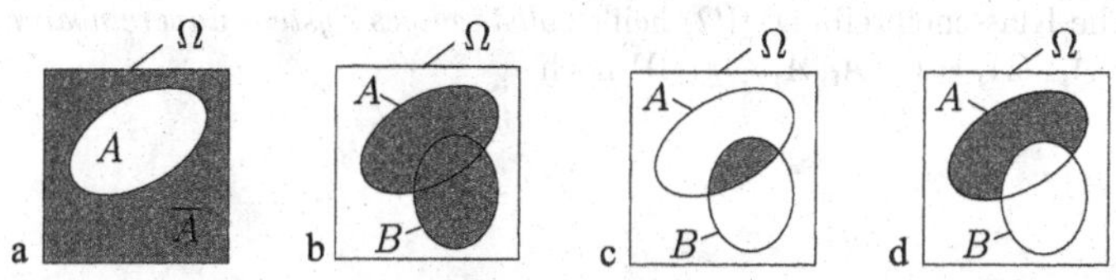

Bild 1.3: Ereignisverknüpfungen: a) Komplementäres Ereignis; b) Summe; c) Produkt; d) Differenz

Weitere Verknüpfungsmöglichkeiten und zugehörige Regeln sollen hier nicht mehr angegeben werden. Wir verweisen auf die entsprechenden Regeln der Mengenlehre [22].

Tabelle 1.1

Operation	Bezeichnung	Operationsergebnis tritt ein, wenn	Bild
$\overline{A} = \Omega \setminus A$	zu A *komplementäres Ereignis*	A *nicht* eintritt	1.3a
$A \cup B$	*Summe* von A und B	A *oder* B eintreten	1.3b
$A \cap B$	*Produkt* von A und B	A *und* B eintreten	1.3c
$A \setminus B$	*Differenz* von A und B	A eintritt und B *nicht* eintritt	1.3d

Abschließend sei noch auf den folgenden wichtigen Begriff hingewiesen: Enthalten zwei Ereignisse A und B keine Elementarereignisse gemeinsam, so können sie nicht gemeinsam auftreten, und es ist

$$A \cap B = \emptyset. \tag{1.3}$$

Die Ereignisse A und B heißen in diesem Fall *unvereinbar*. Da Elementarereignisse sich gegenseitig ausschließende Versuchsergebnisse darstellen, sind solche Ereignisse

$A_i = \{\omega_i\}$ $(\omega_i \in \Omega)$, die nur ein Elementarereignis enthalten, stets paarweise unvereinbar, d.h. es gilt

$$\{\omega_i\} \cap \{\omega_j\} = \emptyset \qquad (i \neq j). \tag{1.4}$$

Ebenso entstehen paarweise unvereinbare Ereignisse, wenn man eine Klasseneinteilung $\underline{\pi}(\Omega)$ des Raumes Ω der Elementarereignisse bildet (Bild 1.4).

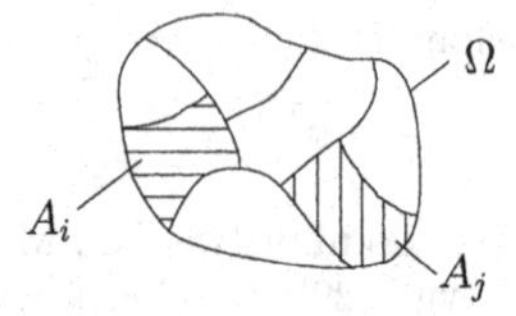

Bild 1.4: Vollständiges System unvereinbarer Ereignisse

Eine solche Klasseneinteilung $\underline{\pi}(\Omega)$ heißt *vollständiges System unvereinbarer Ereignisse*, da außer $A_i \cap A_j = \emptyset$ $(A_i, A_j \in \underline{\pi}(\Omega))$ noch

$$\bigcup_{i=1}^{\infty} A_i = \Omega$$

gilt. Fasst man jede Klasse als neues Elementarereignis auf, so kann das Mengensystem $\underline{\pi}(\Omega)$ auch als neuer Raum der Elementarereignisse angesehen werden. Der neue Raum der Elementarereignisse stellt damit eine Vergröberung des alten Raumes der Elementarereignisse dar. Die Elementarereignisse sind jetzt Mengen und die (zufälligen) Ereignisse Mengensysteme.

Beispiel 1.4 Ist beim Scheibenschießen der Raum der Elementarereignisse

$$\Omega = \{\omega_1, \omega_2, \ldots, \omega_{10}\},$$

(ω_i beudeutet „Treffen der Ringzahl i") gegeben, so kann die Klasseneinteilung

$$\underline{\pi}(\Omega) = \{\{\omega_1, \omega_2, \omega_3, \omega_4\}, \{\omega_5, \omega_6, \omega_7\}, \{\omega_8, \omega_9, \omega_{10}\}\}$$

gebildet werden. Dieses Mengensystem kann als neuer Raum der Elementarereignisse

$$\Omega' = \{\omega_1', \omega_2', \omega_3'\}$$

aufgefasst werden, worin z.B. $\omega_1' = \{\omega_1, \omega_2, \omega_3, \omega_4\}$ das Erreichen einer Ringzahl i mit $1 \leq i \leq 4$ bedeutet.

1.1.1.3 Ereignisraum

Ist ein zufälliger Versuch mit einem geeignet festgelegten Raum Ω der Elementarereignisse gegeben, so erhebt sich die Frage nach der Menge aller Ereignisse, die unter den Bedingungen des Versuchs möglich sind. Da ein Ereignis A definitionsgemäß eine Teilmenge von Ω ist, wird die Menge aller Ereignisse durch die Menge aller Teilmengen von Ω, d.h. durch die Potenzmenge $\underline{P}(\Omega)$, gebildet.

So erhalten wir z.B. beim Werfen eines Spielwürfels mit $\Omega = \{\omega_1, \omega_2, \omega_3, \omega_4, \omega_5, \omega_6\}$ (ω_i bedeutet „Augenzahl i liegt oben") insgesamt $2^{|\Omega|} = 2^6 = 64$ Ereignisse. Allgemein erhält man bei einem endlichen Raum Ω mit n Elementarereignissen 2^n (zufällige) Ereignisse. Wie man sieht, wächst die Anzahl der Ereignisse mit wachsender Anzahl der Elementarereignisse sehr rasch an. Hat der Raum Ω der Elementarereignisse die Mächtigkeit des Kontinuums ($|\Omega| = |\mathbb{R}|$), so hat die Potenzmenge $\underline{P}(\Omega)$ bereits eine Mächtigkeit, die größer als die des Kontinuums ist.

Für die meisten Anwendungen werden Mengen solch hoher Mächtigkeit jedoch nicht benötigt. Man wählt deshalb aus der Menge aller Ereignisse $\underline{P}(\Omega)$ ein geeignetes System $\underline{A} \subseteq \underline{P}(\Omega)$ von Teilmengen $A \subseteq \Omega$ so aus, dass man einerseits hinsichtlich der Durchführung bestimmter Operationen genügend beweglich bleibt und andererseits aber im Hinblick auf die Anwendungen die Mächtigkeit dieser Mengen möglichst einschränkt. Hierbei ist nur als wesentlich zu berücksichtigen, dass in $\underline{A}$ – ebenso wie in $\underline{P}(\Omega)$ – alle Ereignisoperationen, also $^-, \cup, \cap$ und $\setminus$, unbeschränkt ausführbar sind, d.h., dass die Ergebnisse dieser Operationen wieder in $\underline{A}$ liegen müssen. Die Mächtigkeit von $\underline{A}$ ist hierbei nur von untergeordneter Bedeutung. Es ist aber zweckmäßig, immer $\emptyset$ und Ω zu $\underline{A}$ zu zählen und außerdem – für Grenzwertbetrachtungen – noch zu fordern, dass die Addition und die Multiplikation von Ereignissen abzählbar oft ausführbar sind. Diese Überlegungen führen uns zu der folgenden Definition.

Definition 1.2 Ein Mengensystem $\underline{A} \subseteq \underline{P}(\Omega)$ heißt *Ereignisraum* (oder *σ–Algebra* über Ω), falls gilt

1. $$\Omega \in \underline{A} \tag{1.5}$$
2. $$A \in \underline{A} \Rightarrow \overline{A} \in \underline{A} \tag{1.6}$$
3. $$A_i \in \underline{A}\ (i = 1, 2, \ldots) \Rightarrow \bigcup_{i=1}^{\infty} A_i \in \underline{A}. \tag{1.7}$$

Man bezeichnet den Ereignisraum durch das Symbol $(\Omega, \underline{A})$ (oder kurz $\underline{A}$).

Der Ereignisraum enthält also stets das sichere Ereignis Ω und ferner, falls er ein Ereignis A enthält, auch das zugehörige komplementäre Ereignis $\overline{A}$, d.h. es gilt auch

$$\overline{\Omega} = \emptyset \in \underline{A}. \tag{1.8}$$

Weiterhin muss der Ereignisraum, falls er eine abzählbare Menge von Ereignissen A_i ($i = 1, 2, \ldots$) enthält, auch deren Summe als Ereignis enthalten. Damit muss wegen (1.6) auch das abzählbare Produkt zu $\underline{A}$ gehören:

$$\bigcap_{i=1}^{\infty} A_i \in \underline{A}. \tag{1.9}$$

Wir können also sagen: Der Ereignisraum $\underline{A}$ ist abgeschlossen bezüglich der Operationen Komplement, abzählbare Summe, abzählbares Produkt und Differenz. (Letztere ist auf das Produkt und das Komplement zurückführbar). Es kann gezeigt werden, dass jeder Ereignisraum $\underline{A}$ hinsichtlich seiner algebraischen Struktur eine Boolesche Algebra $(\underline{A}, \cup, \cap, ^-, \emptyset, \Omega)$ bildet [22]. Wir geben nun einige Beispiele von Ereignisräumen an.

Beispiel 1.5 Es sei

$$\underline{A} = \underline{A}_2 = \{\emptyset, \Omega\}.$$

Die Eigenschaften (1.5) und (1.6) sind erfüllt, denn es ist $\Omega \in \underline{A}_2$ und $\overline{\Omega} = \emptyset \in \underline{A}_2$. Weiterhin ist auch (1.7) erfüllt, denn die (abzählbare) Summe von Summanden der Art oder Ω ergibt entweder $\emptyset$ oder Ω, also Elemente von $\underline{A}_2$.

Beispiel 1.6 Ebenso zeigt man, dass auch

$$\underline{A} = \underline{A}_8 = \{\emptyset, \Omega, A, \overline{A}, B, \overline{B}, A \cup B, \overline{A} \cap \overline{B}\}$$

die Eigenschaften (1.5) bis (1.7) erfüllt und damit einen Ereignisraum bildet, falls $A \subset \Omega$, $B \subset \Omega$ und $A \cap B = \emptyset$ ist.

Beispiel 1.7 Schließlich bildet natürlich

$$\underline{A} = \underline{P}(\Omega)$$

selbst ebenfalls einen Ereignisraum mit den in (1.5) bis (1.7) angegebenen Eigenschaften.

Die Auswahl eines geeigneten Ereignisraumes $\underline{A}$ wird hauptsächlich durch Gesichtspunkte der Anwendungen bestimmt. Alle Ereignisse (d.h. alle Teilmengen von Ω), für die man sich im Zusammenhang mit einem bestimmten Problem interessiert, müssen im gewählten Ereignisraum natürlich enthalten sein. Bezeichnen wir die Menge dieser Ereignisse mit

$$\underline{M} \subseteq \underline{P}(\Omega),$$

muss also gewährleistet sein, dass der Ereignisraum $\underline{A}$ so gewählt wird, dass

$$\underline{A} \supseteq \underline{M}$$

gilt, dass er also die interessierenden Ereignisse enthält. Sicherlich ist es im Allgemeinen nicht möglich, $\underline{A} = \underline{M}$ zu wählen, denn $\underline{M}$ muss nicht die Eigenschaften (1.5) bis (1.7) des Ereignisraumes haben. Es müssen daher in der Regel zu $\underline{M}$ noch weitere (nicht interessierende) Ereignisse hinzugenommen werden, damit ein Ereignisraum entsteht. Da man nicht unnötig viele Ereignisse zusätzlich formal hinzunehmen möchte, ist die Frage nach der kleinsten Anzahl der hinzuzunehmenden Ereignisse von besonderer Wichtigkeit. Von Bedeutung ist in diesem Zusammenhang der folgende Satz.

Satz 1.1 Unter allen Ereignisräumen $\underline{A} \supseteq \underline{M}$ gibt es einen kleinsten Ereignisraum $\underline{A}(\underline{M})$, d.h. für alle $\underline{A} \supseteq \underline{M}$ gilt

$$\underline{A} \supseteq \underline{A}(\underline{M}). \tag{1.10}$$

Anders ausgedrückt bedeutet das, dass es unter allen Ereignisräumen, die die interessierenden Ereignisse aus $\underline{M}$ enthalten, einen gibt, der die geringste Anzahl von Ereignissen enthält. Ein solcher Ereignisraum ist in vielen Fällen nicht explizit angebbar. Die Kenntnis der Existenz ist jedoch für viele Anwendungen bereits hinreichend. Bild 1.5 zeigt zur Veranschaulichung des genannten Satzes noch die grafische Darstellung.

Beispiel 1.8 Interessiert man sich für zwei Ereignisse A und B mit $A \cap B = \emptyset$, so ist $\underline{M} = \{A, B\}$ und

$$\underline{A}(\underline{M}) = \underline{A}_8 = \{\emptyset, \Omega, A, \overline{A}, B, \overline{B}, A \cup B, \overline{A} \cap \overline{B}\}.$$

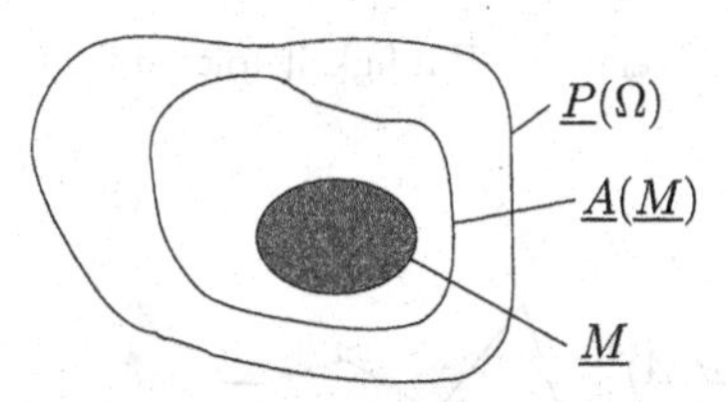

Bild 1.5: Zur Erläuterung des Begriffes „kleinster" Ereignisraum

Beispiel 1.9 Ist die Menge der interessierenden Ereignisse durch

$$M = \{\{1\}, \{2\}, \{3\}, \ldots\}$$

gegeben, so ist

$$\underline{A}(\underline{M}) = \underline{P}(\{1, 2, 3, \ldots\}) = \underline{P}(\mathbb{N}).$$

1.1.2 Wahrscheinlichkeit

1.1.2.1 Relative Häufigkeit

Wird ein zufälliger Versuch V durchgeführt, so ist das Ergebnis dieses Versuchs ungewiss. Ein Ereignis A kann eintreten oder auch nicht. Wird der gleiche Versuch jedoch mehrmals wiederholt, so ergeben sich, wie die Erfahrung lehrt, bestimmte Gesetzmäßigkeiten, mit denen wir uns nun beschäftigen werden.

Tritt bei n-maliger Ausführung eines zufälligen Versuchs V das Ereignis A k-mal auf, so heißt die Zahl

$$k = k_A(n) \tag{1.11}$$

Häufigkeit von A bei n Versuchen. Offensichtlich gilt

$$0 \leq k_A(n) \leq n. \tag{1.12}$$

Das Verhältnis

$$h_A(n) = \frac{k_A(n)}{n} \tag{1.13}$$

heißt *relative Häufigkeit* von A bei n Versuchen. Mit (1.12) erhält man

$$0 \leq h_A(n) \leq 1. \tag{1.14}$$

Charakteristisch für $h_A(n)$ sind die folgenden Eigenschaften:

1. Wie sich experimentell bestätigen lässt, stabilisiert sich die relative Häufigkeit $h_A(n)$ für eine hinreichend große Anzahl n von Versuchen in der Nähe einer Konstanten, die wir mit $P(A)$ bezeichnen (Bild 1.6). Es gilt also für $n \gg 1$

$$h_A(n) \approx P(A) \in \mathbb{R}. \tag{1.15}$$

2. Aus der Definition der relativen Häufigkeit folgt mit (1.14)

$$h_A(n) \geq 0. \tag{1.16}$$

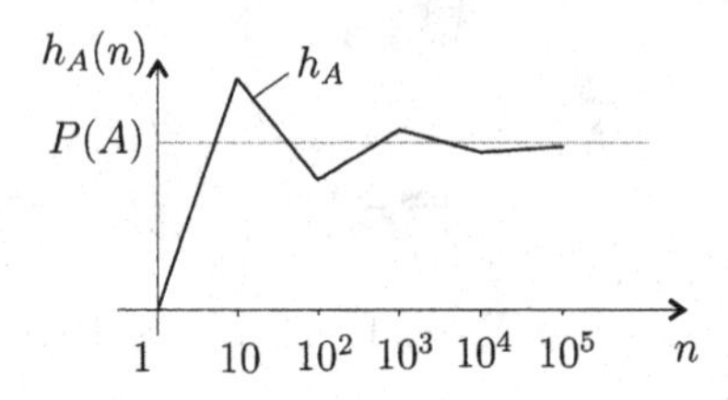

Bild 1.6: Relative Häufigkeit und Wahrscheinlichkeit

3. Für das sichere Ereignis $A = \Omega$ gilt offensichtlich

$$h_\Omega(n) = 1. \tag{1.17}$$

4. Sind A_1 und A_2 unvereinbare Ereignisse, so gilt

$$h_{A_1 \cup A_2}(n) = h_{A_1}(n) + h_{A_2}(n) \qquad (A_1 \cap A_2 = \emptyset). \tag{1.18}$$

1.1.2.2 Wahrscheinlichkeit

Durch die Eigenschaft der Stabilisierung der relativen Häufigkeit eines Ereignisses A ist jedem Ereignis A eine reelle Zahl $P(A)$ zugeordnet, die für hinreichend große Versuchszahlen n mit der relativen Häufigkeit $h_A(n)$ näherungsweise übereinstimmt. Gehen wir von einem gegebenen Ereignisraum $(\Omega, \underline{A})$ aus, so wird durch diese Zuordnung eine Abbildung P des Mengensystems $\underline{A}$ in die Menge der reellen Zahlen $\mathbb{R}$ vermittelt, in Zeichen

$$P : \underline{A} \to \mathbb{R}. \tag{1.19}$$

Aus der Eigenschaft 1 der relativen Häufigkeit folgt also: Jedem Ereignis $A \in \underline{A}$ ist eine reelle Zahl $P(A) \in \mathbb{R}$ zugeordnet:

$$A \mapsto P(A). \tag{1.20}$$

Für die hierdurch definierte Abbildung P wird in Übereinstimmung mit den übrigen Eigenschaften von $h_A(n)$ gefordert:

$$P(A) \geq 0, \tag{1.21}$$

$$P(\Omega) = 1, \tag{1.22}$$

$$P\left(\bigcup_{i=1}^{\infty} A_i\right) = \sum_{i=1}^{\infty} P(A_i), \qquad (A_i \cap A_j = \emptyset,\ i \neq j). \tag{1.23}$$

Die letzte Forderung ergibt sich aus der Eigenschaft 4 der relativen Häufigkeit, wenn man in (1.18) die Summe von abzählbar vielen paarweise unvereinbaren Ereignissen betrachtet. Insgesamt bilden die Gleichungen (1.20) bis (1.23) die Grundlage für den axiomatischen Aufbau der Wahrscheinlichkeitsrechnung (Kolmogorov, 1933).
Folgende Terminologie ist gebräuchlich:

1. Eine den Gleichungen (1.20) bis (1.23) genügende Abbildung heißt *Wahrscheinlichkeitsmaß auf* $\underline{A}$.

2. Die einem Ereignis A zugeordnete reelle Zahl $P(A)$ nennt man die *Wahrscheinlichkeit* von A (Wahrscheinlichkeit des Ereignisses A).

3. Ein Ereignisraum $(\Omega, \underline{A})$ zusammen mit einem Wahrscheinlichkeitsmaß P heißt ein *Wahrscheinlichkeitsraum* $(\Omega, \underline{A}, P)$.

Beispiel 1.10 Der Wahrscheinlichkeitsraum $(\Omega, \underline{A}, P)$ für das Würfelspiel ergibt sich wie folgt: Zunächst ist $\Omega = \{\omega_1, \omega_2, \ldots, \omega_6\}$ (ω_i bedeutet „Augenzahl i liegt oben"). Der Ereignisraum

$$\underline{A} = \underline{P}(\Omega) = \{\emptyset, \{\omega_1\}, \ldots, \{\omega_6\}, \{\omega_1, \omega_2\}, \ldots, \Omega\}$$

enthält $2^6 = 64$ Ereignisse. Das Wahrscheinlichkeitsmaß ist mit

$$p_i = \frac{1}{6} \qquad (i = 1, 2, \ldots, 6)$$

gegeben durch

$$P: \; P(A) = \sum_{\omega_i \in A} p_i.$$

So kann für jedes Ereignis $A \in \Omega$ die Wahrscheinlichkeit $P(A)$ angegeben werden, z.B. für

$A = \{\omega_4\}$ („Augenzahl = 4") $P(A) = \frac{1}{6}$
$A = \{\omega_1, \omega_2\}$ („Augenzahl < 3") $P(A) = \frac{1}{6} + \frac{1}{6} = \frac{1}{3}$
$A = \{\omega_2, \omega_4, \omega_6\}$ („Augenzahl gerade") $P(A) = \frac{1}{6} + \frac{1}{6} + \frac{1}{6} = \frac{1}{2}$ usw.

1.1.2.3 Rechenregeln

Für das Rechnen mit Wahrscheinlichkeiten von Ereignissen notieren wir folgende Regeln:

1. Ist $A \subseteq B$, so folgt

$$P(A) \leq P(B). \tag{1.24}$$

2. Weiterhin gilt

$$P(\overline{A}) = 1 - P(A), \tag{1.25}$$

und mit $P(\Omega) = 1$ folgt

$$P(\emptyset) = 0 \tag{1.26}$$

bzw. allgemein

$$0 \leq P(A) \leq 1. \tag{1.27}$$

3. Für eine Summe zweier Ereignisse A und B gilt

$$P(A \cup B) = P(A) + P(B) - P(A \cap B). \tag{1.28}$$

Mit $A \cap B = \emptyset$ und (1.26) ergibt sich daraus sofort

$$P(A \cup B) = P(A) + P(B) \qquad (A \cap B = \emptyset). \tag{1.29}$$

4. Außerdem gilt für die Differenz von Ereignissen

$$P(A \setminus B) = P(A) - P(A \cap B). \tag{1.30}$$

5. Erwähnt sei schließlich noch, dass für eine Folge $(A_i)_{i\in\mathbb{N}}$ mit $A_{i+1} \subseteq A_i$ gilt

$$\lim_{i\to\infty} P(A_i) = P\left(\bigcap_{i=1}^{\infty} A_i\right). \tag{1.31}$$

Aus (1.22) bzw. (1.26) folgt, dass die Wahrscheinlichkeit des sicheren Ereignisses Ω den Wert 1 und die des unmöglichen Ereignisses $\emptyset$ den Wert 0 hat. Ist jedoch für ein beliebiges Ereignis A $P(A) = 1$ bzw. $P(A) = 0$, so folgt daraus nicht allgemein, dass A das sichere bzw. unmögliche Ereignis ist. Man sagt, falls

$P(A) = 1,$ A ist *fast sicher*,

$P(A) = 0,$ A ist *fast unmöglich*.

Beispiel 1.11 Auf das reelle Zahlenintervall $[0,1] \subset \mathbb{R}$ wird auf gut Glück ein Punkt geworfen. Bezeichnet A_1 das Ereignis, dass das Intervall $[0,1]$ getroffen wird, so gilt offensichtlich $P(A_1) = 1$. Bezeichnet man weiter mit A_2 das Ereignis, dass das halbe Intervall $[0,\frac{1}{2}]$ getroffen wird, so folgt $P(A_2) = \frac{1}{2}$ (was zumindest geometrisch-anschaulich einleuchtend ist). Allgemeiner erhält man dann für das Treffen des Intervalls $[0,\frac{1}{i}]$ die Wahrscheinlichkeit $P(A_i) = \frac{1}{i}$. Im Grenzfall $i \to \infty$ ergibt sich

$$\lim_{i\to\infty}\left[0,\frac{1}{i}\right] = \{0\},$$

d.h. das Intervall schrumpft auf einen einzigen Punkt (die reelle Zahl 0) zusammen. Bezeichnet man das Treffen dieses Punktes mit A_∞, so folgt mit

$$A_\infty = \bigcap_{i=1}^{\infty} A_i$$

und

$$\lim_{i\to\infty} P(A_i) = \lim_{i\to\infty} \frac{1}{i} = 0$$

aus (1.31)

$$P(A_\infty) = 0.$$

Das Ereignis A_∞ („Treffen des Punktes 0") hat also die Wahrscheinlichkeit Null, obwohl A_∞ nicht das unmögliche Ereignis $\emptyset$ darstellt. Man sagt daher, das Ereignis A_∞ ist fast unmöglich.

1.1.3 Bedingte Wahrscheinlichkeit

1.1.3.1 Bedingte relative Häufigkeit

Ein Versuch, bei dem die Ereignisse A, B und $A \cap B$ (A und B gemeinsam) eintreten können, wird n-mal durchgeführt. Ist $k_B(n)$ die Häufigkeit von B und $k_{A\cap B}(n)$ die Häufigkeit von $A \cap B$ jeweils bei n Versuchen, so heißt

$$\frac{k_{A\cap B}(n)}{k_B(n)} = \frac{\frac{1}{n}k_{A\cap B}(n)}{\frac{1}{n}k_B(n)} = \frac{h_{A\cap B}(n)}{h_B(n)} = h_{A|B}(n) \tag{1.32}$$

relative Häufigkeit des Ereignisses A unter der Bedingung B oder kurz *bedingte relative Häufigkeit*. Die bedingte relative Häufigkeit $h_{A|B}(n)$ ist also die relative Häufigkeit des Ereignisses A in der Menge aller der Versuche, die mit dem Ereignis B ausgehen (und nicht in der Menge aller Versuche!).

Es ist leicht einzusehen, dass sich wegen der Stabilisierung von $h_B(n)$ und $h_{A\cap B}(n)$ für große Versuchszahlen n auch der Quotient $h_{A|B}(n)$ in (1.32) für große Versuchszahlen in der Nähe einer Konstanten stabilisiert.

1.1.3.2 Bedingte Wahrscheinlichkeit

Ausgehend von (1.32) wird die *bedingte Wahrscheinlichkeit des Ereignisses A unter der Bedingung B* durch

$$P(A|B) = \frac{P(A\cap B)}{P(B)} \qquad (P(B) > 0) \tag{1.33}$$

definiert. Anstelle von $P(A|B)$ schreibt man auch häufig $P_B(A)$. In dieser Symbolik wird deutlicher hervorgehoben, dass es sich hier ebenfalls um eine Wahrscheinlichkeit von A handelt.

Beispiel 1.12 Zur Verdeutlichung des Unterschiedes von $P(A)$ und $P(A|B)$ betrachten wir einen Spielwürfel, bei welchem alle Flächen mit ungeraden Augenzahlen rot gefärbt sind (die übrigen haben eine andere Farbe). Es sei nun

Ereignis $A = \{\omega_1\}$: Augenzahl 1 liegt oben,

Ereignis $B = \{\omega_1, \omega_3, \omega_5\}$: Farbe rot liegt oben.

Offensichtlich ist in diesem Beispiel $P(A) = \frac{1}{6}$. Nehmen wir nun an, dass der Beobachter so weit entfernt ist, dass er zwar die Farbe, nicht aber die Augenzahl erkennen kann. Liegt nach einem Versuch (Wurf) die Farbe rot oben, so ist die Wahrscheinlichkeit dafür, dass die Augenzahl 1 gewürfelt worden ist, offenbar nun gleich $\frac{1}{3}$, denn nur die drei Flächen mit den Augenzahlen 1, 3 und 5 sind rot gefärbt. Unter der Bedingung, dass das Ereignis B eingetreten ist, hat die Wahrscheinlichkeit von A nun einen anderen Wert, nämlich $P(A|B) = \frac{1}{3}$. Diesen Wert erhält man aus (1.33) mit $P(A \cap B) = P(A) = \frac{1}{6}$ natürlich auch rechnerisch, nämlich

$$P(A|B) = \frac{P(A \cap B)}{P(B)} = \frac{\frac{1}{6}}{\frac{3}{6}} = \frac{1}{3}.$$

Es lässt sich zeigen, dass das durch die bedingte Wahrscheinlichkeit

$$P(A|B) = P_B(A) \tag{1.34}$$

definierte Wahrscheinlichkeitsmaß P_B ebenfalls die Eigenschaften (1.20) bis (1.23) hat und für $B = \Omega$ in das gewöhnliche Wahrscheinlichkeitsmaß P übergeht. Letzteres ergibt sich aus

$$P(A|\Omega) = \frac{P(A \cap \Omega)}{P(\Omega)} = \frac{P(A)}{1} = P(A). \tag{1.35}$$

Für die Anwendungen sind die nachfolgend genannten zwei Formeln wichtig (Beweis siehe Übungsaufgabe 1.1-8):

Die Ereignisse A_i seien Elemente eines endlichen vollständigen Systems unvereinbarer Ereignisse ($A_i \in \underline{\pi}(\Omega)$) und $B \in \underline{A}$. Dann gilt die *Formel der totalen Wahrscheinlichkeit*

$$P(B) = \sum_{i=1}^{n} P(B|A_i)P(A_i) \tag{1.36}$$

und die *Bayessche Formel*

$$P(A_i|B) = \frac{P(B|A_i)P(A_i)}{\sum_{i=1}^{n} P(B|A_i)P(A_i)}. \tag{1.37}$$

In der letzten Gleichung ist noch vorauszusetzen, dass

$$\sum_{i=1}^{n} P(B|A_i)P(A_i) > 0$$

ist. Die Beziehung (1.36) gilt auch für ein abzählbares System $\underline{\pi}(\Omega)$. Anwendungsbeispiele enthalten die Übungsaufgaben 1.1-9 und 1.1-10.

1.1.3.3 Unabhängige Ereignisse

Zufällige Ereignisse können voneinander abhängig sein oder nicht. Man nennt zwei Ereignisse A und B voneinander *unabhängig*, falls

$$P(A \cap B) = P(A) \cdot P(B) \tag{1.38}$$

gilt. Dann folgt mit (1.33)

$$P(A|B) = \frac{P(A \cap B)}{P(B)} = \frac{P(A) \cdot P(B)}{P(B)} = P(A) \tag{1.39}$$

und

$$P(B|A) = \frac{P(B \cap A)}{P(A)} = \frac{P(B) \cdot P(A)}{P(A)} = P(B). \tag{1.40}$$

Die durch (1.38) definierte Unabhängigkeit zweier Ereignisse lässt sich wie folgt für mehrere Ereignisse verallgemeinern:

Die Ereignisse $A_1, A_2, \ldots, A_n$ ($A_i \in \underline{A}$; $i = 1, 2, \ldots, n$) heißen *vollständig unabhängig* genau dann, wenn

$$P(A_{i_1} \cap A_{i_2} \cap \ldots \cap A_{i_k}) = P(A_{i_1}) \cdot P(A_{i_2}) \cdots P(A_{i_k}) \tag{1.41}$$

für beliebige $i_1, i_2, \ldots, i_k \in \{1, 2, \ldots, n\}$ gilt. Es ist also zu beachten, dass (1.41) für jede beliebige Kombination von Ereignissen, die aus den n Ereignissen ausgewählt werden kann, erfüllt sein muss.

Beispiel 1.13 Die Ereignisse A_1, A_2 und A_3 sind vollständig unabhängig, falls gilt

$$\begin{aligned} P(A_1 \cap A_2) &= P(A_1) \cdot P(A_2) \\ P(A_1 \cap A_3) &= P(A_1) \cdot P(A_3) \\ P(A_2 \cap A_3) &= P(A_2) \cdot P(A_3) \end{aligned}$$

und

$$P(A_1 \cap A_2 \cap A_3) = P(A_1) \cdot P(A_2) \cdot P(A_3).$$

1.1.4 Aufgaben zum Abschnitt 1.1

1.1-1 a) Gegeben sei der endliche Raum der Elementarereignisse

$$\Omega = \{\omega_1, \omega_2, \omega_3, \omega_4\}.$$

Man gebe den Ereignisraum $\underline{A} = P(\Omega)$ an!

b) Bei einem zufälligen Versuch mit dem Raum Ω der Elementarereignisse sei $A \subset \Omega$ das einzige interessierende Ereignis. Man gebe den kleinsten das Ereignis A enthaltenden Ereignisraum $\underline{A}$ an!

c) Wieviel Ereignisse enthält der Ereignisraum $\underline{A} = P(\Omega)$ beim Würfeln mit 2 verschiedenfarbigen Würfeln?

1.1-2 A, B und C seien Ereignisse. Man berechne

a) $(A \setminus B) \cup (A \setminus C)$; b) $A \setminus (A \setminus (B \setminus (B \setminus C)))$!

1.1-3 Ein Gerät besteht aus 2 Baugruppen des Typs I und 3 Baugruppen des Typs II. Es bezeichne A_i ($i = 1, 2$) das Ereignis „i-te Baugruppe des Typs I ist funktionstüchtig“ und B_j ($j = 1, 2, 3$) das Ereignis „j-te Baugruppe des Typs II ist funktionstüchtig“. Das Gerät ist intakt (Ereignis C), wenn mindestens eine Baugruppe vom Typ I und mindestens 2 Baugruppen vom Typ II funktionstüchtig sind. Man drücke C durch A_i und B_j aus!

1.1-4 Aus einer Urne mit 32 weißen und 4 schwarzen Kugeln werden „auf gut Glück" 3 Kugeln herausgenommen. Wie groß ist die Wahrscheinlichkeit dafür, dass sich unter ihnen genau eine schwarze Kugel befindet (Ereignis A)?

1.1-5 A und B seien Ereignisse. Man beweise die Regeln

a) $P(A \setminus B) = P(A) - P(A \cap B)$,

b) $P(A \cup B) = P(A) + P(B) - P(A \cap B)$!

c) Wie lauten diese Regeln für unvereinbare Ereignisse A, B?

d) Wie lautet Regel a) für $B \subset A$?

Hinweis zu a): Man zerlege A in eine Summe von zwei unvereinbaren Ereignissen!

1.1-6 Zwei Schützen schießen unabhängig auf eine Scheibe. Die Trefferwahrscheinlichkeit beträgt für den ersten Schützen 0,8 und für den zweiten 0,9. Wie groß ist die Wahrscheinlichkeit dafür, dass die Scheibe getroffen wird?

1.1-7 Auf ein Ziel werden unabhängig 3 Schüsse abgegeben. Die Trefferwahrscheinlichkeit beträgt beim ersten Schuss 0,3, beim zweiten Schuss 0,4 beim dritten Schuss 0,5. Bestimmen Sie die Wahrscheinlichkeit für keinen, einen, zwei und drei Treffer!

1.1-8 Die Ereignisse A_i bilden ein vollständiges System unvereinbarer Ereignisse, d.h. es gilt $A_i \cap A_j = \emptyset$ für $i \neq j$ und $\bigcup_{i=1}^{n} A_i = \Omega$. Zu beweisen ist

a) $P(B) = \sum\limits_{i=1}^{n} P(B|A_i)P(A_i) \qquad (B \in \underline{A})$

(Formel der totalen Wahrscheinlichkeit),

b) $P(A_i|B) = \dfrac{P(B|A_i)P(A_i)}{\sum\limits_{i=1}^{n} P(B|A_i)P(A_i)} \qquad (P(B) > 0)$

(Bayessche Formel).

1.1-9 a) In einem Behälter befinde sich eine größere Menge von äußerlich nicht unterscheidbaren Bauelementen, und zwar seien 30% von der Qualität I, 60% von der Qualität II und 10% von der Qualität III. Bei der Bestückung der Geräte am Fließband mit Elementen der Qualität I haben 90% aller produzierten Geräte die geforderten Eigenschaften, bei Bestückung mit Bauelementen der Qualität II nur 60% und bei Qualität III nur 20%. Wie groß ist die Wahrscheinlichkeit dafür, dass ein Gerät vom Fließband die geforderten Eigenschaften hat?

b) Die nachträgliche Prüfung eines Gerätes ergibt, dass es die geforderten Eigenschaften nicht hat. Wie groß ist die Wahrscheinlichkeit dafür, dass ein Bauelement der Qualität III eingebaut wurde?

1.1-10 Über einen gestörten Kanal werden kodierte Steuerkommandos vom Typ 111 und 000 übertragen, wobei der erste Typ mit der Wahrscheinlichkeit 0,7 und der zweite Typ mit der Wahrscheinlichkeit 0,3 gesendet wird. Jedes Zeichen (0 oder 1) wird mit der Wahrscheinlichkeit 0,8 richtig übertragen.

a) Wie groß ist die Wahrscheinlichkeit dafür, dass das Signal 101 empfangen wird?

b) Wie groß ist die Wahrscheinlichkeit dafür, dass

α) 111 $\quad\beta$) 000

gesendet wurde, falls 101 empfangen wird?

1.2 Zufallsgrößen

1.2.1 Eindimensionale Zufallsgrößen

1.2.1.1 Messbare Abbildungen

In den Anwendungen hat man es hauptsächlich mit Elementarereignissen ω zu tun, denen Zahlen als Messwerte zugeordnet sind. Betrachten wir dazu einige Beispiele!

Wird auf eine Schießscheibe geschossen und ein bestimmter Punkt getroffen, so ist diesem Elementarereignis ein bestimmter Messwert zugeordnet (z.B. 8 Ringe).

Wirft man einen Spielwürfel, so wird dem Elementarereignis („Fläche mit 3 Punkten liegt oben“ ebenfalls ein Messwert (nämlich 3 Augen) zugeordnet.

Misst man mit einem Digitalvoltmeter zu einem festen Zeitpunkt die (zeitlich zufällig veränderliche) Spannung in einer elektrischen Schaltung, so wird z.B. dem Ereignis, dass die Spannung einen Wert aus dem Intervall (12,5 mV, 13,5 mV) annimmt, auf der Anzeigeskala ein Messwert (in unserem Fall 13 mV) zugeordnet. Allgemein ist der Intensität einer physikalischen Größe (Elementarereignis ω) eine (Maß-) Zahl x zugeordnet (wenn die Maßeinheit vorgegeben und bekannt ist); denn Messwerte physikalischer Größen sind als Produkt einer Maßzahl x und einer Maßeinheit (Dimension) gegeben.

In den betrachteten Beispielen (und auch in den vielen anderen Fällen) gilt also die Zuordnung:

$$\omega \mapsto x \cdot [\text{Maßeinheit}], \tag{1.42}$$

d.h. den Elementarereignissen sind (im Wesentlichen) Zahlen x zugeordnet. (Die Maßeinheiten sind unwesentlich, da sie bei einem konkreten Versuch konstant sind.)

Man beachte also: Elementarereignisse ω werden in der Regel durch die ihnen zugeordneten (reellen) Zahlen x erfasst bzw. beobachtet.

Wir wollen diesen Sachverhalt nun genauer untersuchen. Den Ausgangspunkt bildet der im Bild 1.7 angegebene Raum Ω der Elementarereignisse. Außerdem ist im Bild 1.7 die Menge $\mathbb{R}$ der reellen Zahlen als Zahlengerade dargestellt. Auf dieser Zahlengeraden ist eine Zahl $\xi \in \mathbb{R}$ markiert, durch die ein Intervall

$$I_\xi = \{x \,|\, x < \xi\} = (-\infty, \xi) \tag{1.43}$$

eindeutig festgelegt ist, das alle Zahlen x enthält, die kleiner als ξ sind.

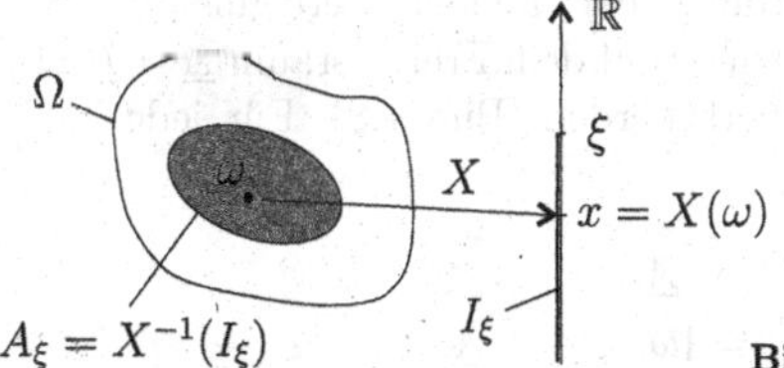

Bild 1.7: Zur Erläuterung des Begriffs „Zufallsgröße“

Wir betrachten nun eine Abbildung $X : \Omega \to \mathbb{R}$, durch die entsprechend (1.42) jedem Elementarereignis $\omega \in \Omega$ eine reelle Zahl $x = X(\omega) \in \mathbb{R}$ zugeordnet ist. Dann sind für einen festen Wert von ξ alle die Elementarereignisse ω ausgezeichnet, deren zugeordnete Zahlenwerte in das Intervall I_ξ fallen. Die Menge dieser Elementarereignisse ist natürlich eine Teilmenge A_ξ von Ω (Bild 1.7). Bezeichnet X^{-1} die zu X gehörende Urbildfunktion, so kann A_ξ als Urbild von I_ξ notiert werden, d.h. es ist

$$A_\xi = X^{-1}(I_\xi). \tag{1.44}$$

Daraus ergibt sich die nachfolgende Definition.

Definition 1.3 Sind ein Ereignisraum $(\Omega, \underline{A})$ und ein Intervall $I_\xi = (-\infty, \xi) \subset \mathbb{R}$ gegeben, so heißt die Abbildung

$$X : \Omega \to \mathbb{R}, \; X(\omega) = x \tag{1.45}$$

Zufallsgröße (*zufällige Veränderliche* oder *messbare Abbildung*) auf $(\Omega, \underline{A})$, wenn für alle I_ξ $(\xi \in \mathbb{R})$ gilt:

$$X^{-1}(I_\xi) \in \underline{A}. \tag{1.46}$$

Aus dieser Definition geht hervor, dass das Urbild jedes Intervalls I_ξ $(\xi \in \mathbb{R})$, nämlich

$$X^{-1}(I_\xi) = \{\omega \,|\, X(\omega) \in I_\xi\} = \{\omega \,|\, X(\omega) < \xi\} = A_\xi, \tag{1.47}$$

ein Element des Ereignisraumes $\underline{A}$ sein muss. Der Grund hierfür ergibt sich aus den Betrachtungen des folgenden Abschnittes.

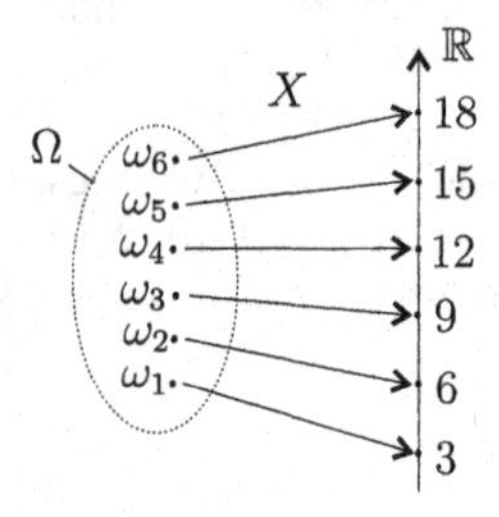

Bild 1.8: Diskrete Zufallsgröße (Beispiel)

Beispiel 1.14 Für das Würfelspiel mit dem Raum der Elementarereignisse $\Omega = \{\omega_1, \omega_2, \ldots, \omega_6\}$ (ω_i bedeutet „Augenzahl i liegt oben") und dem Ereignisraum $\underline{A} = \underline{P}(\Omega)$ kann z.B. die Zufallsgröße $X : X(\omega_i) = 3i$ definiert werden (Bild 1.8). Für jede Zahl $\xi \in \mathbb{R}$ ist $X^{-1}(I_\xi) \in \underline{A}$, so z.B. für

$$\begin{aligned}
\xi = 25 : &\quad X^{-1}(I_{25}) = \{\omega \,|\, X(\omega) < 25\} = \Omega \in \underline{A}, \\
\xi = 7,15 : &\quad X^{-1}(I_{7,15}) = \{\omega \,|\, X(\omega) < 7,15\} = \{\omega_1, \omega_2\} \in \underline{A}, \\
\xi = -4 : &\quad X^{-1}(I_{-4}) = \{\omega \,|\, X(\omega) < -4\} = \emptyset \in \underline{A}
\end{aligned}$$

usw.

Wir bemerken ergänzend noch, dass eine Zufallsgröße, welche endlich viele (wie im Beispiel) oder abzählbar viele Werte annehmen kann, *diskrete Zufallsgröße* genannt wird.

Die Bezeichnung Zufallsgröße bzw. zufällige Veränderliche für die Abbildung X entsprechend (1.45) ist üblich und kann leicht zu falschen Vorstellungen führen. In Wirklichkeit ist an der Abbildung X nichts Zufälliges: X ist eine ganz gewöhnliche Abbildung zwischen zwei Mengen. Der Zufall liegt lediglich in der Auswahl der Elemente ω des Definitionsbereichs Ω dieser Abbildung.

1.2.1.2 Verteilungsfunktion

Wie bereits gezeigt wurde (s. Bild 1.7 und (1.44)), ist durch die Auswahl eines reellen Zahlenintervalls $I_\xi = \{x \mid x < \xi\} \subset \mathbb{R}$ ein Ereignis $A_\xi \in \underline{A}$ festgelegt. Da jedem Ereignis A_ξ eines Ereignisraums $\underline{A}$ eine Wahrscheinlichkeit $P(A_\xi)$ zukommt, kann nun diese Wahrscheinlichkeit auch auf das Intervall I_ξ übertragen werden. Das geschieht auf folgende Weise:

Gegeben seien ein Wahrscheinlichkeitsraum $(\Omega, \underline{A}, P)$ und eine Abbildung X (d.h. eine Zufallsgröße). Das Wahrscheinlichkeitsmaß P lässt sich von $\underline{A}$ auf die Menge aller Intervalle I_ξ (oder speziell von A_ξ auf I_ξ) übertragen, indem eine Abbildung P_X (ein Wahrscheinlichkeitsmaß) so gewählt wird, dass

$$P_X(I_\xi) = P(X^{-1}(I_\xi)) = P(A_\xi) \tag{1.48}$$

gilt.

Da das Intervall $I_\xi = (-\infty, \xi)$ und die Zahl ξ einander bijektiv zugeordnet sind, kann man anstelle von $P_X(I_\xi)$ auch $F_X(\xi)$ schreiben, also

$$P_X(I_\xi) = F_X(\xi), \tag{1.49}$$

und so eine neue Abbildung

$$F_X : \mathbb{R} \to [0, 1] \tag{1.50}$$

einführen, deren Wertebereich das Intervall $[0, 1]$ ist, weil $F_X(\xi)$ eine Wahrscheinlichkeit (nämlich $P(A_\xi)$) angibt. Fasst man (1.47), (1.48) und (1.49) zusammen, so erhält man

$$F_X(\xi) = P(A_\xi) = P(\{\omega \mid X(\omega) < \xi\}). \tag{1.51}$$

Die Abbildung F_X heißt *Verteilungsfunktion* der Zufallsgröße X. Der Wert $F_X(\xi)$ der Verteilungsfunktion F_X an der Stelle ξ gibt die Wahrscheinlichkeit dafür an, dass die Zufallsgröße X einen Wert $x = X(\omega)$ annimmt, der kleiner als ξ ist, in Zeichen

$$F_X(\xi) = P\{X < \xi\}. \tag{1.52}$$

Man beachte, dass die Kurzschreibweise $P\{X < \xi\}$ in (1.52) mathematisch nicht ganz exakt ist (X ist eine Abbildung und ξ ist eine Zahl!) und lediglich eine bequeme Abkürzung für (1.51) darstellt.

In Bild 1.9 sind einige Beispiele von Verteilungsfunktionen angegeben.

Beispiel 1.15 Eine Zufallsgröße X ist *normalverteilt* (Bild 1.9a), falls

$$F_X(\xi) = \frac{1}{\sqrt{2\pi}\,\sigma} \int_{-\infty}^{\xi} \exp\left(-\frac{1}{2}\left(\frac{x-m}{\sigma}\right)^2\right) \mathrm{d}x, \qquad (\sigma > 0). \tag{1.53}$$

Beispiel 1.16 Eine Zufallsgröße X ist im Intervall $(a, b]$ *gleichverteilt* (Bild 1.9b), falls

$$F_X(\xi) = \begin{cases} 1 & \text{für } \xi > b, \\ \dfrac{\xi - a}{b - a} & \text{für } a < \xi \leq b \\ 0 & \text{für } \xi \leq a. \end{cases} \tag{1.54}$$

Beispiel 1.17 Eine Zufallsgröße X ist *einpunktverteilt* (Bild 1.9c), falls

$$F_X(\xi) = \begin{cases} 1 & \text{für } \xi > a, \\ 0 & \text{für } \xi \leq a. \end{cases} \tag{1.55}$$

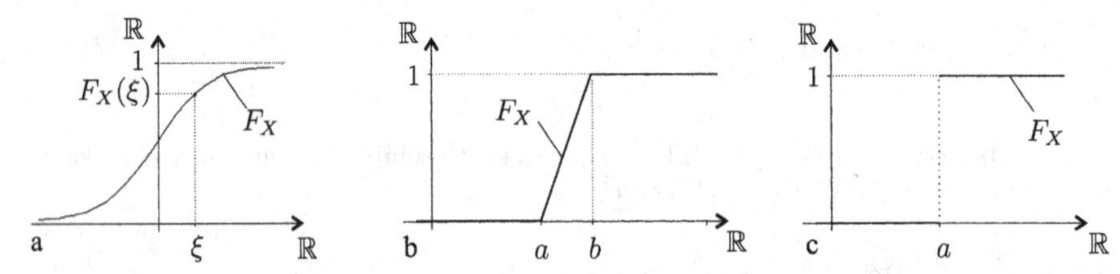

Bild 1.9: Verteilungsfunktionen: a) Normalverteilung; b) Gleichverteilung; c) Einpunktverteilung

Die Verteilungsfunktion F_X einer Zufallsgröße X hat die folgenden Eigenschaften (vgl. z.B. [24] und Übungsaufgabe 1.2-1), die wir hier ohne Beweis notieren:

a) Ist $\xi' > \xi$, so gilt

$$F_X(\xi') - F_X(\xi) \geq 0, \tag{1.56}$$

d.h. F_X ist eine nichtfallende Funktion.

b) Es gilt

$$\lim_{\xi \to -\infty} F_X(\xi) = 0 \qquad \text{und} \qquad \lim_{\xi \to \infty} F_X(\xi) = 1. \tag{1.57}$$

c) Hat F_X im Punkt ξ eine Unstetigkeitsstelle, so ist der Funktionswert im Punkt ξ der Grenzwert von links:

$$F_X(\xi) = F_X(\xi - 0). \tag{1.58}$$

1.2.1.3 Verteilung

Im vorangegangenen Abschnitt wurde das Wahrscheinlichkeitsmaß P des Ereignisraums $\underline{A}$ auf die Menge der Intervalle $I_\xi = \{x \,|\, x < \xi\}$ übertragen. Auf analoge Weise lässt sich das Wahrscheinlichkeitsmaß auf alle Mengen $\mathbb{R}' \subset \mathbb{R}$ übertragen, deren Urbild ein zufälliges Ereignis ist, d.h. für die $X^{-1}(\mathbb{R}') \in \underline{A}$ gilt. Wir wollen diesen Sachverhalt an zwei einfachen Beispielen demonstrieren.

Beispiel 1.18 Gegeben sei ein halboffenes reelles Zahlenintervall

$$\mathbb{R}' = [\xi, \xi') = I_{\xi'} \setminus I_\xi \subset \mathbb{R} \qquad (\xi' > \xi). \tag{1.59}$$

Es lässt sich zeigen, dass das Urbild von $\mathbb{R}'$ ein zufälliges Ereignis in $\underline{A}$ ist (Bild 1.10), d.h. $X^{-1}([\xi, \xi')) \in \underline{A}$. Analog zu (1.48) gilt dann mit Hilfe des Ergebnisses von Übungsaufgabe 1.1-5d

$$\begin{aligned} P_X([\xi, \xi')) &= P_X(I_{\xi'} \setminus I_\xi) = P_X(I_{\xi'}) - P_X(I_\xi) = P(X^{-1}([\xi, \xi'))) \\ &= P\{\xi \le X < \xi'\} = F_X(\xi') - F_X(\xi). \end{aligned} \tag{1.60}$$

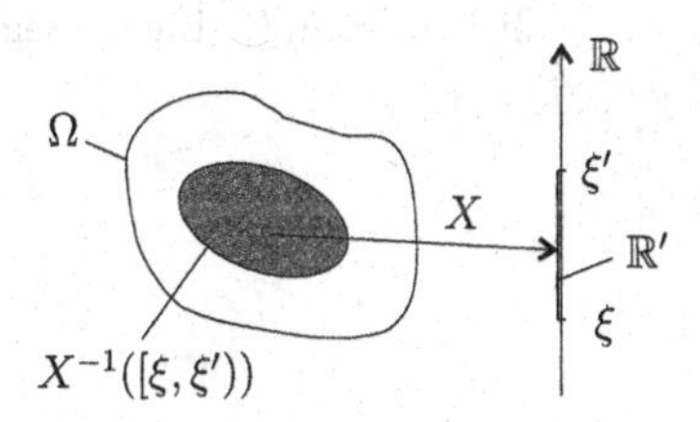

Bild 1.10: Urbild eines Intervalls

Beispiel 1.19 Wir betrachten die Menge

$$\mathbb{R}' = \{\xi\} = \bigcap_{i=1}^{\infty} \left[\xi, \xi + \frac{1}{i}\right) \subset \mathbb{R}, \tag{1.61}$$

die nur noch den einzigen Punkt ξ enthält. Man kann $\mathbb{R}' = \{\xi\}$ als Grenzfall eines Intervalls $[\xi, \xi')$ (wie im ersten Beispiel) auffassen, bei dem ξ' von rechts immer näher an ξ heranrückt ($\xi' \to \xi{+}0$). In diesem Fall kann mit (1.60) und wegen (wie sich zeigen lässt) $X^{-1}(\{\xi\}) \in \underline{A}$ geschrieben werden (vgl. (1.31)):

$$\begin{aligned} P_X(\{\xi\}) &= \lim_{i\to\infty} P_X\left(\left[\xi, \xi + \frac{1}{i}\right)\right) = P_X(X^{-1}(\{\xi\})) \\ &= P_X\{X = \xi\} = F_X(\xi + 0) - F_X(\xi). \end{aligned} \tag{1.62}$$

Das Wesentliche der soeben betrachteten Beispiele ist die Übertragung des Wahrscheinlichkeitsmaßes des Ereignisraums $\underline{A}$ auf eine Menge $\mathbb{R}' \subset \mathbb{R}$, deren Urbild $X^{-1}(\mathbb{R}')$ ein zufälliges Ereignis ist. Es erhebt sich nun die Frage, für welche Mengen $\mathbb{R}' \subset \mathbb{R}$ das (außer den betrachteten Beispielen) ebenfalls noch zutrifft.

Die in den Beispielen angeführten Mengen $\mathbb{R}' = [\xi, \xi')$ und $\{\xi\}$ sind spezielle Elemente B aus dem *Borel-Mengen-System*

$$\underline{B} = \underline{A}(\underline{I}), \tag{1.63}$$

worin

$$\underline{I} = \{I_\xi \mid \xi \in \mathbb{R}\} \tag{1.64}$$

die Menge aller Intervalle $I_\xi = \{x \mid x < \xi\}$ bezeichnet. Das Borel-Mengen-System ist also die kleinste σ-Algebra (vgl. (1.5) bis (1.7) und (1.10)), in der die Intervallmenge $\underline{I}$ (als „Menge interessierender Ereignisse") enthalten ist.

Die Menge $\underline{I}$ der Intervalle I_ξ stellt noch keine σ-Algebra dar, denn für beliebige $I_\xi \in \underline{I}$ gilt z.B. $\overline{I}_\xi \notin \underline{I}$, d.h. (1.6) ist nicht erfüllt. Es ist deshalb erforderlich, die Intervallmenge $\underline{I}$ so zu erweitern, dass eine σ-Algebra entsteht. Grundsätzlich könnte hierfür die Menge $\underline{P}(\mathbb{R}) \supset \underline{I}$ als eine $\underline{I}$ enthaltende σ-Algebra genommen werden. Diese Menge besitzt aber bereits eine Mächtigkeit, die für die Anwendungen nicht geeignet ist (u.a. auch deshalb, weil die Begriffe und Methoden der Analysis im Wesentlichen auf Mengen aufgebaut sind, deren Mächtigkeit die des Kontinuums nicht überschreitet). Man bildet deshalb die kleinste σ-Algebra, die $\underline{I}$ als Teilmenge enthält, nämlich $\underline{B} = \underline{A}(\underline{I})$. Eine schematische Veranschaulichung wird im Bild 1.11 gezeigt.

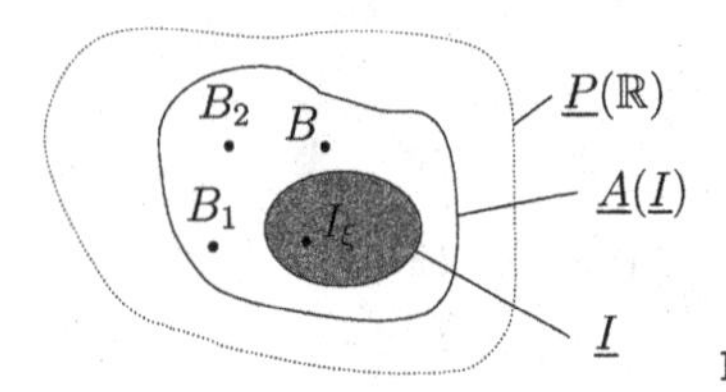

Bild 1.11: Zur Erläuterung des Begriffs Borel-Mengen-System

Aus Bild 1.11 ist ersichtlich, dass $\underline{B}$ außer den Elementen I_ξ aus $\underline{I}$ noch Elemente B enthält, die nicht zu $\underline{I}$ gehören. Solche Elemente sind z.B. die bereits erwähnten $B_1 = [\xi, \xi')$ bzw. $B_2 = \{\xi\}$ oder andere Teilmengen von $\mathbb{R}$, die sich durch Verknüpfungen (Vereinigung, Durchschnitt, Differenz usw.) solcher Elemente ergeben. Man nennt die Elemente B aus $\underline{B}$ *Borel-Mengen*.

Die Existenz einer kleinsten σ-Algebra $\underline{B} = \underline{A}(\underline{I})$ ist durch (1.10) gesichert. Dabei ist unwesentlich, dass sich $\underline{B}$ möglicherweise nicht explizit angeben lässt. Wesentlich ist, dass alle Ereignisse $X^{-1}(B)$ mit $B \in \underline{A}(\underline{I})$ zu $\underline{A}$ gehören. Das ergibt sich daraus, dass

$$\underline{A}(X^{-1}(\underline{I})) = X^{-1}(\underline{A}(\underline{I})) \subset \underline{A} \tag{1.65}$$

gilt, wie gezeigt werden kann.

Zusammenfassend kann also festgestellt werden: Das Wahrscheinlichkeitsmaß P eines gegebenen Wahrscheinlichkeitsraumes $(\Omega, \underline{A}, P)$ lässt sich von $\underline{A}$ auf das Borel-Mengen-System $\underline{B} = \underline{A}(\underline{I})$ übertragen, d.h. für alle $B \in \underline{B}$ gilt

$$P_X(B) = P(X^{-1}(B)) = P(\{\omega \mid X(\omega) \in B\}). \tag{1.66}$$

Die hierdurch definierte Abbildung (das Wahrscheinlichkeitsmaß)

$$P_X : \underline{B} \to [0,1] \tag{1.67}$$

heißt *Verteilung* der Zufallsgröße X.

Die Verteilung der Zufallsgröße X gibt die Wahrscheinlichkeit dafür an, dass die Zufallsgröße X einen Wert x aus der Menge $B \in \underline{B}$ annimmt:

$$P_X(B) = P\{X \in B\}. \tag{1.68}$$

Die Schreibweise $P\{X \in B\}$ in (1.68) ist wieder eine bequeme Abkürzung für (1.66).

Durch die Übertragung des Wahrscheinlichkeitsmaßes von $\underline{A}$ auf $\underline{B}$ haben wir einen neuen (speziellen) Wahrscheinlichkeitsraum

$$(\mathbb{R}, \underline{B}, P_X) \tag{1.69}$$

erhalten, worin $\mathbb{R}$ der Raum der Elementarereignisse, $\underline{B}$ der Ereignisraum und P_X das Wahrscheinlichkeitsmaß ist. Man kann diesen Wahrscheinlichkeitsraum auch selbständig (ohne Beziehung zu $(\Omega, \underline{A}, P)$) betrachten. Wir werden davon noch Gebrauch machen. Wir sagen dann: X ist eine (zufällige) Variable, die mit einer bestimmten Wahrscheinlichkeit $P_X(B)$ einen Wert x aus B annimmt. Zur Illustration des Begriffes Verteilung dient das folgende Beispiel.

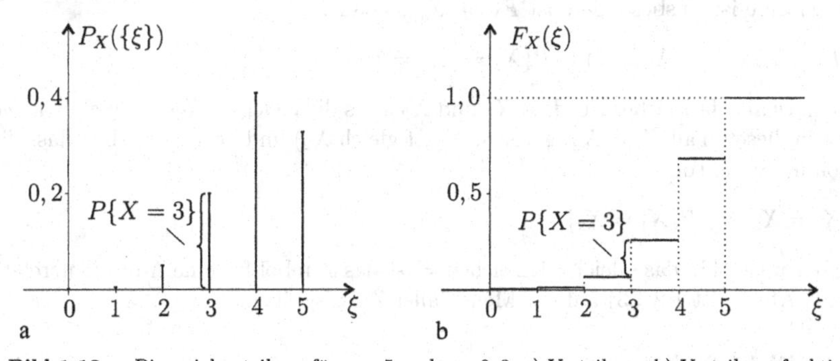

Bild 1.12: Binomialverteilung für $n = 5$ und $p = 0,8$: a) Verteilung; b) Verteilungsfunktion

Beispiel 1.20 Eine Zufallsgröße X genügt einer *Binomialverteilung*, falls

$$P_X(\{\xi\}) = P\{X = \xi\} = \binom{n}{\xi} p^{\xi}(1-p)^{n-\xi} \qquad (n \in \mathbb{N};\ \xi = 0, 1, 2, \ldots, n;\ p \in [0,1]). \tag{1.70}$$

Die Darstellung der Binomialverteilung für $n = 5$ und $p = 0,8$ zeigt Bild 1.12a. Der Ausdruck (1.70) gibt die Wahrscheinlichkeit dafür an, dass bei n unabhängigen Versuchen mit den Ausgängen „Ereignis A tritt ein“ oder „Ereignis A tritt nicht ein“ ($P(A) = p$, $P(\overline{A}) = 1 - p$) das Ereignis A ξ-mal eintritt (vgl. Übungsaufgabe 1.2-6).

Wir wollen nun den Zusammenhang zwischen Verteilung und Verteilungsfunktion noch etwas näher erläutern. Für die spezielle Borel-Menge $B = I_\xi \in \underline{B}$ folgt aus (1.68)

$$P_X(I_\xi) = P\{X \in I_\xi\} = F_X(\xi) \qquad \text{(vgl. (1.49))}$$

Das bedeutet, dass in der Teilmenge $\underline{I} \subset \underline{B}$ (vgl. Bild 1.11) die Verteilung P_X mit der Verteilungsfunktion F_X zusammenfällt. Für Elemente $B \in \underline{B}$, die nicht zu $\underline{I}$ gehören, kann die Wahrscheinlichkeit – wie die eingangs erwähnten Beispiele zeigten – durch die Verteilungsfunktion ausgedrückt werden, z.B.

$$\begin{aligned} B &= [\xi, \xi') : \ P_X(B) = F_X(\xi') - F_X(\xi) \qquad \text{(vgl. (1.60))} \\ B &= \{\xi\} : \ P_X(B) = F_X(\xi + 0) - F_X(\xi) \qquad \text{(vgl. (1.62))} \end{aligned}$$

usw. Das ist jedoch nicht für alle $B \in \underline{B}$ in elementarer Form möglich.

Aus der letzten Gleichung ergibt sich wegen $F_X(\xi) = F_X(\xi - 0)$ (vgl. (1.58)) noch

$$P_X(\{\xi\}) = P\{X = \xi\} = F_X(\xi + 0) - F_X(\xi - 0), \tag{1.71}$$

d.h. die Sprunghöhe der Verteilungsfunktion F_X an der Stelle ξ gibt die Wahrscheinlichkeit dafür an, dass die Zufallsgröße X den Wert ξ annimmt. Die Verteilungsfunktion für das oben angegebene Beispiel der Binomialverteilung ist in Bild 1.12b dargestellt.

Weiterhin sei noch folgendes bemerkt: Haben zwei Zufallsgrößen X_1 und X_2 gleiche Verteilungen bzw. gleiche Verteilungsfunktionen, so heißt das nicht, dass X_1 und X_2 (im Sinne der Analysis) identisch sind, selbst wenn der Wahrscheinlichkeitsraum in beiden Fällen derselbe ist. Insbesondere ist $F_{X_1} = F_{X_2}$, wenn

$$P(\{\omega \mid X_1(\omega) = X_2(\omega)\}) = P\{X_1 = X_2\} = 1$$

gilt, wenn es also fast sicher ist, dass X_1 und X_2 stets die gleichen Werte annehmen. Man schreibt in diesem Fall $X_1 \doteq X_2$ (gelesen: X_1 ist gleich X_2) und beachtet dabei, dass diese Relation im Sinne von

$$X_1 \doteq X_2 \ \Leftrightarrow \ P\{X_1 = X_2\} = 1 \tag{1.72}$$

zu verstehen ist, d.h. das Gleichheitszeichen $\doteq$ ist das Symbol für eine Äquivalenzrelation (vgl. [19], Abschnitt 1.2.1.3) auf der Menge aller Zufallsgrößen.

1.2.1.4 Dichtefunktion

Neben der Verteilungsfunktion F_X bzw. der Verteilung P_X kann eine Zufallsgröße X (gegebenenfalls) durch eine Dichtefunktion f_X beschrieben werden.

Eine Zufallsgröße X hat eine *Dichtefunktion* f_X (kurz: *Dichte*), wenn es eine integrierbare Abbildung $f_X : \mathbb{R} \to \mathbb{R}^+$ gibt, so dass die Verteilungsfunktion F_X durch

$$F_X(\xi) = \int_{-\infty}^{\xi} f_X(x)\,\mathrm{d}x \tag{1.73}$$

dargestellt werden kann.

In Bild 1.13 sind die Dichtefunktionen für die Zufallsgrößen mit den in Bild 1.9 (Abschnitt 1.2.1.2) skizzierten Verteilungsfunktionen aufgezeichnet.

Beispiel 1.21 Für eine Zufallsgröße X mit Normalverteilung (Bild 1.13a) erhält man die Dichtefunktion f_X:

$$f_X(x) = \frac{1}{\sqrt{2\pi}\,\sigma} \exp\left(-\frac{1}{2}\left(\frac{x-m}{\sigma}\right)^2\right) \qquad (\sigma > 0). \tag{1.74}$$

Beispiel 1.22 Eine gleichverteilte Zufallsgröße X (Bild 1.13b) hat die Dichtefunktion f_X:

$$f_X(x) = \begin{cases} \frac{1}{b-a} & \text{für } x \in (a, b], \\ 0 & \text{für } x \notin (a, b]. \end{cases} \tag{1.75}$$

Beispiel 1.23 Eine Zufallsgröße X ist einpunktverteilt (Bild 1.13c), falls

$$f_X(x) = \begin{cases} \infty & \text{für } x = a, \\ 0 & \text{für } x \neq a. \end{cases} \tag{1.76}$$

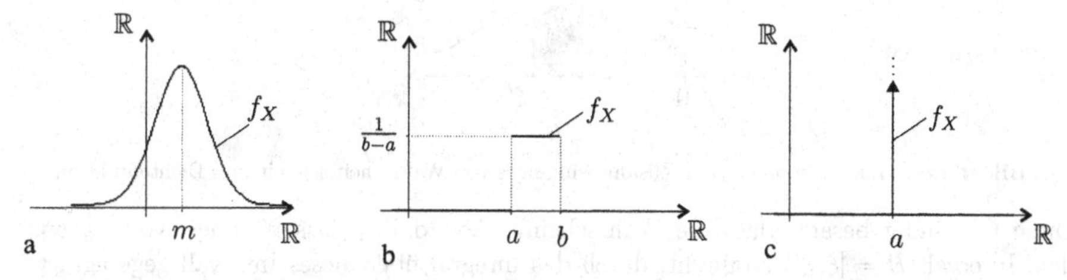

Bild 1.13: Dichtefunktionen: a) Normalverteilung; b) Gleichverteilung; c) Einpunktverteilung

Ergänzend zum letzten Beispiel sei bemerkt, dass man zur formalen Darstellung der Dichte der Einpunktverteilung (1.76) die δ-Funktion verwendet. Diese Funktion kann man aus der Dichte (1.75) als Grenzfall für $b \to a$ erhalten. Allgemeiner kann die Dichte einer beliebigen diskreten Zufallsgröße als Summe von δ-Funktionen mit bestimmten Gewichten dargestellt werden. Für das Beispiel der Binomialverteilung (1.70) erhält man z.B.

$$f_X(x) = \sum_{i=0}^{n} P\{X = i\}\delta(x - i) = \sum_{i=0}^{n} \binom{n}{i} p^i (1-p)^{n-i} \delta(x - i). \tag{1.77}$$

Nachfolgend seien noch die zwei charakteristischen Eigenschaften der Dichtefunktion f_X genannt:

a) Aus (1.56) folgt für beliebige x

$$f_X(x) \geq 0. \tag{1.78}$$

b) Aus (1.57) und (1.73) ergibt sich

$$\int_{-\infty}^{\infty} f_X(x)\,\mathrm{d}x = 1. \tag{1.79}$$

Diese beiden Eigenschaften sind – wie bereits erwähnt – für eine Dichtefunktion charakteristisch, d.h. jede Dichtefunktion hat diese Eigenschaften, und jede Funktion mit diesen Eigenschaften kann als Dichtefunktion einer Zufallsgröße X aufgefasst werden.

Aus (1.73) folgt weiterhin, falls f_X an der Stelle ξ stetig ist,

$$\frac{\mathrm{d}F_X(\xi)}{\mathrm{d}\xi} = f_X(\xi) \tag{1.80}$$

und mit (1.60) noch der Zusammenhang zwischen Verteilung, Verteilungsfunktion und Dichtefunktion

$$P\{X \in [\xi, \xi')\} = P_X([\xi, \xi')) = F_X(\xi') - F_X(\xi) = \int_{\xi}^{\xi'} f_X(x)\,\mathrm{d}x. \tag{1.81}$$

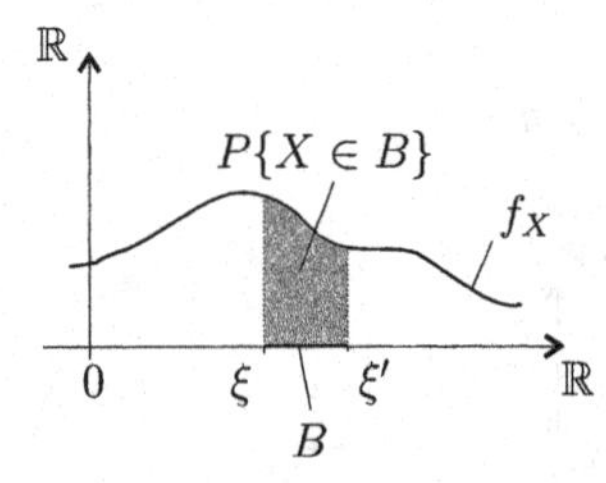

Bild 1.14: Zur Erläuterung des Zusammenhanges von Wahrscheinlichkeit und Dichtefunktion

Diese Gleichung besagt, dass die Wahrscheinlichkeit dafür, dass X einen Wert x aus dem Intervall $B = [\xi, \xi')$ annimmt, durch das Integral über dieses Intervall gegeben ist. Das ist, geometrisch interpretiert, die Fläche unter der Dichtefunktion über dem Intervall $B = [\xi, \xi')$ (Bild 1.14). Handelt es sich um ein kleines Intervall (d.h. $\xi' = \xi + \mathrm{d}\xi$), so gilt näherungsweise mit (1.81)

$$P\{X \in [\xi, \xi')\} \approx f_X(\xi)\,\mathrm{d}\xi \tag{1.82}$$

bzw.

$$P\{X \in \mathrm{d}\xi\} \approx f_X(\xi)\,\mathrm{d}\xi. \tag{1.83}$$

Aus dieser Gleichung kann die inhaltliche Bedeutung der Dichte f_X besonders gut entnommen werden.

1.2.2 Mehrdimensionale Zufallsgrößen

1.2.2.1 Verteilungsfunktion

In den Anwendungen hat man es häufig mit Situationen zu tun, in denen einem Elementarereignis nicht nur eine, sondern zwei oder mehrere Zahlen zugeordnet sind. So ist z.B. einem Treffer auf einer Schießscheibe ein Zahlenpaar (x_1, x_2) zugeordnet, wenn man die Schießscheibe mit einem kartesischen Koordinatensystem versieht. Führt man einen

Wurf mit n Würfeln aus, so ist jedem Elementarereignis ein n-Tupel $(x_1, x_2, \ldots, x_n)$ von Augenzahlen zugeordnet. Ähnliche Situationen liegen auch in vielen anderen Beispielen vor.

Die Ausführungen des Abschnitts 1.2.1 lassen sich nun mit dem Hintergrund der oben genannten Beispiele verallgemeinern und führen zum Begriff der mehrdimensionalen Zufallsgröße. Das geschieht formal durch Bildung des direkten Produktes (vgl. [22], Abschnitt 1.2.3.1) von n eindimensionalen Zufallsgrößen mittels der folgenden Definition.

Definition 1.4 Das direkte Produkt

$$X = \langle X_1, X_2, \ldots, X_n \rangle \tag{1.84}$$

von n Zufallsgrößen

$$X_i : \Omega \to \mathbb{R},\ X_i(\omega) = x_i \qquad (i = 1, 2, \ldots, n)$$

heißt *n-dimensionale Zufallsgröße* oder (n-dimensionaler) *zufälliger Vektor*.

Ein zufälliger Vektor ist also eine Abbildung

$$X : \Omega \to \mathbb{R}^n,\ X(\omega) = (X_1(\omega), X_2(\omega), \ldots, X_n(\omega)) = (x_1, x_2, \ldots, x_n) = x, \tag{1.85}$$

durch die jedem Elementarereignis $\omega \in \Omega$ ein n-Tupel $x = (x_1, x_2, \ldots, x_n)$ von reellen Zahlen zugeordnet ist. Konstruiert man aus n Intervallen I_{ξ_i} $(i = 1, 2, \ldots, n)$ nach (1.43) ein n-dimensionales Intervall

$$I_\xi = I_{\xi_1} \times I_{\xi_2} \times \ldots \times I_{\xi_n} \subset \mathbb{R}^n,$$

so ist sein Urbild

$$X^{-1}(I_\xi) = X_1^{-1}(I_{\xi_1}) \cap X_2^{-1}(I_{\xi_2}) \cap \ldots \cap X_n^{-1}(I_{\xi_n})$$

wieder ein Element des Ereignisraumes $\underline{A}$ (vgl. (1.46)).

Beispiel 1.24 Beim Würfeln mit drei (verschiedenfarbigen) Würfeln enthält man insgesamt $6^3 = 216$ Elementarereignisse. Im einfachsten Fall kann eine dreidimensionale Zufallsgröße dadurch definiert werden, dass jedem Elementarereignis das Tripel (x_1, x_2, x_3) der gewürfelten Augenzahlen zugeordnet wird. Auf diese Weise erhält man eine Abbildung

$$X : \Omega \to \mathbb{R}^3,\ X(\omega) = (x_1, x_2, x_3) = x$$

mit den oben angegebenen Eigenschaften. Der Ereignisraum $\underline{A} = \underline{P}(\Omega)$ enthält in diesem Beipiel bereits 2^{216} zufällige Ereignisse.

Für einen zufälligen Vektor lässt sich nach dem Vorbild der eindimensionalen Zufallsgröße (Abschnitt 1.2.1.2) ebenfalls eine Verteilungsfunktion definieren. Analog zu (1.49) ist

$$P_X(I_{\xi_1} \times I_{\xi_2} \times \ldots \times I_{\xi_2}) = F_X(\xi_1, \xi_2, \ldots, \xi_n) \tag{1.86}$$

und analog zu (1.51) gilt

$$F_X(\xi_1, \xi_2, \ldots, \xi_n) = P(\{\omega \,|\, X_1(\omega) < \xi_1, X_2(\omega) < \xi_2, \ldots, X_n(\omega) < \xi_n\}). \tag{1.87}$$

Unter Verwendung der bequemeren Schreibweise (vgl. (1.52)) für die rechte Seite dieser Gleichung gilt also:

Der Wert $F_X(\xi_1, \ldots, \xi_n)$ der Verteilungsfunktion F_X des zufälligen Vektors $X = \langle X_1, \ldots, X_n \rangle$ an der Stelle $(\xi_1, \ldots, \xi_n)$ gibt die Wahrscheinlichkeit dafür an, dass X_1 einen Wert $x_1 = X_1(\omega)$ kleiner als ξ_1 und X_2 einen Wert $x_2 = X_2(\omega)$ kleiner als ξ_2 usw. annimmt, in Zeichen

$$F_X(\xi_1, \ldots, \xi_n) = P\{X_1 < \xi_1, \ldots, X_n < \xi_n\}. \tag{1.88}$$

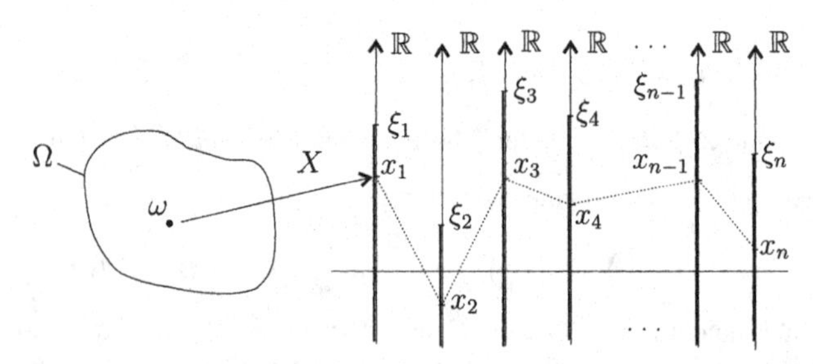

Bild 1.15: Zur Erläuterung des Begriffes Verteilungsfunktion bei einem zufälligen Vektor

Bild 1.15 soll diese Aussage veranschaulichen. Setzt man zur Abkürzung noch $\xi = (\xi_1, \xi_2, \ldots, \xi_n)$ und $(X < \xi) = (X_1 < \xi_1, X_2 < \xi_2, \ldots, X_n < \xi_n)$, so lautet (1.88) kürzer

$$F_X(\xi) = P\{X < \xi\}, \tag{1.89}$$

womit noch die formale Übereinstimmung mit dem eindimensionalen Fall (vgl. (1.52)) hergestellt ist.

Wir werden uns bei den weiteren Ausführungen hauptsächlich auf den Spezialfall $n = 2$ konzentrieren und nur gelegentlich auf den allgemeineren Fall beliebiger n zurückkommen. Die Symbolik wird dabei aber so angelegt, dass die für den eindimensionalen Fall erhaltenen Ergebnisse bei geeigneter Interpretation weitestgehend in der gleichen Form für beliebige n gültig bleiben (vgl. (1.52)) und (1.89)).

Wir notieren nun noch die Eigenschaften der Verteilungsfunktion einer zweidimensionalen Zufallsgröße $X = \langle X_1, X_2 \rangle$:

a) Die Verteilungsfunktion F_X ist eine nichtfallende Funktion in jeder Variablen, d.h. für $\xi_1' > \xi_1$ und $\xi_2' > \xi_2$ gilt

$$\big(F_X(\xi_1', \xi_2') - F_X(\xi_1', \xi_2)\big) - \big(F_X(\xi_1, \xi_2') - F_X(\xi_1, \xi_2)\big) \geq 0. \tag{1.90}$$

b) Es gilt

$$\lim_{\xi_i \to -\infty} F_X(\xi_1, \xi_2) = 0 \qquad (i \in \{1, 2\}) \tag{1.91}$$

und

$$\lim_{\xi_1\to\infty,\,\xi_2\to\infty} F_X(\xi_1,\xi_2) = 1. \tag{1.92}$$

Das bedeutet: Die Verteilungsfunktion F_X nimmt den Wert 0 an, wenn wenigstens eine der Variablen gegen $-\infty$ strebt; sie nimmt den Wert 1 an, wenn alle Variablen gegen $+\infty$ streben.

c) Die Verteilungsfunktion F_X ist linksseitig stetig in jeder Variablen, d.h. es gilt

$$F_X(\xi_1,\xi_2) = F_X(\xi_1-0,\xi_2) = F_X(\xi_1,\xi_2-0). \tag{1.93}$$

1.2.2.2 Verteilung

Im Abschnitt 1.2.1.3 wurde die Übertragung des Wahrscheinlichkeitsmaßes P des Ereignisraumes $\underline{A}$ auf allgemeinere Teilmengen von $\mathbb{R}$ (Borel-Mengen B) betrachtet und der Begriff der Verteilung definiert. Auf ähnliche Weise lässt sich zeigen, dass eine solche Wahrscheinlichkeitsübertragung auch auf allgemeinere Teilmengen von $\mathbb{R}^n$ möglich ist.

Wir folgen den Ausführungen von Abschnitt 1.2.1.3 nun zunächst für den Sonderfall $n = 2$.

Die kleinste σ-Algebra (vgl. (1.5) bis (1.7) und (1.10)), welche die Menge aller Intervalle $I_{\xi_1} \times I_{\xi_2}$ (vgl. Bild 1.16a)

$$\underline{I}_2 = \{I_\xi \mid \xi = (\xi_2, \xi_2) \in \mathbb{R}^2\}$$

als „interessierende Ereignisse“ enthält, bezeichnen wir mit

$$\underline{B}^2 = \underline{A}(\underline{I}_2).$$

Die Elemente B des Borel-Mengen-Systems $\underline{B}^2$ sind bereits sehr allgemeine Punktmengen der Ebene. In Bild 1.16b sind einige weitere Beispiele dargestellt.

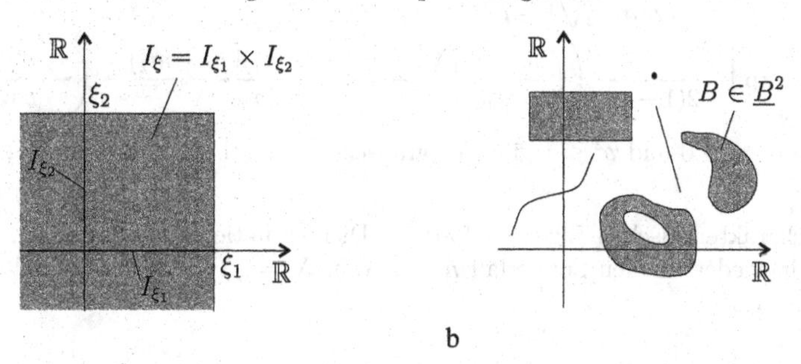

Bild 1.16: Borel-Mengen der Ebene: a) halboffenes Intervall ($n = 2$); b) spezielle Borel-Mengen

Da wegen der Beziehung (1.65) die Urbilder der Elemente $B \in \underline{B}^2$ wieder zufällige Ereignisse in $\underline{A}$ sind, gilt analog zu (1.66)

$$P_{(X_1,X_2)}(B) = P(\{\omega \mid (X_1(\omega), X_2(\omega)) \in B\}) \tag{1.94}$$

oder kurz

$$P_X(B) = P(\{\omega \mid X(\omega) \in B\}). \tag{1.95}$$

Die so definierte Abbildung

$$P_X : \underline{B}^2 \to [0,1] \tag{1.96}$$

ist ein Wahrscheinlichkeitsmaß auf $\underline{B}^2$ und heißt *Verteilung* von $X = \langle X_1, X_2 \rangle$.

Die Verallgemeinerung für beliebige n ist nun naheliegend: Die Verteilung P_X des zufälligen Vektors $X = \langle X_1, \ldots, X_n \rangle$ gibt die Wahrscheinlichkeit $P_X(B)$ dafür an, dass X einen Wert $x = (x_1, \ldots, x_n)$ aus der Menge $B \in \underline{B}^n = \underline{A}(\underline{I}_n)$ annimmt:

$$P_X(B) = P\{X \in B\}. \tag{1.97}$$

Analog dem Fall $n = 1$ (vgl. (1.69)) ist dann

$$(\mathbb{R}^n, \underline{B}^n, P_X) \tag{1.98}$$

ein spezieller Wahrscheinlichkeitsraum mit $\mathbb{R}^n$ als Raum der Elementarereignisse, dem Ereignisraum $\underline{B}^n$ und dem Wahrscheinlichkeitsmaß P_X.

1.2.2.3 Dichtefunktion

Der zufällige Vektor $X = \langle X_1, \ldots, X_n \rangle$ hat eine Dichtefunktion f_X, wenn seine Verteilungsfunktion F_X durch das n-fache Integral

$$F_X(\xi_1, \ldots, \xi_n) = \int_{-\infty}^{\xi_1} \cdots \int_{-\infty}^{\xi_n} f_X(x_1, \ldots, x_n)\, \mathrm{d}x_1 \ldots \mathrm{d}x_n \tag{1.99}$$

dargestellt werden kann.

Beispiel 1.25 Ein zufälliger Vektor $X = \langle X_1, X_2 \rangle$ heißt normalverteilt, falls

$$f_X(x_1, x_2) = \frac{1}{2\pi\sigma_1\sigma_2\sqrt{1-\varrho^2}} \cdot \tag{1.100}$$

$$\cdot \exp\left[-\frac{1}{2(1-\varrho^2)}\left(\left(\frac{x_1 - m_1}{\sigma_1}\right)^2 - 2\varrho\frac{(x_1 - m_1)(x_2 - m_2)}{\sigma_1\sigma_2} + \left(\frac{x_2 - m_2}{\sigma_2}\right)^2\right)\right]$$

mit $\sigma_1 > 0, \sigma_1 > 0$ und $\varrho^2 \le 1$ gilt. Die grafische Veranschaulichung von $f_X(x_1, x_2)$ zeigt Bild 1.17.

Die charakteristischen Eigenschaften der Dichtefunktion eines zufälligen Vektors notieren wir wieder für den Sonderfall $n = 2$, d.h. $X = \langle X_1, X_2 \rangle$. Hier erhalten wir (vgl. (1.78) bis (1.80)):

a) $$f_X(x_1, x_2) \ge 0. \tag{1.101}$$

b) $$\int_{-\infty}^{\infty} \int_{-\infty}^{\infty} f_X(x_1, x_2)\, \mathrm{d}x_1 \mathrm{d}x_2 = 1. \tag{1.102}$$

c) $$\frac{\partial^2}{\partial\xi_1 \partial\xi_2} F_X(\xi_1, \xi_2) = f_X(\xi_1, \xi_2). \tag{1.103}$$

Die letzte Gleichung folgt aus (1.99), falls f_X an der Stelle $\xi = (\xi_1, \xi_2)$ stetig ist. Entsprechende Gleichungen erhält man auch für $X = \langle X_1, X_2, \ldots, X_n \rangle$.

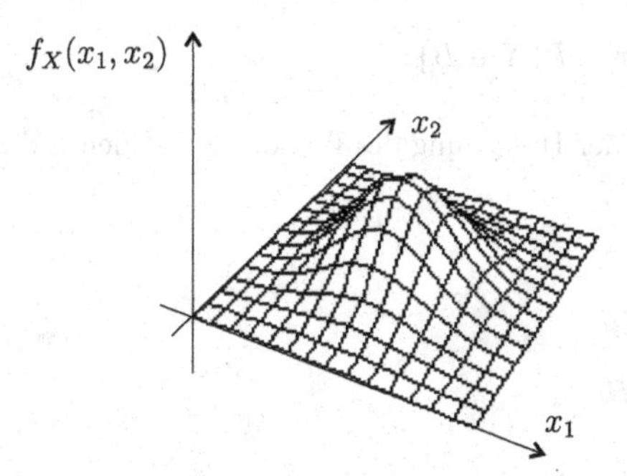

Bild 1.17: Dichtefunktion der zweidimensionalen Normalverteilung

Die Wahrscheinlichkeit dafür, dass $X = \langle X_1, X_2 \rangle$ einen Wert aus dem Rechteck $B_1 \times B_2$ annimmt (Bild 1.18), ergibt sich aus

$$P_X(B_1 \times B_2) = \int_{B_1} \int_{B_2} f_X(x_1, x_2)\, \mathrm{d}x_1 \mathrm{d}x_2.$$

Für $B_1 = [\xi_1, \xi_1')$ und $B_2 = [\xi_2, \xi_2')$ erhält man insbesondere

$$P_X(B_1 \times B_2) = \big(F_X(\xi_1', \xi_2') - F_X(\xi_1', \xi_2)\big) - \big(F_X(\xi_1, \xi_2') - F_X(\xi_1, \xi_2)\big). \tag{1.104}$$

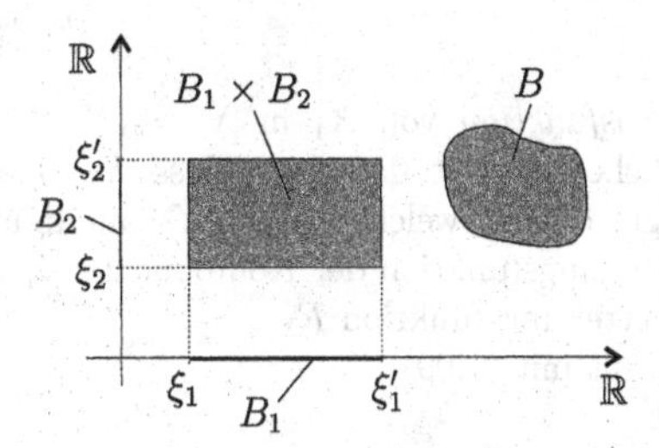

Bild 1.18: Spezielle Borel-Mengen der Ebene

Geometrisch interpretiert, ist diese Wahrscheinlichkeit das Volumen, das über der Rechteckfläche $B_1 \times B_2$ von der Dichtefunktion eingeschlossen wird.

Diese Deutung trifft nicht nur für ein rechteckiges Gebiet (wie z.B. $B_1 \times B_2$) zu, sondern gilt ganz allgemein für ein beliebiges Gebiet B (Bild 1.18):

$$P_X(B) = \int\int_B f_X(x_1, x_2)\, \mathrm{d}x_1 \mathrm{d}x_2 = P\{\langle X_1, X_2 \rangle \in B\}. \tag{1.105}$$

Die Verallgemeinerung von (1.105) für beliebige n besagt: Hat der zufällige Vektor $X = \langle X_1, \ldots, X_n \rangle$ die Dichtefunktion f_X, so wird die Wahrscheinlichkeit dafür, dass X einen

Wert aus B annimmt, durch das n-dimensionale Integral von f_X über B berechnet, d.h. es gilt die fundamentale Formel (in Kurzform):

$$P_X(B) = \int_B f_X(x)\,\mathrm{d}x = P\{X \in B\}. \tag{1.106}$$

Für „kleine Gebiete“ B in der Umgebung des Punktes ξ mit dem Inhalt

$$|B| = \int_B \mathrm{d}x$$

gilt näherungsweise

$$P\{X \in B\} \approx f_X(\xi)|B|. \tag{1.107}$$

1.2.3 Bedingte Verteilungen

1.2.3.1 Randverteilungsfunktion

Von einem zufälligen Vektor $X = \langle X_1, X_2 \rangle$ mit der Verteilungsfunktion F_X sind folgende Grenzwerte von besonderem Interesse:

$$\begin{aligned} \lim_{\xi_2 \to \infty} F_X(\xi_1, \xi_2) &= F_X(\xi_1, \infty) = P\{X_1 < \xi_1, X_2 < \infty\} \\ &= P_X(I_{\xi_1} \times \mathbb{R}) = P_{X_1}(I_{\xi_1}) = P\{X_1 < \xi_1\} \\ &= F_{X_1}(\xi_1). \end{aligned} \tag{1.108}$$

Analog hierzu erhält man

$$\lim_{\xi_1 \to \infty} F_X(\xi_1, \xi_2) = F_{X_2}(\xi_2). \tag{1.109}$$

Die Verteilungsfunktion F_{X_1} heißt *Randverteilungsfunktion* von X_1 in $X = \langle X_1, X_2 \rangle$. Der Wert $F_{X_1}(\xi_1)$ gibt an, wie groß die Wahrscheinlichkeit dafür ist, dass X_1 einen Wert annimmt, der kleiner als ξ_1 ist, unabhängig davon, welchen Wert X_2 annimmt. Die Randverteilungsfunktion F_{X_1} ist also die Verteilungsfunktion der Komponente X_1 in $X = \langle X_1, X_2 \rangle$. Entsprechendes gilt für die Randverteilungsfunktion F_{X_2}.

Hat $X = \langle X_1, X_2 \rangle$ eine Dichtefunktion f_X, so gilt mit (1.99)

$$F_{X_1}(\xi_1) = F_X(\xi_1, \infty) = \int_{-\infty}^{\xi_1} \int_{-\infty}^{\infty} f_X(x_1, x_2)\,\mathrm{d}x_1 \mathrm{d}x_2 = \int_{-\infty}^{\xi_1} f_{X_1}(x_1)\,\mathrm{d}x_1 \tag{1.110}$$

und analog

$$F_{X_2}(\xi_2) = \int_{-\infty}^{\xi_2} f_{X_2}(x_2)\,\mathrm{d}x_2. \tag{1.111}$$

Aus diesen Gleichungen liest man ab, dass

$$f_{X_1}(x_1) = \int_{-\infty}^{\infty} f_X(x_1, x_2)\,\mathrm{d}x_2 \tag{1.112}$$

bzw.

$$f_{X_2}(x_2) = \int_{-\infty}^{\infty} f_X(x_1, x_2)\,\mathrm{d}x_1 \tag{1.113}$$

gilt. Man nennt f_{X_1} *Randdichtefunktion* (kurz: *Randdichte*) von X_1 in $X = \langle X_1, X_2\rangle$. Ebenso ist f_{X_2} die Randdichte von X_2 in $X = \langle X_1, X_2\rangle$. Die definierten Begriffe lassen sich noch verallgemeinern. Wir betrachten dazu das nachfolgende Beispiel.

Beispiel 1.26 Gegeben sei ein zufälliger Vektor $X = \langle X_1, X_2, X_3, X_4\rangle$ mit der Verteilungsfunktion F_X und der Dichte f_X. Bilden wir

$$\begin{aligned} F_X(\xi_1, \infty, \xi_3, \infty) &= P\{X_1 < \xi_1, X_2 < \infty, X_3 < \xi_3, X_4 < \infty\} \\ &= \int_{-\infty}^{\xi_1}\int_{-\infty}^{\infty}\int_{-\infty}^{\xi_3}\int_{-\infty}^{\infty} f_X(x_1, x_2, x_3, x_4)\,\mathrm{d}x_1\mathrm{d}x_2\mathrm{d}x_3\mathrm{d}x_4 \\ &= F_{\langle X_1, X_3\rangle}(\xi_1, \xi_3), \end{aligned} \tag{1.114}$$

so ist $F_{\langle X_1, X_3\rangle}$ die Randverteilungsfunktion von $\langle X_1, X_3\rangle$ in $X = \langle X_1, X_2, X_3, X_4\rangle$. Aus (1.114) und

$$F_{\langle X_1, X_3\rangle}(\xi_1, \xi_3) = \int_{-\infty}^{\xi_1}\int_{-\infty}^{\xi_3} f_{\langle X_1, X_3\rangle}(x_1, x_3)\,\mathrm{d}x_1\mathrm{d}x_3 \tag{1.115}$$

liest man ab, dass $\langle X_1, X_3\rangle$ die Randdichte $f_{\langle X_1, X_3\rangle}$ hat und

$$f_{\langle X_1, X_3\rangle}(x_1, x_3) = \int_{-\infty}^{\infty}\int_{-\infty}^{\infty} f_X(x_1, x_2, x_3, x_4)\,\mathrm{d}x_2\mathrm{d}x_4 \tag{1.116}$$

gilt. Auf ähnliche Weise lassen sich beliebige Randverteilungsfunktionen bzw. -dichten eines zufälligen Vektors $X = \langle X_1, \ldots, X_n\rangle$ bestimmen.

1.2.3.2 Bedingte Verteilungsfunktion

Gegeben sei ein zweidimensionaler zufälliger Vektor $X = \langle X_1, X_2\rangle$ und der Wahrscheinlichkeitsraum $(\mathbb{R}^2, \underline{B}^2, P_X)$. In diesem Wahrscheinlichkeitsraum ist $\mathbb{R}^2$ der Raum der Elementarereignisse, $\underline{B}^2$ der Ereignisraum und P_X das Wahrscheinlichkeitsmaß, durch welches jedem Element $B \in \underline{B}^2$ eine Wahrscheinlichkeit $P_X(B)$ zugeordnet ist. Die Elemente B aus $\underline{B}^2$ sind die bereits erwähnten Borel-Mengen der Ebene (vgl. Bild 1.16), und das Ereignis B besteht darin, dass $X = \langle X_1, X_2\rangle$ einen Wert (x_1, x_2) aus der Menge B annimmt.

Wir wollen nun die Wahrscheinlichkeit dafür bestimmen, dass $X = \langle X_1, X_2\rangle$ einen Wert aus $I_\xi = I_{\xi_1} \times I_{\xi_2}$ annimmt, unter der Bedingung, dass das Ereignis B eingetreten ist (X einen Wert aus der Menge B angenommen hat) (Bild 1.19). Zu diesem Zweck erweitern wir den Begriff der Verteilungsfunktion und schreiben anstelle (1.86) für $n = 2$

$$F_X(\xi_1, \xi_2 \,|\, B) = P\{X_1 < \xi_1, X_2 < \xi_2 \,|\, B\} = P_X(I_{\xi_1} \times I_{\xi_2} \,|\, B) = P_X(I_\xi \,|\, B). \tag{1.117}$$

Damit erhalten wir die folgende Definition:

Definition 1.5 Die Abbildung $F_X(\cdot \mid B)$ heißt Verteilungsfunktion des zufälligen Vektors X unter der Bedingung B, kurz: *bedingte Verteilungsfunktion* von X.
(Zur Schreibweise: An die Stelle des Punktes ist das Argument der Funktion einzusetzen, wenn der Funktionswert berechnet werden soll.)

Mit (1.33) folgt aus (1.117) weiter

$$P_X(I_\xi \mid B) = \frac{P_X(I_\xi \cap B)}{P_X(B)}, \tag{1.118}$$

und mit Hilfe von (1.106) gilt (falls X die Dichte f_X hat)

$$F_X(\xi_1, \xi_2 \mid B) = \frac{\int\int_{I_\xi \cap B} f_X(x_1, x_2)\,\mathrm{d}x_1\mathrm{d}x_2}{\int\int_B f_X(x_1, x_2)\,\mathrm{d}x_1\mathrm{d}x_2} = P\{X_1 < \xi_1, X_2 < \xi_2 \mid X \in B\} \tag{1.119}$$

oder kurz

$$F_X(\xi \mid B) = \frac{\int_{I_\xi \cap B} f_X(x)\,\mathrm{d}x}{\int_B f_X(x)\,\mathrm{d}x} = P\{X < \xi \mid X \in B\}. \tag{1.120}$$

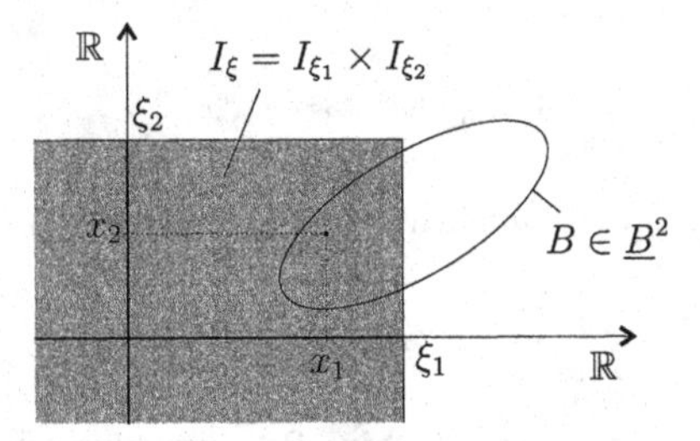

Bild 1.19: Zur Erläuterung des Begriffs „bedingte Verteilungsfunktion"

Die Formel (1.120) gilt bei entsprechender Interpretation nicht nur für $X = \langle X_1, X_2 \rangle$, sondern für beliebige $X = \langle X_1, \ldots, X_n \rangle$.

Wir untersuchen nun noch den Sonderfall, dass in (1.120) $I_\xi = I_{\xi_1} \times I_\infty$ und $B = [-\infty, \infty) \times [\xi_2, \xi_2 + \varepsilon) = B_\varepsilon$ gilt (Bild 1.20). Dann folgt aus (1.119)

$$F_X(\xi_1, \infty \mid B_\varepsilon) = \frac{\int_{-\infty}^{\xi_1} \int_{\xi_2}^{\xi_2+\varepsilon} f_X(x_1, x_2)\,\mathrm{d}x_1\mathrm{d}x_2}{\int_{-\infty}^{\infty} \int_{\xi_2}^{\xi_2+\varepsilon} f_X(x_1, x_2)\,\mathrm{d}x_1\mathrm{d}x_2}$$

bzw. nach Vertauschen der Integrationsreihenfolge,

$$F_X(\xi_1, \infty \mid B_\varepsilon) = \frac{\int_{\xi_2}^{\xi_2+\varepsilon} \left(\int_{-\infty}^{\xi_1} f_X(x_1, x_2)\,\mathrm{d}x_1 \right) \mathrm{d}x_2}{\int_{\xi_2}^{\xi_2+\varepsilon} f_{X_2}(x_2)\,\mathrm{d}x_2}, \tag{1.121}$$

wenn im Nenner noch mit

$$f_{X_2}(x_2) = \int_{-\infty}^{\infty} f_X(x_1, x_2)\,\mathrm{d}x_1$$

die Randdichtefunktion f_{X_2} eingesetzt wird.

Führt man nun noch den Grenzübergang $\varepsilon \to 0$ aus, so erhält man nach Differenziation von Zähler und Nenner in (1.121) nach ε (Regel von l'Hospital)

$$\lim_{\varepsilon\to 0} F_X(\xi_1, \infty \,|\, B_\varepsilon) = F_X(\xi_1, \infty \,|\, B_0) = \int_{-\infty}^{\xi_1} \frac{f_X(x_1, \xi_2)}{f_{X_2}(\xi_2)}\, \mathrm{d}x_1 = P\{X_1 < \xi_1 \,|\, X_2 = \xi_2\}. \tag{1.122}$$

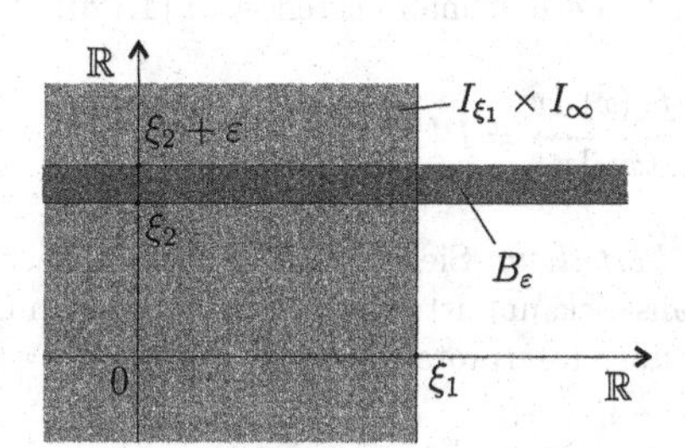

Bild 1.20: Zur Erläuterung des Begriffs „bedingte Randverteilungsfunktion“

Man setzt nun zur Vereinfachung der Schreibweise

$$F_X(\xi_1, \infty \,|\, B_0) = F_{X_1}(\xi_1 \,|\, \xi_2)$$

und schreibt anstelle von (1.122)

$$F_{X_1}(\xi_1 \,|\, \xi_2) = \int_{-\infty}^{\xi_1} f_{X_1}(x_1 \,|\, \xi_2)\, \mathrm{d}x_1 = P\{X_1 < \xi_1 \,|\, X_2 = \xi_2\}. \tag{1.123}$$

Die Funktion $F_{X_1}(\cdot \,|\, \xi_2)$ ist die *bedingte Randverteilungsfunktion* von X_1 aus $\langle X_1, X_2\rangle$. Sie gibt die Wahrscheinlichkeit dafür an, dass X_1 einen Wert annimmt, der kleiner als ξ_1 ist – unter der Bedingung, dass X_2 den Wert ξ_2 angenommen hat.

Die zugehörige *bedingte Randdichtefunktion* $f_{X_1}(\cdot \,|\, \xi_2)$ erhält man durch Vergleich der Integranden in (1.122) und (1.123), d.h. es ist für beliebige $\xi_2 = x_2$ (vgl. auch (1.33))

$$f_{X_1}(x_1 \,|\, x_2) = \frac{f_X(x_1, x_2)}{f_{X_2}(x_2)}. \tag{1.124}$$

Die für zweidimensionale zufällige Vektoren definierten bedingten Verteilungs- bzw. Dichtefunktionen lassen sich nun auch für den Fall mehrdimensionaler zufälliger Vektoren $X = \langle X_1, \ldots, X_n\rangle$ erweitern.

Beispiel 1.27 Für den zufälligen Vektor $X = \langle X_1, X_2, X_3, X_4\rangle$ ist durch

$$\begin{aligned} F_{\langle X_1,X_2\rangle}(\xi_1, \xi_2 \,|\, \xi_3, \xi_4) &= \int_{-\infty}^{\xi_1}\int_{-\infty}^{\xi_2} f_{\langle X_1,X_2\rangle}(x_1, x_2 \,|\, \xi_3, \xi_4)\, \mathrm{d}x_1 \mathrm{d}x_2 \\ &= P\{X_1 < \xi_1, X_2 < \xi_2 \,|\, X_3 = \xi_3, X_4 = \xi_4\} \end{aligned}$$

eine bedingte Randverteilungsfunktion von $\langle X_1, X_2\rangle$ in X gegeben. Die zugehörige bedingte Randdichte ergibt sich aus

$$f_{\langle X_1,X_2\rangle}(x_1, x_2 \mid x_3, x_4) = \frac{f_X(x_1, x_2, x_3, x_4)}{f_{\langle X_3,X_4\rangle}(x_3, x_4)}.$$

Eine Verallgemeinerung von (1.120) erhält man, wenn man in Bild 1.19 anstelle der Menge $I_\xi = I_{\xi_1} \times I_{\xi_2}$ eine allgemeinere Menge $B_1 \in \underline{B}^2$ betrachtet. Bild 1.21 zeigt ein solches Beispiel. In diesem Fall erhält man anstelle von (1.120)

$$P_X(B_1 \mid B) = \frac{\int_{B_1 \cap B} f_X(x)\,\mathrm{d}x}{\int_B f_X(x)\,\mathrm{d}x} = P\{X \in B_1 \mid X \in B\}. \tag{1.125}$$

$P_X(\cdot \mid B)$ ist die *bedingte Verteilung.* Sie gibt die Wahrscheinlichkeit dafür an, dass X in das Gebiet B_1 fällt, falls bekannt ist, dass X einen Wert aus B angenommen hat. (1.125) gilt bei entsprechender Interpretation nicht nur für $X = \langle X_1, X_2\rangle$, sondern auch für beliebige $X = \langle X_1, \dots, X_n\rangle$.

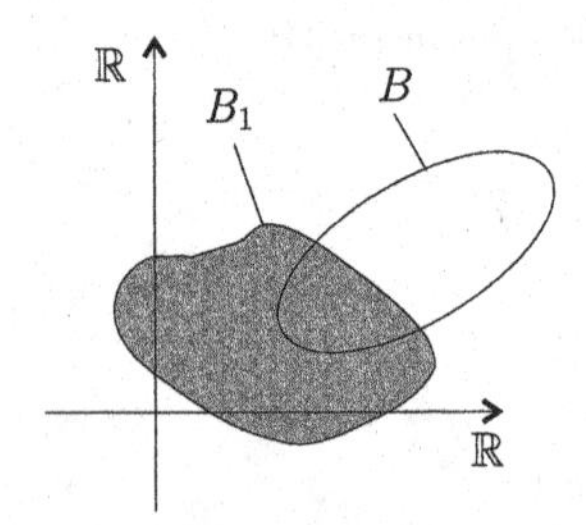

Bild 1.21: Zur Erläuterung des Begriffs „bedingte Verteilung"

1.2.3.3 Unabhängige Zufallsgrößen

Ist ein zufälliger Vektor $X = \langle X_1, \dots, X_n\rangle$ mit der Verteilungsfunktion F_X gegeben, so sagt man:
Die Zufallsgrößen $X_1, X_2, \dots, X_n$ in X sind genau dann *unabhängig*, wenn gilt

$$F_X(\xi_1, \xi_2, \dots, \xi_n) = F_{X_1}(\xi_1) F_{X_2}(\xi_2) \cdots F_{X_n}(\xi_n). \tag{1.126}$$

Bei unabhängigen Zufallsgrößen ist die gemeinsame Verteilungsfunktion F_X also durch das Produkt der Randverteilungsfunktionen darstellbar. Die Definition der Unabhängigkeit von Zufallsgrößen ist so gewählt, dass sie auf die Unabhängigkeit von zufälligen Ereignissen zurückgeführt werden kann, d.h. die Urbilder $X_i^{-1}(I_{\xi_i}) = A_{\xi_i}$, $(i = 1, 2, \dots, n)$ sind vollständig unabhängige Ereignisse (vgl. (1.41)). Hat der zufällige Vektor X eine Dichte f_X, so gilt (1.126) entsprechend auch für die Dichtefunktionen:

$$f_X(x_1, x_2, \dots, x_n) = f_{X_1}(x_1) f_{X_2}(x_2) \cdots f_{X_n}(x_n). \tag{1.127}$$

1.2.4 Momente

1.2.4.1 Erwartungswert

In den vorangegangenen Abschnitten wurden Zufallsgrößen durch ihre Verteilungen, ihre Verteilungsfunktionen oder ihre Dichtefunktionen beschrieben. Diese Funktionen sind aber bei Anwendungen oft unbekannt und auch messtechnisch schwer erfassbar. Es kommt also darauf an, solche Parameter (Kenngrößen) der Zufallsgrößen zu finden, die einerseits leicht gemessen werden können und mit deren Hilfe andererseits auf die Verteilungs- bzw. Dichtefunktion – zumindest näherungsweise – geschlossen werden kann. Solche Parameter sind teils sehr einfache, teils aber auch kompliziertere Mittelwerte der Zufallsgrößen, die man als *Momente* bezeichnet. Zur Lösung vieler Aufgaben der Wahrscheinlichkeitsrechnung genügt oft schon die Kenntnis einiger dieser Momente.

Wir beginnen zunächst mit einer eindimensionalen diskreten Zufallsgröße X, die nur die Werte $x_1, x_2, \ldots, x_m$ annehmen kann. Werden nun n Versuche durchgeführt, so kann folgendes Resultat beobachtet werden:

x_1 tritt k_1-mal auf,
x_2 tritt k_2-mal auf,
$\vdots$ $\qquad (k_1 + k_2 + \ldots + k_m = n)$
x_m tritt k_m-mal auf.

Wir berechnen nun den arithmetischen Mittelwert der aufgetretenen Werte x_i ($i = 1, 2, \ldots, m$) und erhalten

$$M_X = \sum_{i=1}^{m} \frac{x_i k_i}{n} = \sum_{i=1}^{m} x_i h_i(n),$$

wenn wir noch die relative Häufigkeit $h_i(n)$ für das Auftreten des Wertes x_i bei n Versuchen einführen. Für sehr große Versuchszahlen n stabilisiert sich $h_i(n)$ in der Nähe der Wahrscheinlichkeit $P_X(\{x_i\}) = P\{X = x_i\}$, so dass geschrieben werden kann

$$M_X \approx \sum_{i=1}^{m} x_i P\{X = x_i\} = \mathrm{E}(X). \tag{1.128}$$

Der auf diese Weise (für sehr große n) erhaltene Mittelwert wird als *Erwartungswert* (mathematische Erwartung oder Mittelwert) der diskreten Zufallsgröße X bezeichnet und durch $\mathrm{E}(X)$ abgekürzt.

Ausgehend von (1.128) kann der Erwartungswert $\mathrm{E}(X)$ auch für eine beliebige Zufallsgröße mit der Verteilungsfunktion F_X definiert werden. Man erhält dann mit (1.62)

$$\mathrm{E}(X) = \lim_{h \to 0} \sum_{i=-\infty}^{\infty} x_i \left(F_X(x_i + h) - F_X(x_i)\right)$$

bzw.

$$\mathrm{E}(X) = \lim_{h \to 0} \sum_{i=-\infty}^{\infty} x_i \frac{F_X(x_i + h) - F_X(x_i)}{(x_i + h) - x_i} (x_i + h - x_i)$$

und weiter

$$\mathrm{E}(X) = \int_{-\infty}^{\infty} x F_X'(x)\,\mathrm{d}x = \int_{-\infty}^{\infty} x f_X(x)\,\mathrm{d}x, \tag{1.129}$$

falls X eine Dichtefunktion f_X hat.

Wird (1.128) noch für eine diskrete Zufallsgröße mit abzählbar vielen Werten verallgemeinert, so ergeben sich zusammengefasst die folgenden Definitionen:

Definition 1.6 Ist X eine diskrete Zufallsgröße, welche die Werte $x_1, x_2, x_3, \ldots$ annehmen kann, so heißt

$$\mathrm{E}(X) = \sum_{i=1}^{\infty} x_i P\{X = x_i\} \tag{1.130}$$

Erwartungswert von X, falls $\sum_{i=1}^{\infty} |x_i| P\{X = x_i\} < \infty$.

Definition 1.7 Ist X eine Zufallsgröße mit der Dichte f_X, so heißt

$$\mathrm{E}(X) = \int_{-\infty}^{\infty} x f_X(x)\,\mathrm{d}x \tag{1.131}$$

Erwartungswert von X, falls $\int_{-\infty}^{\infty} |x| f_X(x)\,\mathrm{d}x < \infty$.

Anschaulich kann der Erwartungswert als ein gewisser „zentraler Wert" angesehen werden, um den die Werte der Zufallsgröße stochastisch verteilt sind.

Ergänzend sei noch bemerkt, dass sich die Definitonen (1.130) und (1.131) des Erwartungswertes auch auf einen zufälligen Vektor $X = \langle X_1, \ldots, X_l \rangle$ übertragen lassen. In diesem Fall bezeichnet man

$$\mathrm{E}(X) = \big(\mathrm{E}(X_1), \mathrm{E}(X_2), \ldots, \mathrm{E}(X_l)\big) \tag{1.132}$$

als Erwartungswert des zufälligen Vektors.

In allgemeineren Fällen können Funktionen von Zufallsgrößen $X_1, \ldots, X_l$ betrachtet werden. Gesucht ist in diesem Fall der Erwartungswert der von $X_1, \ldots, X_l$ abhängigen Zufallsgröße $Y = \varphi(X_1, \ldots, X_l)$, worin $\varphi : \mathbb{R}^l \to \mathbb{R}$ eine reelle Funktion bezeichnet. Die Lösung dieser Aufgabe wird durch die folgende (in dieser Allgemeinheit mit elementaren Mitteln relativ schwer zu beweisende) Formel gegeben:

$$\mathrm{E}(Y) = \mathrm{E}\big(\varphi(X_1, \ldots, X_l)\big) = \int_{-\infty}^{\infty} \cdots \int_{-\infty}^{\infty} \varphi(x_1, \ldots, x_l) f_X(x_1, \ldots, x_l)\,\mathrm{d}x_1 \ldots \mathrm{d}x_l. \tag{1.133}$$

Dabei wird vorausgesetzt, dass das angegebene Integral absolut konvergiert.

Der besondere Vorteil dieser Formel besteht darin, dass zur Berechnung des Erwartungswertes von Y die Dichte f_Y nicht zuvor berechnet werden muss, um anschließend (1.131) anzuwenden. Zur Berechnung von $\mathrm{E}(Y)$ genügt allein die Kenntnis von φ und f_X.

Beispiel 1.28 Für die Summe zweier Zufallsgrößen X_1 und X_2 gilt

$$Y = \varphi(X_1, X_2) = X_1 + X_2,$$

und aus (1.133) folgt

$$\mathrm{E}(Y) = \mathrm{E}(X_1 + X_2) = \int_{-\infty}^{\infty}\int_{-\infty}^{\infty} (x_1 + x_2) f_X(x_1, x_2)\,\mathrm{d}x_1\mathrm{d}x_2$$

oder

$$\mathrm{E}(X_1 + X_2) = \int_{-\infty}^{\infty}\int_{-\infty}^{\infty} x_1 f_X(x_1, x_2)\,\mathrm{d}x_1\mathrm{d}x_2 + \int_{-\infty}^{\infty}\int_{-\infty}^{\infty} x_2 f_X(x_1, x_2)\,\mathrm{d}x_1\mathrm{d}x_2.$$

Mit Hilfe von (1.112) und (1.113) ergibt sich weiter

$$\mathrm{E}(X_1 + X_2) = \int_{-\infty}^{\infty} x_1 f_{X_1}(x_1)\,\mathrm{d}x_1 + \int_{-\infty}^{\infty} x_2 f_{X_2}(x_2)\,\mathrm{d}x_2 = \mathrm{E}(X_1) + \mathrm{E}(X_2). \qquad (1.134)$$

Diese Gleichung gilt analog auch für beliebig viele Summanden.

Beispiel 1.29 Für das Produkt $Y = aX$ einer Zufallsgröße X mit einer festen reellen Zahl $a \in \mathbb{R}$ gilt

$$\mathrm{E}(Y) = \mathrm{E}(aX) = \int_{-\infty}^{\infty} ax f_X(x)\,\mathrm{d}x = a\int_{-\infty}^{\infty} x f_X(x)\,\mathrm{d}x = a\mathrm{E}(X). \qquad (1.135)$$

1.2.4.2 Varianz

Bei den folgenden Definitionen wollen wir uns auf Zufallsgrößen X mit einer Dichte f_X beschränken (für diskrete X gilt die Tabelle 1.1).

Zunächst berechnen wir den Erwartungswert von $Y = \varphi(X) = X^n$ und erhalten mit (1.133)

$$\mathrm{E}(X^n) = \int_{-\infty}^{\infty} x^n f_X(x)\,\mathrm{d}x. \qquad (1.136)$$

Man bezeichnet diesen Erwartungswert als *(gewöhnliches) Moment n-ter Ordnung* der Zufallsgröße X. Speziell für $n = 1$ erhalten wir den gewöhnlichen Mittelwert (siehe auch (1.129)) und für $n = 2$ den *quadratischen Mittelwert*, durch dessen positive Wurzel

$$\sqrt{\mathrm{E}(X^2)} = \|X\| \qquad (1.137)$$

die *Norm* $\|X\|$ der Zufallsgröße X definiert ist. Wir bemerken noch, dass die Norm $\|X\|$ der *Tschebyschewschen Ungleichung*

$$P\{|X| \geq k\} \leq \left(\frac{\|X\|}{k}\right)^2 \qquad (k > 0) \qquad (1.138)$$

genügt (Beweis: Übungsaufgabe 1.2-14a) und dass stets

$$\|X\| \geq 0 \tag{1.139}$$

gilt. Ist $\|X\| = 0$, so folgt aus (1.138) $P\{|X| \geq k\} = 0$. Das bedeutet, dass es fast unmöglich ist, dass X von Null verschiedene Werte annimmt. (Oder: Es ist fast sicher, dass X den Wert Null annimmt). Man kann also schreiben

$$\|X\| = 0 \Leftrightarrow P\{X = 0\} = 1 \Leftrightarrow X \doteq 0. \tag{1.140}$$

Wir berechnen nun den Erwartungswert von $Y = \varphi(X) = \big(X - \mathrm{E}(X)\big)^n$ und erhalten mit (1.133)

$$\mathrm{E}\big((X - \mathrm{E}(X))^n\big) = \int_{-\infty}^{\infty} (x - \mathrm{E}(X))^n f_X(x)\,\mathrm{d}x. \tag{1.141}$$

Man nennt diesen Erwartungswert ein *zentrales Moment n-ter Ordnung* der Zufallsgröße X. Für $n = 1$ liefert das Integral stets den Wert Null. Für $n = 2$ ergibt sich speziell der Ausdruck

$$\mathrm{E}\left((X - \mathrm{E}(X))^2\right) = \|X - \mathrm{E}(X)\|^2 = \mathrm{Var}(X), \tag{1.142}$$

der als *Streuung, Dispersion* oder *Varianz* der Zufallsgröße X bezeichnet wird.

Ist $\mathrm{Var}(X) = 0$, so folgt aus der Tschebyschewschen Ungleichung (1.138)

$$P\{|X - \mathrm{E}(X)| \geq k\} = 0 \Leftrightarrow X \doteq \mathrm{E}(X). \tag{1.143}$$

Das bedeutet: Es ist fast sicher, dass X den Wert $\mathrm{E}(X)$ annimmt (Oder: Die Werte von X liegen mit der Wahrscheinlichkeit 1 bei $\mathrm{E}(X)$). Die Kenngröße $\mathrm{Var}(X)$ kann also als Maß für die Streuung der Zufallsgröße X um ihren Mittelwert $\mathrm{E}(X)$ angesehen werden.

1.2.4.3 Kovarianz

Wir bilden nun für eine zweidimensionale Zufallsgröße $\langle X, Y\rangle$ mit der Dichte $f_{\langle X,Y\rangle}$ den Erwartungswert von $\varphi(X,Y) = XY$ und erhalten mit (1.133)

$$\mathrm{E}(XY) = \int_{-\infty}^{\infty}\int_{-\infty}^{\infty} xy f_{\langle X,Y\rangle}(x,y)\,\mathrm{d}x\mathrm{d}y. \tag{1.144}$$

Dieses Moment (es handelt sich um ein Moment 2. Ordnung) heißt *Skalarprodukt* der Zufallsgrößen X und Y.

Wir bemerken zu (1.144) noch, dass das Skalarprodukt der *Schwarzschen Ungleichung*

$$|\mathrm{E}(XY)| \leq \|X\| \cdot \|Y\| \tag{1.145}$$

genügt (Beweis: Übungsaufgabe 1.2-14b) und dass für unabhängige Zufallsgrößen X und Y wegen $f_{\langle X,Y\rangle}(x,y) = f_X(x) \cdot f_Y(y)$ aus (1.144) folgt

$$\mathrm{E}(XY) = \mathrm{E}(X) \cdot \mathrm{E}(Y). \tag{1.146}$$

Berechnen wir nun den Erwartungswert von $\varphi(X,Y) = (X - \mathrm{E}(X)) \cdot (Y - \mathrm{E}(Y))$, so ergibt sich mit (1.133)

$$\begin{aligned} \mathrm{E}\big((X - \mathrm{E}(X))(Y - \mathrm{E}(Y))\big) &= \int_{-\infty}^{\infty}\int_{-\infty}^{\infty} (x - \mathrm{E}(X))(y - \mathrm{E}(Y)) f_{(X,Y)}(x,y)\,\mathrm{d}x\mathrm{d}y \\ &= \mathrm{Cov}(X,Y). \end{aligned} \tag{1.147}$$

Dieses zentrale Moment 2. Ordnung heißt *Kovarianz* von X und Y. Offensichtlich ist $\mathrm{Cov}(X,X) = \mathrm{Var}(X)$.

Für die Kovarianz gilt allgemein

$$\begin{aligned} \mathrm{E}\big((X - \mathrm{E}(X))(Y - \mathrm{E}(Y))\big) &= \mathrm{E}\big(XY - X\mathrm{E}(Y) - Y\mathrm{E}(X) + \mathrm{E}(X)\mathrm{E}(Y)\big) \\ &= \mathrm{E}(XY) - \mathrm{E}(X)\mathrm{E}(Y) - \mathrm{E}(Y)\mathrm{E}(X) + \mathrm{E}(X)\mathrm{E}(Y) \\ &= \mathrm{E}(XY) - \mathrm{E}(X)\mathrm{E}(Y). \end{aligned} \tag{1.148}$$

Für unabhängige Zufallsgrößen X und Y erhält man mit (1.146)

$$\mathrm{Cov}(X,Y) = 0, \tag{1.149}$$

d.h. die Kovarianz kann als Maß für die statistische Abhängigkeit zweier Zufallsgrößen angesehen werden.

Das Problem der statistischen Abhängigkeit von Zufallsgrößen spielt in den Anwendungen eine bedeutende Rolle. Unabhängige Zufallsgrößen sind dadurch charakterisiert, dass zwischen den Werten, die diese Zufallsgrößen annehmen können, keinerlei Beziehungen bestehen. Praktisch hat man es aber sehr häufig mit dem Fall zu tun, dass zwischen den Werten der Zufallsgrößen mehr oder weniger enge Kopplungen vorhanden sind. Man bezeichnet diese Art der Wertekopplung zweier Zufallsgrößen als *Korrelation.* Besteht also zwischen zwei Zufallsgrößen eine mehr oder weniger stark ausgeprägte statistische Abhängigkeit, so sagt man, diese Zufallsgrößen seien miteinander *korreliert.*

Als normiertes quantitatives Maß der Korrelation dient der folgendermaßen definierte *Korrelationskoeffizient*

$$\varrho = \varrho(X,Y) = \frac{\mathrm{Cov}(X,Y)}{\sqrt{\mathrm{Var}(X)\mathrm{Var}(Y)}}. \tag{1.150}$$

Der Korrelationskoeffizient hat folgende Eigenschaften:

1. Wie man mit Hilfe der Schwarzschen Ungleichung (1.145) zeigen kann, gilt

$$-1 \le \varrho \le +1. \tag{1.151}$$

2. Aus der Definition (1.150) und Gleichung (1.149) ergibt sich

$$\varrho = 0 \Leftrightarrow \mathrm{Cov}(X,Y) = 0. \tag{1.152}$$

Ist $\varrho = 0$, so heißen X und Y *unkorreliert*. Wegen (1.149) sind unabhängige Zufallsgrößen auch stets unkorreliert (aber nicht umgekehrt!).

3. Wie sich zeigen lässt (Vgl. Übungsaufgabe 1.2-14c), gilt

$$\varrho^2 = 1 \Leftrightarrow Y \doteq aX + b \qquad (a, b \in \mathbb{R}). \tag{1.153}$$

Ist also $\varrho = \pm 1$, so besteht zwischen X und Y mit der Wahrscheinlichkeit 1 eine lineare Beziehung. Mit anderen Worten heißt das: Es ist fast sicher, dass die Wertepaare (x, y) von $\langle X, Y \rangle$ auf einer Geraden liegen (Bild 1.22). X und Y sind in diesem Fall *maximal korreliert.*

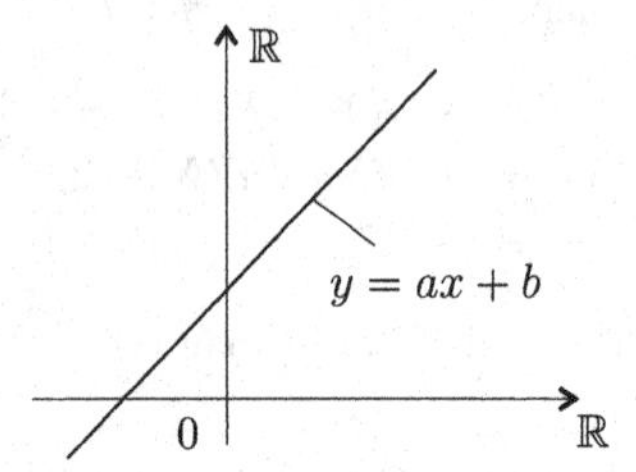

Bild 1.22: Zusammenhang zwischen den Werten zweier Zufallsgrößen bei maximaler Korrelation

Die weiter oben definierten Begriffe lassen sich auch auf zufällige Vektoren $X = \langle X_1, X_2, \ldots, X_l \rangle$ übertragen. So erhalten wir z.B. für die Norm $\|X\|$ eines zufälligen Vektors $X = \langle X_1, X_2, \ldots, X_l \rangle$ den Ausdruck

$$\|X\|^2 = \sum_{i=1}^{l} \|X_i\|^2 \tag{1.154}$$

und für die Kovarianzen der Zufallsgrößen $X_1, X_2, \ldots, X_l$ in X erhält man die *Kovarianzmatrix*

$$\operatorname{Cov}(X) = \begin{pmatrix} \operatorname{Cov}(X_1, X_1) & \ldots & \operatorname{Cov}(X_1, X_l) \\ \vdots & & \vdots \\ \operatorname{Cov}(X_l, X_1) & \ldots & \operatorname{Cov}(X_l, X_l) \end{pmatrix}. \tag{1.155}$$

Diese Matrix ist symmetrisch. In der Hauptdiagonalen der Kovarianzmatrix sind die Varianzen $\operatorname{Cov}(X_i, X_i) = \operatorname{Var}(X_i)$ der Zufallsgrößen X_i $(i = 1, 2, \ldots, l)$ enthalten.

Die Korrelationskoeffizienten der Zufallsgrößen $X_1, X_2, \ldots, X_l$ in X bilden ebenfalls eine symmetrische Matrix, die *Korrelationsmatrix*

$$\varrho(X) = \begin{pmatrix} 1 & \varrho(X_1, X_2) & \ldots & \varrho(X_1, X_l) \\ \varrho(X_2, X_1) & 1 & \ldots & \\ \vdots & & & \vdots \\ \varrho(X_l, X_1) & & \ldots & 1 \end{pmatrix}. \tag{1.156}$$

Man kann zeigen (Vgl. Übungsaufgabe 1.2-14c): Notwendig und hinreichend dafür, dass zwischen den Zufallsgrößen $X_1, X_2, \ldots, X_l$ aus X mindestens eine lineare Beziehung (mit der Wahrscheinlichkeit 1) besteht, ist die Bedingung, dass die Determinante von $\mathrm{Cov}(X)$ verschwindet, falls für alle $i = 1, 2, \ldots, l$ gilt

$$\mathrm{Cov}(X_i, X_i) = \mathrm{Var}(X_i) > 0.$$

Kurz formuliert, lautet dieser Satz

$$\det \mathrm{Cov}(X) = 0 \Leftrightarrow \sum_{i=1}^{l} a_i X_i + k \doteq 0 \qquad (a_i, k \in \mathbb{R}). \tag{1.157}$$

1.2.4.4 Charakteristische Funktion

Die charakteristische Funktion der Zufallsgröße X ergibt sich aus dem Erwartungswert von $Y = \varphi(X) = \mathrm{e}^{\mathrm{j}uX}$, worin u eine beliebige reelle Zahl und j die imaginäre Einheit bedeuten. Mit (1.133) erhält man für eine Zufallsgröße X mit der Dichte f_X

$$\mathrm{E}(Y) = \mathrm{E}\left(\mathrm{e}^{\mathrm{j}uX}\right) = \int_{-\infty}^{\infty} \mathrm{e}^{\mathrm{j}ux} f_X(x)\,\mathrm{d}x = \varphi_X(u). \tag{1.158}$$

Die charakteristische Funktion φ_X ist also – abgesehen vom Vorzeichen im Exponenten der e-Funktion – nichts anderes als die Fourier-Transformierte (Vgl. z.B. [23], Abschnitt 1.2.1) der Dichtefunktion f_X. Die Umkehrung von (1.158) lautet deshalb (bei entsprechenden Stetigkeitsvoraussetzungen hinsichtlich f_X)

$$f_X(x) = \frac{1}{2\pi} \int_{-\infty}^{\infty} \mathrm{e}^{-\mathrm{j}ux} \varphi_X(u)\,\mathrm{d}u. \tag{1.159}$$

Aus (1.158) ergeben sich nachstehende Folgerungen:

1. Zunächst differenzieren wir φ_X nach dem Parameter u und erhalten

$$\begin{aligned}
\varphi'_X(u) &= \int_{-\infty}^{\infty} \mathrm{j}x\mathrm{e}^{\mathrm{j}ux} f_X(x)\,\mathrm{d}x = \mathrm{E}\left(\mathrm{j}X\mathrm{e}^{\mathrm{j}uX}\right) \\
&\vdots \\
\varphi_X^{(n)}(u) &= \int_{-\infty}^{\infty} (\mathrm{j}x)^n \mathrm{e}^{\mathrm{j}ux} f_X(x)\,\mathrm{d}x = \mathrm{E}\left(\mathrm{j}^n X^n \mathrm{e}^{\mathrm{j}uX}\right).
\end{aligned}$$

Speziell für $u = 0$ ergibt sich aus (1.158) und den zuletzt erhaltenen Gleichungen

$$\begin{aligned}
\varphi_X(0) &= \int_{-\infty}^{\infty} f_X(x)\,\mathrm{d}x = 1 \\
\varphi'_X(0) &= \mathrm{j}\int_{-\infty}^{\infty} x f_X(x)\,\mathrm{d}x = \mathrm{j}\mathrm{E}(X) \\
&\vdots \\
\varphi_X^{(n)}(0) &= \mathrm{j}^n \int_{-\infty}^{\infty} x^n f_X(x)\,\mathrm{d}x = \mathrm{j}^n \mathrm{E}(X^n),
\end{aligned}$$

woraus sich der folgende Zusammenhang mit dem Moment n-ter Ordnung ergibt:

$$\mathrm{E}(X^n) = \mathrm{j}^{-n}\varphi_X^{(n)}(0). \tag{1.160}$$

2. Entwickelt man nun $\varphi_X(u)$ an der Stelle $u = 0$ in eine Taylor-Reihe, so erhält man

$$\varphi_X(u) = \varphi_X(0) + \varphi_X'(0)u + \varphi_X''(0)\frac{u^2}{2!} + \ldots.$$

In diese Reihe kann (1.160) eingesetzt werden, so dass die Reihe in

$$\varphi_X(u) = 1 + \mathrm{j}u\mathrm{E}(X) + \frac{(\mathrm{j}u)^2}{2!}\mathrm{E}(X^2) + \ldots \tag{1.161}$$

übergeht.

Die letzte Gleichung bringt einen wichtigen Zusammenhang zwischen der charakteristischen Funktion und den relativ leicht messbaren Momenten $\mathrm{E}(X), \mathrm{E}(X^2), \ldots$ der Zufallsgröße X zum Ausdruck. Durch Messung der Momente kann $\varphi_X(u)$ (zumindest näherungsweise) bestimmt und damit über (1.159) auf die Dichtefunktion f_X geschlossen werden.

Auch für einen zufälligen Vektor $X = \langle X_1, \ldots, X_l\rangle$ kann eine charakteristische Funktion definiert werden. Wir geben hier lediglich den Zusammenhang zwischen φ_X und f_X für den Sonderfall $l = 2$, d.h. $X = \langle X_1, X_2\rangle$ an:

$$\varphi_X(u_1, u_2) = \int_{-\infty}^{\infty}\int_{-\infty}^{\infty} \mathrm{e}^{\mathrm{j}(u_1x_1+u_2x_2)} f_X(x_1, x_2)\,\mathrm{d}x_1\mathrm{d}x_2 \tag{1.162}$$

$$f_X(x_1, x_2) = \frac{1}{4\pi^2}\int_{-\infty}^{\infty}\int_{-\infty}^{\infty} \mathrm{e}^{-\mathrm{j}(u_1x_1+u_2x_2)} \varphi_X(u_1, u_2)\,\mathrm{d}u_1\mathrm{d}u_2. \tag{1.163}$$

Ähnliche Gleichungen erhält auch man für beliebige l-dimensionale Zufallsgrößen.

In der nachfolgenden Übersicht sind die wichtigsten Kenngrößen einer Zufallsgröße X nochmals zusammengestellt.

Tabelle 1.1

Kenngröße	X mit Dichte f_X	X diskret
Erwartungswert $\mathrm{E}(X)$	$\int_{-\infty}^{\infty} x f_X(x)\,\mathrm{d}x$	$\sum_i x_i P\{X = x_i\}$
Gewöhnliches Moment $\mathrm{E}(X^n)$	$\int_{-\infty}^{\infty} x^n f_X(x)\,\mathrm{d}x$	$\sum_i x_i^n P\{X = x_i\}$
Zentrales Moment $\mathrm{E}((X - \mathrm{E}(X))^n)$	$\int_{-\infty}^{\infty} (x - \mathrm{E}(X))^n f_X(x)\,\mathrm{d}x$	$\sum_i (x_i - \mathrm{E}(X))^n P\{X = x_i\}$
Charakteristische Funktion $\varphi_X(u) = \mathrm{E}(\mathrm{e}^{\mathrm{j}uX})$	$\int_{-\infty}^{\infty} \mathrm{e}^{\mathrm{j}ux} f_X(x)\,\mathrm{d}x$	$\sum_i \mathrm{e}^{\mathrm{j}ux_i} P\{X = x_i\}$

1.2.5 Aufgaben zum Abschnitt 1.2

1.2-1 Folgende Eigenschaften der Verteilungsfunktion F_X einer eindimensionalen Zufallsgröße X sind zu beweisen:

a) $F_X(\xi') - F_X(\xi) \geq 0$ für $\xi' > \xi$,

b) $P\{X \in [\xi, \xi')\} = F_X(\xi') - F_X(\xi)$,

c) $F_X(\xi') - F_X(\xi) = \int_\xi^{\xi'} f_X(x)\,dx$, falls X die Dichte f_X hat.

1.2-2 Gegeben ist eine Zufallsgröße X mit der Verteilungsfunktion F_X:

$$F_X(\xi) = \begin{cases} 0 & \xi \leq -1, \\ 1 - \xi^2 & -1 < \xi \leq 0, \\ 1 & \xi > 0. \end{cases}$$

a) Man berechne und skizziere die Dichtefunktion f_X!

b) Mit welcher Wahrscheinlichkeit nimmt X einen Wert an, der kleiner als $-0,5$ ist?

c) Man berechne $P\{-\frac{1}{3} \leq X < 2\}$!

1.2-3 a) Man bestimme $k \in \mathbb{R}$ so, dass mit $a > 0$

$$f_X(x) = \begin{cases} k\mathrm{e}^{-ax} & x > 0, \\ 0 & x \leq 0. \end{cases}$$

die Dichte einer Zufallsgröße ergibt!

b) Wie lautet die Verteilungsfunktion?

1.2-4 Eine Zufallsgröße sei normal verteilt mit der Dichte f_X:

$$f_X(x) = \frac{1}{\sqrt{2\pi}\sigma} \exp\left(\frac{x^2}{2\sigma^2}\right) \qquad (\sigma > 0).$$

Man bestimme die Wahrscheinlichkeit dafür, dass X einen Wert annimmt, dessen Betrag größer als 3σ ist!

1.2-5 Für das Würfelspiel ($\Omega = \{\omega_1, \omega_2, \ldots, \omega_6\}$, ω_i bedeutet „Augenzahl i liegt oben") sei eine Zufallsgröße X durch

$$X : \Omega \to \mathbb{R},\ X(\omega_i) = (i-3)^2 - 3 \qquad (i = 1, 2, \ldots, 6)$$

definiert. Man skizziere

a) die Verteilungsfunktion F_X mit $P(\{\omega_i\}) = \frac{1}{6}$,

b) die Verteilung P_X,

c) die Dichtefunktion f_X (formal mit Hilfe von δ-Funktionen)!

1.2-6 Bei einem Versuch können nur die Ereignisse $\overline{A}$ und A eintreten. Der Versuch wird unabhängig n-mal durchgeführt. Es sei:

$$\omega_i \Leftrightarrow \text{„Bei } n \text{ Versuchen tritt } A \text{ genau } i\text{-mal ein"}.$$

Man berechne die Verteilung der durch

$$X : \Omega \to \mathbb{R},\ X(\omega_i) = i \qquad (i = 1, 2, \ldots, n)$$

definierten Zufallsgröße, wenn A bei einem Versuch mit der Wahrscheinlichkeit q eintritt!

1.2-7 Ein zufälliger Vektor $X = \langle X_1, X_2, X_3 \rangle$ ist im Innern der Kugel $x_1^2 + x_2^2 + x_3^2 \leq R^2$ gleichverteilt, d.h. die Dichte hat einen konstanten Wert. Geben Sie $f_X(x_1, x_2, x_3)$ an!

1.2-8 Ein zufälliger Vektor $X = \langle X_1, X_2 \rangle$ ist in einem Rechteck B_1 (Bild 1.2-8) gleichverteilt, d.h.

$$f_X(x_1, x_2) = \begin{cases} \frac{1}{ab} & (x_1, x_2) \in B_1, \\ 0 & (x_1, x_2) \notin B_1. \end{cases}$$

Es gilt $a > b > 0$.

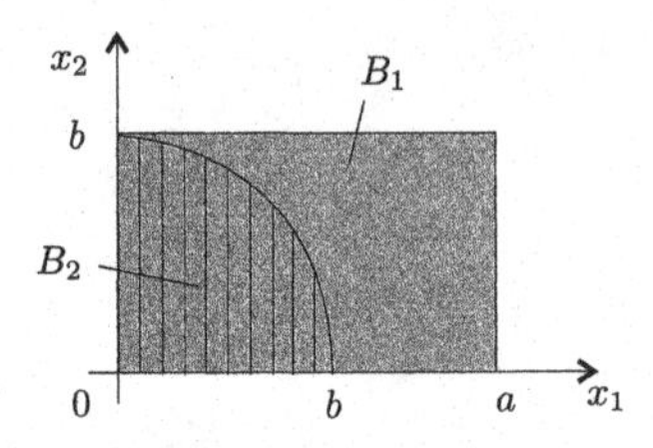

Bild 1.2-8: Gebiete B_1 und B_2

a) Mit welcher Wahrscheinlichkeit nimmt X einen Wert aus dem Viertelkreisgebiet B_2 an?

b) Wie groß ist die Wahrscheinlichkeit dafür, dass X_1 einen Wert größer als b annimmt (X_2 beliebig)?

1.2-9 Der zufällige Vektor $X = \langle X_1, X_2 \rangle$ sei in B gleichverteilt (d.h. $f_X(x_1, x_2)$ = konst.; siehe Bild 1.2-9). Man bestimme

a) die Dichtefunktion f_X von X (berechne $f_X(x_1, x_2)$),

b) die Randdichte f_{X_1} von X_1 aus X (berechne $f_{X_1}(x_1)$)!

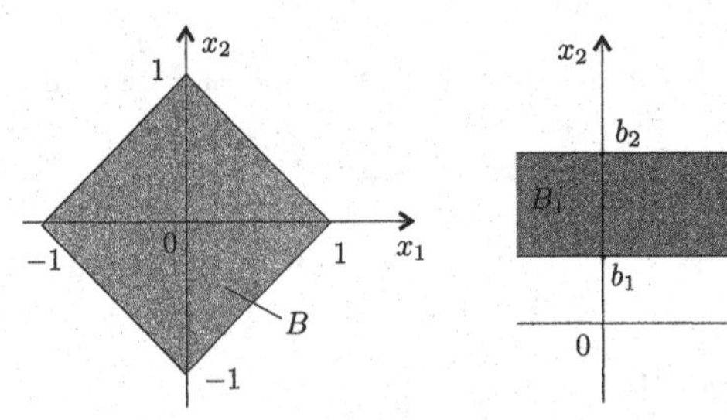

Bild 1.2-9: Gebiet B

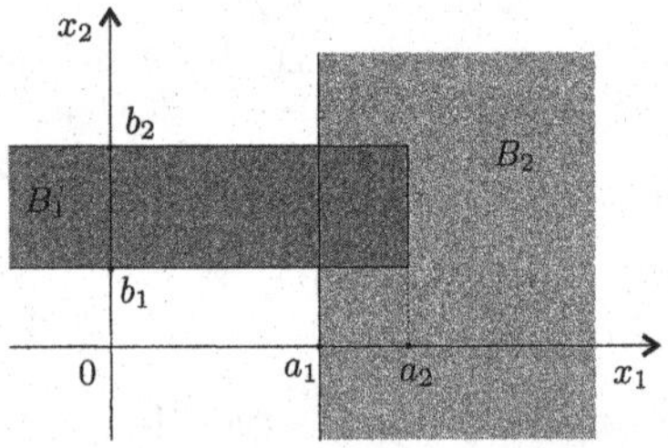

Bild 1.2-10: Gebiete B_1 und B_2

1.2-10 Der zufällige Vektor $X = \langle X_1, X_2 \rangle$ habe die Verteilungsfunktion F_X, d.h. $F_X(x_1, x_2)$ ist bekannt. Man bestimme entsprechend Bild 1.2-10 die Wahrscheinlichkeiten

a) $P\{X \in B_1\}$,

b) $P\{X \in B_1 \mid X \in B_2\}$,

ausgedrückt durch Werte der Verteilungsfunktion!

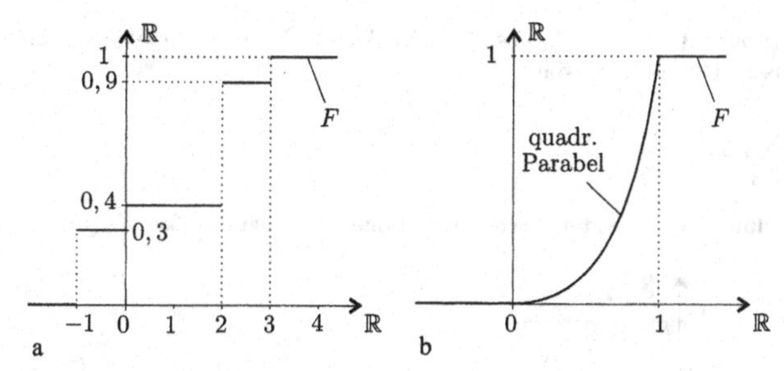

Bild 1.2-11: Verteilungsfunktionen F zweier Zufallsgrößen

1.2-11 Man berechne den Mittelwert $\mathrm{E}(X)$ und die Varianz $\mathrm{Var}(X)$ für eine Zufallsgröße X mit der Verteilungsfunktion F

a) entsprechend Bild 1.2-11a,

b) entsprechend Bild 1.2-11b!

1.2-12 Durch die Zeitdauer, während der die elektronische Ausrüstung eines Flugzeugs beim Flug störungsfrei arbeitet, ist eine Zufallsgröße X mit der Dichte f_X

$$f_X(x) = \begin{cases} a\,\mathrm{e}^{-ax} & x \geq 0, \\ 0 & x < 0 \end{cases} \qquad (a > 0)$$

definiert. Man bestimme die Wahrscheinlichkeit dafür, dass während eines zehnstündigen Fluges kein Ausfall der elektronischen Ausrüstung erfolgt, wenn der Mittelwert der Dauer der Funktionstüchtigkeit 200 Stunden beträgt!

1.2-13 Man berechne alle gewöhnlichen Momente und Zentralmomente einer Zufallsgröße X, die im Intervall $[a, b]$ gleichverteilt ist!

1.2-14 a) Gegeben ist eine Zufallsgröße X. Man beweise die Tschebyschewsche Ungleichung (1.138):

$$P\{|X| \geq k\} \leq \left(\frac{\|X\|}{k}\right)^2 \qquad (k > 0)!$$

b) Gegeben ist ein zufälliger Vektor $\langle X, Y\rangle$. Man beweise die Schwarzsche Ungleichung (1.145):

$$|\mathrm{E}(X \cdot Y)| \leq \|X\| \cdot \|Y\|!$$

c) Gegeben ist ein zufälliger Vektor $X = \langle X_1, X_2, \ldots, X_l\rangle$. Man beweise den Satz (1.157):

$$\det \mathrm{Cov}(X) = 0 \Leftrightarrow \sum_{i=1}^{l} \alpha_i X_i + k \doteq 0 \qquad (\alpha_i, k \in \mathbb{R})!$$

1.2-15 Man berechne die charakteristische Funktion φ_X einer Zufallsgröße X mit der Dichte f_X:

$$f_X(x) = \begin{cases} a\,\mathrm{e}^{-ax} & x \geq 0, \\ 0 & x < 0 \end{cases} \qquad (a > 0)$$

und bestimme daraus die Erwartungswerte $\mathrm{E}(X)$ und $\mathrm{E}(X^2)$!

1.2-16 Die Zufallsgrößen $X_1, X_2, \dots, X_l$ aus $X = \langle X_1, X_2, \dots, X_l \rangle$ seien unabhängig. Man berechne die charakteristische Funktion φ_Y von

$$Y = \sum_{i=1}^{l} X_i,$$

ausgedrückt durch die charakteristischen Funktionen der Zufallsgrößen X_i $(i = 1, 2, \dots, l)$!

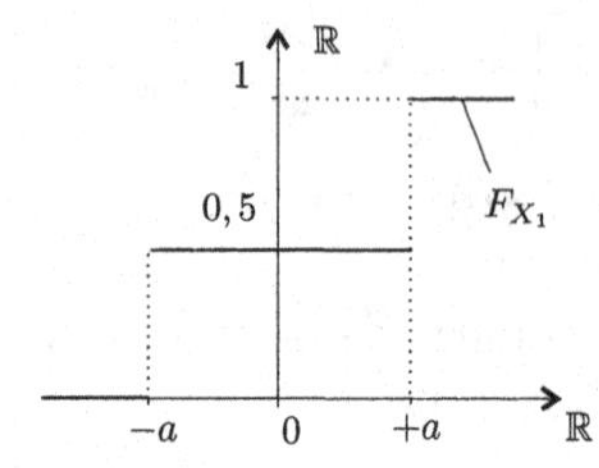

Bild 1.2-17: Verteilungsfunktion F_{X_1}

1.2-17 Von einer diskreten Zufallsgröße X_1 sei die Verteilungsfunktion F_{X_1} gegeben (Bild 1.2-17). Eine zweite, von X_1 unabhängige Zufallsgröße X_2 habe die gleiche Verteilungsfunktion, d.h. es gilt $F_{X_2} = F_{X_1}$. Man bestimme die Verteilungsfunktion F_Y von $Y = X_1 + X_2$ mit Hilfe der charakteristischen Funktion!

1.2-18 Von einer Zufallsgröße X mit Gleichverteilung wurde der Erwartungswert $\mathrm{E}(X) = 4$ und die Varianz $\mathrm{Var}(X) = 12$ ermittelt. Geben Sie die Dichtefunktion f_X an!

1.2-19 Man zeige mit Hilfe der charakteristischen Funktion, dass die Zufallsgröße

$$Y = \sum_{i=1}^{n} X_i,$$

normalverteilt ist, falls die Summanden X_i $(i = 1, 2, \dots, n)$ unabhängig und normalverteilt sind!

1.3 Zufällige Prozesse

1.3.1 Definition und Eigenschaften

1.3.1.1 Prozess und Realisierung

In der Natur und in der Technik haben wir es sehr häufig mit Zeitfunktionen (Signalen) zu tun, deren Zeitabhängigkeit so kompliziert ist, dass man diese Funktionen nicht in der üblichen Weise angeben bzw. darstellen kann. Man denke nur an solche Beispiele wie die Zeitabhängigkeit des Luftdrucks an einem bestimmten Punkt der Erdoberfläche, den Neigungswinkel eines Schiffes auf stürmischer See oder die Zeitfunktion des Stromes in einer Fernsprechleitung. In all diesen Fällen ist der Bedingungskomplex, der zur Herausbildung der Zeitabhängigkeit der betrachteten physikalischen Größe führt, so unübersehbar groß, dass das Zeitgesetz nicht angegeben werden kann.

Als konkretes Beispiel betrachten wir die Spannung an den Klemmen eines Ohmschen Widerstands, die infolge der unregelmäßigen Wärmebewegung der in ihm enthaltenen Ladungsträger entsteht (Rauschspannung). Hier ergibt sich folgender Sachverhalt als physikalisches Modell der zu beobachtenden Erscheinung: Gegeben ist eine (große) Anzahl gleicher Ohmscher Widerstände R, die zum Zeitpunkt $t = 0$ an ein Messgerät geschaltet werden, das die Rauschspannung registriert (Bild 1.23). Obwohl in jedem Fall der gleiche Widerstand R angeschlossen wird, ergeben sich doch in Abhängigkeit von der Zeit für die einzelnen Widerstände verschiedene Zeitfunktionen $\boldsymbol{u}_1, \boldsymbol{u}_2, \boldsymbol{u}_3, \ldots$, die sich nur wenig ähneln.

Man gelangt zu demselben Ergebnis, wenn man nicht eine Reihe gleicher Widerstände gleichzeitig einschaltet, sondern denselben Widerstand mehrmals zeitlich nacheinander (und den Einschaltpunkt jedesmal nach $t = 0$ zurückverlegt). Dabei muss aber gewährleistet sein, dass der Widerstand im Laufe der Zeit seinen Wert und seine physikalische Struktur nicht ändert (gleiche Temperatur beibehält usw.).

Obwohl also auch die Rauschspannung eines Widerstands zu jedem gegebenen Zeitpunkt t einen bestimmten Wert hat, lässt sich diese Zeitabhängigkeit nicht genau angeben. Man kann, falls eine genügend große Anzahl registrierter Zeitfunktionen vorliegt, durch Häufigkeitsmessungen lediglich eine Aussage über die Wahrscheinlichkeit dafür machen, dass z.B. zur Zeit $t = t_1$ die Spannung kleiner als ein vorgegebener Wert ist (Bild 1.23).

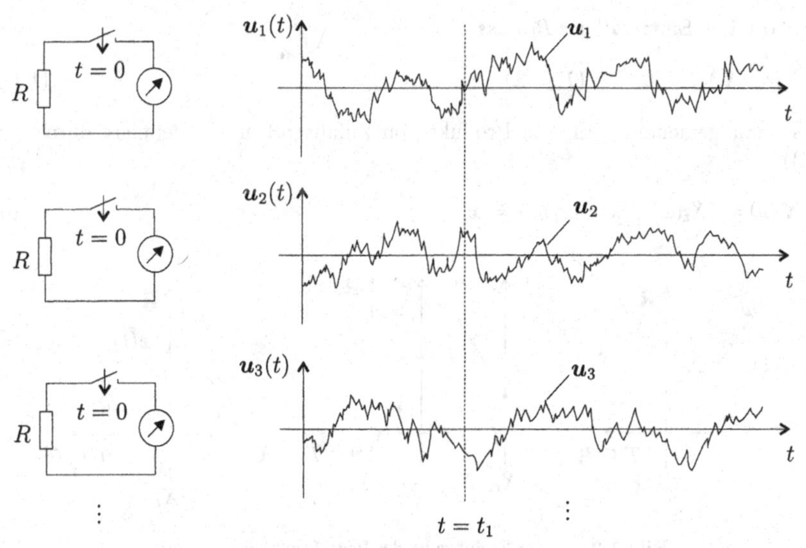

Bild 1.23: Rauschspannung eines Ohmschen Widerstandes

In den Anwendungen spielen solche zufälligen Signale eine hervorragende Rolle. Besonders interessiert die Frage, wie sich bestimmte (physikalische, technische, biologische u.a.) Systeme unter der Einwirkung solcher Signale verhalten. Bevor wir uns der Lösung dieser Aufgabe zuwenden, muss zunächst nach einer geeigneten Möglichkeit zur mathematischen Beschreibung dieser Signale gesucht werden, d.h., es muss ein mathematisches Modell gefunden werden, das den physikalischen Sachverhalt hinreichend genau widerspiegelt. Ein geeignetes, den Anforderungen genügendes mathematisches Modell wird durch den Begriff des „zufälligen Prozesses“ beschrieben. Wir wollen diesen Begriff zunächst definieren und anschließend näher erläutern.

Zum besseren Verständnis des Folgenden wollen wir zunächst noch einmal auf die Definition des Begriffs „zufälliger Vektor" zurückkommen (Abschnitt 1.2.2). Nach den Ausführungen des betreffenden Abschnitts, insbesondere nach (1.84), (1.85) und Bild 1.15 ist ein zufälliger Vektor

$$X = \langle X_1, X_2, \ldots, X_n \rangle = \langle X_i \rangle_{i \in \{1,2,\ldots,n\}} \tag{1.164}$$

durch das direkte Produkt von n Zufallsgrößen gegeben. Jedem Elementarereignis ω aus der Menge Ω wird durch X ein n-Tupel reeller Zahlen zugeordnet:

$$X(\omega) = (X_i(\omega))_{i \in \{1,2,\ldots,n\}} = (x_i)_{i \in \{1,2,\ldots,n\}} = (x_1, x_2, \ldots, x_n). \tag{1.165}$$

Zum Begriff „zufälliger Prozess" gelangt man nun durch Verallgemeinerung von (1.164), indem anstelle der endlichen Indexmenge $\{1, 2, \ldots, n\}$ eine unendliche Menge $T \subseteq \mathbb{R}$ zugrundegelegt wird. Damit erhalten wir die folgende Definition:

Definition 1.8 Ein *zufälliger Prozess*

$$\boldsymbol{X} = \langle X_t \rangle_{t \in T} \qquad (T \subseteq \mathbb{R}) \tag{1.166}$$

ist das (verallgemeinerte) direkte Produkt von Zufallsgrößen X_t, definiert durch (vgl. (1.165))

$$\boldsymbol{X}(\omega) = (X_t(\omega))_{t \in T} = (x_t)_{t \in T} = \boldsymbol{x}. \tag{1.167}$$

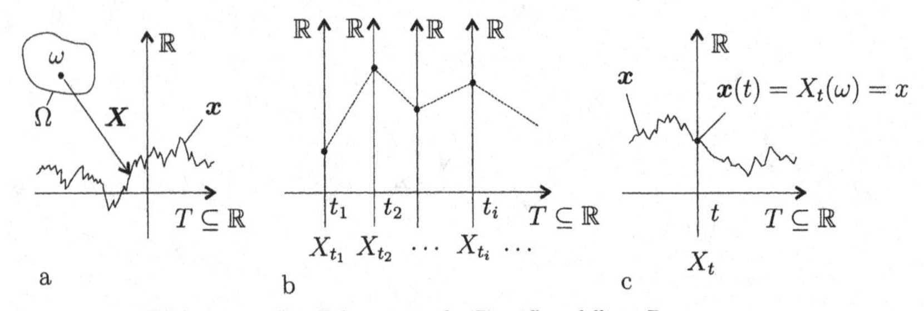

Bild 1.24: Zur Erläuterung des Begriffs zufälliger Prozess
a) Veranschaulichung als Abbildung; b) Veranschaulichung als Familie von Zufallsgrößen; c) Prozessrealisierung und Wert der Prozessrealisierung

Hierbei ist $\boldsymbol{x}$ eine Zeitfunktion (ein Signal $\boldsymbol{x} : T \to \mathbb{R}$), welche im Zeitpunkt $t \in T$ den Wert

$$\boldsymbol{x}(t) = (\boldsymbol{X}(\omega))(t) = X_t(\omega) = x_t = x \in \mathbb{R} \tag{1.168}$$

hat. Wir bezeichnen eine solche Zeitfunktion $\boldsymbol{x} = \boldsymbol{X}(\omega)$ als *Realisierung* (oder *Trajektorie*) des zufälligen Prozesses $\boldsymbol{X}$. Ein zufälliger Prozess $\boldsymbol{X}$ ist damit eine Abbildung von Ω in $\mathbb{R}^T$ (das ist die Menge aller reellen Funktionen $\boldsymbol{x} : T \to \mathbb{R}$), bei welcher jedem

Elementarereignis ω eine Zeitfunktion $\boldsymbol{x}$ (Realisierung des Prozesses $\boldsymbol{X}$) zugeordnet ist, in Zeichen

$$\boldsymbol{X} : \Omega \to \mathbb{R}^T, \; \boldsymbol{X}(\omega) = \boldsymbol{x}. \tag{1.169}$$

Bild 1.24a zeigt eine Veranschaulichung dieses Sachverhaltes.

Eine andere Betrachtungsweise ist die folgende: So wie ein zufälliger Vektor $\langle X_1, X_2, \ldots, X_n \rangle$ (d.h. das direkte Produkt von n Zufallsgrößen) durch das n-Tupel $X = (X_1, X_2, \ldots, X_n)$ seiner Faktoren X_i $(i = 1, 2, \ldots, n)$ vollständig beschrieben ist (beide Ausdrücke lassen sich bijektiv zuordnen), ist auch ein Prozess $\langle X_t \rangle_{t \in T}$ durch die Familie (das „∞-Tupel") $\boldsymbol{X}' = (X_t)_{t \in T}$ seiner „Faktoren" X_t gegeben (vgl. auch (1.167)). Diese Familie $\boldsymbol{X}'$ ist nun eine Abbildung von T in $\mathbb{R}^\Omega$ (die Menge $\mathbb{R}^\Omega$ ist die Menge aller Abbildungen von Ω in $\mathbb{R}$, die Menge aller Zufallsgrößen über $(\Omega, \underline{A})$). Da aber jedem Prozess $\boldsymbol{X}$ im Sinne von (1.166) ein Prozess $\boldsymbol{X}'$ im eben erklärten Sinne entspricht, setzen wir $\boldsymbol{X} = \boldsymbol{X}'$ und erhalten gleichbedeutend mit (1.166) bzw. (1.167) die folgende Definition:

Definition 1.9 Ein *zufälliger Prozess*

$$\boldsymbol{X} = (X_t)_{t \in T} \qquad (T \subseteq \mathbb{R}) \tag{1.170}$$

ist eine Familie von Zufallsgrößen X_t (Bild 1.24b), und es gilt

$$\boldsymbol{X}(t) = X_t \qquad (X_t^{-1}(B) \in \underline{A}). \tag{1.171}$$

Im Sinne dieser Definition ist also der zufällige Prozess $\boldsymbol{X}$ eine Abbildung, durch die jedem Zeitpunkt $t \in T$ eine Zufallsgröße X_t zugeordnet wird, in Zeichen

$$\boldsymbol{X} : T \to \mathbb{R}^\Omega, \; \boldsymbol{X}(t) = X_t. \tag{1.172}$$

Der Zusammenhang zwischen den Realisierungen $\boldsymbol{x}$ des Prozesses und den Zufallsgrößen X_t wurde bereits in (1.168) notiert, er lautet

$$\boldsymbol{x}(t) = X_t(\omega) = x. \tag{1.173}$$

In Bild 1.24c ist dieser Zusammenhang grafisch veranschaulicht. Es ist notwendig, beide Prozessdefinitionen nebeneinander zu benutzen und je nach Zweckmäßigkeit und Aufgabenstellung anzuwenden:

$\boldsymbol{X}(\omega) = \boldsymbol{x}$ Das Eintreten eines Elementarereignisses $\omega \in \Omega$ bedeutet bei einem zufälligen Prozess $\boldsymbol{X}$ das Auftreten einer Realisierung $\boldsymbol{x}$ (d.h. einer Zeitfunktion);

$\boldsymbol{X}(t) = X_t$ Wird ein zufälliger Prozess $\boldsymbol{X}$ zu einem festen Zeitpunkt t betrachtet, so ergibt sich eine Zufallsgröße X_t.

Die nachfolgend genannten Beispiele sollen noch zur Veranschaulichung der Prozessdefinitionen dienen.

Beispiel 1.30 Gegeben sei der zufällige Prozess

$$\boldsymbol{X} : X_t = X_1 \mathbf{1}(t - X_2),$$

worin **1** das durch

$$\mathbf{1}(t) = \begin{cases} 1 & \text{für} \quad t \geq 0 \\ 0 & \text{für} \quad t < 0 \end{cases}$$

definierte Sprungsignal und X_1 bzw. X_2 Zufallsgrößen bezeichnen. Für ein festgehaltenes Elementarereignis ω erhalten wir die Realisierung

$$\boldsymbol{X}(\omega) : X_t(\omega) = X_1(\omega)\mathbf{1}(t - X_2(\omega))$$

bzw. mit $\boldsymbol{X}(\omega) = \boldsymbol{x}$, $X_t(\omega) = x_t = \boldsymbol{x}(t)$, $X_1(\omega) = x_1$ und $X_2(\omega) = x_2$ kürzer

$$\boldsymbol{x} : \boldsymbol{x}(t) = x_1 \mathbf{1}(t - x_2).$$

Welche Realisierung eintritt, hängt von den Werten der Zufallsgrößen X_1 und X_2 ab. Betrachten wir z.B. das Würfelspiel mit dem Raum der Elementarereignisse $\Omega = \{\omega_1, \omega_2, \ldots, \omega_6\}$ (ω_i bedeutet „Augenzahl i liegt oben") und wählen

$$X_1 : \quad X_1(\omega_i) = 3i^2 - 20$$
$$X_2 : \quad X_2(\omega_i) = 5i,$$

so kann X_1 die Werte $x_1 \in \{-17, -8, \ldots, 88\}$ und X_2 die Werte $x_2 \in \{5, 10, \ldots, 30\}$ annehmen. Wird also z.B. die Augenzahl 2 gewürfelt, so tritt die spezielle Realisierung

$$\boldsymbol{x} : \boldsymbol{x}(t) = -8 \cdot \mathbf{1}(t - 10)$$

auf. In Bild 1.25a sind einige Realisierungen $\boldsymbol{x}_1, \boldsymbol{x}_2, \boldsymbol{x}_3, \ldots$ von $\boldsymbol{X}$ eingezeichnet.

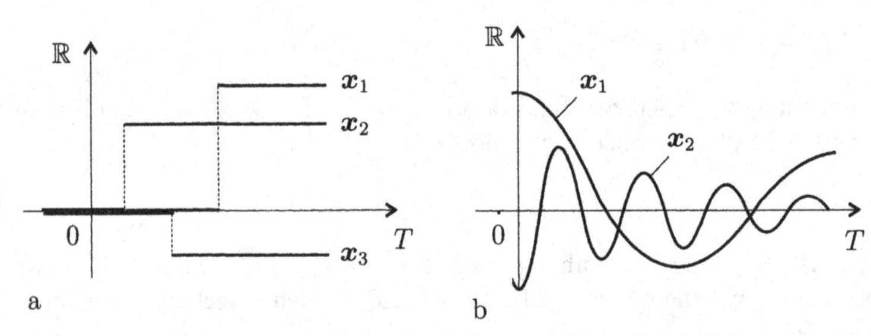

Bild 1.25: Realisierungen spezieller Prozesse a) Beispiel 1.30; b) Beispiel 1.31

Beispiel 1.31 Für den zufälligen Prozess

$$\boldsymbol{X} : X_t = X_1 \exp\left(-|X_2|t\right) \cos(X_3 t)$$

ergibt sich mit den Zufallsgrößen X_1, X_2 und X_3 für die Prozessrealisierungen

$$\boldsymbol{x} : \boldsymbol{x}(t) = x_1 \exp\left(-|x_2|t\right) \cos(x_3 t),$$

wenn wir wieder $X_1(\omega) = x_1$, $X_2(\omega) = x_2$ usw. setzen. In Bild 1.25b sind einige Realisierungen dieses Prozesses dargestellt.

Die betrachteten Beispiele stellten insofern einfache Sonderfälle dar, als die Zeitabhängigkeit des Prozesses $\boldsymbol{X} = \langle X_t \rangle_{t \in T}$ besonders einfach angebbar war, d.h. die Realisierungen der Prozesse waren im Wesentlichen „determinierte“ Zeitfunktionen, bei denen lediglich bestimmte Parameter „zufällig“ waren. Natürlich ist die Abhängigkeit der Zufallsgrößen X_t des Prozesses $\boldsymbol{X} = \langle X_t \rangle_{t \in T}$ vom Zeitparameter t in den meisten Fällen nicht in dieser einfachen Form angebbar, so dass sich dann Realisierungen der in Bild 1.23 dargestellten Art ergeben.

Auf einen Sonderfall sei noch besonders hingewiesen. In den Definitionen (1.166) und (1.167) bzw. (1.170) und (1.171) wurde stets als Zeitmenge $T \subseteq \mathbb{R}$ vorausgesetzt. Man spricht in diesem Fall von *Prozessen mit stetiger Zeit*. Ist jedoch in (1.166) bzw. (1.170) $T \subseteq \mathbb{Z}$ (Menge der ganzen Zahlen) oder $T \subseteq \mathbb{N}_0$ (Menge der natürlichen Zahlen einschließlich Null), so heißt $\boldsymbol{X} = \langle X_t \rangle_{t \in T}$ *Prozess mit diskreter Zeit* oder *Zufallsfolge*. Im Abschnitt 4.1 soll auf diese Prozessklasse noch näher eingegangen werden.

Beispiel 1.32 Eine Realisierung $\boldsymbol{x}$ eines zufälligen Prozesses mit diskreter Zeit könnte man z.B. mit Hilfe eines Spielwürfels erzeugen, der in bestimmtem zeitlichen Abstand wiederholt geworfen wird (z.B. je Sekunde einmal). Wird dem Elementarereignis ω_i („Augenzahl i liegt oben“) der Zahlenwert i $(i = 1, 2, \ldots, 6)$ zugeordnet, so könnten z.B. folgende Realisierungen auftreten:

$$\boldsymbol{x}_1 = (3, 5, 2, 1, 5, 6, \ldots), \qquad \boldsymbol{x}_2 = (4, 2, 6, 3, 1, 3, \ldots) \qquad \text{usw.}$$

1.3.1.2 Verteilungsfunktion und Verteilung

Aus der zweiten Definition (vgl. (1.170)) des zufälligen Prozesses $\boldsymbol{X} = \langle X_t \rangle_{t \in T}$ ergibt sich:

Wird ein zufälliger Prozess zu einem festen Zeitpunkt $t \in T$ betrachtet, so erhält man eine Zufallsgröße X_t. Werden zwei Zeitpunkte $t_1 \in T$ und $t_2 \in T$ betrachtet, so ergibt sich eine zweidimensionale Zufallsgröße $\langle X_{t_1}, X_{t_2} \rangle$ usw. Allgemein gilt also:

Betrachtet man einen zufälligen Prozess $\boldsymbol{X} = \langle X_t \rangle_{t \in T}$ zu n festen Zeitpunkten $t_i \in T$ $(i = 1, 2, \ldots, n)$, so erhält man einen zufälligen Vektor $\langle X_{t_1}, X_{t_2}, \ldots, X_{t_n} \rangle$.

Daraus ergibt sich, dass die zur Charakterisierung von Zufallsgrößen bzw. von zufälligen Vektoren verwendeten Funktionen und Parameter (Verteilungsfunktion, Verteilung, Dichte, Momente usw.) auch zur Beschreibung zufälliger Prozesse angewendet werden können, wenn die Prozesse in bestimmten Zeitpunkten $t_i \in T$ $(i = 1, 2, \ldots, n)$ betrachtet werden.

In diesem Sinne definiert man als *n-dimensionale Verteilungsfunktion des Prozesses* $\boldsymbol{X} = \langle X_t \rangle_{t \in T}$ die Verteilungsfunktion des Vektors $\langle X_{t_1}, X_{t_2}, \ldots, X_{t_n} \rangle$:

$$F_{\langle X_{t_1}, \ldots, X_{t_n} \rangle}(\xi_1, \ldots, \xi_n) = P\{X_{t_1} < \xi_1, \ldots, X_{t_n} < \xi_n\}. \tag{1.174}$$

Anstelle von $F_{\langle X_{t_1}, \ldots, X_{t_n} \rangle}(\xi_1, \ldots, \xi_n)$ schreibt man meistens $F_{\boldsymbol{X}}(\xi_1, t_1; \ldots; \xi_n, t_n)$. Beachtet man auf der rechten Seite in (1.174) noch, dass anstelle von $X_{t_i} < \xi_i$ exakter $X_{t_i}(\omega) < \xi_i$ geschrieben werden müsste und dass $X_{t_i}(\omega) = \boldsymbol{x}(t_i)$ gilt (vgl. (1.173)), so geht (1.174) über in

$$F_{\boldsymbol{X}}(\xi_1, t_1; \ldots; \xi_n, t_n) = P\{\boldsymbol{x}(t_1) < \xi_1, \ldots, \boldsymbol{x}(t_n) < \xi_n\}. \tag{1.175}$$

Das bedeutet: Der Wert $F_{\boldsymbol{X}}(\xi_1, t_1; \ldots; \xi_n, t_n)$ der n-dimensionalen Verteilungsfunktion $F_{\boldsymbol{X}}$ des zufälligen Prozesses $\boldsymbol{X} = (X_t)_{t \in T}$ gibt die Wahrscheinlichkeit dafür an, dass eine Realisierung $\boldsymbol{x}$ des Prozesses auftritt, welche zu den Zeitpunkten t_i solche Werte $\boldsymbol{x}(t_i)$ annimmt, dass $\boldsymbol{x}(t_i) < \xi_i$ oder $X_{t_i} < \xi_i$ gilt ($t \in T$, $i = 1, 2, \ldots, n$). In Zeichen schreibt man hierfür kurz

$$F_{\boldsymbol{X}}(\xi, t) = P\{\boldsymbol{x}(t) < \xi\} = P\{X_t < \xi\}. \tag{1.176}$$

In Bild 1.26 ist eine Realisierung $\boldsymbol{x}$ eines zufälligen Prozesses aufgezeichnet, welche der in (1.176) angegebenen Bedingung genügt.

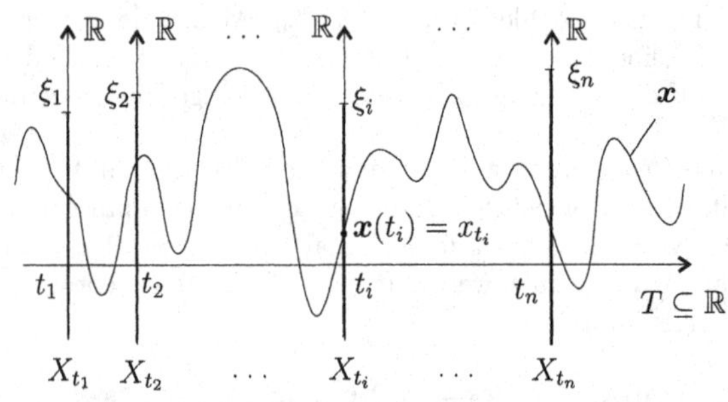

Bild 1.26: Zur Erläuterung der Verteilungsfunktion eines zufälligen Prozesses

Auf analoge Weise ergibt sich auch die Definition der Verteilung eines zufälligen Prozesses. Für einen zufälligen Prozess, der in n Zeitpunkten t_i ($i = 1, 2, \ldots, n$) betrachtet wird, gilt nämlich (vgl. (1.97))

$$P_{\langle X_{t_1}, \ldots, X_{t_n} \rangle}(B) = P\{\langle X_{t_1}, \ldots, X_{t_n} \rangle \in B\}. \tag{1.177}$$

Die *n-dimensionale Verteilung des zufälligen Prozesses* ist also nichts anderes als die Verteilung des zufälligen Vektors $\langle X_{t_1}, \ldots, X_{t_n} \rangle$. Anstelle von (1.177) schreibt man auch

$$P_{\boldsymbol{X}, t_1, \ldots, t_n}(B) = P\{(\boldsymbol{x}(t_1), \ldots, \boldsymbol{x}(t_n)) \in B\} \tag{1.178}$$

oder kurz

$$P_{\boldsymbol{X}, t}(B) = P\{\boldsymbol{x}(t) \in B\} = P\{X_t \in B\}. \tag{1.179}$$

Zur Veranschaulichung von (1.178) bzw. (1.179) setzen wir speziell

$$B = B_1 \times B_2 \times \ldots \times B_n \in \underline{B}^n.$$

In diesem Fall gibt

$$P_{\boldsymbol{X}, t}(B) = P\{\boldsymbol{x}(t_i) \in B_i,\ i = 1, 2, \ldots, n\} \tag{1.180}$$

die Wahrscheinlichkeit dafür an, dass eine Realisierung $\boldsymbol{x}$ des Prozesses $\boldsymbol{X}$ auftritt, deren Werte $\boldsymbol{x}(t_i)$ in den Zeitpunkten t_i den Mengen B_i angehören (Bild 1.27). In allgemeineren

Fällen können die Borel-Mengen B_i auch Kombinationen von Intervallen, einzelne Punkte usw. darstellen (vgl. Abschnitt 1.2.1.3).

Wir bemerken ergänzend noch, dass sich alle im Zusammenhang mit zufälligen Vektoren $X = \langle X_1, \ldots, X_n \rangle$ und deren Verteilungsfunktionen F_X definierten und abgeleiteten Begriffe auf analoge Weise auf zufällige Prozesse $\boldsymbol{X} = \langle X_t \rangle_{t \in T}$ übertragen lassen, wobei lediglich $F_X(\ldots, \xi_i, \ldots)$ durch $F_{\boldsymbol{X}}(\ldots; \xi_i, t_i; \ldots)$ zu ersetzen ist. Wir betrachten hierzu einige Beispiele.

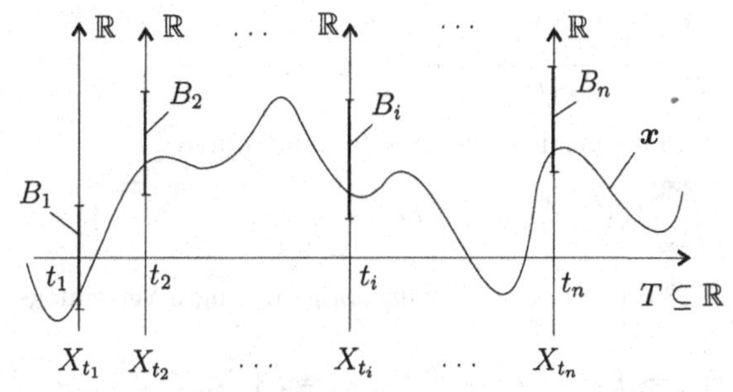

Bild 1.27: Zur Erläuterung der Verteilung eines zufälligen Prozesses

Beispiel 1.33 Lässt sich die Verteilungsfunktion $F_{\boldsymbol{X}}$ eines zufälligen Prozesses $\boldsymbol{X}$ durch ein Integral in der Form

$$F_{\boldsymbol{X}}(\xi_1, t_1; \ldots; \xi_n, t_n) = \int_{-\infty}^{\xi_1} \cdots \int_{-\infty}^{\xi_n} f_{\boldsymbol{X}}(x_1, t_1; \ldots; x_n, t_n) \, \mathrm{d}x_1 \ldots \mathrm{d}x_n \tag{1.181}$$

darstellen, so heißt $f_{\boldsymbol{X}}$ *Dichtefunktion* des zufälligen Prozesses $\boldsymbol{X}$. Die Umkehrung dieser Beziehung lautet:

$$f_{\boldsymbol{X}}(\xi_1, t_1; \ldots; \xi_n, t_n) = \frac{\partial^n}{\partial \xi_1 \ldots \partial \xi_n} F_{\boldsymbol{X}}(\xi_1, t_1; \ldots; \xi_n, t_n). \tag{1.182}$$

Mit Hilfe der Dichtefunktion kann die Verteilung des Prozesses angegeben werden (siehe auch (1.179) und (1.106)):

$$\begin{aligned} P_{\boldsymbol{X}, t_1, \ldots, t_n}(B) &= \int \cdots \int_B f_{\boldsymbol{X}}(x_1, t_1; \ldots; x_n, t_n) \, \mathrm{d}x_1 \ldots \mathrm{d}x_n \\ &= P\{(X_{t_1}, \ldots, X_{t_n}) \in B\}. \end{aligned} \tag{1.183}$$

Beispiel 1.34 Die aus

$$F_{\boldsymbol{X}}(\infty, t_1; \ldots; \xi_j, t_j; \ldots; \infty, t_n) = F_{\boldsymbol{X}}(\xi_j, t_j) \tag{1.184}$$

erhaltene Verteilungsfunktion ist die *Randverteilungsfunktion* des zufälligen Prozesses zur Zeit t_j, d.h. die Verteilungsfunktion der Zufallsgröße X_{t_j}. Auf ähnliche Weise kann man aus $F_{\boldsymbol{X}}$ zwei-, drei- und mehrdimensionale Randverteilungsfunktionen erhalten, z.B.

$F_{\boldsymbol{X}}(\xi_j, t_j; \xi_k, t_k)$, $F_{\boldsymbol{X}}(\xi_j, t_j; \xi_k, t_k; \xi_l, t_l)$ usw. Für den Zusammenhang zwischen den angegebenen Randverteilungsfunktionen und den zugehörigen *Randdichtefunktionen*, die durch $f_{\boldsymbol{X}}(\xi_j, t_j)$, $f_{\boldsymbol{X}}(\xi_j, t_j; \xi_k, t_k)$, $f_{\boldsymbol{X}}(\xi_j, t_j; \xi_k, t_k; \xi_l, t_l)$ gegeben sind, gelten die für zufällige Vektoren angegebenen Gleichungen (1.110) bis (1.116) sinngemäß.

Beispiel 1.35 Ähnlich wie bei den zufälligen Vektoren können bei den zufälligen Prozessen auch *bedingte Randverteilungsfunktionen* betrachtet werden. So erhalten wir z.B. mit (1.124)

$$f_{\boldsymbol{X}}(x_2, t_2 | x_1, t_1) = \frac{f_{\boldsymbol{X}}(x_1, t_1; x_2, t_2)}{f_{\boldsymbol{X}}(x_1, t_1)}, \tag{1.185}$$

wobei die im Nenner auftretende Randdichtefunktion durch

$$f_{\boldsymbol{X}}(x_1, t_1) = \int_{-\infty}^{\infty} f_{\boldsymbol{X}}(x_1, t_1; x_2, t_2)\,\mathrm{d}x_2 \tag{1.186}$$

gegeben ist. Aus (1.185) erhält man die zugehörige bedingte Verteilungsfunktion

$$F_{\boldsymbol{X}}(\xi_2, t_2 | x_1, t_1) = \int_{-\infty}^{\xi_2} f_{\boldsymbol{X}}(x_2, t_2 | x_1, t_1)\,\mathrm{d}x_2 = P\{X_{t_2} < \xi_2 | X_{t_1} = x_1\}. \tag{1.187}$$

Die letzte Gleichung gibt die Wahrscheinlichkeit dafür an, dass eine Realisierung $\boldsymbol{x}$ des Prozesses $\boldsymbol{X}$ auftritt, deren Wert zum Zeitpunkt t_2 kleiner als ξ_2 ist, sofern bekannt ist, dass die Realisierung zur Zeit t_1 den Wert x_1 angenommen hat. Im Bild 1.28 sind einige Realisierungen dargestellt, die dieser Bedingung genügen.

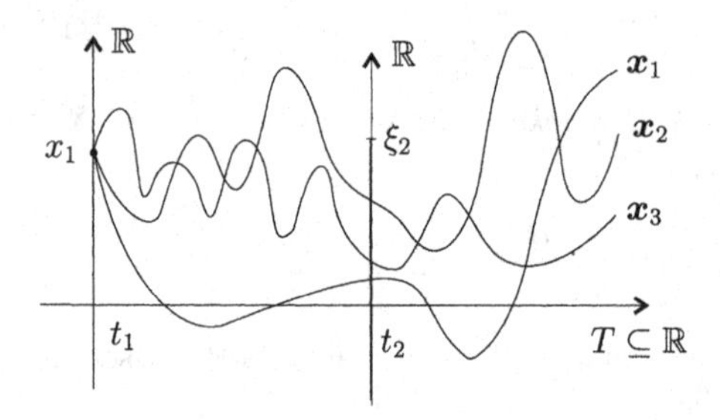

Bild 1.28: Zur bedingten Verteilungsfunktion zufälliger Prozesse

1.3.1.3 Vektorprozesse

Oft ist es erforderlich, mehrere zufällige Prozesse nebeneinander zu betrachten. Das ist z.B. dann der Fall, wenn Systeme mit mehreren Eingängen und Ausgängen untersucht werden sollen. Man gelangt auf diese Weise zu einem etwas allgemeineren Prozessbegriff, den wir zunächst für den Sonderfall zweier Prozesse definieren wollen.

Gegeben seien zwei zufällige Prozesse $\boldsymbol{X}_1$ und $\boldsymbol{X}_2$. Dann heißt ihr „direktes Produkt“

$$\boldsymbol{X} = \langle \boldsymbol{X}_1, \boldsymbol{X}_2 \rangle, \tag{1.188}$$

definiert durch

$$\boldsymbol{X}(\omega) = \langle \boldsymbol{X}_1(\omega), \boldsymbol{X}_2(\omega) \rangle = \langle \boldsymbol{x}_1, \boldsymbol{x}_2 \rangle = \boldsymbol{x} \tag{1.189}$$

zweidimensionaler Vektorprozess.

Jedem Elementarereignis ω aus dem Raum der Elementarereignisse Ω ist also nun eine (Vektorprozess-) Realisierung $\boldsymbol{x}$ zugeordnet, die durch das direkte Produkt zweier Realisierungen $\boldsymbol{x}_1$ und $\boldsymbol{x}_2$ gebildet wird (also ein zweiwertiges Signal ist), d.h. es gilt

$$\boldsymbol{x}(t) = (\boldsymbol{x}_1(t), \boldsymbol{x}_2(t)). \tag{1.190}$$

Bild 1.29 zeigt die Veranschaulichung.

Ergänzend zu (1.188) sei noch bemerkt, dass man entsprechend (1.170) den Vektorprozess natürlich auch durch eine Familie zufälliger Vektoren definieren kann:

$$\boldsymbol{X} = \langle \boldsymbol{X}_1, \boldsymbol{X}_2 \rangle = (\langle X_{1,t}, X_{2,t} \rangle)_{t \in T}. \tag{1.191}$$

Die Verallgemeinerung von (1.188) ergibt die folgende Definition.

Definition 1.10 Ein *l-dimensionaler Vektorprozess* ist das „direkte Produkt"

$$\boldsymbol{X} = \langle \boldsymbol{X}_1, \boldsymbol{X}_2, \ldots, \boldsymbol{X}_l \rangle \tag{1.192}$$

von l zufälligen Prozessen $\boldsymbol{X}_i = \langle X_{i,t} \rangle_{t \in T}$ $(i = 1, 2, \ldots, l)$, definiert durch

$$\boldsymbol{X}(\omega) = \langle \boldsymbol{X}_1(\omega), \ldots, \boldsymbol{X}_l(\omega) \rangle = \langle \boldsymbol{x}_1, \ldots, \boldsymbol{x}_l \rangle = \boldsymbol{x}. \tag{1.193}$$

Hierbei gilt entsprechend (1.168)

$$\boldsymbol{x}_i(t) = (X_i(\omega))(t) = X_{i,t}(\omega) = x_{i,t}. \tag{1.194}$$

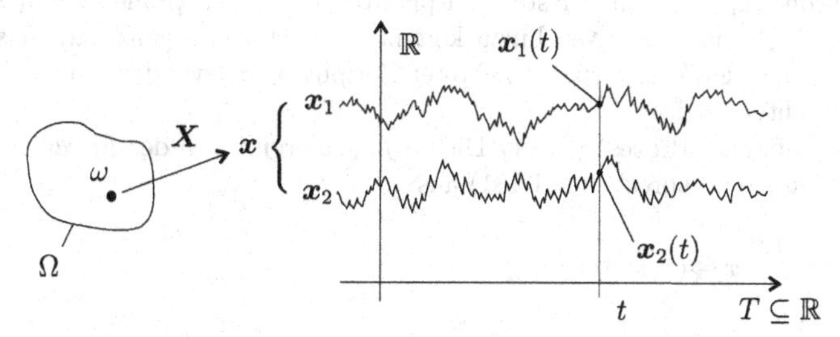

Bild 1.29: Realisierung eines zweidimensionalen Vektorprozesses

Bei der Realisierung eines l-dimensionalen Vektorprozesses laufen also l Realisierungen (einfacher) zufälliger Prozesse zeitlich parallel ab, welche im Zeitpunkt t die Werte $\boldsymbol{x}_i(t) = x_{i,t}$ annehmen $(i = 1, 2, \ldots, l)$. In Bild 1.29 ist dieser Sachverhalt für den Fall $l = 2$ dargestellt.

Nach dem Vorbild des (einfachen) zufälligen Prozesses kann nun auch für einen Vektorprozess $\boldsymbol{X} = \langle \boldsymbol{X}_1, \ldots, \boldsymbol{X}_l \rangle$ eine Verteilungsfunktion definiert werden. Setzen wir zur Abkürzung

$$\begin{aligned} (\xi_{1,i}, \ldots, \xi_{l,i}) &= \xi_i \\ (\boldsymbol{x}_1(t_i), \ldots, \boldsymbol{x}_l(t_i)) &= \boldsymbol{x}(t_i) \qquad (i = 1, 2, \ldots, n), \\ (X_{1,t_i}, \ldots, X_{l,t_i}) &= X_{ti} \end{aligned} \tag{1.195}$$

so kann die für den einfachen zufälligen Prozess gültige Gleichung (1.175) sofort auf den Vektorprozess übertragen werden. Es gilt also dann ebenfalls

$$\begin{aligned} F_{\boldsymbol{X}}(\xi_1, t_1; \ldots; \xi_n, t_n) &= P\{\boldsymbol{x}(t_1) < \xi_1, \ldots, \boldsymbol{x}(t_n) < \xi_n\} \\ &= P\{X_{t_1} < \xi_1, \ldots, X_{t_n} < \xi_n\}. \end{aligned} \tag{1.196}$$

Mit den in (1.195) vereinbarten Abkürzungen bedeutet aber auf der rechten Seite von (1.196) z.B. $P\{\boldsymbol{x}(t_1) < \xi_1\}$ ausführlich geschrieben

$$P\{\boldsymbol{x}(t_1) < \xi_1\} = P\{\boldsymbol{x}_1(t_1) < \xi_{11}, \boldsymbol{x}_2(t_1) < \xi_{21}, \ldots, \boldsymbol{x}_l(t_1) < \xi_{l1}\}.$$

Dieser Ausdruck gibt also die Wahrscheinlichkeit dafür an, dass eine Realisierung $\boldsymbol{x} = \langle \boldsymbol{x}_1, \boldsymbol{x}_2, \ldots, \boldsymbol{x}_l \rangle$ des Vektorprozesses auftritt, für die zur Zeit $t = t_1$ gilt

$$\boldsymbol{x}_1(t_1) < \xi_{11}, \boldsymbol{x}_2(t_1) < \xi_{21}, \ldots, \boldsymbol{x}_l(t_1) < \xi_{l1}.$$

Entsprechendes gilt auch für die anderen Zeitpunkte t_i $(i = 1, 2, \ldots, n)$.

1.3.1.4 Momente

Die im Abschnitt 1.2.4 für Zufallsgrößen bzw. zufällige Vektoren definierten Momente lassen sich auf zufällige Prozesse übertragen. Das ist ohne weiteres einleuchtend, wenn man beachtet, dass ein zufälliger Prozess, den man zu einem festen Zeitpunkt t betrachtet, eine Zufallsgröße X_t (bzw. in n festen Zeitpunkten $t_1, t_2, \ldots, t_n$ einen zufälligen Vektor $\langle X_{t_1}, X_{t_2}, \ldots, X_{t_n} \rangle$) darstellt. Neu hinzu kommt lediglich die Eigenschaft, dass die Momente Funktionen der Zeit t (bzw. mehrerer Zeitpunkte t_i) werden, wenn die Zeit als Variable betrachtet wird.

Ist $\boldsymbol{X}$ ein zufälliger Prozess mit der Dichte $f_{\boldsymbol{X}}$, so ergibt sich der *Erwartungswert* des zufälligen Prozesses entsprechend (1.131) aus

$$\mathrm{E}(X_t) = \int_{-\infty}^{\infty} x f_{\boldsymbol{X}}(x, t)\,\mathrm{d}x = m_{\boldsymbol{X}}(t), \tag{1.197}$$

falls das angegebene Integral absolut konvergiert.

Etwas allgemeiner gilt analog zu (1.133)

$$\begin{aligned} &\mathrm{E}\left(\varphi(X_{t_1}, X_{t_2}, \ldots, X_{t_n})\right) = \\ &\quad \int_{-\infty}^{\infty} \cdots \int_{-\infty}^{\infty} \varphi(x_1, \ldots, x_n) f_{\boldsymbol{X}}(x_1, t_1; \ldots; x_n, t_n)\,\mathrm{d}x_1 \ldots \mathrm{d}x_n. \end{aligned} \tag{1.198}$$

Aus der letzten Gleichung ergibt sich ein für zufällige Prozesse sehr wichtiges Moment, nämlich

$$\begin{aligned} \mathrm{E}\,(X_{t_1} \cdot X_{t_2}) &= \int_{-\infty}^{\infty}\int_{-\infty}^{\infty} x_1 x_2 f_{\boldsymbol{X}}(x_1,t_1;x_2,t_2)\,\mathrm{d}x_1\mathrm{d}x_2 \\ &= s_{\boldsymbol{X}}(t_1,t_2), \end{aligned} \tag{1.199}$$

das man als (*Auto-*) *Korrelationsfunktion* des Prozesses $\boldsymbol{X}$ bezeichnet.

Ist speziell $t_1 = t_2 = t$, so ergibt

$$\mathrm{E}(X_t^2) = \int_{-\infty}^{\infty} x^2 f_{\boldsymbol{X}}(x,t)\,\mathrm{d}x = s_{\boldsymbol{X}}(t,t) \tag{1.200}$$

das Moment 2. Ordnung (quadratischer Mittelwert) und das Zentralmoment

$$\begin{aligned} \mathrm{E}\left((X_t - m_{\boldsymbol{X}}(t))^2\right) &= \int_{-\infty}^{\infty} (x - m_{\boldsymbol{X}}(t))^2 f_{\boldsymbol{X}}(x,t)\,\mathrm{d}x \\ &= \mathrm{Var}(X_t) \end{aligned} \tag{1.201}$$

die *Varianz* des Prozesses $\boldsymbol{X}$, die man durch

$$\mathrm{Var}(X_t) = s_{\boldsymbol{X}}(t,t) - (m_{\boldsymbol{X}}(t))^2 \tag{1.202}$$

berechnen kann.

Es sei noch besonders hervorgehoben, dass die Korrelationsfunktion in den Anwendungen der Theorie zufälliger Prozesse ein sehr wichtiges Hilfsmittel zur Beschreibung von Prozessen darstellt. Das hängt damit zusammen, dass sich einerseits eine besonders wichtige Prozessklasse durch die Korrelationsfunktion vollständig charakterisieren lässt und diese Funktion andererseits der messtechnischen Erfassung relativ leicht zugänglich ist. Von Bedeutung ist weiterhin noch die *Kovarianzfunktion* des Prozesses $\boldsymbol{X}$, die entsprechend (1.147) und (1.148) durch

$$\begin{aligned} \mathrm{Cov}\,(X_{t_1}, X_{t_2}) &= \mathrm{E}\big((X_{t_1} - m_{\boldsymbol{X}}(t_1))(X_{t_2} - m_{\boldsymbol{X}}(t_2))\big) \\ &= s_{\boldsymbol{X}}(t_1,t_2) - m_{\boldsymbol{X}}(t_1)m_{\boldsymbol{X}}(t_2) \end{aligned} \tag{1.203}$$

gegeben ist. Für einen Prozess $\boldsymbol{X}$ mit verschwindendem Erwartungswert ($m_{\boldsymbol{X}}(t) = 0$ für alle $t \in T$) sind Kovarianzfunktion und Korrelationsfunktion identisch. Außerdem geht (1.203) für $t_1 = t_2 = t$ in (1.202) über, d.h. es gilt $\mathrm{Cov}(X_t, X_t) = \mathrm{Var}(X_t)$.

Wir bemerken noch, dass die Kovarianzfunktion (ebenso die Korrelationsfunktion) ein Maß für die statistische Abhängigkeit der Zufallsgrößen X_{t_1} und X_{t_2} ist, d.h. ein Maß für den statistischen Zusammenhang zwischen den Werten, die die Realisierungen des Prozesses $\boldsymbol{X}$ in den Zeitpunkten t_1 und t_2 annehmen.

Nach dem Vorbild von (1.155) können die Kovarianzfunktionen des Prozesses $\boldsymbol{X}$ auch wieder in einer *Kovarianzmatrix*

$$\mathrm{Cov}(\boldsymbol{X}) = \begin{pmatrix} \mathrm{Cov}(X_{t_1}, X_{t_1}) & \ldots & \mathrm{Cov}(X_{t_1}, X_{t_n}) \\ \vdots & & \vdots \\ \mathrm{Cov}(X_{t_n}, X_{t_1}) & \ldots & \mathrm{Cov}(X_{t_n}, X_{t_n}) \end{pmatrix} \tag{1.204}$$

zusammengefasst werden.

Wir gehen nun zu den *Momenten von Vektorprozessen* über. Zunächst betrachten wir den aus zwei zufälligen Prozessen $\boldsymbol{X}$ und $\boldsymbol{Y}$ gebildeten (zweidimensionalen) Vektorprozess $\langle \boldsymbol{X}, \boldsymbol{Y} \rangle$. Für zwei festgehaltene Zeitpunkte t_1 und t_2 ergibt sich aus (1.198) das Moment

$$\begin{aligned} \mathrm{E}\,(X_{t_1} \cdot Y_{t_2}) &= \int_{-\infty}^{\infty} \int_{-\infty}^{\infty} x\,y\, f_{\langle \mathbf{X},\mathbf{Y} \rangle}(x, t_1; y, t_2)\,\mathrm{d}x\mathrm{d}y \\ &= s_{\boldsymbol{XY}}(t_1, t_2), \end{aligned} \tag{1.205}$$

das man als *Kreuzkorrelationsfunktion* der Prozesse $\boldsymbol{X}$ und $\boldsymbol{Y}$ bezeichnet. Offensichtlich ist die durch (1.199) definierte Korrelationsfunktion ein Sonderfall der Kreuzkorrelationsfunktion (1.205), wobei wir zur Vereinfachung

$$s_{\boldsymbol{XX}}(t_1, t_2) = s_{\boldsymbol{X}}(t_1, t_2) \tag{1.206}$$

setzen. Da das Produkt in $\mathrm{E}\,(X_{t_1} \cdot Y_{t_2})$ auf der linken Seite von (1.205) kommutativ ist, gilt für die Kreuzkorrelationsfunktion

$$s_{\boldsymbol{XY}}(t_1, t_2) = s_{\boldsymbol{YX}}(t_2, t_1) \tag{1.207}$$

und aus der Schwarzschen Ungleichung (1.145) folgt

$$(s_{\boldsymbol{XY}}(t_1, t_2))^2 \leq s_{\boldsymbol{X}}(t_1, t_2) s_{\boldsymbol{Y}}(t_1, t_2). \tag{1.208}$$

Nach dem Vorbild von (1.204) kann man auch für einen Vektorprozess $\langle \boldsymbol{X}, \boldsymbol{Y} \rangle$ eine Kovarianzmatrix

$$\mathrm{Cov}(\boldsymbol{X}, \boldsymbol{Y}) = \begin{pmatrix} \mathrm{Cov}(X_{t_1}, Y_{t_1}) & \dots & \mathrm{Cov}(X_{t_1}, Y_{t_n}) \\ \vdots & & \vdots \\ \mathrm{Cov}(X_{t_n}, Y_{t_1}) & \dots & \mathrm{Cov}(X_{t_n}, Y_{t_n}) \end{pmatrix} \tag{1.209}$$

mit den Kovarianzfunktionen

$$\mathrm{Cov}\left(X_{t_i}, Y_{t_j}\right) = \mathrm{E}\left((X_{t_i} - m_{\boldsymbol{X}}(t_i))(Y_{t_j} - m_{\boldsymbol{Y}}(t_j))\right) \tag{1.210}$$

bilden.

Wir betrachten nun noch den allgemeineren Fall eines Vektorprozesses $\boldsymbol{X} = \langle \boldsymbol{X}_1, \boldsymbol{X}_2, \ldots, \boldsymbol{X}_l \rangle$. Werden zwei Zeitpunkte $t_1 \in T$ und $t_2 \in T$ festgehalten, so können die durch

$$s_{\mathbf{X}_i\mathbf{X}_j}(t_1, t_2) = \mathrm{E}\,(X_{i,t_1} \cdot X_{j,t_2})$$

definierten l^2 Kreuzkorrelationsfunktionen $s_{\mathbf{X}_i\mathbf{X}_j}$ in einer *Matrix der Korrelationsfunktionen*

$$s_{\boldsymbol{XX}}(t_1, t_2) = \begin{pmatrix} s_{\mathbf{X}_1\mathbf{X}_1}(t_1, t_2) & \dots & s_{\mathbf{X}_1\mathbf{X}_l}(t_1, t_2) \\ \vdots & & \vdots \\ s_{\mathbf{X}_l\mathbf{X}_1}(t_1, t_2) & \dots & s_{\mathbf{X}_l\mathbf{X}_l}(t_1, t_2) \end{pmatrix} \tag{1.211}$$

zusammengefasst werden. In der Hauptdiagonalen enthält diese Matrix die (Auto-) Korrelationsfunktionen der Prozesse $\boldsymbol{X}_1, \ldots, \boldsymbol{X}_l$ aus $\boldsymbol{X}$. Für zwei Vektorprozesse $\boldsymbol{X} = \langle \boldsymbol{X}_1, \ldots, \boldsymbol{X}_l \rangle$ und $\boldsymbol{Y} = \langle \boldsymbol{Y}_1, \ldots, \boldsymbol{Y}_m \rangle$ erhält man die Matrix

$$s_{\boldsymbol{XY}}(t_1, t_2) = \begin{pmatrix} s_{\boldsymbol{X}_1\boldsymbol{Y}_1}(t_1,t_2) & \ldots & s_{\boldsymbol{X}_1\boldsymbol{Y}_m}(t_1,t_2) \\ \vdots & & \vdots \\ s_{\boldsymbol{X}_l\boldsymbol{Y}_1}(t_1,t_2) & \ldots & s_{\boldsymbol{X}_l\boldsymbol{Y}_m}(t_1,t_2) \end{pmatrix}, \tag{1.212}$$

welche nur Kreuzkorrelationsfunktionen enthält und im Gegensatz zu (1.211) im Allgemeinen nicht quadratisch ist.

Wir erwähnen abschließend noch die *charakteristische Funktion* $\varphi_{\boldsymbol{X}}$ eines zufälligen Prozesses $\boldsymbol{X}$. Ist ein zufälliger Prozess $\boldsymbol{X}$ mit der Dichtefunktion $f_{\boldsymbol{X}}$ gegeben, so kann entsprechend (1.158) die charakteristische Funktion $\varphi_{\boldsymbol{X}}$ durch

$$\varphi_{\boldsymbol{X}}(u,t) = \mathrm{E}\left(\mathrm{e}^{\mathrm{j}uX_t}\right) = \int_{-\infty}^{\infty} \mathrm{e}^{\mathrm{j}ux} f_{\boldsymbol{X}}(x,t)\,\mathrm{d}x \tag{1.213}$$

berechnet werden.

Da ein zufälliger Prozess $\boldsymbol{X}$ allgemein durch mehrdimensionale Verteilungs- bzw. Dichtefunktionen beschrieben wird, erhalten wir hier auch mehrdimensionale charakteristische Funktionen. So ist z.B.

$$\begin{aligned} \varphi_{\boldsymbol{X}}(u_1,t_1;u_2,t_2) &= \mathrm{E}\left(\mathrm{e}^{\mathrm{j}(u_1X_{t_1}+u_2X_{t_2})}\right) \\ &= \int_{-\infty}^{\infty}\int_{-\infty}^{\infty} \mathrm{e}^{\mathrm{j}(u_1x_1+u_2x_2)} f_{\boldsymbol{X}}(x_1,t_1;x_2,t_2)\,\mathrm{d}x_1\mathrm{d}x_2 \end{aligned} \tag{1.214}$$

und allgemein

$$\begin{aligned} \varphi_{\boldsymbol{X}}(u_1,t_1;\ldots;u_n,t_n) &= \mathrm{E}\left(\mathrm{e}^{\mathrm{j}(u_1X_{t_1}+\ldots+u_nX_{t_n})}\right) \\ &= \int_{-\infty}^{\infty}\cdots\int_{-\infty}^{\infty} \mathrm{e}^{\mathrm{j}(u_1x_1+\ldots+u_nx_n)} f_{\boldsymbol{X}}(x_1,t_1;\ldots;x_n,t_n)\,\mathrm{d}x_1\ldots\mathrm{d}x_n. \end{aligned} \tag{1.215}$$

Wie im Abschnitt 1.2.4.4 gezeigt wurde, lassen sich zwischen der charakteristischen Funktion $\varphi_{\boldsymbol{X}}$ und den Momenten Beziehungen herstellen. So ergibt sich z.B. aus (1.215) mit

$$-\left.\frac{\partial^2 \varphi_{\boldsymbol{X}}(u_1,t_1;u_2,t_2)}{\partial u_1 \partial u_2}\right|_{u_1=u_2=0} = s_{\boldsymbol{X}}(t_1,t_2) \tag{1.216}$$

eine Beziehung zur Korrelationsfunktion $s_{\boldsymbol{X}}$.

1.3.2 Spezielle Prozesse

1.3.2.1 Stationäre Prozesse

In den Anwendungen (z.B. bei der Untersuchung von Rauschvorgängen in elektronischen Schaltungen) spielen die stationären zufälligen Prozesse eine wichtige Rolle. Hierfür gilt die folgende Definition.

Definition 1.11 Ein zufälliger Prozess $\boldsymbol{X}$ heißt genau dann *stationär*, wenn für beliebige τ gilt

$$F_{\boldsymbol{X}}(\xi_1, t_1 + \tau; \ldots; \xi_n, t_n + \tau) = F_{\boldsymbol{X}}(\xi_1, t_1; \ldots; \xi_n, t_n). \tag{1.217}$$

Das bedeutet: Betrachtet man den zufälligen Prozess einmal in den Zeitpunkten $t_1 + \tau$, $\ldots, t_n + \tau$ und einmal in den Zeitpunkten $t_1, \ldots, t_n$, so erhält man zwei zufällige Vektoren $\langle X_{t_1+\tau}, \ldots, X_{t_n+\tau} \rangle$ und $\langle X_{t_1}, \ldots, X_{t_n} \rangle$, welche gleiche Verteilungsfunktionen haben. Oder anders ausgedrückt: Man kann einen beliebigen n-dimensionalen „Schnitt" durch einen stationären zufälligen Prozess zeitlich beliebig „verschieben", ohne dass sich die Verteilungsfunktion dabei verändert (Bild 1.30). Praktisch bedeutet das, dass es gleichgültig ist, ob die Messung einer beliebigen n-dimensionalen Verteilungsfunktion zu einem früheren oder späteren Zeitpunkt erfolgt. Das Messergebnis ist – bei unveränderten Zeitdifferenzen – unabhängig von der Auswahl dieses Zeitpunktes. Entsprechendes gilt für die Dichtefunktion $f_{\boldsymbol{X}}$.

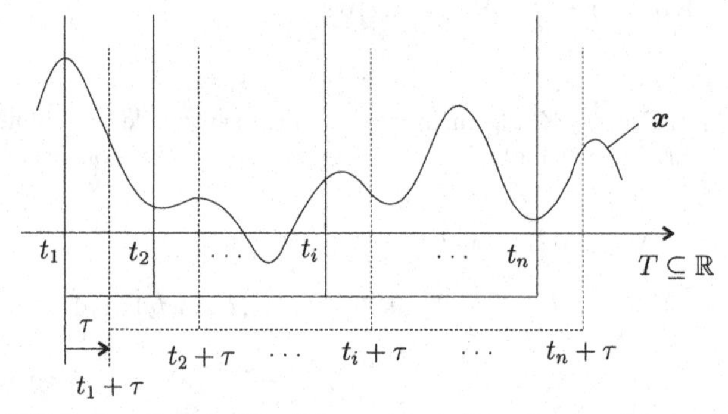

Bild 1.30: Zeitliche Verschiebung eines n-dimensionalen „Schnittes"

Aus (1.217) ergeben sich nachstehende Folgerungen für die Dichte $f_{\boldsymbol{X}}$:

1. Setzt man zunächst $n = 1$, so ist $f_{\boldsymbol{X}}(x, t + \tau) = f_{\boldsymbol{X}}(x, t)$, und mit $\tau = -t$ (da τ beliebig gewählt werden kann) folgt

   $$f_{\boldsymbol{X}}(x, t) = f_{\boldsymbol{X}}(x, 0).$$

   Das bedeutet, dass die eindimensionale Dichtefunktion und die zugehörige Verteilungsfunktion zeitunabhängig sind. Damit ist auch der Mittelwert

   $$m_{\boldsymbol{X}}(t) = \mathrm{E}(X_t) = \mathrm{E}(X_0) = m_{\boldsymbol{X}}(0) = \text{konst.} \tag{1.218}$$

   unabhängig von der Zeit.

2. Für $n = 2$ ergibt sich aus (1.217), wenn man noch $\tau = -t_1$ setzt und zur Dichtefunktion $f_{\boldsymbol{X}}$ übergeht

   $$f_{\boldsymbol{X}}(x_1, t_1; x_2, t_2) = f_{\boldsymbol{X}}(x_1, 0; x_2, t_2 - t_1).$$

Das bedeutet, dass die zweidimensionale Verteilungsfunktion und die zugehörige Dichtefunktion nur von der Zeitdifferenz $t_2 - t_1$ (und nicht von t_1 und t_2) abhängig sind. Daraus ergibt sich aber, dass die Korrelationsfunktion (1.199) ebenfalls nur von der Differenz $t_2 - t_1$ abhängig ist, d.h. es gilt

$$\mathrm{E}\left(X_{t_1} X_{t_2}\right) = s_{\boldsymbol{X}}(0, t_2 - t_1). \tag{1.219}$$

Hierfür schreibt man kurz mit $t_1 = t$ und $t_2 = t + \tau$

$$s_{\boldsymbol{X}}(\tau) = \mathrm{E}\left(X_t X_{t+\tau}\right) = \mathrm{E}(\boldsymbol{X}(t)\boldsymbol{X}(t+\tau)). \tag{1.220}$$

Für viele Anwendungen ist die Definition der Stationarität eines zufälligen Prozesses $\boldsymbol{X}$ im Sinne von (1.217) zu streng, weil in der Praxis die höherdimensionalen Verteilungsfunktionen oft nicht von Interesse sind. Man schwächt deshalb (1.217) folgendermaßen ab:

Definition 1.12 Ein zufälliger Prozess $\boldsymbol{X}$ heißt *stationär im weiteren Sinne* (oder *schwach stationär*), wenn gilt

1. $\mathrm{E}(X_t) = m_{\boldsymbol{X}}(t) = \text{konst.},$ (1.221)
2. $\mathrm{E}\left(X_{t_1} X_{t_2}\right) = s_{\boldsymbol{X}}(t_2 - t_1),$ (1.222)
3. $\mathrm{E}\left(X_t^2\right) < \infty.$ (1.223)

Beispiel 1.36 Gegeben sei der zufällige Prozess

$$\boldsymbol{X} : X_t = a\cos(\omega_0 t - X), \qquad (a, \omega_0 \in \mathbb{R}),$$

worin X eine im Intervall $(0, 2\pi]$ gleichverteilte Zufallsgröße mit der Dichte f_X:

$$f_X(x) = \begin{cases} \frac{1}{2\pi} & \text{für} \quad x \in (0, 2\pi] \\ 0 & \text{für} \quad x \notin (0, 2\pi] \end{cases}$$

bezeichnet. Die Realisierungen dieses Prozesses sind Kosinusfunktionen mit konstanter Amplitude a und Frequenz ω_0, die sich durch ihre zufällige Nullphase unterscheiden.

Setzen wir nun $X_t = a\cos(\omega_0 t - X) = \varphi(X, t)$, so ergibt sich mit (1.133), (1.197), (1.199) und (1.200)

1. $\mathrm{E}(X_t) = \int_{-\infty}^{\infty} \varphi(x,t) f_X(x,t)\,\mathrm{d}x = \int_0^{2\pi} a\cos(\omega_0 t - x)\frac{1}{2\pi}\,\mathrm{d}x = 0 = m_{\boldsymbol{X}}(t),$
2. $\mathrm{E}\left(X_{t_1} X_{t_2}\right) = \mathrm{E}\left(\varphi(X, t_1)\varphi(X, t_2)\right)$
$= \int_0^{2\pi} a^2 \cos(\omega_0 t_1 - x)\cos(\omega_0 t_2 - x)\frac{1}{2\pi}\,\mathrm{d}x = \frac{a^2}{2}\cos\omega_0(t_2 - t_1) = s_{\boldsymbol{X}}(t_2 - t_1),$
3. $\mathrm{E}\left(X_t^2\right) = s_{\boldsymbol{X}}(t - t) = s_{\boldsymbol{X}}(0) = \frac{a^2}{2} < \infty.$

Damit ist gezeigt, dass die drei Bedingungen (1.221) bis (1.223) erfüllt sind, und folglich ist $\boldsymbol{X}$ stationär im weiteren Sinne. Es lässt sich zeigen, dass $\boldsymbol{X}$ sogar stationär im engeren Sinne, d.h. im Sinne der Definition (1.217) ist.

Für die Beschreibung eines stationären Prozesses ist die Korrelationsfunktion $s_{\boldsymbol{X}}$ von besonderer Bedeutung. Der konstante Erwartungswert interessiert meistens weniger, oft ist sogar $m_{\boldsymbol{X}}(t) = 0$. Wir geben deshalb noch folgende *Eigenschaften der Korrelationsfunktion* an:

1. Vertauscht man auf der linken Seite von (1.219) t_1 und t_2, so folgt

$$s_{\boldsymbol{X}}(\tau) = s_{\boldsymbol{X}}(-\tau), \tag{1.224}$$

   d.h. die Korrelationsfunktion ist eine gerade Funktion.

2. Außerdem genügt $s_{\boldsymbol{X}}$ der Bedingung (Beweis in Übungsaufgabe 1.3-2)

$$|s_{\boldsymbol{X}}(\tau)| \leq s_{\boldsymbol{X}}(0). \tag{1.225}$$

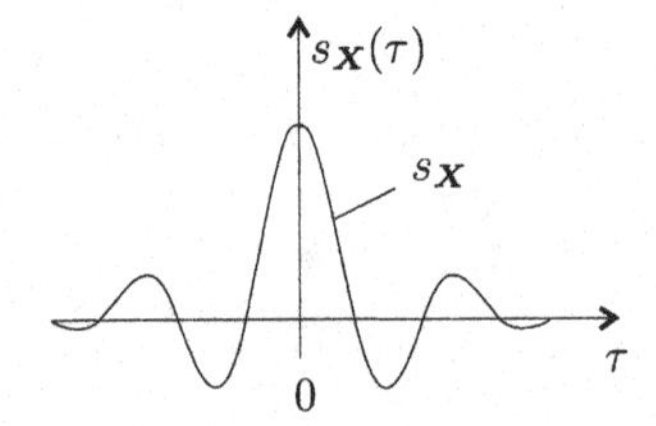

Bild 1.31: Korrelationsfunktion (Beispiel)

Der grundsätzliche Verlauf der Korrelationsfunktion ist im Bild 1.31 dargestellt. Zur inhaltlichen Bedeutung der Darstellung sei noch folgendes bemerkt: Der Wert der Korrelationsfunktion $s_{\boldsymbol{X}}$ an der Stelle τ ist ein (nicht normiertes) Maß für die statistische Abhängigkeit der Zufallsgrößen X_t und $X_{t+\tau}$. Für $\tau = 0$ ist die Korrelation am größten (X_t ist mit sich selbst maximal korreliert.) Mit wachsendem zeitlichen Abstand τ wird die Korrelation von X_t und $X_{t+\tau}$ (in der Regel) immer kleiner. Für sehr große Werte von τ können X_t und $X_{t+\tau}$ (in der Regel) als unabhängig betrachtet werden, und es ist

$$\lim_{|\tau|\to\infty} s_{\boldsymbol{X}}(\tau) = \lim_{|\tau|\to\infty} \mathrm{E}(X_t \cdot X_{t+\tau}) = \lim_{|\tau|\to\infty} \mathrm{E}(X_t) \cdot \mathrm{E}(X_{t+\tau}) = (\mathrm{E}(X_t))^2 .$$

Für einen Prozess mit verschwindendem Mittelwert strebt die Korrelationsfunktion $s_{\boldsymbol{X}}$ für hinreichend große Werte ihres Arguments damit gegen Null.

Ein besonders wichtiger Sonderfall liegt vor, wenn die Korrelationsfunktion $s_{\boldsymbol{X}}$ überall stetig und absolut integrierbar ist. In diesem Fall kann $s_{\boldsymbol{X}}$ durch das Integral

$$s_{\boldsymbol{X}}(\tau) = \frac{1}{2\pi} \int_{-\infty}^{\infty} S_{\boldsymbol{X}}(\omega) \mathrm{e}^{\mathrm{j}\omega\tau} \, \mathrm{d}\omega \tag{1.226}$$

dargestellt werden. Die Funktion $S_{\boldsymbol{X}}$ heißt *Leistungsdichtespektrum* des zufälligen Prozesses $\boldsymbol{X}$. Auf die inhaltliche Bedeutung dieses Begriffes werden wir noch eingehen (Abschnitt 3.2.2.2).

Das Integral (1.226) stellt nichts anderes als ein Fourier-Umkehrintegral dar. Das Leistungsdichtespektrum $S_{\boldsymbol{X}}$ ist also nichts weiter als die Fourier-Transformierte (vgl. z.B. [23], Abschnitt 1.2.1) der Korrelationsfunktion $s_{\boldsymbol{X}}$:

$$S_{\boldsymbol{X}}(\omega) = \int_{-\infty}^{\infty} s_{\boldsymbol{X}}(\tau)\mathrm{e}^{-\mathrm{j}\omega\tau}\,\mathrm{d}\tau. \tag{1.227}$$

In der Fachliteratur sind die Gleichungen (1.226) bzw. (1.227) unter der Bezeichnung *Theorem von Wiener und Chintschin* bekannt.

Die Eigenschaften des Leistungsdichtespektrums $S_{\boldsymbol{X}}$ ergeben sich aus (1.226) bzw. (1.227) und den Eigenschaften der Korrelationsfunktion. Im einzelnen gilt:

1. $S_{\boldsymbol{X}}$ ist eine nichtnegative Funktion:

$$S_{\boldsymbol{X}}(\omega) \geq 0. \tag{1.228}$$

2. $S_{\boldsymbol{X}}$ ist eine gerade Funktion:

$$S_{\boldsymbol{X}}(\omega) = S_{\boldsymbol{X}}(-\omega). \tag{1.229}$$

3. Aus (1.226) ergibt sich für $\tau = 0$

$$\mathrm{E}\left(X_t^2\right) = s_{\boldsymbol{X}}(0) = \frac{1}{2\pi}\int_{-\infty}^{\infty} S_{\boldsymbol{X}}(\omega)\,\mathrm{d}\omega. \tag{1.230}$$

Die Bedeutung des Leistungsdichtespektrums für die Systemanalyse besteht darin, dass sich mit seiner Hilfe bestimmte Zusammenhänge zwischen den Momenten zufälliger Prozesse am Eingang und am Ausgang linearer Systeme einfacher darstellen lassen. Außerdem ist das Leistungsdichtespektrum (unter gewissen Voraussetzungen) einer messtechnischen Erfassung besonders leicht zugänglich. Wir werden auf diese Zusammenhänge näher eingehen (Abschnitt 3.2.2.2). Erwähnt sei noch, dass man einen zufälligen Prozess $\boldsymbol{X}$ mit konstantem Leistungsdichtespektrum

$$S_{\boldsymbol{X}}(\omega) = S_0 = \text{konst.} \qquad (\omega \in \mathbb{R})$$

und der Korrelationsfunktion $s_{\boldsymbol{X}}(\tau) = S_0\delta(\tau)$ als *Weißes Rauschen* bezeichnet.

Wir bemerken abschließend noch, dass sich der Zusammenhang (1.226) bzw. (1.227) auch auf die Kreuzkorrelationsfunktion (1.205) ausdehnen lässt. Für stationäre (und stationär verbundene) Prozesse $\boldsymbol{X}$ und $\boldsymbol{Y}$ gilt analog zu (1.219)

$$\mathrm{E}\left(X_{t_1}Y_{t_2}\right) = s_{\boldsymbol{XY}}(0, t_2 - t_1) = s_{\boldsymbol{XY}}(\tau) \qquad (\tau = t_2 - t_1),$$

und die Fourier-Transformierte von $s_{\boldsymbol{XY}}$ ergibt das *Kreuzleistungsdichtespektrum* $S_{\boldsymbol{XY}}$:

$$S_{\boldsymbol{XY}}(\omega) = \int_{-\infty}^{\infty} s_{\boldsymbol{XY}}(\tau)\mathrm{e}^{-\mathrm{j}\omega\tau}\,\mathrm{d}\tau. \tag{1.231}$$

Hierfür notieren wir lediglich noch die Eigenschaft

$$S_{\boldsymbol{XY}}(\omega) = \overline{S_{\boldsymbol{YX}}(\omega)}, \tag{1.232}$$

wobei der Querstrich den konjugiert komplexen Wert bezeichnet.

1.3.2.2 Markovsche Prozesse

Zur deutlicheren Abgrenzung gegenüber dem Folgenden betrachten wir zunächst den *rein stochastischen Prozess*, der folgendermaßen definiert ist:

Definition 1.13 Ein zufälliger Prozess $\boldsymbol{X} = \langle X_t \rangle_{t \in T}$ heißt *rein stochastisch* (oder: *Prozess ohne Gedächtnis*), wenn für beliebige $t_i \in T$ $(i = 1, 2, \ldots, n;\ t_1 < t_2 < \ldots < t_n)$ gilt

$$f_{\boldsymbol{X}}(x_n, t_n | x_1, t_1; \ldots; x_{n-1}, t_{n-1}) = f_{\boldsymbol{X}}(x_n, t_n). \tag{1.233}$$

Das bedeutet, dass der Wert, den der zufällige Prozess zur Zeit t_n (d.h. die Zufallsgröße X_{t_n}) annimmt, vollständig unabhängig davon ist, welche Werte der Prozess an den t_n vorausgehenden Zeitpunkten $t_1, t_2, \ldots, t_{n-1}$ angenommen hat.

Aus (1.233) folgt mit (1.185) speziell

$$f_{\boldsymbol{X}}(x_2, t_2 | x_1, t_1) = \frac{f_{\boldsymbol{X}}(x_1, t_1; x_2, t_2)}{f_{\boldsymbol{X}}(x_1, t_1)} = f_{\boldsymbol{X}}(x_2, t_2)$$

bzw.

$$f_{\boldsymbol{X}}(x_1, t_1; x_2, t_2) = f_{\boldsymbol{X}}(x_1, t_1) f_{\boldsymbol{X}}(x_2, t_2).$$

Durch wiederholte Anwendung von (1.185) auf (1.233) erhält man schließlich

$$f_{\boldsymbol{X}}(x_1, t_1; \ldots; x_n, t_n) = f_{\boldsymbol{X}}(x_1, t_1) f_{\boldsymbol{X}}(x_2, t_2) \ldots f_{\boldsymbol{X}}(x_n, t_n). \tag{1.234}$$

Ist außerdem $\boldsymbol{X}$ stationär, so gilt sogar

$$\begin{aligned} f_{\boldsymbol{X}}(x_1, t_1; \ldots; x_n, t_n) &= f_{\boldsymbol{X}}(x_1, 0) f_{\boldsymbol{X}}(x_2, 0) \ldots f_{\boldsymbol{X}}(x_n, 0) \\ &= f_{\boldsymbol{X}}(x_1) f_{\boldsymbol{X}}(x_2) \ldots f_{\boldsymbol{X}}(x_n) \end{aligned} \tag{1.235}$$

Im stationären Fall gilt mit (1.235) bei verschwindendem Mittelwert ($\mathrm{E}(X_t) = 0$)

$$s_{\boldsymbol{X}}(t_1, t_2) = \int_{-\infty}^{\infty} x_1 f_{\boldsymbol{X}}(x_1)\,\mathrm{d}x_1 \int_{-\infty}^{\infty} x_2 f_{\boldsymbol{X}}(x_2)\,\mathrm{d}x_2 = \mathrm{E}(X_0)\mathrm{E}(X_0) = 0$$

für $t_1 \neq t_2$. Für $t_1 = t_2 = t$ erhält man

$$s_{\boldsymbol{X}}(t, t) = \int_{-\infty}^{\infty} x^2 f_{\boldsymbol{X}}(x)\,\mathrm{d}x = s_{\boldsymbol{X}}(0) = \mathrm{E}(X_0^2).$$

Bei einem rein stochastischen Prozess $\boldsymbol{X}$ zerfällt die n-dimensionale Dichtefunktion in das Produkt von n eindimensionalen Dichtefunktionen. Entsprechendes gilt auch für die Verteilungsfunktion. Es soll noch bemerkt werden, dass rein stochastische Prozesse (mit stetiger Zeit t) in den Anwendungen nicht die Hauptrolle spielen.

Eine wichtige Rolle spielen dagegen solche Prozesse, die durch folgende Eigenschaft gekennzeichnet sind: Alle Wahrscheinlichkeitsaussagen über den zukünftigen Verlauf der Realisierungen des Prozesses hängen lediglich von den Werten der Realisierungen im gegenwärtigen Zeitpunkt, nicht aber von den Werten in der Vergangenheit ab. Für solche Prozesse gilt die folgende Definition.

Definition 1.14 Ein zufälliger Prozess $\boldsymbol{X} = \langle X_t \rangle_{t \in T}$ heißt *Markov-Prozess*, wenn für beliebige $t_i \in T$ $(i = 1, 2, \ldots, n;\ t_1 < t_2 < \ldots < t_n)$ gilt

$$f_{\boldsymbol{X}}(x_n, t_n | x_1, t_1; \ldots; x_{n-1}, t_{n-1}) = f_{\boldsymbol{X}}(x_n, t_n | x_{n-1}, t_{n-1}). \tag{1.236}$$

Man beachte, dass mit (1.83)

$$f_{\boldsymbol{X}}(x_n, t_n | x_{n-1}, t_{n-1})\,\mathrm{d}x_n \approx P\left\{X_{t_n} \in [x_n, x_n + \mathrm{d}x_n) | X_{t_{n-1}} = x_{n-1}\right\}$$

oder auch

$$f_{\boldsymbol{X}}(x_n, t_n | x_{n-1}, t_{n-1})\,\mathrm{d}x_n \approx P\left\{\boldsymbol{x}(t_n) \in [x_n, x_n + \mathrm{d}x_n) | \boldsymbol{x}(t_{n-1}) = x_{n-1}\right\}$$

die Wahrscheinlichkeit dafür angibt, dass eine Realisierung $\boldsymbol{x}$ des Prozesses $\boldsymbol{X}$ auftritt, welche zur Zeit t_n einen Wert aus dem Intervall $[x_n, x_n + \mathrm{d}x_n)$ annimmt, wenn bekannt ist, dass sie zur Zeit t_{n-1} den Wert x_{n-1} angenommen hat (Bild 1.32 zeigt zwei derartige Realisierungen). Diese Wahrscheinlichkeit ist nach (1.236) unabhängig von den Werten $x_{n-2}, \ldots, x_2, x_1$, die die Realisierung in den vorhergehenden Zeitpunkten $t_{n-2}, \ldots, t_2, t_1$ angenommen hatte.

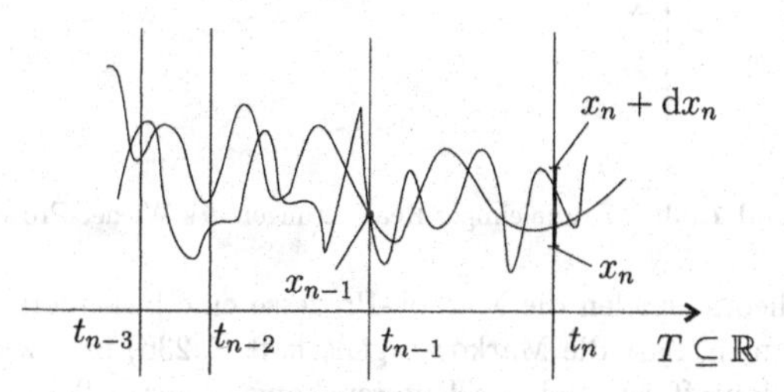

Bild 1.32: Zur Erläuterung der Markov-Eigenschaft

Beispiel 1.37 Ein spezieller Markov-Prozess ist der *Wiener-Prozess*

$$\boldsymbol{W} = \boldsymbol{X} = \langle X_t \rangle_{t \in T} \qquad T \in [0, \infty).$$

Er hat die eindimensionale Dichte

$$f_{\boldsymbol{X}}(x, t) = \begin{cases} \dfrac{1}{\sqrt{2\pi t}} \exp\left(-\dfrac{x^2}{2t}\right) & \text{für } t > 0, \\ \delta(x) & \text{für } t = 0 \end{cases} \tag{1.237}$$

und die bedingte Dichte

$$f_{\boldsymbol{X}}(x_2, t_2 | x_1, t_1) = \begin{cases} \dfrac{1}{\sqrt{2\pi(t_2 - t_1)}} \exp\left(-\dfrac{(x_2 - x_1)^2}{2(t_2 - t_1)}\right) & \text{für } t_2 > t_1 > 0, \\ \delta(x_2 - x_1) & \text{für } t_2 = t_1. \end{cases} \tag{1.238}$$

Aus $f_{\boldsymbol{X}}(x, t) = \delta(x)$ für $t = 0$ folgt

$$P\{\boldsymbol{x}(0) = 0\} = 1,$$

d.h. fast alle Realisierungen $\boldsymbol{x}$ des Prozesses beginnen mit dem Wert $\boldsymbol{x}(0) = 0$. In Bild 1.33 sind einige Realisierungen dieses Prozesses skizziert, der für die Beschreibung der Brownschen Molekularbewegung von Bedeutung ist. Aus (1.237) und (1.238) folgt auch noch, dass der Wiener-Prozess den Erwartungswert

$$\mathrm{E}(X_t) = 0$$

und die zeitabhängige (mit t anwachsende) Varianz

$$\mathrm{Var}(X_t) = \mathrm{E}(X_t^2) = t$$

hat.

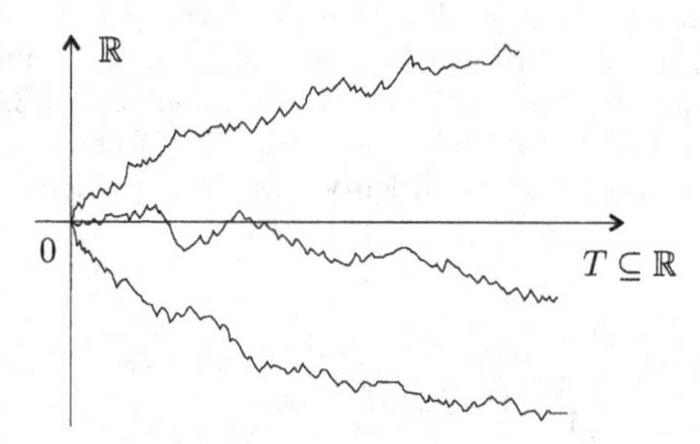

Bild 1.33: Skizze einiger Realisierungen des Wiener-Prozesses

In der Systemtheorie spielen die Markov-Prozesse eine besonders wichtige Rolle. Das hängt damit zusammen, dass die Markov-Eigenschaft (1.236) in gewisser Weise mit dem Zustandsbegriff verknüpft ist. Bei der Untersuchung sequentieller Automaten bzw. dynamischer Systeme (vgl. [22] und [23]) auf der Grundlage des Zustandsraummodells zeigt sich, dass alle in der Vergangenheit abgelaufenen und für die Zukunft wesentlichen Vorgänge konzentriert im gegenwärtigen Zustand des Systems „gespeichert" vorliegen, so dass der zukünftige Verlauf dieser Vorgänge durch den gegenwärtigen Zustand und die Eingabe bestimmt wird. Ähnlich ist es auch bei den Markov-Prozessen, deren bedingte Wahrscheinlichkeitsdichte $f_{\boldsymbol{X}}(x_n, t_n | x_1, t_1; \ldots; x_{n-1}, t_{n-1})$ lediglich von dem t_n vorausgehenden Wert x_{n-1} abhängt, während die weiter zurückliegende Vergangenheit des Prozesses ohne Einfluss ist.

1.3.2.3 Gaußsche Prozesse

Außer den bisher genannten speziellen Prozessen spielen in den Anwendungen die Gauß-Prozesse (oder normalen Prozesse) eine wichtige Rolle. Hier gilt die folgende Definition.

Definition 1.15 Ein zufälliger Prozess $\boldsymbol{X} = \langle X_t \rangle_{t \in T}$ heißt *Gauß-Prozess* oder *normaler Prozess*, wenn für beliebige $t_i \in T$ $(i = 1, 2, \ldots, n)$ gilt

$$f_{\boldsymbol{X}}(x_1, t_1; \ldots; x_n, t_n) = \frac{1}{\sqrt{(2\pi)^n \det C}} \exp\left(-\frac{1}{2}(x - m)C^{-1}(x - m)'\right). \qquad (1.239)$$

In dieser Gleichung bedeuten

$$\begin{aligned}(x-m) &= (x_1 - \mathrm{E}(X_{t_1}), \ldots, x_n - \mathrm{E}(X_{t_n})) \\ &= (x_1 - m_{\boldsymbol{X}}(t_1), \ldots, x_n - m_{\boldsymbol{X}}(t_n))\end{aligned} \tag{1.240}$$

eine Zeilenmatrix, die die Erwartungswerte des Prozesses $\boldsymbol{X}$ in den Zeitpunkten $t_1, \ldots, t_n$ enthält, $(x-m)'$ deren Transponierte, und

$$C = \mathrm{Cov}(\boldsymbol{X}) = \begin{pmatrix} \mathrm{Cov}(X_{t_1}, X_{t_1}) & \ldots & \mathrm{Cov}(X_{t_1}, X_{t_n}) \\ \vdots & & \vdots \\ \mathrm{Cov}(X_{t_n}, X_{t_1}) & \ldots & \mathrm{Cov}(X_{t_n}, X_{t_n}) \end{pmatrix} \tag{1.241}$$

die durch (1.204) definierte Kovarianzmatrix des Prozesses mit den Elementen

$$\begin{aligned}\mathrm{Cov}(X_{t_i}, X_{t_j}) &= \mathrm{E}\left((X_{t_i} - m_{\boldsymbol{X}}(t_i))(X_{t_j} - m_{\boldsymbol{X}}(t_j))\right) \\ &= s_{\boldsymbol{X}}(t_i, t_j) - m_{\boldsymbol{X}}(t_i) m_{\boldsymbol{X}}(t_j).\end{aligned} \tag{1.242}$$

Aus (1.239) bis (1.242) ist ersichtlich, dass ein Gauß-Prozess $\boldsymbol{X}$ durch seinen Erwartungswert $m_{\boldsymbol{X}}$ und seine Korrelationsfunktion $s_{\boldsymbol{X}}$ vollständig charakterisiert ist. Sind $m_{\boldsymbol{X}}(t)$ und $s_{\boldsymbol{X}}(t_1, t_2)$ gegeben, so kann $f_{\boldsymbol{X}}(x_1, t_1; \ldots; x_n, t_n)$ für jedes beliebige n angegeben werden. Aus (1.239) bis (1.242) ergibt sich weiterhin noch, dass alle Randdichtefunktionen

$$f_{\boldsymbol{X}}(x_i, t_i) = \frac{1}{\sqrt{2\pi\sigma_i^2}} \exp\left(-\frac{1}{2}\frac{(x_i - m_i)^2}{\sigma_i^2}\right) \tag{1.243}$$

$$\left(m_i = m_{\boldsymbol{X}}(t_i) = \mathrm{E}(X_{t_i});\ \sigma_i^2 = \mathrm{Var}(X_{t_i}) = s_{\boldsymbol{X}}(t_i, t_i) - (m_{\boldsymbol{X}}(t_i))^2\right)$$

eindimensionale Normalverteilungsdichten sind, d.h. zu jedem beliebigen Zeitpunkt t ist X_t normalverteilt.

Beispiel 1.38 Ein spezieller Gauß-Prozess ist der bereits erwähnte Wiener-Prozess

$$\boldsymbol{W} = \boldsymbol{X} = \langle X_t \rangle_{t \in T} \qquad T \in [0, \infty).$$

(vgl. Abschnitt 1.3.2.2 und (1.237) bzw. (1.238)), der zugleich ein Markov-Prozess ist. Der Erwartungswert $\mathrm{E}(X_t) = m_{\boldsymbol{X}}(t) = 0$ und die Varianz $\mathrm{E}((X_t - m_{\boldsymbol{X}}(t))^2) = \mathrm{Var}(X_t) = t$ wurden für diesen Prozess in dem genannten Abschnitt bereits angegeben. Wir berechnen nun noch die Kovarianzfunktion, die wegen des verschwindenden Erwartungswertes hier mit der Korrelationsfunktion übereinstimmt. Mit (1.238) und (1.185) ergibt sich für $t_i < t_j$

$$\begin{aligned}s_{\boldsymbol{X}}(t_i, t_j) &= \mathrm{E}(X_{t_i} X_{t_j}) \\ &= \int_{-\infty}^{\infty}\int_{-\infty}^{\infty} x_i x_j f_{\boldsymbol{X}}(x_i, t_i; x_j, t_j)\, \mathrm{d}x_i \mathrm{d}x_j \\ &= \int_{-\infty}^{\infty}\int_{-\infty}^{\infty} x_i x_j f_{\boldsymbol{X}}(x_j, t_j | x_i, t_i) f_{\boldsymbol{X}}(x_i, t_i)\, \mathrm{d}x_i \mathrm{d}x_j \\ &= \int_{-\infty}^{\infty}\int_{-\infty}^{\infty} \frac{x_i x_j}{\sqrt{2\pi(t_j - t_i)}} \exp\left(-\frac{(x_j - x_i)^2}{2(t_j - t_i)}\right) \frac{1}{\sqrt{2\pi t_i}} \exp\left(-\frac{x_i^2}{2t_i}\right) \mathrm{d}x_i \mathrm{d}x_j \\ &= \int_{-\infty}^{\infty} \frac{x_i^2}{\sqrt{2\pi t_i}} \exp\left(-\frac{x_i^2}{2t_i}\right) \mathrm{d}x_i = t_i.\end{aligned}$$

Für $t_i > t_j$ erhält man analog $s_{\boldsymbol{X}}(t_i, t_j) = t_j$, so dass insgesamt

$$s_{\boldsymbol{X}}(t_i, t_j) = \mathrm{Min}(t_i, t_j) = \begin{cases} t_i & \text{für} \quad t_i \leq t_j \\ t_j & \text{für} \quad t_i \geq t_j \end{cases} \tag{1.244}$$

gilt. Damit erhält man

$$C = \begin{pmatrix} t_1 & t_1 & t_1 & \dots & t_1 \\ t_1 & t_2 & t_2 & \dots & t_2 \\ t_1 & t_2 & t_3 & \dots & t_3 \\ \vdots & \vdots & \vdots & \ddots & \vdots \\ t_1 & t_2 & t_3 & \dots & t_n \end{pmatrix}. \tag{1.245}$$

und mit (1.239) schließlich die n-dimensionale Dichte

$$f_{\boldsymbol{X}}(x_1, t_1; \dots; x_n, t_n) = \frac{1}{\sqrt{(2\pi)^n}} \prod_{i=0}^{n-1} \frac{1}{\sqrt{t_{i+1} - t_i}} \exp\left(-\frac{1}{2}\frac{(x_{i+1} - x_i)^2}{t_{i+1} - t_i}\right). \tag{1.246}$$

$$(t_0 = 0,\ x_0 = 0).$$

Im vorstehenden Beispiel wurde ein Prozess angegeben, der ein Gauß-Prozess und zugleich ein Markov-Prozess ist. Wie wir sehen, gibt es also Prozesse, die mehreren Prozessklassen zugleich angehören. Besonders erwähnt seien noch die stationären Gauß-Prozesse, die in den Anwendungen, z.B. bei der Rauschanalyse elektronischer Schaltungen, von besonderer Bedeutung sind.

1.3.3 Aufgaben zum Abschnitt 1.3

1.3-1 Gegeben ist der zufällige Prozess $\boldsymbol{X}$:

$$X_t = X_1 \sin(\omega_0 t - X_2),$$

worin X_1 und X_2 im Intervall $(0, 2\pi]$ gleichverteilte Zufallsgrößen bezeichnen. Geben Sie einige Realisierungen $\boldsymbol{x}$ des Prozesses $\boldsymbol{X}$ an!

1.3-2 Man zeige, dass für die Korrelationsfunktion $s_{\boldsymbol{X}}$ eines stationären Prozesses

$$|s_{\boldsymbol{X}}(\tau)| \leq s_{\boldsymbol{X}}(0)$$

gilt! (Hinweis: Man berechne $\mathrm{E}\left((X_t \pm X_{t+\tau})^2\right)$ und beachte, dass dieser Ausdruck nicht negativ ist!)

1.3-3 Über einem Ohmschen Widerstand R liegt eine Rauschspannung, die durch einen stationären stochastischen Prozess $\boldsymbol{X}$ mit der Dichtefuntion $f_{\boldsymbol{X}}$ beschrieben werden kann:

$$f_{\boldsymbol{X}}(x, t) = \frac{1}{2a} \exp\left(-\frac{|x|}{a}\right), \qquad (a > 0).$$

Man berechne für eine feste Zeit t

a) die Wahrscheinlichkeit dafür, dass die Spannung den Wert a_0 überschreitet ($a_0 > 0$),

b) den Erwartungswert der Spannung,

c) den Erwartungswert der Leistung an R!

d) Was erhält man in a) bis c) mit den Zahlenwerten $a = 1$ V, $a_0 = 2$ V, $R = 3\ \Omega$?

1.3-4 Gegeben ist ein stationärer Gauß-Prozess $\boldsymbol{X}$ mit verschwindendem Mittelwert und der Korrelationsfunktion $s_{\boldsymbol{X}}$:

$$s_{\boldsymbol{X}}(\tau) = A^2 \mathrm{e}^{-\alpha|\tau|} \left(\cos \beta\tau - \frac{\alpha}{\beta} \sin \beta|\tau| \right) \qquad (A, \alpha, \beta > 0).$$

Wie groß ist die Wahrscheinlichkeit dafür, dass $\boldsymbol{X}(t) = X_t$ einen Wert annimmt, der größer als a ist?
Zahlenbeispiel: $A = 1$ V, $\alpha = 10^4\,\mathrm{s}^{-1}$, $\beta = 10^5\,\mathrm{s}^{-1}$, $a = 0{,}5$ V.

1.3-5 Ein Ohmscher Widerstand R wird von einem Strom durchflossen, der durch einen stationären Gauß-Prozess $\boldsymbol{X}$ mit

$$\begin{aligned} m_{\boldsymbol{X}}(t) &= 0 \\ s_{\boldsymbol{X}}(\tau) &= A^2 \mathrm{e}^{-\alpha|\tau|}, \qquad (A \in \mathbb{R}, \alpha > 0) \end{aligned}$$

beschrieben werden kann.

a) Wie lautet die Dichte $f_{\boldsymbol{X}}(x,t)$?

b) Wie lautet die Dichte $f_{\boldsymbol{X}}(x_1,t_1;x_2,t_2)$? ,

c) Wie lautet das Leistungsdichtespektrum $S_{\boldsymbol{X}}(\omega)$?

d) Wie groß ist der Erwartungswert der Leistung $\mathrm{E}(P_t)$?

1.3-6 Von einem stationären zufälligen Prozess $\boldsymbol{X}$ ist das Leistungsdichtespektrum $S_{\boldsymbol{X}}$ wie folgt gegeben:

$$S_{\boldsymbol{X}}(\omega) = 2\alpha A^2 \frac{\omega^2 + \alpha^2 + \beta^2}{(\omega^2 - (\alpha^2 + \beta^2))^2 + 4\alpha^2\omega^2} \qquad (A, \alpha, \beta > 0).$$

Wie lautet die Korrelationsfunktion des Prozesses $\boldsymbol{X}$?

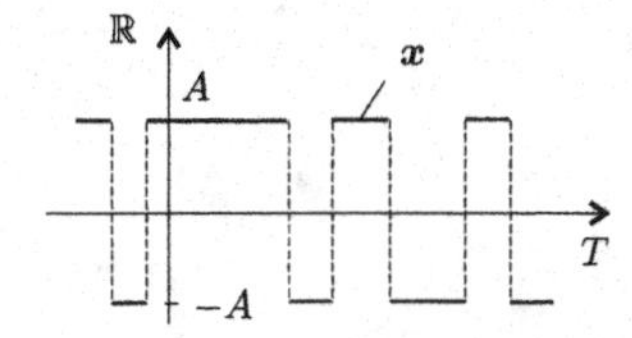

Bild 1.3-7: Prozessrealisierung

1.3-7 Gegeben ist ein zufälliger Prozess, dessen Realisierungen aus Rechteckwellen bestehen (Bild 1.3-7). Die Wahrscheinlichkeit dafür, dass im Intervall $[t, t+\tau)$ genau n Nulldurchgänge erfolgen, sei durch das Gesetz (Poisson-Verteilung)

$$p(n,k,\tau) = \frac{(k\tau)^n}{n!} \mathrm{e}^{-k\tau} \qquad (k > 0; \tau > 0;\ n = 0, 1, 2, \ldots)$$

gegeben (k ist der Mittelwert der Anzahl Nulldurchgänge je Zeiteinheit). Man berechne $F_{\boldsymbol{X}}(\xi, t)$, $F_{\boldsymbol{X}}(\xi_1, t; \xi_2, t + \tau)$ und $s_{\boldsymbol{X}}(\tau)$!

Kapitel 2

Statische Systeme

2.1 Abbildungen von Zufallsgrößen

2.1.1 Determinierte statische Systeme

2.1.1.1 Determinierte Zufallsgrößen-Abbildung

Auf den Begriff des statischen Systems wurde an anderer Stelle näher eingegangen (vgl. [23], Abschnitt 2.1 „Nichtlineare Systeme"). Hiernach ist ein statisches System durch ein Eingabealphabet $\mathbb{R}^l$, ein Ausgabealphabet $\mathbb{R}^m$ und eine Alphabetabbildung $\Phi : \mathbb{R}^l \to \mathbb{R}^m$ gegeben, durch die einem reellen Zahlen-l-Tupel ein reelles Zahlen-m-Tupel zugeordnet wird.

Sind die Werte des eingegebenen Zahlentupels zufällig (z.B. deshalb, weil es sich um Werte eines l-dimensionalen zufälligen Vektors handelt), so sind wegen der durch Φ vermittelten determinierten Zuordnung auch die Werte des ausgegebenen Zahlentupels zufällig. Wir erhalten damit also einen neuen (m-dimensionalen) zufälligen Vektor.

Diese Zusammenhänge sollen nun etwas näher untersucht werden. Zunächst stellen wir die folgenden Definitionen voran: Gegeben sei ein Ereignisraum $(\Omega, \underline{A})$. Die Menge aller Zufallsgrößen auf $(\Omega, \underline{A})$ sei $\mathbb{A}$. Dann kann die Menge aller l-dimensionalen zufälligen Vektoren $X = \langle X_1, X_2, \ldots, X_l \rangle$ mit

$$\mathbb{X} = \mathbb{A}^l \tag{2.1}$$

und die Menge aller m-dimensionalen zufälligen Vektoren $Y = \langle Y_1, Y_2, \ldots, Y_m \rangle$ mit

$$\mathbb{Y} = \mathbb{A}^m \tag{2.2}$$

bezeichnet werden.

Für die durch ein determiniertes statisches System vermittelte Abbildung gilt dann die folgende Definition.

Definition 2.1 Die Abbildung

$$\Phi : \mathbb{X} \to \mathbb{Y},\ \Phi(X) = Y \tag{2.3}$$

heißt *determinierte Zufallsgrößen-Abbildung* , wenn für alle $\omega \in \Omega$ gilt

$$Y(\omega) = \Phi(X(\omega)). \tag{2.4}$$

Zur Erläuterung dieser Definition betrachten wir Bild 2.1 und stellen fest:

a) Die durch (2.3) definierte Abbildung heißt *determinierte* Zufallsgrößen-Abbildung, weil der Ausgabewert $y = Y(\omega)$ durch den Eingabewert $x = X(\omega)$ *festgelegt* ist. Die Zuordnung ist durch die Alphabetabbildung Φ des statischen Systems gegeben (vgl. (2.4) und Bild 2.1).

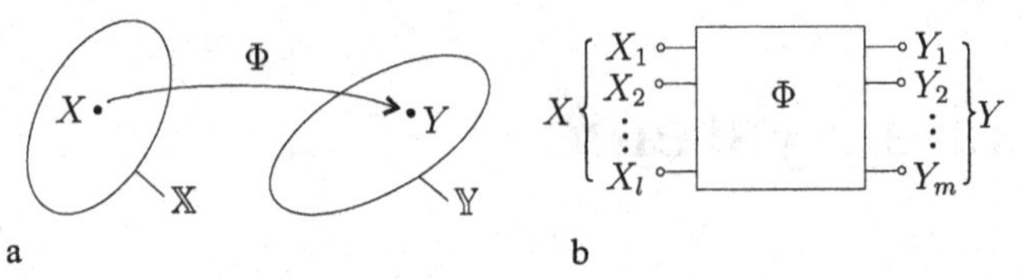

Bild 2.1: Abbildung von Zufallsgrößen: a) Veranschaulichung; b) Statisches System

b) Strenggenommen ist das Funktionssymbol Φ in (2.3) von dem Symbol Φ in (2.4) zu unterscheiden, da es sich im ersten Fall um Zuordnungen zufälliger Vektoren und im zweiten Fall um Zuordnungen reeller Zahlentupel handelt. Wir wollen jedoch im Interesse der Übersichtlichkeit in (2.3) kein neues Funktionssymbol einführen und (wie allgemein üblich) die Symbolik aus dem Wertebereich verwenden (Operationsübertragung, vgl. [22], Abschnitt 1.3.1.2).

c) Wir bemerken schließlich noch, dass (2.3) auch durch m einfache Zufallsgrößen-Abbildungen

$$\varphi_i : \mathbb{X} \to \mathbb{A},\ \varphi_i(X_1, \ldots, X_l) = Y_i \qquad (i = 1, 2, \ldots, m) \tag{2.5}$$

dargestellt werden kann, für welche (2.4) in

$$Y_i(\omega) = \varphi(X_1(\omega), \ldots, X_l(\omega)) \qquad (i = 1, 2, \ldots, m) \tag{2.6}$$

übergeht. Die in der letzten Gleichung enthaltenen Funktionen φ_i sind die einfachen Alphabetabbildungen des statischen Systems (vgl. [23], Abschnitt 2.1.1.1).

2.1.1.2 Verteilungs- und Dichtefunktion am Systemausgang

Eine Zufallsgröße (bzw. ein zufälliger Vektor) wird im allgemeinen durch eine Verteilung P_X, eine Verteilungsfunktion F_X und gegebenenfalls durch eine Dichtefunktion f_X beschrieben. Wir untersuchen nun folgende Aufgabe:

Gegeben sei ein statisches System mit der Alphabetabbildung $\Phi : \mathbb{R}^l \to \mathbb{R}^m$ und ein zufälliger Vektor $X = \langle X_1, X_2, \ldots, X_l \rangle$ mit der Verteilungsfunktion F_X bzw. der Dichte f_X. Gesucht ist die Verteilungsfunktion F_Y bzw. die Dichte f_Y des zufälligen Vektors $Y = \langle Y_1, Y_2, \ldots, Y_m \rangle$, den man am Systemausgang erhält, wenn X am Systemeingang eingegeben wird (Bild 2.1b). Zur Lösung dieser Aufgabe werden zwei Methoden betrachtet.
Methode I: Die erste Methode soll am Beispiel eines Systems mit zwei Eingängen und zwei Ausgängen ($l = m = 2$) dargestellt werden. Zur Erläuterung der Darstellung soll Bild 2.2 dienen. Wird am Eingang des Systems der Wert $x = X(\omega) = (X_1(\omega), X_2(\omega)) = (x_1, x_2)$

eingegeben, so erhält man am Ausgang den Wert $y = Y(\omega) = (Y_1(\omega), Y_2(\omega)) = (y_1, y_2) = \Phi(x_1, x_2)$. Auf diese Weise werden alle Punkte $(x_1, x_2) \in A$ durch die Alphabetabbildung Φ auf Punkte $(y_1, y_2) \in B$ abgebildet, d.h. das Gebiet A ist das Urbild des Gebietes B:

$$A = \Phi^{-1}(B).$$

Wegen der durch Φ fest vorgegebenen Verknüpfung der Werte von X und Y ist nun offensichtlich die Wahrscheinlichkeit dafür, dass X einen Wert aus $A = \Phi^{-1}(B)$ annimmt, gleich groß wie die Wahrscheinlichkeit, dass Y einen Wert aus B annimmt, in Zeichen

$$P\{Y \in B\} = P\{X \in \Phi^{-1}(B)\} \tag{2.7}$$

oder

$$P_Y(B) = P_X(\Phi^{-1}(B)). \tag{2.8}$$

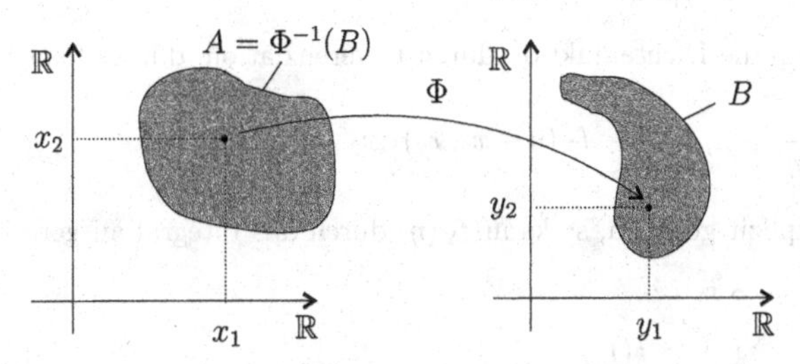

Bild 2.2: Abbildung zweidimensionaler Zufallsgrößen

Ist speziell $B = I_\eta = I_{\eta_1} \times I_{\eta_2}$ (vgl. auch Bild 1.16a), so folgt durch Umformung der linken Seite mit (1.86) und der rechten Seite mit (1.105) aus (2.8) schließlich

$$F_Y(\eta_1, \eta_2) = \int\int_{\Phi^{-1}(I_\eta)} f_X(x_1, x_2)\, \mathrm{d}x_1 \mathrm{d}x_2. \tag{2.9}$$

Man erhält also die Verteilungsfunktion F_Y des Ausgabevektors Y, indem man die Dichte des Eingabevektors X über das Urbild $\Phi^{-1}(I_\eta)$ integriert.

Beispiel 2.1 Für das in Bild 2.3 dargestellte einfache statische System (Addierglied) gilt

$$Y = \varphi(X_1, X_2) = X_1 + X_2$$

bzw.

$$Y(\omega) = \varphi(X_1(\omega), X_2(\omega)) = X_1(\omega) + X_2(\omega)$$

oder mit $Y(\omega) = y$ und $X_1(\omega) = x_1$, $X_2(\omega) = x_2$ kürzer

$$y = \varphi(x_1, x_2) = x_1 + x_2.$$

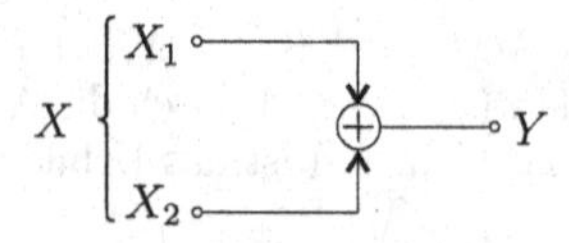

Bild 2.3: Addierglied

Wir bestimmen nun die Verteilungsfunktion F_Y und die Dichte f_Y aus der gegebenen Dichte f_X von $X = \langle X_1, X_2 \rangle$. Für das Urbild von $I_\eta = \{y \,|\, y < \eta\}$ erhalten wir zunächst

$$\varphi^{-1}(I_\eta) = \{(x_1, x_2) \,|\, x_1 + x_2 < \eta\}.$$

Dieses Gebiet ist die im Bild 2.4 grau dargestellte Halbebene.

Die Verteilungsfunktion von Y ergibt sich nun nach (2.9) als Integral von f_X, erstreckt über diese Halbebene, d.h. es gilt

$$F_Y(\eta) = \int_{x_2=-\infty}^{\infty} \int_{x_1=-\infty}^{\eta - x_2} f_X(x_1, x_2)\,\mathrm{d}x_1 \mathrm{d}x_2.$$

Daraus ergibt sich die Dichtefunktion durch Differenziation, d.h. es folgt weiter

$$f_Y(\eta) = \frac{\mathrm{d}}{\mathrm{d}\eta} F_Y(\eta) = \int_{-\infty}^{\infty} f_X(\eta - x_2, x_2)\,\mathrm{d}x_2. \tag{2.10}$$

Ist $f_X(x_1, x_2)$ explizit gegeben, so kann $f_Y(\eta)$ durch das Integral ausgerechnet werden.

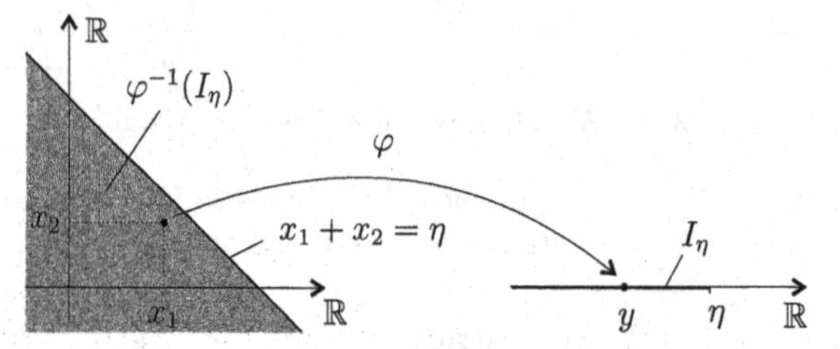

Bild 2.4: Abbildung einer zweidimensionalen Zufallsgröße auf eine eindimensionale

Wir betrachten nun noch den Sonderfall, dass X_1 und X_2 unabhängig sind. Für unabhängige Zufallsgrößen erhält man mit (1.127)

$$f_Y(\eta) = \int_{-\infty}^{\infty} f_{X_1}(\eta - x_2) f_{X_2}(x_2)\,\mathrm{d}x_2 = (f_{X_1} * f_{X_2})(\eta). \tag{2.11}$$

Es gilt also: Die Dichtefunktion einer Summe Y zweier unabhängiger Zufallsgrößen X_1 und X_2 ergibt sich aus der Faltung der Dichtefunktionen der Summanden:

$$f_Y = f_{X_1} * f_{X_2}.$$

Methode II: Die zweite Methode, die wir beschreiben wollen, ist speziell auf den Fall $l = m$ zugeschnitten. Sie hat aber den Vorteil, dass die häufig sehr komplizierten Integrale über das Urbild $\Phi^{-1}(I_\eta)$ (vgl. (2.9)) umgangen werden können. Anschließend soll noch gezeigt werden, wie sich diese Methoden auch auf den Fall $m < l$ ausdehnen lässt. Zur Erläuterung nehmen wir wieder $l = m = 2$ an und betrachten nochmals Bild 2.2.

Gegeben sei ein zufälliger Vektor $X = \langle X_1, X_2 \rangle$ mit der Dichte f_X und die Abbildung

$$\Phi : \langle Y_1, Y_2 \rangle = \Phi(X_1, X_2), \tag{2.12}$$

d.h. es gilt mit (2.5)

$$Y_1 = \varphi_1(X_1, X_2), \qquad Y_2 = \varphi_2(X_1, X_2) \tag{2.13}$$

oder auch mit $X_1(\omega) = x_1$, $X_2(\omega) = x_2$, $Y_1(\omega) = y_1$, $Y_2(\omega) = y_2$

$$y_1 = \varphi_1(x_1, x_2), \qquad y_2 = \varphi_2(x_1, x_2). \tag{2.14}$$

Nimmt man an, dass Φ bijektiv ist (bezüglich nichtbijektiver Abbildungen verweisen wir auf die 2. Auflage dieses Buches, S.58), so existiert eine inverse Abbildung Φ^{-1}, und es gilt

$$x_1 = \varphi_1^{-1}(y_1, y_2), \qquad x_2 = \varphi_2^{-1}(y_1, y_2). \tag{2.15}$$

Dabei bezeichnen φ_1^{-1} und φ_2^{-1} diejenigen Funktionen, die sich ergeben, wenn man (2.14) nach x_1 bzw. x_2 auflöst.

Bezeichnet $A = \Phi^{-1}(B)$ das Urbild von B (Bild 2.2), so gilt offensichtlich (2.8), und mit (1.105) ergibt sich

$$\int\int_B f_Y(y_1, y_2)\,\mathrm{d}y_1\mathrm{d}y_2 = \int\int_{\Phi^{-1}(B)} f_X(x_1, x_2)\,\mathrm{d}x_1\mathrm{d}x_2. \tag{2.16}$$

Führt man in dem Integral auf der rechten Seite von (2.16) mit Hilfe von (2.15) eine Transformation der Integrationsvariablen durch, so erhält man (unter gewissen Stetigkeitsvoraussetzungen bezüglich Φ)

$$\begin{aligned}\int\int_B f_Y(y_1, y_2)\,\mathrm{d}y_1\mathrm{d}y_2 &= \int\int_B f_X(\varphi_1^{-1}(y_1, y_2), \varphi_2^{-1}(y_1, y_2)) \left|\frac{\partial(x_1, x_2)}{\partial(y_1, y_2)}\right| \mathrm{d}y_1\mathrm{d}y_2 \\ &= \int\int_B \frac{f_X(\varphi_1^{-1}(y_1, y_2), \varphi_2^{-1}(y_1, y_2))}{\left|\frac{\partial(y_1, y_2)}{\partial(x_1, x_2)}\right|}\,\mathrm{d}y_1\mathrm{d}y_2. \end{aligned} \tag{2.17}$$

Bei dieser Umformung tritt auf der rechten Seite der Betrag der Funktionaldeterminante

$$\frac{\partial(y_1, y_2)}{\partial(x_1, x_2)} = \frac{\partial(\varphi_1, \varphi_2)}{\partial(x_1, x_2)} = \begin{vmatrix} \dfrac{\partial\varphi_1(x_1, x_2)}{\partial x_1} & \dfrac{\partial\varphi_1(x_1, x_2)}{\partial x_2} \\ \dfrac{\partial\varphi_2(x_1, x_2)}{\partial x_1} & \dfrac{\partial\varphi_2(x_1, x_2)}{\partial x_2} \end{vmatrix} \tag{2.18}$$

im Nenner des Integranden auf.

Für ein hinreichend kleines, den Punkt (y_1, y_2) enthaltendes Gebiet B kann nun anstelle (2.17) näherungsweise geschrieben werden (Mittelwertsatz der Integralrechnung):

$$\int\int_B f_Y(y_1, y_2)\,\mathrm{d}y_1\mathrm{d}y_2 \approx \left(\frac{f_X(x_1, x_2)}{\left| \frac{\partial(\varphi_1, \varphi_2)}{\partial(x_1, x_2)} \right|} \right)_{\substack{x_1=\varphi_1^{-1}(y_1,y_2)\\ x_2=\varphi_2^{-1}(y_1,y_2)}} \int\int_B \mathrm{d}y_1\mathrm{d}y_2.$$

Der Fehler ist um so geringer, je kleiner B ist, und verschwindet, falls B auf einen Punkt „zusammenschrumpft". Wir erhalten also für $Y = \langle Y_1, Y_2 \rangle$ die Dichte

$$f_Y(y_1, y_2) = \left(\frac{f_X(x_1, x_2)}{\left| \frac{\partial(\varphi_1, \varphi_2)}{\partial(x_1, x_2)} \right|} \right)_{\substack{x_1=\varphi_1^{-1}(y_1,y_2)\\ x_2=\varphi_2^{-1}(y_1,y_2)}}. \tag{2.19}$$

Beispiel 2.2 Mit dem nachfolgenden Beispiel soll gleichzeitig die Ausdehnung der Methode II auf den Fall $m < l$ demonstriert werden. Gegeben ist das System Bild 2.3 (Addierglied) mit $l = 2$ und $m = 1$, welches wir mit einem zusätzlichen Ausgang versehen, so dass sich Bild 2.5 ergibt. Die Hinzunahme des zweiten Ausganges, der in diesem Bild gestrichelt eingezeichnet ist, ist nur deshalb erforderlich, um $l = m$ zu erhalten.

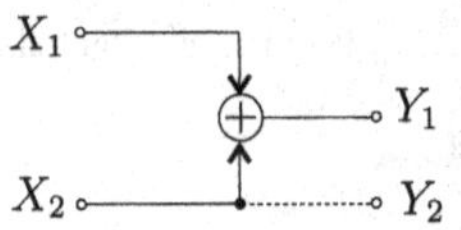

Bild 2.5: Statisches System (Beispiel)

Für das System Bild 2.5 gilt nun also

$$\begin{aligned} Y_1 &= \varphi_1(X_1, X_2) = X_1 + X_2 \\ Y_2 &= \varphi_2(X_1, X_2) = X_2 \end{aligned}$$

oder auch

$$\begin{aligned} y_1 &= \varphi_1(x_1, x_2) = x_1 + x_2 \\ y_2 &= \varphi_2(x_1, x_2) = x_2. \end{aligned}$$

Daraus ergibt sich die Funktionaldeterminante

$$\frac{\partial(\varphi_1, \varphi_2)}{\partial(x_1, x_2)} = \begin{vmatrix} \frac{\partial\varphi_1(x_1, x_2)}{\partial x_1} & \frac{\partial\varphi_1(x_1, x_2)}{\partial x_2} \\ \frac{\partial\varphi_2(x_1, x_2)}{\partial x_1} & \frac{\partial\varphi_2(x_1, x_2)}{\partial x_2} \end{vmatrix} = \begin{vmatrix} 1 & 1 \\ 0 & 1 \end{vmatrix} = 1$$

und die Umkehrung

$$\begin{aligned} x_1 &= \varphi_1^{-1}(y_1, y_2) = y_1 - y_2 \\ x_2 &= \varphi_2^{-1}(y_1, y_2) = y_2. \end{aligned}$$

Mit (2.19) erhält man bei gegebener Dichte f_X

$$f_Y(y_1, y_2) = \left(\frac{f_X(x_1, x_2)}{|\,1\,|} \right)_{\substack{x_1 = y_1 - y_2 \\ x_2 = y_2}} = f_X(y_1 - y_2, y_2).$$

Die gesuchte Dichte ist die Dichte von Y_1. Wir erhalten diese Dichte, indem wir von $f_Y(y_1, y_2)$ zur Randdichte f_{Y_1} übergehen. Mit (1.112) ergibt sich

$$f_{Y_1}(y_1) = \int_{-\infty}^{\infty} f_Y(y_1, y_2)\,\mathrm{d}y_2 = \int_{-\infty}^{\infty} f_X(y_1 - y_2, y_2)\,\mathrm{d}y_2.$$

Das Ergebnis ist offensichtlich mit (2.10) identisch.

Wir bemerken abschließend noch, dass die beiden angegebenen Methoden (Methode I und Methode II) natürlich nicht auf zweidimensionale zufällige Vektoren beschränkt sind.

2.1.1.3 Erwartungswert am Systemausgang

Der Erwartungswert des zufälligen Vektors $Y = \langle Y_1, \ldots, Y_m \rangle$ am Systemausgang (Bild 2.1b) ergibt sich aus (1.132) zu

$$\mathrm{E}(Y) = \big(\mathrm{E}(Y_1), \ldots, \mathrm{E}(Y_m)\big). \tag{2.20}$$

Zur Berechnung der Erwartungswerte $\mathrm{E}(Y_1), \ldots, \mathrm{E}(Y_m)$ können die Dichtefunktion f_Y des Ausgabevektors Y bzw. die Randdichtefunktionen f_{Y_i} $(i = 1, 2, \ldots, m)$ von $Y = \langle Y_1, \ldots, Y_m \rangle$ nach den im vorhergehenden Abschnitt angegebenen Methoden bestimmt werden. Dann erhält man

$$\mathrm{E}(Y_i) = \int_{-\infty}^{\infty} y_i\, f_{Y_i}(y_i)\,\mathrm{d}y_i \qquad (i = 1, 2, \ldots, m). \tag{2.21}$$

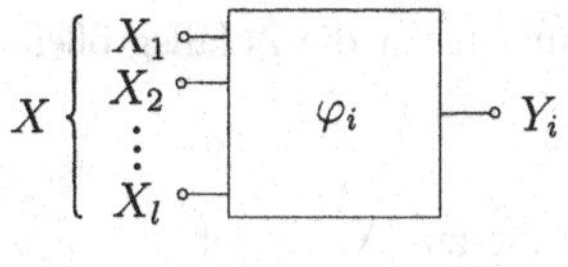

X: X_1, X_2, …, X_l → φ_i → Y_i

Bild 2.6: Statisches System

Die in der Regel mühevolle Berechnung der Randdichtefunktionen f_{Y_i} $(i = 1, 2, \ldots, m)$ kann jedoch umgangen werden, wenn man zur Berechnung der Erwartungswerte $\mathrm{E}(Y_i)$ die bereits weiter oben angegebene Formel (1.133) anwendet. Man erhält dann direkt aus der Dichte f_X des Eingabevektors

$$\mathrm{E}(Y_i) = \mathrm{E}\big(\varphi_i(X_1, \ldots, X_l)\big) = \int_{-\infty}^{\infty} \cdots \int_{-\infty}^{\infty} \varphi_i(x_1, \ldots, x_l) f_X(x_1, \ldots, x_l)\,\mathrm{d}x_1 \ldots \mathrm{d}x_l. \tag{2.22}$$

Dieser Zusammenhang ist in Bild 2.6 veranschaulicht.

2.1.2 Stochastische statische Systeme

2.1.2.1 Stochastische Zufallsgrößen-Abbildung

Während bei einem determinierten System jedem Wert $X(\omega) = (x_1, x_2, \dots, x_l)$ des Eingabevektors $X = \langle X_1, X_2, \dots, X_l \rangle$ durch die Alphabetabbildung Φ ein Wert $Y(\omega) = \Phi(X(\omega)) = (y_1, y_2, \dots, y_m)$ des Ausgabevektors $Y = \langle Y_1, Y_2, \dots, Y_m \rangle$ determiniert zugeordnet ist, trifft das bei einem stochastischen System nicht mehr zu. Liegt nämlich am Eingang eines stochastischen Systems ein fester Wert $X(\omega) = (x_1, x_2, \dots, x_l)$ von X an, so ist der Wert von Y noch unbestimmt, d.h. die Systemabbildung Φ ist durch einen „Zufallsmechanismus" beeinflusst, so dass einem festen Wert von X dieser oder jener Wert von Y zugeordnet wird.

Jedem Wert $x = (x_1, x_2, \dots, x_l)$ des zufälligen Vektors $X = \langle X_1, X_2, \dots, X_l \rangle$ am Eingang entspricht somit ein gewisser zufälliger Vektor $Y = \langle Y_1, Y_2, \dots, Y_m \rangle_x$ am Ausgang mit der von $x = (x_1, x_2, \dots, x_l)$ abhängigen Dichtefunktion $f_{Y,x}$, d.h. der bedingten Dichte $f_{Y,x} = f_Y(\,\cdot\,|x_1, x_2, \dots, x_l)$.

An die Stelle der Systemabbildung Φ tritt damit bei einem stochastischen (statischen) System eine bedingte Dichtefunktion $f(\,\cdot\,|x_1, x_2, \dots, x_l)$, die angibt, welche Dichtefunktion der Ausgabevektor Y unter der Bedingung aufweist, dass der Eingabevektor X den Wert $x = (x_1, x_2, \dots, x_l)$ angenommen hat (Bild 2.7). Damit ist offensichtlich die Dichtefunktion des Ausgabevektors Y von dem Wert x des Eingabevektors X abhängig, d.h. für jedes x kann Y eine andere Dichte haben.

Die Aufgabe besteht nun darin, die Dichtefunktion f_Y des Ausgabevektors zu bestimmen, wenn die Dichte f_X des Eingabevektors und die das stochastische System charakterisierende bedingte Dichte $f(\cdot\,|\,\cdot)$ bekannt sind. (Zur Schreibweise: Durch die Punkte sind die Stellen markiert, in welche die Variablen $y = (y_1, y_2, \dots, y_m)$ bzw. $x = (x_1, x_2, \dots, x_l)$ einzusetzen sind, wenn die Werte der bedingten Dichte berechnet werden sollen).

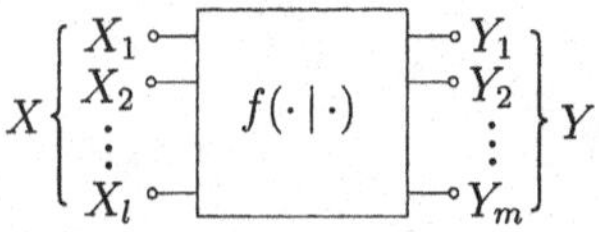

$X_1, X_2, \dots, X_l$ (X) → $f(\cdot\,|\,\cdot)$ → $Y_1, Y_2, \dots, Y_m$ (Y)

Bild 2.7: Stochastisches statisches System

Zunächst folgt aus den bisherigen Ausführungen: Ist die Zufallsgrößen-Abbildung

$$\Phi : \mathbb{X} \to \mathbb{Y},\ \Phi(X) = Y$$

nicht determiniert, d.h. (2.4) gilt nicht, so ist die zu $\langle X, Y \rangle$ gehörende bedingte Dichte allgemein von X und Y abhängig. Haben aber alle $\langle X, Y \rangle$ die gleiche bedingte Dichte $f(\cdot\,|\,\cdot)$, gilt also für alle X und $Y = \Phi(X)$ (vgl. (1.124))

$$\frac{f_{\langle X,Y \rangle}(x, y)}{f_X(x)} = f(y|x), \tag{2.23}$$

so heißt Φ *stochastische Zufallsgrößen-Abbildung*.

Durch die Umstellung von (2.23) ergibt sich

$$f_{\langle X,Y \rangle}(x, y) = f(y|x) f_X(x)$$

und daraus durch Übergang zur Randdichte mit (1.113) die gesuchte Dichte von Y, nämlich

$$f_Y(y) = \int_{-\infty}^{\infty} f(y|x) f_X(x)\,\mathrm{d}x. \tag{2.24}$$

Beispiel 2.3 Am Eingang des stochastischen Systems Bild 2.7 mit $l = m = 1$ sei X im Intervall $(0, a]$ gleichverteilt, d.h.

$$f_X(x) = \begin{cases} \frac{1}{a} & \text{für} \quad a \in (0, a], \\ 0 & \text{für} \quad a \notin (0, a]. \end{cases}$$

Das System wird durch die bedingte Dichte

$$f(y|x) = \begin{cases} |x|\mathrm{e}^{-|x|y} & \text{für} \quad y > 0, \\ 0 & \text{für} \quad y \leq 0 \end{cases}$$

charakterisiert. Aus (2.24) erhält man für die Dichte von Y am Ausgang

$$f_Y(y) = \int_0^a x\mathrm{e}^{-xy} \cdot \frac{1}{a}\,\mathrm{d}x = \frac{1}{ay^2}\left(1 - \mathrm{e}^{-ay}(1 + ay)\right) \qquad (y > 0).$$

Für $y \leq 0$ erhält man $f_Y(y) = 0$.

Es lässt sich zeigen, dass das stochastische System eine Verallgemeinerung des bisher betrachteten determinierten Systems darstellt, d.h. das determinierte System kann als Sonderfall (Grenzfall) eines stochastischen Systems angesehen werden.

Zur Veranschaulichung dieses Sachverhalts betrachten wir Bild 2.8, wobei wir uns weiterhin auf den Fall $l = m = 1$ (System mit einem Eingang und einem Ausgang) beschränken wollen. In diesem Bild sind zwei bedingte Dichtefunktionen, $f(\cdot\,|x_a)$ und $f(\cdot\,|x_b)$, in Abhängigkeit von y dargestellt. Aus der Darstellung ist ersichtlich, dass die Werte der Zufallsgröße Y über einen weiten Bereich schwanken, falls X den Wert x_a annimmt, während sie nur sehr wenig streuen, wenn X den Wert x_b hat. Als Grenzfall einer solchen bedingten Dichte wäre eine δ-Funktion denkbar, bei der die Werte von Y – etwas ungenau formuliert – überhaupt nicht mehr streuen, d.h. determiniert sind.

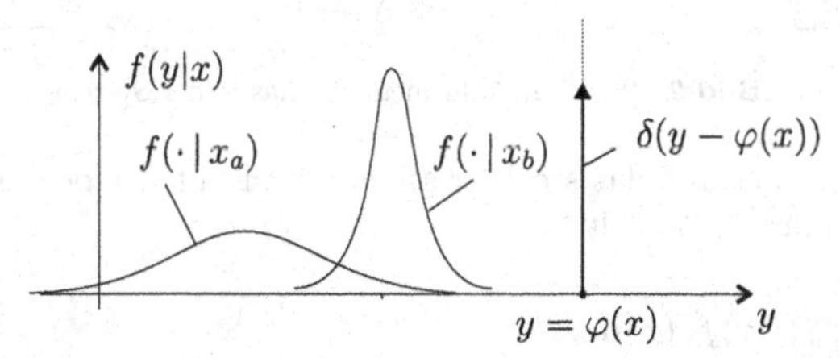

Bild 2.8: Bedingte Dichte bei einem stochastischen und determinierten System

Nimmt also die das stochastische System charakterisierende bedingte Dichte die durch

$$f(y|x) = \delta(y - \varphi(x)) \tag{2.25}$$

gegebenen Werte an, so kann Y nur (mit der Wahrscheinlichkeit 1) den Wert $y = \varphi(x)$ annehmen, womit der Übergang zu einem determinierten System (im Wesentlichen) vollzogen ist.

Bild 2.9: Determiniertes System als Sonderfall eines stochastischen Systems

Das Ergebnis lässt sich rechnerisch bestätigen, indem man (2.25) in (2.24) einsetzt und das Integral berechnet, wobei beachtet werden muss, dass das Integral über die δ-Funktion den Wert 1 hat. Man erhält damit

$$\begin{aligned} f_Y(y) &= \int_{-\infty}^{\infty} \delta(y - \varphi(x)) f_X(x) \,\mathrm{d}x \\ &= \int_{-\infty}^{\infty} \delta(y-u) \left(\frac{f_X(x)}{|\varphi'(x)|} \right)_{x=\varphi^{-1}(u)} \mathrm{d}u = \left(\frac{f_X(x)}{\left|\frac{\mathrm{d}\varphi}{\mathrm{d}x}\right|} \right)_{x=\varphi^{-1}(u)} . \end{aligned} \tag{2.26}$$

Das ist das gleiche Ergebnis, das sich bei einem determinierten System ergeben hätte (s. etwa (2.19)), wenn man in dieser Gleichung zum eindimensionalen Fall überginge. Damit ist gezeigt, dass ein determiniertes statisches System mit der Alphabetabbildung Φ und ein stochastisches statisches System mit der bedingten Dichte $f: \; f(y|x) = \delta(y - \varphi(x))$ einander äquivalent sind (Bild 2.9).

2.1.2.2 Systemmodell

Die folgende Überlegung soll zeigen, dass ein stochastisches System durch ein determiniertes System mit einem inneren Zufallsmechanismus („Störgenerator“) dargestellt werden kann. Diese Betrachtungsweise ist besonders bei der *Modellierung* von stochastischen Systemen von Bedeutung.

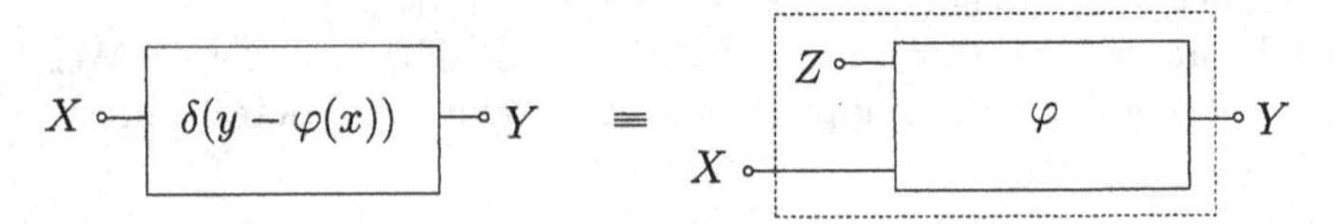

Bild 2.10: Zur Äquivalenz stochastischer Systeme

Im Bild 2.10 ist zunächst das stochastische System mit der bedingten Dichte $f(\cdot\,|x)$ dargestellt, so dass mit (2.24) gilt

$$f_Y(y) = \int_{-\infty}^{\infty} f(y|x) f_X(x) \,\mathrm{d}x. \tag{2.27}$$

Außerdem ist im Bild 2.10 ein determiniertes System mit zwei Eingängen und der Zufallsgrößen-Abbildung φ aufgezeichnet. Dabei soll angenommen werden, dass die Zufallsgröße Z einen im Innern des Systems wirksamen Zufallsmechanismus beschreibt und Z und die

Eingabe X voneinander unabhängig sind. Für das in Bild 2.10 rechts aufgezeichnete System erhält man mit Hilfe der im Abschnitt 2.1.1.2 beschriebenen Methode II (vgl. (2.19)) nach einiger Zwischenrechnung

$$f_Y(y) = \int_{-\infty}^{\infty} \left(\frac{f_{(Z,X)}(z,x)}{\left|\frac{\partial \varphi}{\partial z}\right|} \right)_{z=\varphi^{-1}(y,x)} \mathrm{d}x$$

und wegen der Unabhängigkeit von Z und X

$$f_Y(y) = \int_{-\infty}^{\infty} \left(\frac{f_Z(z)}{\left|\frac{\partial \varphi}{\partial z}\right|} \right)_{z=\varphi^{-1}(y,x)} f_X(x)\,\mathrm{d}x. \tag{2.28}$$

Stimmen nun die Integranden in (2.27) und (2.28) überein, gilt also

$$f(y|x) = \left(\frac{f_Z(z)}{\left|\frac{\partial \varphi}{\partial z}\right|} \right)_{z=\varphi^{-1}(y,x)}, \tag{2.29}$$

so sind die beiden im Bild 2.10 dargestellten Systeme äquivalent.

Geht man in (2.29) zur Verteilungsfunktion über, so ergibt sich der noch einfachere Zusammenhang

$$F(y|x) = \int_{-\infty}^{y} f(y|x)\,\mathrm{d}y = \int_{-\infty}^{y} \left(\frac{f_Z(z)}{\left|\frac{\partial \varphi}{\partial z}\right|} \right)_{z=\varphi^{-1}(y,x)} \mathrm{d}y = \int_{-\infty}^{\varphi^{-1}(y,x)} f_Z(z)\mathrm{d}z,$$

also

$$F(y|x) = F_Z(z)|_{z=\varphi^{-1}(y,x)} = F_Z(\varphi^{-1}(y,x)). \tag{2.30}$$

Betrachtet man F_Z als gegeben, so kann durch Auflösen von $F(y|x) = F_Z(z)$ in (2.30) nach y die Systemabbildung $\varphi : y = \varphi(z,x)$ des determinierten Systems so bestimmt werden, dass ein stochastisches System mit gewünschter bedingter Verteilungsfunktion F entsteht.

Man beachte, dass (2.30) nur dann gilt, wenn die Verknüpfung der Werte z und y (für festes x) über die Abbildung φ bijektiv ist.

Beispiel 2.4 Es sei ein stochastisches System mit

$$F(y|x) = \frac{1}{2} + \frac{1}{\pi} \arctan \frac{y}{x} \qquad (x > 0)$$

zu realisieren. (Die arctan-Funktion bezeichnet den Hauptwert.) Gegeben sei Z mit der Verteilungsfunktion F_Z. Dann erhalten wir mit (2.30)

$$F(y|x) = \frac{1}{2} + \frac{1}{\pi} \arctan \frac{y}{x} = F_Z(z)$$

und nach Auflösung

$$y = x \tan \left(\pi \left(F_Z(z) - \frac{1}{2} \right) \right).$$

Das determinierte System Bild 2.10 (rechts) muss also die Abbildung

$$\varphi(z,x) = x \tan\left(\pi\left(F_Z(z) - \frac{1}{2}\right)\right)$$

haben.

2.1.2.3 Bedingter Erwartungswert

Es soll nun noch angegeben werden, wie der Erwartungswert der Zufallsgröße Y am Ausgang eines stochastischen Systems bestimmt werden kann. Mit Hilfe von (1.131) und (2.24) erhalten wir

$$\begin{aligned} \mathrm{E}(Y) &= \int_{-\infty}^{\infty} y f_Y(y)\,\mathrm{d}y = \int_{-\infty}^{\infty}\int_{-\infty}^{\infty} y f(y|x) f_X(x)\,\mathrm{d}x\mathrm{d}y \\ &= \int_{-\infty}^{\infty}\left(\int_{-\infty}^{\infty} y f(y|x)\,\mathrm{d}y\right) f_X(x)\,\mathrm{d}x, \end{aligned} \tag{2.31}$$

wenn man noch die Reihenfolge der Integrale vertauscht.

Der Ausdruck in den Klammern

$$\int_{-\infty}^{\infty} y f(y|x)\,\mathrm{d}y = \mathrm{E}(Y|x) \tag{2.32}$$

definiert den Erwartungswert der Zufallsgröße Y unter der Bedingung $X(\omega) = x$ und wird kurz als *bedingter Erwartungswert* bezeichnet. Der bedingte Erwartungswert $\mathrm{E}(Y|x)$ gibt also an, welchen Erwartungswert die Zufallsgröße Y am Ausgang des stochastischen Systems annimmt, wenn am Eingang des Systems der feste Wert x eingegeben wird.

Der bedingte Erwartungswert $\mathrm{E}(Y|x)$ ist eine Funktion von x und determiniert, d.h. durch

$$\mathrm{E}(Y|x) = \psi(x) \tag{2.33}$$

darstellbar. Der Ausdruck

$$\mathrm{E}(Y|X) = \psi(X) \tag{2.34}$$

ergibt jedoch wieder eine Zufallsgröße. Mit diesen Bezeichnungen erhält man mit Hilfe von (2.31) und (2.32) für den Erwartungswert am Systemausgang (vgl. auch (1.133))

$$\mathrm{E}(Y) = \int_{-\infty}^{\infty} \psi(x) f_X(x)\,\mathrm{d}x = \int_{-\infty}^{\infty} \mathrm{E}(Y|x) f_X(x)\,\mathrm{d}x \tag{2.35}$$

oder

$$\mathrm{E}(Y) = \mathrm{E}\left(\psi(X)\right) = \mathrm{E}\left(\mathrm{E}(Y|X)\right). \tag{2.36}$$

Im letzten Ausdruck ist die Bildung des Erwartungswertes einmal bezüglich X und einmal bezüglich Y vorzunehmen.

Wir bemerken noch, dass sich die Definition (2.32) auch auf Momente n-ter Ordnung übertragen lässt. So ist z.B.

$$\int_{-\infty}^{\infty} y^n f(y|x)\, \mathrm{d}y = \mathrm{E}(Y^n|x) \tag{2.37}$$

das bedingte Moment n-ter Ordnung.

In vielen Fällen ist die das stochastische System charakterisierende bedingte Dichte $f(\cdot\,|\,\cdot)$ nicht bekannt, so dass (2.24) zur Berechnung der Dichte f_Y am Ausgang nicht verwendet werden kann. Man versucht in solchen Fällen häufig, das stochastische System näherungsweise durch eine Beziehung zwischen den Eingabe- und Ausgabemomenten (endlicher Ordnung) zu charakterisieren und erhält auf diese Weise ein *Momentengleichungssystem*.

Zur Gewinnung eines solchen Gleichungssystems werden zunächst die bedingten Momente

$$\begin{aligned} \mathrm{E}(Y|x) &= \psi_1(x) \\ \mathrm{E}(Y^2|x) &= \psi_2(x) \\ &\vdots \\ \mathrm{E}(Y^n|x) &= \psi_n(x) \end{aligned}$$

für hinreichend viele Werte $X(\omega) = x$ ermittelt (z.B. durch Messung) und anschließend das Momentengleichungssystem

$$\begin{pmatrix} \mathrm{E}(Y) \\ \mathrm{E}(Y^2) \\ \vdots \\ \mathrm{E}(Y^r) \end{pmatrix} = \begin{pmatrix} a_{10} & a_{11} & \dots & a_{1s} \\ a_{20} & a_{21} & \dots & a_{2s} \\ \vdots & \vdots & & \vdots \\ a_{r0} & a_{r1} & \dots & a_{rs} \end{pmatrix} \begin{pmatrix} 1 \\ \mathrm{E}(X) \\ \vdots \\ \mathrm{E}(X^s) \end{pmatrix} \tag{2.38}$$

aufgestellt. Auf die zahlreichen Methoden zur Berechnung der Koeffizienten a_{ik} in (2.38) aus den gemessenen Funktionen $\psi_1, \psi_2, \dots, \psi_r$ können wir hier nicht eingehen (vgl. z.B. [15]). Wir notieren jedoch noch das folgende einfache Beispiel.

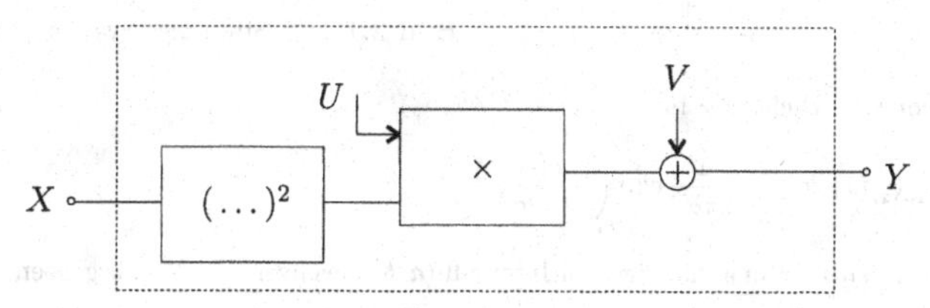

Bild 2.11: Stochastisches System (Beispiel)

Beispiel 2.5 In der Schaltung Bild 2.11 bezeichnen U und V zwei voneinander (und von X) unabhängige Zufallsgrößen (innere „Störgeneratoren"), von denen alle Momente $\mathrm{E}(U), \mathrm{E}(U^2), \mathrm{E}(U^3), \dots, \mathrm{E}(V), \mathrm{E}(V^2), \dots$ usw. bekannt sind. Dann erhalten wir

$$Y = UX^2 + V$$

und daraus die bedingten Momente

$$\begin{aligned}
\mathrm{E}(Y|x) &= \mathrm{E}(U)x^2 + \mathrm{E}(V) = \psi_1(x) \\
\mathrm{E}(Y^2|x) &= \mathrm{E}(U^2)x^4 + 2\mathrm{E}(U)\mathrm{E}(V)x^2 + \mathrm{E}(V^2) = \psi_2(x) \\
\mathrm{E}(Y^3|x) &= \mathrm{E}(U^3)x^6 + 3\mathrm{E}(U^2)\mathrm{E}(V)x^4 + 3\mathrm{E}(U)\mathrm{E}(V^2)x^2 + \mathrm{E}(V^3) = \psi_3(x) \\
\vdots \quad & \quad \vdots
\end{aligned}$$

Mit Hilfe von (2.36) folgt daraus weiter

$$\begin{aligned}
\mathrm{E}(Y) &= \mathrm{E}(U)\mathrm{E}(X^2) + \mathrm{E}(V) \\
\mathrm{E}(Y^2) &= \mathrm{E}(U^2)\mathrm{E}(X^4) + 2\mathrm{E}(U)\mathrm{E}(V)\mathrm{E}(X^2) + \mathrm{E}(V^2) \\
\vdots \quad & \quad \vdots
\end{aligned}$$

womit schon das Momentengleichungssystem (2.38) (z.B. für $r = 3$ und $s = 6$)

$$\begin{pmatrix} \mathrm{E}(Y) \\ \mathrm{E}(Y^2) \\ \mathrm{E}(Y^3) \end{pmatrix} = \begin{pmatrix} \mathrm{E}(V) & \mathrm{E}(U) & 0 & 0 \\ \mathrm{E}(V^2) & 2\mathrm{E}(U)\mathrm{E}(V) & \mathrm{E}(U^2) & 0 \\ \mathrm{E}(V^3) & 3\mathrm{E}(U)\mathrm{E}(V^2) & 3\mathrm{E}(U^2)\mathrm{E}(V) & \mathrm{E}(U^3) \end{pmatrix} \begin{pmatrix} 1 \\ \mathrm{E}(X^2) \\ \mathrm{E}(X^4) \\ \mathrm{E}(X^6) \end{pmatrix}$$

aufgestellt ist. Aus den gegebenen Momenten der Eingabe X können nun die Momente der Ausgabe Y berechnet werden.

2.1.3 Aufgaben zum Abschnitt 2.1

2.1-1 Für das statische System Bild 2.1-1 gilt $Y = \varphi(X_1, X_2) = X_1^2 + X_2^2$.

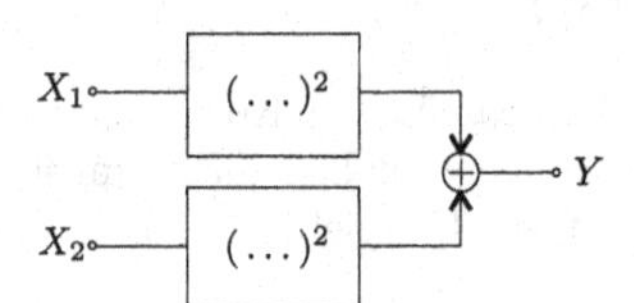

Bild 2.1-1: Statisches System

Man berechne die Dichte f_Y für

$$f_{\langle X_1,X_2\rangle}(x_1,x_2) = \frac{1}{2\pi\sigma^2}\exp\left(-\frac{x_1^2+x_2^2}{2\sigma^2}\right)!$$

2.1-2 X_1 und X_2 seien zwei unabhängige, im Intervall (a,b) gleichverteilte Zufallsgrößen, d.h.

$$f_{X_1}(x_1) = \begin{cases} \frac{1}{b-a} & a < x_1 < b, \\ 0 & x_1 \le a, x_1 \ge b \end{cases}$$

Entsprechendes gilt für f_{X_2}. Wie lautet die Dichtefunktion f_Y von $Y = X_1 + X_2$ am Ausgang des Addiergliedes Bild 2.3?

2.1-3 Gegeben ist das statische System Bild 2.1-3. Der Eingabevektor $\langle X_1, X_2\rangle$ sei durch die Dichte $f_{\langle X_1,X_2\rangle}$ gegeben.

a) Man berechne die Dichte $f_{\langle Y_1,Y_2\rangle}$ des Ausgabevektors $\langle Y_1, Y_2\rangle$!

b) Für unabhängige X_1, X_2 mit $\alpha > 0, \beta > 0$ und

$$f_{X_1}(x_1) = \begin{cases} \frac{1}{2\alpha} & -\alpha < x_1 < \alpha, \\ 0 & x_1 \leq \alpha, x_1 \geq \alpha \end{cases} \qquad f_{X_2}(x_2) = \begin{cases} \beta\,\mathrm{e}^{-\beta x_2} & x_2 \geq 0, \\ 0 & x_2 < 0 \end{cases}$$

bestimme man den Erwartungswert $\mathrm{E}(Y_1 Y_2)$!

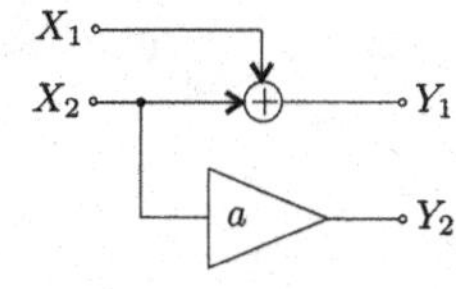

Bild 2.1-3: Statisches System

2.1-4 Die Zufallsgrößen $X_1, \ldots, X_l$ aus $X = \langle X_1, \ldots, X_l\rangle$ seien unabhängig mit $\mathrm{E}(X_i) = 0$ und $\mathrm{Var}(X_i) = \sigma_i^2$ $(i = 1, 2, \ldots, l)$. Man bestimme die Varianz $\mathrm{Var}(Y)$ von

$$Y = \sum_{i=1}^{l} a_i X_i \qquad (a_i \in \mathbb{R})!$$

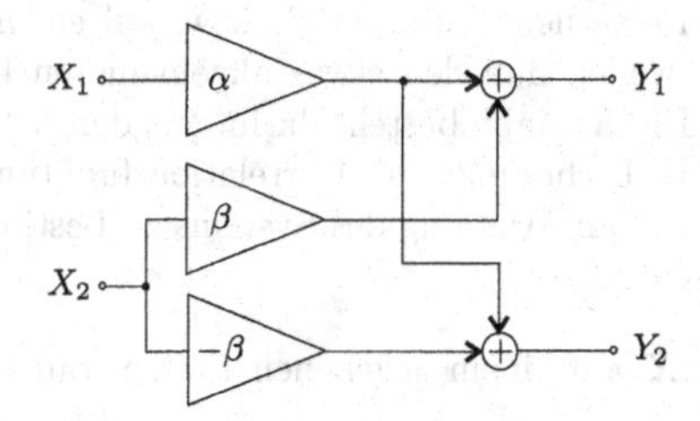

Bild 2.1-5: Statisches System

2.1-5 Gegeben ist das determinierte statische System Bild 2.1-5.

a) Man bestimme den Korrelationskoeffizienten $\varrho = \varrho(Y_1, Y_2)$, wenn X_1 und X_2 unabhängig sind und $\mathrm{E}(X_1) = \mathrm{E}(X_2) = 0$ sowie $\mathrm{Var}(X_1) = \mathrm{Var}(X_2) = \sigma^2$ gilt!

b) Man berechne die Dichte f_Y von $Y = \langle Y_1, Y_2\rangle$, falls die Dichte f_X von $X = \langle X_1, X_2\rangle$ durch

$$f_X(x_1, x_2) = \frac{1}{2\pi\sigma^2} \exp\left(-\frac{x_1^2 + x_2^2}{2\sigma^2}\right)$$

gegeben ist!

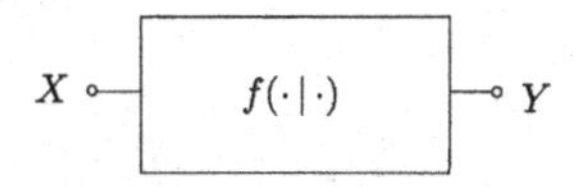

Bild 2.1-6: Statisches stochastisches System

2.1-6 Für ein statisches stochastisches System (Bild 2.1-6) ist die bedingte Dichte

$$f(y|x) = \begin{cases} |x|\,\mathrm{e}^{-y|x|} & \text{für } \; y > 0, \\ 0 & \text{für } \; y \leq 0 \end{cases}$$

gegeben.

a) Berechnen Sie die Dichte f_Y für den Fall, dass X die folgende Dichte f_X hat:

$$f_X(x) = \begin{cases} \alpha\, e^{-\alpha x} & \text{für} \quad x > 0, \\ 0 & \text{für} \quad x \leq 0 \end{cases} \qquad (\alpha > 0)!$$

b) Wie groß ist die Wahrscheinlichkeit dafür, dass Y einen Wert aus dem Intervall $(0, 1)$ annimmt, für folgende Fälle:

1. X hat den Wert $x = 1$ angenommen,
2. X hat den Wert $x = -3$ angenommen,
3. X ist exponentiell verteilt gemäß a)? ,

c) Wie lautet der bedingte Erwartungswert $\mathrm{E}(Y|x)$?

2.2 Abbildungen zufälliger Prozesse

2.2.1 Prozessabbildungen statischer Systeme

2.2.1.1 Determinierte Prozessabbildung

Im Abschnitt 2.1.1.1 wurde bereits untersucht, wie durch ein statisches System eine Zufallsgröße bzw. ein zufälliger Vektor X auf eine neue Zufallsgröße bzw. auf einen neuen zufälligen Vektor Y abgebildet wird. Wir wollen nun den etwas allgemeineren Fall der Abbildung zufälliger Prozesse betrachten. Die Aufgabe besteht darin, aus den bekannten Kenngrößen des Prozesses am Eingang (z.B. Dichtefunktion, Korrelationsfunktion usw.) die entsprechenden Kenngrößen des Prozesses am Ausgang des Systems zu bestimmen. Zunächst stellen wir folgende Bezeichnungen voran:

1. Die Menge aller zufälligen Prozesse $\boldsymbol{X}$ auf einem gegebenen Ereignisraum $(\Omega, \underline{A})$ bezeichnen wir mit $\underline{\mathbb{A}}$.

2. Die Menge aller l-dimensionalen Vektorprozesse $\boldsymbol{X} = \langle \boldsymbol{X}_1, \ldots, \boldsymbol{X}_l \rangle$ (*Eingabeprozesse*) wird mit

$$\underline{\mathbb{X}} = \underline{\mathbb{A}}^l \tag{2.39}$$

bezeichnet.

3. Die Menge aller m-dimensionalen Vektorprozesse $\boldsymbol{Y} = \langle \boldsymbol{Y}_1, \ldots, \boldsymbol{Y}_m \rangle$ (*Ausgabeprozesse*) bezeichnen wir mit

$$\underline{\mathbb{Y}} = \underline{\mathbb{A}}^m. \tag{2.40}$$

Allgemein gilt nun die folgende Definition.

Definition 2.2 Jede Abbildung

$$\boldsymbol{\Phi} : \underline{\mathbb{X}} \to \underline{\mathbb{Y}},\ \boldsymbol{\Phi}(\boldsymbol{X}) = \boldsymbol{Y} \tag{2.41}$$

heißt *Prozessabbildung* (vgl. Bild 2.12).

Die Menge aller möglichen Prozessabbildungen ist unübersehbar groß. Eine Einengung dieser Menge ergibt sich, wenn wir uns auf *determinierte Systeme* beschränken.

Definition 2.3 Eine Prozessabbildung

$$\boldsymbol{\Phi} : \underline{\mathbb{X}} \to \underline{\mathbb{Y}},\ \boldsymbol{\Phi}(\boldsymbol{X}) = \boldsymbol{Y}$$

heißt *determinierte Prozessabbildung* (oder: *Realisierungsabbildung*), wenn für alle $\omega \in \Omega$ gilt

$$\boldsymbol{Y}(\omega) = \boldsymbol{\Phi}(\boldsymbol{X}(\omega)) \qquad \text{(oder: } \boldsymbol{y} = \boldsymbol{\Phi}(\boldsymbol{x})\text{)}. \tag{2.42}$$

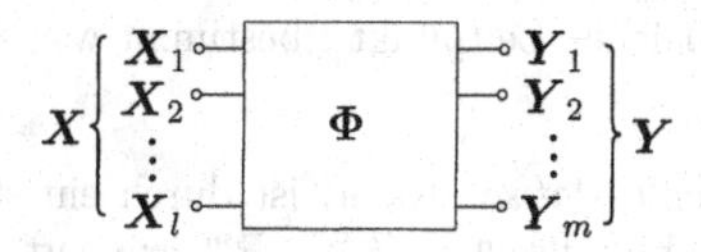

Bild 2.12: Prozessabbildung durch ein System

Zur Erläuterung dieser Definition stellen wir fest:

1. Die Bezeichnung determinierte Prozessabbildung bzw. Realisierungsabbildung rührt davon her, dass die Ausgaberealisierung $\boldsymbol{y} = \boldsymbol{Y}(\omega)$ durch die Eingaberealisierung $\boldsymbol{x} = \boldsymbol{X}(\omega)$ festgelegt ist, d.h. der Zeitverlauf von $\boldsymbol{x}$ bestimmt den Zeitverlauf von $\boldsymbol{y}$. Die Zuordnung ist durch die Signalabbildung $\boldsymbol{\Phi}$ in (2.42) festgelegt, weil die Realisierungen als reelle Zeitfunktionen wie gewöhnliche Signale abgebildet werden (vgl. [23], Abschnitt 2.1.2).

2. Strenggenommen ist das Symbol $\boldsymbol{\Phi}$ in (2.41) von dem Symbol $\boldsymbol{\Phi}$ in (2.42) zu unterscheiden, da es sich im ersten Falle um Zuordnungen von Prozessen und im zweiten Falle um Zuordnungen von Realisierungen (Signalen) handelt. Wir wollen jedoch im Interesse der Übesichtlichkeit (wie allgemein üblich) in beiden Ausdrücken dasselbe Symbol verwenden.

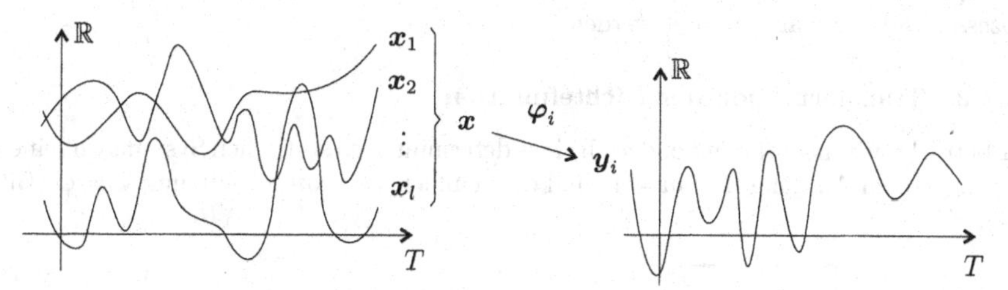

Bild 2.13: Realisierungsabbildung (determiniertes System)

3. Wir erwähnen noch, dass die Prozessabbildung (2.41) auch durch m einfache Prozessabbildungen

$$\varphi_i : \underline{\mathbb{X}} \to \underline{\mathbb{A}},\ \varphi_i(\boldsymbol{X}_1, \ldots, \boldsymbol{X}_l) = \boldsymbol{Y}_i \qquad (i = 1, 2, \ldots, m) \tag{2.43}$$

dargestellt werden kann, für welche (2.42) in

$$\boldsymbol{Y}_i(\omega) = \varphi_i(\boldsymbol{X}_1(\omega), \ldots, \boldsymbol{X}_l(\omega))$$

bzw.

$$\boldsymbol{y}_i = \varphi_i(\boldsymbol{x}_1, \ldots, \boldsymbol{x}_l) \tag{2.44}$$

übergeht. Die Ausgaberealisierung $\boldsymbol{y}_i$ ist durch die l parallel ablaufenden Eingaberealisierungen $\boldsymbol{x}_1, \ldots, \boldsymbol{x}_l$ bestimmt (Bild 2.13).

Wir engen nun die Menge der Prozessabbildungen noch weiter ein, indem wir uns auf *determinierte statische Systeme* beschränken. Diese Systeme sind dadurch gekennzeichnet, dass die Werte der Ausgabesignale (bzw. -realisierungen) $\boldsymbol{y}(t)$ durch die Werte der Eingabesignale (bzw. -realisierungen) $\boldsymbol{x}(t)$ im gleichen Zeitpunkt t bestimmt werden. Daraus ergibt sich die folgende Definition.

Definition 2.4 Eine Realisierungsabbildung $\boldsymbol{\Phi}$ heißt *statisch* (oder: ist durch ein statisches System realisierbar), wenn eine Alphabetabbildung $\Phi : \mathbb{R}^l \to \mathbb{R}^m$ existiert, so dass

$$\boldsymbol{y}(t) = (\boldsymbol{\Phi}(\boldsymbol{x}))(t) = \Phi(\boldsymbol{x}(t)). \tag{2.45}$$

Aus dieser Definition erhält man mit $\boldsymbol{y}(t) = Y_t(\omega)$ und $\boldsymbol{x}(t) = X_t(\omega)$ (vgl. (1.173))

$$Y_t(\omega) = \Phi(X_t(\omega)). \tag{2.46}$$

Diese Gleichung ist aber (abgesehen von dem Index t) mit (2.4) identisch, so dass wir feststellen können:

Der Zusammenhang zwischen den Vektorprozessen $\boldsymbol{X}$ am Eingang und $\boldsymbol{Y}$ am Ausgang eines determinierten statischen Systems lässt sich auf den Zusammenhang zwischen den zufälligen Vektoren X_t und Y_t (das sind die Vektorprozesse $\boldsymbol{X}$ und $\boldsymbol{Y}$ zu einem festen Zeitpunkt t betrachtet) zurückzuführen.

Damit können die im Abschnitt 2.1.1 angegebenen Methoden zur Berechnung von Zufallsgrößen-Abbildungen (Transformation der Dichte usw.) auch zur Berechnung von Prozessabbildungen angewendet werden.

2.2.1.2 Transformation der Dichtefunktion

Wir betrachten zunächst den Sonderfall eines determinierten statischen Systems mit einem Eingang, einem Ausgang ($l = m = 1$) und der (einfachen) Prozessabbildung $\boldsymbol{\Phi} = \varphi$ (Bild 2.14).

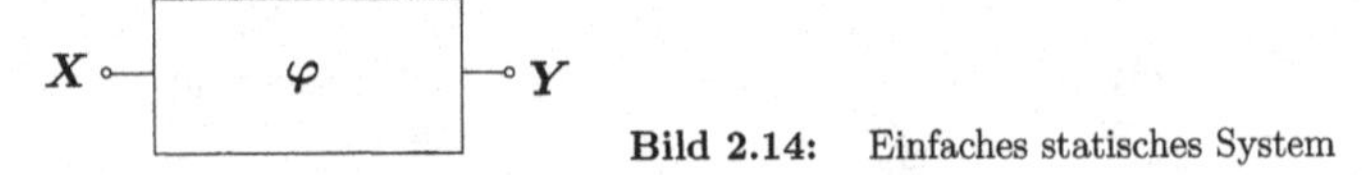

Bild 2.14: Einfaches statisches System

Gegeben sei der Eingabeprozess mit bekannter Dichte $f_{\boldsymbol{X}}$, d.h. $f_{\boldsymbol{X}}(x_1, t_1; \ldots; x_n, t_n)$ ist gegeben. Gesucht ist die entsprechende n-dimensionale Dichte $f_{\boldsymbol{Y}}$ des Ausgabeprozesses. Wir lösen die Aufgabe in folgenden Schritten:

1. Berechnung von $f_{\boldsymbol{Y}}(y, t)$

   Für einen festen Zeitpunkt t folgt aus Bild 2.14 das Bild 2.15a, und es gilt

   $$Y_t = \varphi(X_t)$$

   bzw. für ein festes Elementarereignis $\omega \in \Omega$ mit $X_t(\omega) = x$ und $Y_t(\omega) = y$

   $$y = \varphi(x).$$

   Aus (2.19) folgt dann für den eindimensionalen Fall

   $$f_Y(y) = \left(\frac{f_X(x)}{\left| \frac{\mathrm{d}\varphi}{\mathrm{d}x} \right|} \right)_{x=\varphi^{-1}(y)}$$

   bzw.

   $$f_{\boldsymbol{Y}}(y, t) = \left(\frac{f_{\boldsymbol{X}}(x, t)}{\left| \frac{\mathrm{d}\varphi}{\mathrm{d}x} \right|} \right)_{x=\varphi^{-1}(y)} . \tag{2.47}$$

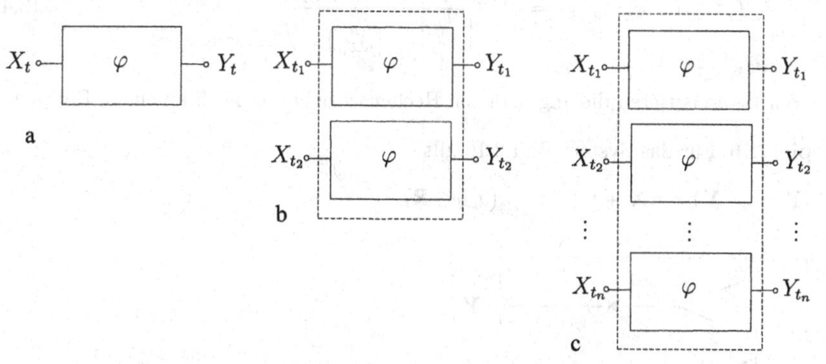

Bild 2.15: Zur Berechnung der Dichte am Ausgang des Systems
a) eindimensionale Dichte; b) zweidimensionale Dichte; c) n-dimensionale Dichte

2. Berechnung von $f_{\boldsymbol{Y}}(y_1, t_1; y_2, t_2)$.

   Für zwei feste Zeitpunkte t_1 und t_2 folgt aus Bild 2.14 das Bild 2.15b und es gilt

   $$\begin{aligned} Y_{t_1} &= \varphi(X_{t_1}) \\ Y_{t_2} &= \varphi(X_{t_2}) \end{aligned}$$

   bzw. für festes $\omega \in \Omega$ mit $X_{t_1}(\omega) = x_1$, $X_{t_2}(\omega) = x_2$, $Y_{t_1}(\omega) = y_1$, $Y_{t_2}(\omega) = y_2$

$$\begin{aligned} y_1 &= \varphi(x_1) = \varphi_1(x_1, x_2) \\ y_2 &= \varphi(x_2) = \varphi_2(x_1, x_2). \end{aligned}$$

Nun erhält man aus (2.19)

$$f_Y(y_1, y_2) = \left(\frac{f_X(x_1, x_2)}{\left| \dfrac{\partial(\varphi_1, \varphi_2)}{\partial(x_1, x_2)} \right|} \right)_{\substack{x_1 = \varphi_1^{-1}(y_1, y_2) \\ x_2 = \varphi_2^{-1}(y_1, y_2)}} = \left(\frac{f_X(x_1, x_2)}{\left| \dfrac{\partial \varphi}{\partial x_1} \right| \left| \dfrac{\partial \varphi}{\partial x_2} \right|} \right)_{\substack{x_1 = \varphi^{-1}(y_1) \\ x_2 = \varphi^{-1}(y_2)}}$$

bzw.

$$f_{\boldsymbol{Y}}(y_1, t_1; y_2, t_2) = \left(\frac{f_{\boldsymbol{X}}(x_1, t_1; x_2, t_2)}{\left| \dfrac{\partial \varphi}{\partial x_1} \right| \left| \dfrac{\partial \varphi}{\partial x_2} \right|} \right)_{\substack{x_1 = \varphi^{-1}(y_1) \\ x_2 = \varphi^{-1}(y_2)}}. \tag{2.48}$$

3. Berechnung von $f_{\boldsymbol{Y}}(y_1, t_1; \ldots; y_n, t_n)$

   Für n feste Zeitpunkte $t_1, t_2, \ldots, t_n$ erhält man aus Bild 2.15c analog zu den vorhergehenden Schritten

$$f_{\boldsymbol{Y}}(y_1, t_1; \ldots; y_n, t_n) = \left(\frac{f_{\boldsymbol{X}}(x_1, t_1; \ldots; x_n, t_n)}{\left| \dfrac{\partial \varphi}{\partial x_1} \right| \cdots \left| \dfrac{\partial \varphi}{\partial x_n} \right|} \right)_{\substack{x_i = \varphi^{-1}(y_i) \\ (i=1,2,\ldots,n)}} \tag{2.49}$$

   Wir demonstrieren die angegebenen Rechenschritte nun noch an einem Beispiel.

Beispiel 2.6 Für das System Bild 2.16 gilt

$$\boldsymbol{Y} = \varphi(\boldsymbol{X}) = a\boldsymbol{X} + b \qquad (a, b \in \mathbb{R}).$$

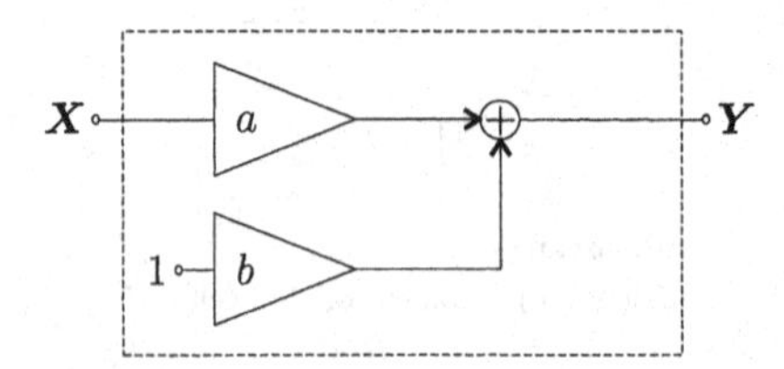

Bild 2.16: Einfaches statisches System (Beispiel)

Im 1. Schritt erhalten wir

$$y = \varphi(x) = ax + b, \qquad x = \varphi^{-1}(y) = \frac{1}{a}(y - b), \qquad \frac{\mathrm{d}\varphi}{\mathrm{d}x} = a,$$

und mit (2.47) schließlich

$$f_{\boldsymbol{Y}}(y, t) = \frac{1}{|a|} f_{\boldsymbol{X}} \left(\frac{y - b}{a}, t \right).$$

Im 2. Schritt ergibt sich mit (2.48)

$$
\begin{aligned}
y_1 &= \varphi(x_1) = ax_1 + b & x_1 &= \varphi^{-1}(y_1) = \frac{1}{a}(y_1 - b) \\
y_2 &= \varphi(x_2) = ax_2 + b & x_2 &= \varphi^{-1}(y_2) = \frac{1}{a}(y_2 - b) \\
\frac{\partial \varphi}{\partial x_1} &= a & \frac{\partial \varphi}{\partial x_2} &= a
\end{aligned}
$$

und damit

$$
f_{\boldsymbol{Y}}(y_1, t_1; y_2, t_2) = \frac{1}{|a|^2} f_{\boldsymbol{X}}\left(\frac{y_1 - b}{a}, t_1; \frac{y_2 - b}{a}, t_2\right).
$$

Im 3. Schritt folgt auf analoge Weise aus (2.49)

$$
f_{\boldsymbol{Y}}(y_1, t_1; \ldots; y_n, t_n) = \frac{1}{|a|^n} f_{\boldsymbol{X}}\left(\frac{y_1 - b}{a}, t_1; \ldots; \frac{y_n - b}{a}, t_n\right).
$$

Bild 2.17: Statisches System mit 2 Ein- und 2 Ausgängen

Wir betrachten nun noch den etwas allgemeineren Fall eines determinierten statischen Systems mit zwei Eingängen und zwei Ausgängen ($l = m = 2$) und der Prozessabbildung $\boldsymbol{\Phi}$ (Bild 2.17). Für eine gegebene Dichte $f_{\boldsymbol{X}}$ des Eingabevektorprozesses $\boldsymbol{X} = \langle \boldsymbol{X}_1, \boldsymbol{X}_2 \rangle$ soll die Dichte $f_{\boldsymbol{Y}}$ des Ausgabevektorprozesses $\boldsymbol{Y} = \langle \boldsymbol{Y}_1, \boldsymbol{Y}_2 \rangle$ bestimmt werden.

Wir beschränken uns hier auf den 1. Schritt und bestimmen $f_{\boldsymbol{Y}}(y_1, t; y_2, t)$ aus $f_{\boldsymbol{X}}(x_1, t; x_2, t)$. Für einen festen Zeitpunkt t gilt ähnlich wie im Fall $l = m = 1$

$$
\left.
\begin{aligned}
Y_{1,t} &= \varphi_1(X_{1,t}, X_{2,t}) \\
Y_{2,t} &= \varphi_2(X_{1,t}, X_{2,t})
\end{aligned}
\right\} \quad Y_t = \Phi(X_t).
$$

Daraus folgt für ein festes Elementarereignis $\omega \in \Omega$ mit $X_{1,t}(\omega) = x_1$, $X_{2,t}(\omega) = x_2$, $Y_{1,t}(\omega) = y_1$, $Y_{2,t}(\omega) = y_2$

$$
\left.
\begin{aligned}
y_1 &= \varphi_1(x_1, x_2) \\
y_2 &= \varphi_2(x_1, x_2)
\end{aligned}
\right\} \quad (y_1, y_2) = \Phi(x_1, x_2).
$$

und aus (2.19) ergibt sich

$$
f_Y(y_1, y_2) = \left(\frac{f_X(x_1, x_2)}{\left| \frac{\partial(\varphi_1, \varphi_2)}{\partial(x_1, x_2)} \right|} \right)_{(x_1, x_2) = \Phi^{-1}(y_1, y_2)}
$$

oder

$$f_{\boldsymbol{Y}}(y_1,t;y_2,t) = \left(\frac{f_{\boldsymbol{X}}(x_1,t;x_2,t)}{\left|\frac{\partial(\varphi_1,\varphi_2)}{\partial(x_1,x_2)}\right|} \right)_{(x_1,x_2)=\Phi^{-1}(y_1,y_2)} \tag{2.50}$$

Die weiteren Schritte zur Berechnung höherdimensionaler Dichten können nun ebenfalls vollzogen werden. Wir geben hier lediglich noch das Endergebnis an. Es lautet

$$f_{\boldsymbol{Y}}(y_{11},t_1;y_{21},t_1;\ldots;y_{1n},t_n;y_{2n},t_n) =$$

$$= \left(\frac{f_{\boldsymbol{X}}(x_{11},t_1;x_{21},t_1;\ldots;x_{1n},t_n;x_{2n},t_n)}{\left|\frac{\partial(\varphi_1,\varphi_2)}{\partial(x_{11},x_{21})}\right|\cdots\left|\frac{\partial(\varphi_1,\varphi_2)}{\partial(x_{1n},x_{2n})}\right|} \right)_{\substack{(x_{1i},x_{2i})=\Phi^{-1}(y_{1i},y_{2i})\\(i=1,2,\ldots,n)}} . \tag{2.51}$$

Beispiel 2.7 In der Schaltung Bild 2.18 ist $f_{\boldsymbol{Y}}(y,t)$ zu bestimmen, wenn $f_{\boldsymbol{X}}(x_1,t;x_2,t)$ gegeben ist. Der zweite, gestrichelt eingezeichnete Ausgang wird hinzugenommen, um $l = m$ zu erhalten (vgl. Abschnitt 2.1.1.2 und Bild 2.5). Für die Schaltung Bild 2.18 erhält man für feste Werte von t und ω

$$\begin{aligned} y = y_1 &= x_1 + x_2 = \varphi_1(x_1,x_2) \\ y_2 &= x_2 \qquad\;\; = \varphi_2(x_1,x_2) \end{aligned}$$

und daraus die Funktionaldeterminante

$$\frac{\partial(\varphi_1,\varphi_2)}{\partial(x_1,x_2)} = \begin{vmatrix} 1 & 1 \\ 0 & 1 \end{vmatrix} = 1.$$

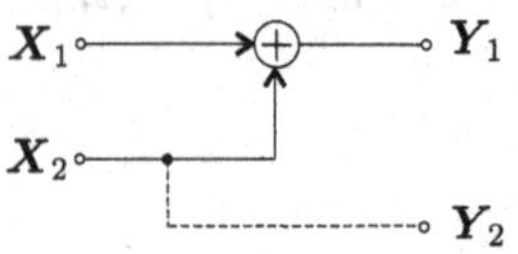

$\boldsymbol{X}_1$ $\boldsymbol{X}_2$ $\boldsymbol{Y}_1$ $\boldsymbol{Y}_2$

Bild 2.18: Prozessabbildung durch ein Addierglied

Die Umkehrung des Gleichungssystems ergibt

$$\left.\begin{aligned} x_1 &= y_1 - y_2 = \varphi_1^{-1}(y_1,y_2) \\ x_2 &= y_2 \qquad\;\; = \varphi_2^{-1}(y_1,y_2) \end{aligned}\right\} \quad (x_1,x_2) = \Phi^{-1}(y_1,y_2).$$

Daraus erhält man mit (2.50)

$$f_{\boldsymbol{Y}}(y_1,t;y_2,t) = \frac{1}{|1|} f_{\boldsymbol{X}}(y_1-y_2,t;y_2,t)$$

und nach Übergang zur Randdichte mit $y_1 = y$

$$f_{\boldsymbol{Y}}(y,t) = \int_{-\infty}^{\infty} f_{\boldsymbol{X}}(y-y_2,t;y_2,t)\,\mathrm{d}y_2.$$

2.2.1.3 Korrelationsfunktion am Systemausgang

Wir kehren nun nochmals zu dem wichtigen Sonderfall eines statischen Systems mit nur einem Eingang und einem Ausgang und der (einfachen) Prozessabbildung φ zurück ($l = m = 1$, Bild 2.14). Dabei untersuchen wir die Frage der Berechnung des Erwartungswertes $m_{\boldsymbol{Y}}$ und der Korrelationsfunktion $s_{\boldsymbol{Y}}$ des Ausgabeprozesses $\boldsymbol{Y}$ am Systemausgang.

Bestimmen wir nach den Methoden des vorhergehenden Abschnittes mit Hilfe von (2.47) bzw. (2.48) die ein- bzw. zweidimensionale Dichte des Ausgabeprzesses $\boldsymbol{Y}$, so können der Erwartungswert bzw. die Korrelationsfunktion von $\boldsymbol{Y}$ nach (1.197) bzw. (1.199) berechnet werden und man erhält

$$m_{\boldsymbol{Y}}(t) = \mathrm{E}(\boldsymbol{Y}(t)) = \int_{-\infty}^{\infty} y f_{\boldsymbol{Y}}(y,t)\,\mathrm{d}y, \tag{2.52}$$

bzw.

$$s_{\boldsymbol{Y}}(t_1,t_2) = \mathrm{E}\left(\boldsymbol{Y}(t_1)\boldsymbol{Y}(t_2)\right) = \int_{-\infty}^{\infty}\int_{-\infty}^{\infty} y_1 y_2 f_{\boldsymbol{Y}}(y_1,t_1;y_2,t_2)\,\mathrm{d}y_1\mathrm{d}y_2. \tag{2.53}$$

Die Berechnung des Erwartungswertes $m_{\boldsymbol{Y}}$ und der Korrelationsfunktion $s_{\boldsymbol{Y}}$ des Ausgabeprozesses $\boldsymbol{Y}$ kann jedoch auch ohne die mitunter etwas mühevolle vorherige Bestimmung der ein- bzw. zweidimensionalen Dichtefunktionen dieses Prozesses erfolgen, wenn man (1.198) berücksichtigt. Man erhält dann direkt aus der Prozessabbildung und der ein- bzw. zweidimensionalen Dichtefunktion des Eingabeprozeses $\boldsymbol{X}$ die Gleichungen

$$m_{\boldsymbol{Y}}(t) = \mathrm{E}(\boldsymbol{Y}(t)) = \mathrm{E}\big(\varphi(\boldsymbol{X}(t))\big) = \int_{-\infty}^{\infty} \varphi(x) f_{\boldsymbol{X}}(x,t)\,\mathrm{d}x. \tag{2.54}$$

und

$$\begin{aligned} s_{\boldsymbol{Y}}(t_1,t_2) &= \mathrm{E}\big(\boldsymbol{Y}(t_1)\boldsymbol{Y}(t_2)\big) = \mathrm{E}\big(\varphi(\boldsymbol{X}(t_1))\varphi(\boldsymbol{X}(t_2))\big) \\ &= \int_{-\infty}^{\infty}\int_{-\infty}^{\infty} \varphi(x_1)\varphi(x_2) f_{\boldsymbol{X}}(x_1,t_1;x_2,t_2)\,\mathrm{d}x_1\mathrm{d}x_2. \end{aligned} \tag{2.55}$$

Man beachte, dass zur Berechnung des Erwartungswertes bzw. der Korrelationsfunktion am Systemausgang die Kenntnis des Erwartungswertes bzw. der Korrelationsfunktion am Systemeingang nicht ausreichend ist, vielmehr werden – wie aus (2.54) bzw. (2.55) ersichtlich – die ein- bzw. zweidimensionale Dichte des Eingabeprozesses $\boldsymbol{X}$ benötigt.

2.2.2 Stochastische Prozessabbildung

Im Abschnitt 2.1.2 wurde bereits auf das statische stochastische System eingegangen. Die in diesem Abschnitt für Zufallsgrößen formulierten Gedanken lassen sich nun auch auf stochastische Prozesse übertragen, da – wie bereits festgestellt wurde – die Untersuchung stochastischer Prozesse in statischen Systemen grundsätzlich auf die Untersuchung von Zufallsgrößen zurückgeführt werden kann. Für eine durch ein statisches stochastisches System vermittelte Prozessabbildung (vgl. (2.41)) gilt:

Eine *stochastische Prozessabbildung*

$$\boldsymbol{\Phi} : \mathbb{X} \to \mathbb{Y},\ \boldsymbol{\Phi}(\boldsymbol{X}) = \boldsymbol{Y}$$

ist durch ein *statisches stochastisches System* realisierbar, wenn für alle $t \in T$

$$Y_t = \Phi(X_t) \qquad (\text{oder}:\ \boldsymbol{Y}(t) = \Phi(\boldsymbol{X}(t))\,) \tag{2.56}$$

gilt, d.h., wenn die Werte des Ausgabeprozesses im Zeitpunkt t nur von den Werten des Eingabeprozesses im gleichen Zeitpunkt t abhängen.

Die Abbildung Φ in (2.56) ist bei festem t die im Abschnitt 2.1.2.1 definierte stochastische Zufallsgrößen-Abbildung, die durch eine bedingte Dichtefunktion $f(\cdot\,|\,\cdot)$ definiert ist (vgl. (2.23)). Im allgemeinen Fall eines statischen Systems mit l Eingängen und m Ausgängen ist die Φ beschreibende Dichtefunktion durch $f(y,t|x,t)$ gegeben, wobei $x \in \mathbb{R}^l$ und $y \in \mathbb{R}^m$ gilt.

Wir wollen hier lediglich den einfachsten Fall $l = m = 1$ (System mit einem Eingang und einem Ausgang) bei zeitinvarianter bedingter Dichte $f(\cdot\,|\,\cdot)$ etwas näher betrachten (Bild 2.19). Anstelle von (2.24) erhalten wir für die n-dimensionale Dichte $f_{\boldsymbol{Y}}$ des Ausgangsprozesses $\boldsymbol{Y}$ zunächst formal die Darstellung

$$\begin{aligned} &f_{\boldsymbol{Y}}(y_1,t_1;\ldots;y_n,t_n) = \\ &= \int_{-\infty}^{\infty}\cdots\int_{-\infty}^{\infty} f(y_1,\ldots,y_n|x_1,\ldots,x_n) f_{\boldsymbol{X}}(x_1,t_1;\ldots;x_n,t_n)\,\mathrm{d}x_1\ldots\mathrm{d}x_n \end{aligned} \tag{2.57}$$

mit

$$f(y_1,\ldots,y_n|x_1,\ldots,x_n) = \frac{f_{\langle\boldsymbol{X},\boldsymbol{Y}\rangle}(x_1,y_1,t_1;\ldots;x_n,y_n,t_n)}{f_{\boldsymbol{X}}(x_1,t_1;\ldots;x_n,t_n)}, \tag{2.58}$$

wenn analog zum Fall zufälliger Vektoren wieder berücksichtigt wird, dass alle Vektorprozesse $\langle\boldsymbol{X},\boldsymbol{Y}\rangle$ die gleiche bedingte Dichte (2.58) besitzen und außerdem Zeitunabhängigkeit (*Zeitinvariantes statisches System*) gefordert wird.

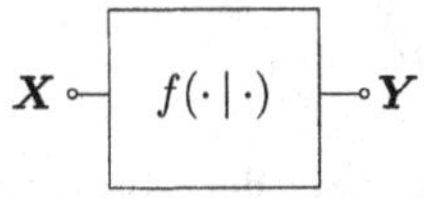

$\boldsymbol{X}$ → $f(\cdot\,|\,\cdot)$ → $\boldsymbol{Y}$

Bild 2.19: Stochastisches statisches System

Es lässt sich zeigen, dass bei einem statischen stochastischen System für $f(\cdot\,|\,\cdot)$ sogar

$$f(y_1,\ldots,y_n|x_1,\ldots,x_n) = f(y_1|x_1)f(y_2|x_2)\ldots f(y_n|x_n) \tag{2.59}$$

geschrieben werden kann, d.h. die n-dimensionale bedingte Dichte (2.58) ist das n-fache Produkt der eindimensionalen Dichte $f(\cdot\,|\,\cdot)$, der Charakteristik des statischen stochastischen Systems (s. Abschnitt 2.1.2.1). Damit ist die Prozessabbildung durch ein (zeitinvariantes) statisches stochastisches System auf den Fall der stochastischen Zufallsgrößen-Abbildung zurückgeführt, die bereits im Abschnitt 2.1.2.1 betrachtet wurde.

Die Darstellung (2.59) ergibt sich daraus, dass bei einem statischen System die zum Zeitpunkt t_i $(i = 1,2,\ldots,n)$ ausgegebenen Signalwerte allein von den zum gleichen Zeitpunkt t_i eingegebenen Signalwerten abhängen und damit von den zu anderen Zeitpunkten

t_j $(j = 1, 2, \ldots, n;\ j \neq i)$ eingegebenen Signalwerten unabhängig sind. Setzt man in (2.59) speziell

$$f(y_i|x_i) = \delta(y_i - \varphi(x_i)) \qquad (i = 1, 2, \ldots, n) \tag{2.60}$$

ein, so erhält man wieder ein determiniertes statisches System mit der determinierten Zufallsgrößen-Abbildung (Alphabetabbildung) $\varphi:\ \varphi(x) = y$ (vgl. auch (2.25)). Es ist also dann mit (2.49)

$$f_{\boldsymbol{Y}}(y_1, t_1; \ldots; y_n, t_n) = \left(\frac{f_{\boldsymbol{X}}(x_1, t_1; \ldots; x_n, t_n)}{\left|\frac{\partial \varphi(x_1)}{\partial x_1}\right| \cdots \left|\frac{\partial \varphi(x_n)}{\partial x_n}\right|} \right)_{\substack{x_i = \varphi^{-1}(y_i) \\ (i=1,2,\ldots,n)}}$$

Für die Modellierung der Prozessabbildung eines statischen stochastischen Systems können die Überlegungen im Abschnitt 2.1.2.2 – bei entsprechender Modifikation – ebenfalls den Ausgangspunkt bilden.

2.2.3 Aufgaben zum Abschnitt 2.2

2.2-1 Gegeben ist der zufällige Prozess $\boldsymbol{Y}$ mit

$$\boldsymbol{Y}(t) = X_1 \cos \omega_0 t + X_2 \sin \omega_0 t \qquad (\omega_0 \in \mathbb{R}),$$

worin X_1 und X_2 unabhängige Zufallsgrößen mit $\mathrm{E}(X_1) = \mathrm{E}(X_2) = 0$ und $\mathrm{E}(X_1^2) = \mathrm{E}(X_2^2) = \sigma^2$ bezeichnen.

a) Man berechne den Mittelwert $\mathrm{E}(Y_t) = m_{\boldsymbol{Y}}(t)$!

b) Man berechne die Korrelationsfunktion $\mathrm{E}(Y_{t_1} Y_{t_2}) = s_{\boldsymbol{Y}}(t_1, t_2)$!

c) Ist der Prozess $\boldsymbol{Y}$ stationär im weiteren Sinne?

d) Man bestimme die Dichte $f_{\boldsymbol{Y}}(y_1, t_1; y_2, t_2)$ für den Fall, dass X_1 und X_2 normalverteilt sind!

2.2-2 Am Eingang eines Gleichrichters mit der Kennlinie

$$\varphi(x) = \begin{cases} \mathrm{e}^{ax} - 1 & (x \geq 0) \\ 0 & (x < 0) \end{cases} \qquad (a > 0)$$

liegt der Prozess $\boldsymbol{X}$ mit der Dichte $f_{\boldsymbol{X}}$, wobei $f_{\boldsymbol{X}}(x, t) = 0$ für $x < 0$ sei.

a) Man berechne $f_{\boldsymbol{Y}}(y, t)$ allgemein!

b) Was erhält man speziell für

$$f_{\boldsymbol{X}}(x, t) = \begin{cases} \dfrac{1}{1+t^2} \exp\left(-\dfrac{x}{1+t^2}\right) & \text{für} \quad x \geq 0 \\ 0 & \text{für} \quad x < 0? \end{cases}$$

2.2-3 In der Schaltung Bild 2.2-3 ist der Prozess $\boldsymbol{U}_1$ durch seine Korrelationsfunktion $s_{\boldsymbol{U}_1}$:

$$s_{\boldsymbol{U}_1}(\tau) = 2A^2 \mathrm{e}^{-\alpha|\tau|} \cos \beta\tau \qquad (A > 0,\ \alpha > 0,\ \beta > 0)$$

gegeben.

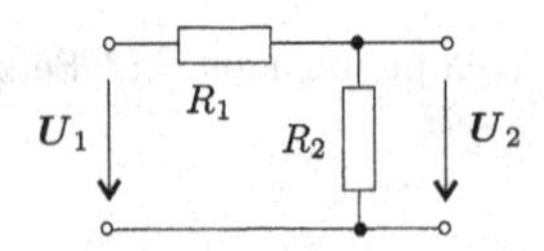

Bild 2.2-3: Spannungsteiler

a) Man berechne die Korrelationsfunktion des Prozesses $\boldsymbol{U}_2$!

b) Wie groß ist der Mittelwert der in R_2 verbrauchten Leistung?

c) Wie groß ist die Wahrscheinlichkeit dafür, dass $\boldsymbol{U}_2$ zur Zeit t einen Wert größer als a ($a > 0$) annimmt, wenn $\boldsymbol{U}_1$ die Dichte $f_{\boldsymbol{U}_1}$ hat

$$f_{\boldsymbol{U}_1}(u_1, t) = \frac{1}{2A} \exp\left(-\frac{|u_1|}{A}\right)?$$

d) Welche Lösung erhält man in b) und c) mit den Zahlenwerten $A = 1$ V, $a = 2$ V, $R_1 = 1\,\Omega$, $R_2 = 2\,\Omega$?

2.2-4 In der Schaltung Bild 2.2-4 berechne man die Korrelationsfunktion des Stromes $\boldsymbol{I}_2$ durch R_2, ausgedrückt durch $s_{\boldsymbol{U}}(t_1, t_2)$, $s_{\boldsymbol{I}}(t_1, t_2)$ und $s_{\boldsymbol{UI}}(t_1, t_2)$! Wie groß ist der Mittelwert der Leistung an R_2 bei stationären Prozessen $\boldsymbol{U}$ und $\boldsymbol{I}$?

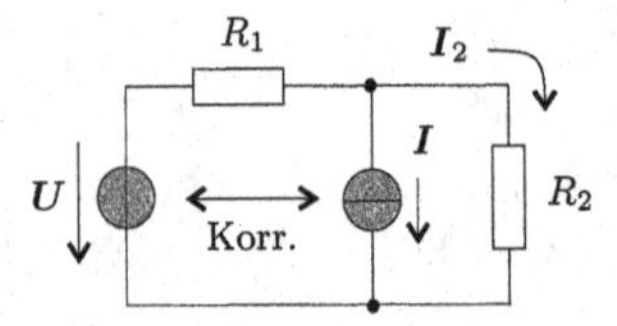

Bild 2.2-4: Schaltung

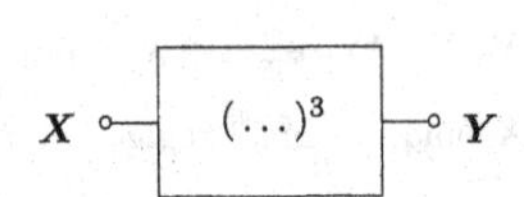

Bild 2.2-5: Statisches System

2.2-5 Gegeben sind ein determiniertes statisches System (Bild 2.2-5) und der Prozess $\boldsymbol{X}$ mit $f_{\boldsymbol{X}}(x_1, t_1)$ bzw. $f_{\boldsymbol{X}}(x_1, t_1; x_2, t_2)$.

a) Man bestimme $f_{\boldsymbol{Y}}(y_1, t_1)$ und $f_{\boldsymbol{Y}}(y_1, t_1; y_2, t_2)$ allgemein!

b) Was erhält man speziell für

$$f_{\boldsymbol{X}}(x_1, t_1) = \frac{1}{\sqrt{2\pi A}} \exp\left(-\frac{x_1^2}{2A}\right) \qquad (A > 0,\ \alpha > 0)$$

$$f_{\boldsymbol{X}}(x_1, t_1; x_2, t_2) = \frac{1}{2\pi A\sqrt{1 - \exp(-\alpha|t_1 - t_2|)}} \exp\left(-\frac{x_1^2 - x_1 x_2 \exp(-0,5\alpha|t_1 - t_2|) + x_2^2}{2A(1 - \exp(-\alpha|t_1 - t_2|)}\right)?$$

2.2-6 Gegeben ist ein determiniertes statisches System (Bild 2.2-6).

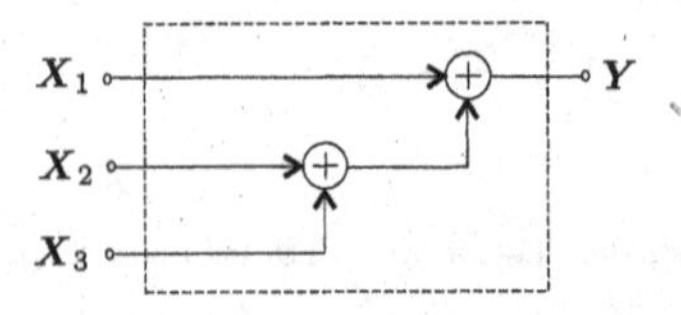

Bild 2.2-6: Statisches System

a) Man berechne $f_{\boldsymbol{Y}}(y, t)$, ausgedrückt durch $f_{\boldsymbol{X}}(x_1, t; x_2, t; x_3, t)$ allgemein (in Integralform)!

b) Was erhält man speziell, wenn $\boldsymbol{X}_1$, $\boldsymbol{X}_2$ und $\boldsymbol{X}_3$ unabhängig sind und die gleiche (von t unabhängige) Dichte haben:

$$f_{\boldsymbol{X}_i}(x_i,t) = \begin{cases} a\exp(-ax_i) & \text{für} \quad x_i \geq 0 \\ 0 & \text{für} \quad x_i < 0? \end{cases} \qquad (i \in \{1,2,3\};\ a > 0)$$

2.2-7 Gegeben ist der zufällige Prozess $\boldsymbol{Y}$ mit

$$\boldsymbol{Y}(t) = Y_t = X_1 + b\cos(\omega_0 t + X_2) \qquad (b, \omega_0 \in \mathbb{R}).$$

X_1 und X_2 seien Zufallsgrößen, wobei gilt

X_1 : $f_{X_1}(x_1) = \mathrm{e}^{-2|x_1|}$

X_2 : gleichverteilt im Intervall $(0, 2\pi]$.

Man berechne $f_{\boldsymbol{Y}}(y,t)$!

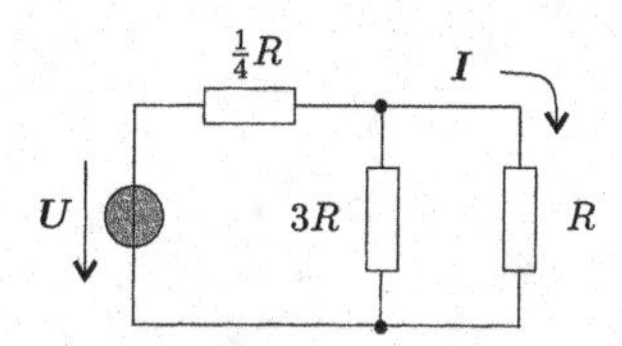

Bild 2.2-8: Schaltung

2.2-8 In der Schaltung Bild 2.2-8 kann die angelegte Spannung durch einen stationären Prozess $\boldsymbol{U}$ beschrieben werden, dessen Dichte und Korrelationsfunktion bekannt sind:

$$f_U(u,t) = \frac{1}{2U_0}\exp\left(-\frac{|u|}{U_0}\right), \qquad U_0 > 0,$$

$$s_U(\tau) = 2U_0^2\exp\left(-\frac{|\tau|}{t_0}\right), \qquad t_0 > 0.$$

a) Man berechne für den Strom $\boldsymbol{I}$ durch R die Dichte $f_{\boldsymbol{I}}(i,t)$ und die Korrelationsfunktion $s_{\boldsymbol{I}}(\tau)$!

b) Wie groß ist die Wahrscheinlichkeit dafür, dass der Strom $\boldsymbol{I}$ zur Zeit t einen Wert aus dem Intervall $[-I_0, +I_0]$ annimmt?
Zahlenbeispiel: $U_0 = 1$ V, $R = 1\ \Omega$, $I_0 = 0{,}3$ A.

2.2-9 Man zeige mit Hilfe von (2.49): Ist $\boldsymbol{X}$ ein Markov-Prozess, so ist auch $\boldsymbol{Y} = \varphi(\boldsymbol{X})$ ein Markov-Prozess!

Kapitel 3

Dynamische Systeme mit kontinuierlicher Zeit

3.1 Analysis zufälliger Prozesse

3.1.1 Stetigkeit zufälliger Prozesse

3.1.1.1 Konvergenz im quadratischen Mittel

Im Abschnitt 1.3.1.1 (Beispiele 1.30 und 1.31) wurden zwei spezielle stochastische Prozesse angegeben, die beide insofern vom gleichen Typ sind, als sie zu den Prozessen gehören, die sich in der Form

$$\boldsymbol{X} : \boldsymbol{X}(t) = X_t = \psi(t, X_1, X_2, \dots, X_n)$$

(X_i: Zufallsgröße, $i \in \{1, 2, \dots, n\}$) darstellen lassen. Da aber die Realisierungen $\boldsymbol{x}$ des Prozesses $\boldsymbol{X}$ in Beispiel 1.31 differenzierbar sind, kann man $\boldsymbol{X}$ auch durch diejenige Differenzialgleichung beschreiben, deren Lösungen $\boldsymbol{x}$ gerade mit den Prozessrealisierungen übereinstimmen. Für das Beispiel 1.31 (Abschnitt 1.3.1.1) gilt dann also: Die Zeitfunktion $\boldsymbol{x}$ ist genau dann eine Realisierung des Prozesses $\boldsymbol{X}$, wenn sie eine Lösung der Differenzialgleichung

$$\ddot{\boldsymbol{x}}(t) + 2|x_2|\dot{\boldsymbol{x}}(t) + (x_2^2 + x_3^2)\boldsymbol{x}(t) = 0 \tag{3.1}$$

mit den Anfangsbedingungen

$$\boldsymbol{x}(0) = x_1 \qquad \text{und} \qquad \dot{\boldsymbol{x}}(0) = -x_1|x_2| \tag{3.2}$$

ist. Aus der Lösung

$$\boldsymbol{x}(t) = x_1 \mathrm{e}^{-|x_2|t} \cos(x_3 t) \qquad\qquad (x_1, x_2, x_3 \in \mathbb{R})$$

von (3.1) mit (3.2) ist die Übereinstimmung mit den im Abschnitt 1.3.1.1, Beispiel 1.31, angegebenen Realisierungen sofort ersichtlich.

Wegen $\boldsymbol{x}(t) = X_t(\omega) = \boldsymbol{X}(t)(\omega)$ und $x_i = X_i(\omega)$ $(i \in \{1, 2, 3\})$ schreibt man statt (3.1) bzw. (3.2)

$$\ddot{\boldsymbol{X}}(t)(\omega) + 2|X_2(\omega)|\dot{\boldsymbol{X}}(t)(\omega) + (X_2^2(\omega) + X_3^2(\omega))\boldsymbol{X}(t)(\omega) = 0,$$
$$\boldsymbol{X}(0)(\omega) = X_1(\omega), \quad \dot{\boldsymbol{X}}(0)(\omega) = -X_1(\omega)|X_2(\omega)|$$

oder kürzer

$$\ddot{\boldsymbol{X}}(t) + 2|X_2|\dot{\boldsymbol{X}}(t) + (X_2^2 + X_3^2)\boldsymbol{X}(t) = 0, \tag{3.3}$$
$$\boldsymbol{X}(0) = X_1, \quad \dot{\boldsymbol{X}}(0) = -X_1|X_2|. \tag{3.4}$$

Man sieht aber leicht, dass der Prozess aus Beispiel 1.30 (Abschnitt 1.3.1.1) nicht auf diese Weise durch eine Differenzialgleichung beschrieben werden kann, da seine Realisierungen nicht (überall) differenzierbar sind.

Die Prozesse mit differenzierbaren Realisierungen bilden also eine relativ enge und dazu noch „unbrauchbare“ Klasse, da sie sich nicht durch endlichdimensionale Verteilungsfunktionen definieren lassen, d.h. es lässt sich keine Verteilungsfunktion $F_{\boldsymbol{X}}$ angeben, aus der die Differenzierbarkeit aller Realisierungen von $\boldsymbol{X}$ ableitbar wäre. Zur Untersuchung dynamischer Systeme unter der Einwirkung stochastischer Prozesse ist es daher erforderlich, einige fundamentale Begriffe der Analysis (Grenzwert, Stetigkeit, Ableitung, Integral) so zu verallgemeinern, dass sie auf eine möglichst große Klasse zufälliger Prozesse übertragen werden können.

Zunächst betrachten wir aus der Menge $\mathbb{A}$ aller Zufallsgrößen auf dem Ereignisraum $(\Omega, \underline{A})$ die Teilmenge

$$\mathbb{L}_2 = \{X \mid \mathrm{E}(X^2) < \infty\} \subset \mathbb{A}, \tag{3.5}$$

d.h. die Menge aller Zufallsgrößen X mit endlichem quadratischen Mittelwert. Diese Menge bildet einen *linearen Raum* über dem Körper der reellen Zahlen. Mit Hilfe der durch (1.137) definierten Norm

$$\|X\| = \sqrt{\mathrm{E}(X^2)} \tag{3.6}$$

ist jeder Zufallsgröße X aus $\mathbb{L}_2$ eine nichtnegative reelle Zahl zugeordnet, so dass $\mathbb{L}_2$ sogar einen *normierten linearen Raum* bildet (Bild 3.1).

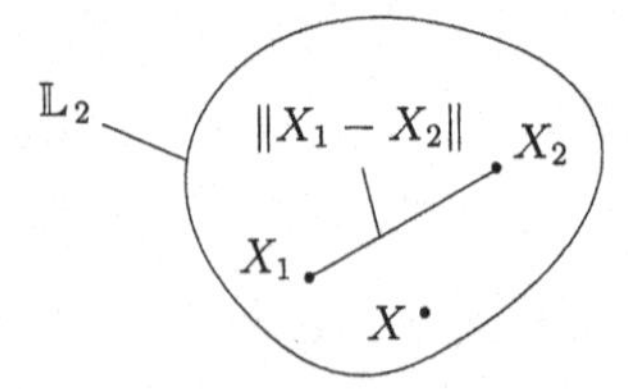

Bild 3.1: „Abstand“ zweier Zufallsgrößen

Mit Hilfe der Norm (3.6) lässt sich zwischen zwei Elementen $X_1 \in \mathbb{L}_2$ und $X_2 \in \mathbb{L}_2$ ein „Abstand“

$$\|X_1 - X_2\| = \sqrt{\mathrm{E}((X_1 - X_2)^2)} \tag{3.7}$$

definieren (Bild 3.1). Verschwindet der Abstand $\|X_1 - X_2\|$, so gilt wegen (1.140)

$$\|X_1 - X_2\| = 0 \Leftrightarrow P\{X_1 = X_2\} = 1 \Leftrightarrow X_1 \doteq X_2, \tag{3.8}$$

d.h. in diesem Fall ist es fast sicher, dass X_1 und X_2 die gleichen Werte annehmen (vgl. auch (1.72)).

Der oben eingeführte Abstandsbegriff bildet die Grundlage der folgenden Grenzwertdefinition. Wir betrachten eine Folge von Zufallsgrößen X_i $(i = 1, 2, \ldots)$ mit $X_i \in \mathbb{L}_2$ (Bild 3.2). Dann gilt:

Definition 3.1 Die Folge $(X_i)_{i \in \mathbb{N}}$ *konvergiert im quadratischen Mittel* (i.q.M.) gegen die Zufallsgröße X $(X_i, X \in \mathbb{L}_2)$, falls

$$\|X_i - X\| \to 0 \quad \text{für} \quad i \to \infty. \tag{3.9}$$

Anstelle von (3.9) schreibt man auch kurz

$$X_i \stackrel{\cdot}{\to} X \tag{3.10}$$

oder

$$\operatorname*{l.i.m.}_{i \to \infty} X_i = X. \tag{3.11}$$

Die Abkürzung l.i.m. kann als „limit in mean" (Grenzwert im Mittel) gelesen werden. Der Grenzwert einer Folge von Zufallsgrößen im Sinne der Definition (3.9) ist eindeutig bestimmt, d.h. aus $X_i \stackrel{\cdot}{\to} X_1$ und $X_i \stackrel{\cdot}{\to} X_2$ folgt $X_1 \doteq X_2$.

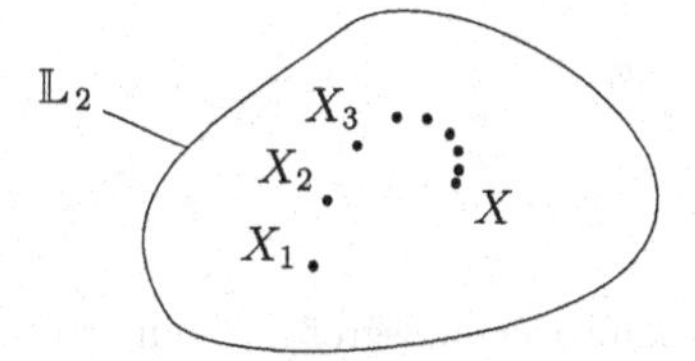

Bild 3.2: Folge von Zufallsgrößen

Von besonderer Bedeutung für die Untersuchung der Konvergenz von Folgen von Zufallsgrößen ist der Satz

$$X_i \stackrel{\cdot}{\to} X \Leftrightarrow \|X_i - X_j\| < \varepsilon \quad \text{für} \quad i, j > N(\varepsilon). \tag{3.12}$$

Dieser Satz besagt, dass bei einer i.q.M. konvergenten Folge von Zufallsgrößen der Abstand $\|X_i - X_j\|$ zweier Glieder X_i und X_j der Folge beliebig klein wird, wenn nur i und j hinreichend groß gewählt werden (*Kriterium von Cauchy*). Gilt umgekehrt für eine Folge $(X_i)_{i \in \mathbb{N}}$ die rechte Seite von (3.12), so konvergiert die Folge gegen ein Element X des Raumes $\mathbb{L}_2$ (Vollständigkeitseigenschaft von $\mathbb{L}_2$). Man erhält auf diese Weise eine Aussage über die Konvergenz der Folge, ohne den Grenzwert selbst zu kennen.

Für den Erwartungswert des Grenzwertes einer i.q.M. konvergenten Folge geben wir noch die wichtige Formel

$$\mathrm{E}\left(\operatorname*{l.i.m.}_{i \to \infty} X_i\right) = \lim_{i \to \infty} \mathrm{E}(X_i) \tag{3.13}$$

an. Auf der rechten Seite der Gleichung steht der gewöhnliche Grenzwert der Folge der Erwartungswerte $\mathrm{E}(X_i)$. Zum Beweis von (3.13) ist zu zeigen, dass mit $X_i \xrightarrow{\cdot} X$

$$\lim_{i\to\infty} \mathrm{E}(X_i) = \mathrm{E}(X)$$

gilt.Das ergibt sich aus $\|X_i - X\| \to 0$ für $i \to \infty$ mit Hilfe der Schwarzschen Ungleichung (1.145) in der Form $|\mathrm{E}(Y)| \leq \|Y\|$. Dann folgt nämlich

$$|\mathrm{E}(X_i - X)| \leq \|X_i - X\| \;\to\; 0 \quad \text{für} \quad i \to \infty,$$

woraus $\mathrm{E}(X_i) \;\to\; \mathrm{E}(X)$ für $i \to \infty$ sofort abgelesen werden kann.

Für eine i.q.M. konvergente Folge von Zufallsgrößen X_i $(i = 1, 2, \ldots)$ erhält man mit Hilfe der Tschebyschewschen Ungleichung (1.138)

$$P\left\{\omega \mid |X_i(\omega) - X(\omega)| \geq \varepsilon\right\} \leq \frac{\|X_i - X\|^2}{\varepsilon^2},$$

worin die rechte Seite wegen $\|X_i - X\| \;\to\; 0$ für $i \to \infty$ verschwindet, falls $X_i \xrightarrow{\cdot} X$ gilt. Daraus ergibt sich die folgende Definition.

Definition 3.2 Die Folge $(X_i)_{i\in\mathbb{N}}$ heißt *stochastisch konvergent* mit dem Grenzwert X, falls

$$P\left\{\omega \mid |X_i(\omega) - X(\omega)| \geq \varepsilon\right\} \;\to\; 0 \quad \text{für} \quad i \to \infty. \tag{3.14}$$

Man schreibt hierfür kurz

$$\underset{i\to\infty}{\text{st-l.i.m.}}\, X_i = X. \tag{3.15}$$

Es sind also zwei Arten der Konvergenz von Folgen von Zufallsgrößen zu unterscheiden: die Konvergenz im quadratischen Mittel und die stochastische Konvergenz. Ist eine Folge von Zufallsgrößen konvergent im quadratischen Mittel, so ist sie auch stochastisch konvergent, aber nicht umgekehrt.

3.1.1.2 Stetigkeit im quadratischen Mittel

Wir gehen nun wieder zur Betrachtung zufälliger Prozesse über und definieren:

Definition 3.3 Ein zufälliger Prozess $\boldsymbol{X} = (X_t)_{t\in T}$ heißt *Prozess 2. Ordnung*, falls für alle $t \in T$ gilt

$$\boldsymbol{X}(t) = X_t \in \mathbb{L}_2 \qquad (\text{d.h. } \mathrm{E}(X_t^2) < \infty). \tag{3.16}$$

Für alle weiteren Untersuchungen wollen wir stets Prozesse 2. Ordnung voraussetzen. Bezüglich der Stetigkeit eines solchen Prozesses erhalten wir dann die folgende Ausage:

Definition 3.4 Ein zufälliger Prozess $\boldsymbol{X} = \langle X_t \rangle_{t \in T}$ heißt *stetig i.q.M.*, wenn für alle $t \in T$ gilt:

$$\|X_{t+\tau} - X_t\| \to 0 \quad \text{für } \tau \to 0, \tag{3.17}$$

oder in anderer Schreibweise

$$\underset{\tau \to 0}{\text{l.i.m.}}\, X_{t+\tau} = X_t. \tag{3.18}$$

Die Stetigkeit des Prozesses $\boldsymbol{X}$ im Sinne dieser Definition bedeutet nicht, dass alle Realisierungen $\boldsymbol{x} = \boldsymbol{X}(\omega)$ dieses Prozesses stetig sein müssen. Sind jedoch alle Realisierungen $\boldsymbol{x}$ eines Prozesses $\boldsymbol{X}$ stetig (im gewöhnlichen Sinne) und gilt $|\boldsymbol{x}(t+\tau) - \boldsymbol{x}(t)| < |c||\tau|$ ($c \in \mathbb{R}$), so ist der Prozess $\boldsymbol{X}$ stetig i.q.M.

Da die Untersuchung der Stetigkeit i.q.M. eines gegebenen Prozesses mit Hilfe von (3.17) oft recht kompliziert ist, verwendet man häufig den folgenden Satz.

Satz 3.1 Ein zufälliger Prozess $\boldsymbol{X} = \langle X_t \rangle_{t \in T}$ ist genau dann stetig i.q.M., falls die Korrelationsfunktion $s_{\boldsymbol{X}}$ (im gewöhnlichen Sinne) stetig ist, d.h. $s_{\boldsymbol{X}}(t_1, t_2)$ ist stetig für alle $t_1, t_2 \in T$.

(Den Beweis dieses Satzes für stationäre Prozesse enthält Übungsaufgabe 3.1-1).

Beispiel 3.1 Gegeben sei der zufällige Prozess

$$\boldsymbol{X} : \boldsymbol{X}(t) = X_t = a \cos(\omega_0 t - X) \qquad (a, \omega_0 \in \mathbb{R}),$$

worin X eine im Intervall $(0, 2\pi]$ gleichverteilte Zufallsgröße bezeichnet. Die Korrelationsfunktion $s_{\boldsymbol{X}}$ dieses Prozesses (Berechnung siehe Abschnitt 1.3.2.1, Beispiel 1.36)

$$s_{\boldsymbol{X}}(t_1, t_2) = \frac{a^2}{2} \cos \omega_0 (t_2 - t_1)$$

ist stetig für alle $t_1, t_2 \in T$, folglich ist $\boldsymbol{X}$ stetig i.q.M. Das Ergebnis ist ohne weiteres einleuchtend, wenn man beachtet, dass alle Realisierungen

$$\boldsymbol{x} : \boldsymbol{x}(t) = a \cos(\omega_0 t - x) \qquad (x = X(\omega))$$

dieses Prozesses gleichmäßig stetige Zeitfunktionen darstellen.

Beispiel 3.2 Für den Wiener-Prozess $\boldsymbol{X} = \boldsymbol{W}$ wurde im Abschnitt 1.3.2.3 die Korrelationsfunktion $s_{\boldsymbol{X}}$:

$$s_{\boldsymbol{X}}(t_1, t_2) = \operatorname{Min}(t_1, t_2) = \begin{cases} t_1 & \text{für } t_1 \leq t_2 \\ t_2 & \text{für } t_1 \geq t_2 \end{cases}$$

errechnet (vgl. auch (1.244)). Offensichtlich ist $s_{\boldsymbol{X}}$ stetig in beiden Variablen t_1 und t_2 und damit $\boldsymbol{X} = \boldsymbol{W}$ stetig i.q.M.

Beispiel 3.3 Betrachtet wird ein zufälliger Prozess $\boldsymbol{X} = \langle X_t \rangle_{t\in T}$, dessen Realisierungen $\boldsymbol{x}$ nur die Werte $+A$ und $-A$ (je mit der Wahrscheinlichkeit $0,5$) annehmen können. Die Wahrscheinlichkeit dafür, dass während des Zeitintervalls $[t, t+\tau]$ genau n Nulldurchgänge erfolgen, sei durch

$$p(n,k,\tau) = \frac{(k\tau)^n}{n!} \mathrm{e}^{-k\tau} \qquad (k > 0,\ \tau > 0;\ n = 0,1,2,\ldots)$$

gegeben. Bild 3.3 zeigt eine Realisierung dieses Prozesses.

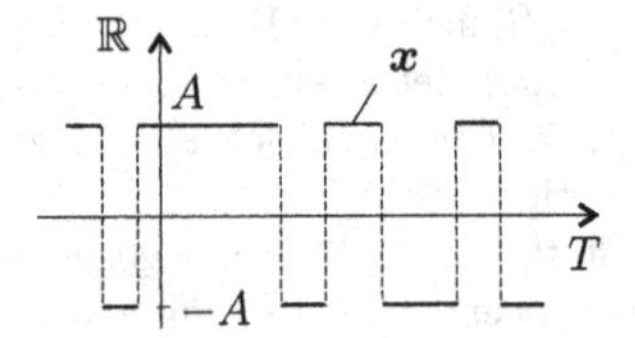

Bild 3.3: Realisierung eines i.q.M. stetigen Prozesses

Es lässt sich zeigen (s. Übungsaufgabe 1.3-7), dass der betrachtete Prozess die Korrelationsfunktion $s_{\boldsymbol{X}}$:

$$s_{\boldsymbol{X}}(t_1, t_2) = A^2 \mathrm{e}^{-2k|t_1 - t_2|}$$

hat, die für alle t_1, t_2 stetig ist. Damit ist $\boldsymbol{X}$ stetig i.q.M., obwohl die Realisierungen $\boldsymbol{x}$ dieses Prozesses nicht überall stetig sind.

3.1.2 Ableitung und Integral

3.1.2.1 Differenziation im quadratischen Mittel

Gegeben seien zwei Prozesse $\boldsymbol{X}$ und $\boldsymbol{Y}$ (Prozesse 2. Ordnung). Dann gilt die folgende Definition.

Definition 3.5 Der Prozess $\boldsymbol{Y} = \langle Y_t \rangle_{t\in T}$ heißt *Ableitung i.q.M.* von $\boldsymbol{X} = \langle X_t \rangle_{t\in T}$ genau dann, wenn für alle $t \in T$ gilt

$$\left\| \frac{X_{t+\tau} - X_t}{\tau} - Y_t \right\| \to 0 \quad \text{für } \tau \to 0, \tag{3.19}$$

oder in anderer Schreibweise

$$\underset{\tau\to 0}{\text{l.i.m.}} \frac{X_{t+\tau} - X_t}{\tau} = Y_t. \tag{3.20}$$

Existiert eine Ableitung i.q.M. für einen Prozess $\boldsymbol{X}$, so schreibt man anstelle von (3.19) und (3.20) auch

$$\boldsymbol{Y} = \frac{\mathrm{d}\boldsymbol{X}}{\mathrm{d}t} = \dot{\boldsymbol{X}} \tag{3.21}$$

oder für einen festen Zeitpunkt $t \in T$

$$\boldsymbol{Y}(t) = \frac{\mathrm{d}\boldsymbol{X}(t)}{\mathrm{d}t} = \dot{\boldsymbol{X}}(t). \tag{3.22}$$

Die Ableitung i.q.M. $\dot{\boldsymbol{X}}$ ist also wieder ein zufälliger Prozess und die Ableitung i.q.M. im Zeitpunkt t eine Zufallsgröße $\dot{X}_t$ (Statt $\dot{\boldsymbol{X}}(t)$ kann auch $\dot{X}_t$ geschrieben werden). Sind fast alle Realisierungen $\boldsymbol{x} = \boldsymbol{X}(\omega)$ des Prozesses $\boldsymbol{X}$ differenzierbar (im gewöhnlichen Sinne) und existiert seine Ableitung i.q.M., so erhält man die Realisierungen $\boldsymbol{y} = \boldsymbol{Y}(\omega)$ des Prozesses $\boldsymbol{Y}$ durch Differenziation der (differenzierbaren) Realisierungen $\boldsymbol{x} = \boldsymbol{X}(\omega)$ von $\boldsymbol{X}$.

Die häufig relativ komplizierte Untersuchung der Differenzierbarkeit eines Prozesses $\boldsymbol{X}$ mit Hilfe von (3.19) lässt sich umgehen, wenn die Korrelationsfunktion $s_{\boldsymbol{X}}$ des Prozesses gegeben ist. Es gilt nämlich folgender Satz:

Satz 3.2 Ein zufälliger Prozess $\boldsymbol{X} = \langle X_t \rangle_{t \in T}$ ist genau dann i.q.M. differenzierbar, wenn die gemischte 2. partielle Ableitung der Korrelationsfunktion

$$\frac{\partial^2 s_{\boldsymbol{X}}(t_1, t_2)}{\partial t_1 \partial t_2}$$

für alle $t_1, t_2 \in T$ existiert (Beweis in Übungsaufgabe 3.1-2).

Für die Korrelationsfunktion der Ableitung i.q.M. $\dot{\boldsymbol{X}}$ bzw. die Kreuzkorrelationsfunktion von $\boldsymbol{X}$ und $\dot{\boldsymbol{X}}$ gelten dann die folgenden Regeln (vgl. Übungsaufgabe 3.1-3):

$$\mathrm{E}\left(\dot{X}_{t_1}\dot{X}_{t_2}\right) = s_{\dot{\boldsymbol{X}}}(t_1, t_2) = \frac{\partial^2 s_{\boldsymbol{X}}(t_1, t_2)}{\partial t_1 \partial t_2} \tag{3.23}$$

$$\mathrm{E}\left(X_{t_1}\dot{X}_{t_2}\right) = s_{\boldsymbol{X}\dot{\boldsymbol{X}}}(t_1, t_2) = \frac{\partial s_{\boldsymbol{X}}(t_1, t_2)}{\partial t_2} \tag{3.24}$$

$$\mathrm{E}\left(\dot{X}_{t_1}X_{t_2}\right) = s_{\dot{\boldsymbol{X}}\boldsymbol{X}}(t_1, t_2) = \frac{\partial s_{\boldsymbol{X}}(t_1, t_2)}{\partial t_1}. \tag{3.25}$$

Für stationäre Prozesse $\boldsymbol{X}$, deren Korrelationsfunktion $s_{\boldsymbol{X}}$ nur von einer Zeitvariablen τ ($\tau = t_2 - t_1$) abhängt, ergibt sich aus diesen Regeln

$$s_{\dot{\boldsymbol{X}}}(\tau) = -\frac{\mathrm{d}^2 s_{\boldsymbol{X}}(\tau)}{\mathrm{d}\tau^2} \tag{3.26}$$

$$s_{\boldsymbol{X}\dot{\boldsymbol{X}}}(\tau) = \frac{\mathrm{d}s_{\boldsymbol{X}}(\tau)}{\mathrm{d}\tau} = -s_{\dot{\boldsymbol{X}}\boldsymbol{X}}(\tau). \tag{3.27}$$

Beispiel 3.4 Gegeben sei der zufällige Prozess

$$\boldsymbol{X} : \boldsymbol{X}(t) = X_t = a\cos(\omega_0 t - X)$$

($a, \omega_0 \in \mathbb{R}$, X ist eine in $(0, 2\pi]$ gleichverteilte Zufallsgröße) mit der Korrelationsfunktion

$$s_{\boldsymbol{X}}(t_1, t_2) = \frac{a^2}{2}\cos\omega_0(t_2 - t_1)$$

(vgl. Beispiel 3.1, Abschnitt 3.1.1.2). Der betrachtete zufällige Prozess ist differenzierbar i.q.M., da

$$\frac{\partial^2 s_{\boldsymbol{X}}(t_1,t_2)}{\partial t_1 \partial t_2} = \frac{1}{2} a^2 \omega_0^2 \cos \omega_0 (t_2 - t_1)$$

für alle $t_1, t_2 \in T$ existiert. Er hat ersichtlich auch differenzierbare Realisierungen. Damit ist die Ableitung i.q.M. mit der Realisierungsableitung identisch, und es gilt

$$\dot{\boldsymbol{X}} : \dot{\boldsymbol{X}}(t) = \dot{X}_t = -a\omega_0 \sin(\omega_0 t - X)$$

mit der Korrelationsfunktion $s_{\dot{\boldsymbol{X}}}$:

$$s_{\dot{\boldsymbol{X}}}(t_1,t_2) = \frac{1}{2} a^2 \omega_0^2 \cos \omega_0 (t_2 - t_1).$$

Beispiel 3.5 Wir betrachten nun wieder den Wiener-Prozess $\boldsymbol{X} = \boldsymbol{W}$ (vgl. Beispiel 3.2, Abschnitt 3.1.1.2) mit der Korrelationsfunktion (1.244)

$$s_{\boldsymbol{X}}(t_1,t_2) = \mathrm{Min}(t_1,t_2) = \begin{cases} t_1 & \text{für} \quad t_1 \leq t_2 \\ t_2 & \text{für} \quad t_1 \geq t_2. \end{cases}$$

Hier erhalten wir

$$\frac{\partial s_{\boldsymbol{X}}(t_1,t_2)}{\partial t_1} = \begin{cases} 1 & \text{für} \quad t_1 < t_2 \\ 0 & \text{für} \quad t_1 > t_2, \end{cases}$$

so dass die gemischte 2. partielle Ableitung an der Stelle $t_1 = t_2$ nicht existiert und damit der betrachtete Prozess nicht i.q.M. differenzierbar ist. Der Wiener-Prozess $\boldsymbol{W}$ ist also i.q.M. stetig, jedoch nicht i.q.M. differenzierbar.

Für die Berechnung der Verteilungsfunktion $F_{\dot{\boldsymbol{X}}}$ (bzw. der Dichtefunktion $f_{\dot{\boldsymbol{X}}}$) der Ableitung $\dot{\boldsymbol{X}}$ eines zufälligen Prozesses $\boldsymbol{X}$ aus seiner Verteilungsfunktion $F_{\boldsymbol{X}}$ (bzw. der Dichte $f_{\boldsymbol{X}}$) gibt es keine einfachen Regeln. Im Allgemeinen ist diese Aufgabe relativ kompliziert, jedoch grundsätzlich lösbar.

Eine Ausnahme bildet der Gauß-Prozess. Ist nämlich bekannt, dass der zufällige Prozess $\boldsymbol{X}$ ein Gauß-Prozess (und i.q.M. differenzierbar) ist, so ist die Ableitung i.q.M. $\dot{\boldsymbol{X}}$ ebenfalls ein Gauß-Prozess. Die Begründung lässt sich folgendermaßen andeuten: Sind zwei Zufallsgrößen $X_{t+\tau}$ und X_t mormalverteilt, so ist es auch ihre Summe bzw. ihre Differenz (s. Übungsaufgabe 1.2-19 für den Fall unabhängiger Summanden). Damit sind alle Glieder $\frac{1}{\tau}(X_{t+\tau} - X_t)$ der Folge (3.19) normalverteilt und schließlich auch ihr Grenzwert $\dot{X}_t$ im quadratischen Mittel.

3.1.2.2 Integration im quadratischen Mittel

In einem Intervall $T' = [a,b] \subset \mathbb{R}$ seien ein zufälliger Prozess $\boldsymbol{X} = \langle X_t \rangle_{t \in T'}$, und eine determinierte Funktion

$$f : T' \times T \to \mathbb{R}, \; f(t,\tau) = u \in \mathbb{R}$$

gegeben. In Bild 3.4 sind eine Realisierung $\boldsymbol{x} = \boldsymbol{X}(\omega)$ des Prozesses und die gegebene Funktion f eingezeichnet.

Wir unterteilen nun das Intervall T' durch die Zeitpunkte $t_0 = a, t_1, t_2, \ldots, t_n = b$ in n Teilintervalle und wählen danach weitere Zwischenpunkte $t'_1, t'_2, \ldots, t'_n$. Nun bilden wir die Riemannsche Summe

$$Y_{n,\tau} = \sum_{k=1}^{n} f(t'_k, \tau) X_{t'_k} (t_k - t_{k-1}), \tag{3.28}$$

welche offensichtlich eine von der Anzahl n und der Art der Unterteilung abhängige Zufallsgröße darstellt. In Abhängigkeit von der Anzahl n der Teilintervalle ergibt sich also eine Folge von Zufallsgrößen $Y_{n,\tau}$ ($n = 1, 2, \ldots$; $Y_{n,\tau} \in \mathbb{L}_2$), welche für $n \to \infty$ einem Grenzwert zustreben kann. Genauer gilt die folgende Definition.

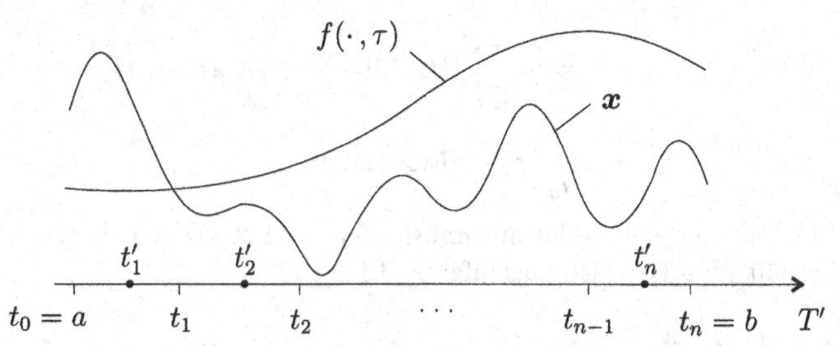

Bild 3.4: Zur Erläuterung des Integrals über einen zufälligen Prozess

Definition 3.6 Der Prozess $\boldsymbol{Y} = \langle Y_\tau \rangle_{\tau \in T}$ heißt *Integral i.q.M.* von $f(\cdot, \tau)\boldsymbol{X}$ genau dann, wenn für alle $\tau \in T$ (mit $\mathrm{Max}|t_k - t_{k-1}| \to 0$) in (3.28) gilt

$$\operatorname*{l.i.m.}_{n \to \infty} Y_{n,\tau} = Y_\tau. \tag{3.29}$$

Existiert das Integral i.q.M. für $f(\cdot, \tau)\boldsymbol{X}$, so schreibt man dafür

$$\boldsymbol{Y} = \int_a^b f(t, \cdot) \boldsymbol{X}(t) \, \mathrm{d}t \tag{3.30}$$

oder für einen festen Zeitpunkt $\tau \in T$

$$Y_\tau = \boldsymbol{Y}(\tau) = \int_a^b f(t, \tau) \boldsymbol{X}(t) \, \mathrm{d}t. \tag{3.31}$$

Sind fast alle Realisierungen $\boldsymbol{x}$ des Prozesses $\boldsymbol{X}$ stetig (im gewöhnlichen Sinne) und existiert das Integral i.q.M. von $f(\cdot, \tau)\boldsymbol{X}$, so erhält man die Realisierungen $\boldsymbol{y}$ des Prozesses $\boldsymbol{Y}$ durch Integration der mit $f(\cdot, \tau)$ multiplizierten (stetigen) Realisierungen $\boldsymbol{x}$ von $\boldsymbol{X}$. Es lässt sich zeigen, dass $f(\cdot, \tau)\boldsymbol{X}$ genau dann i.q.M. integrierbar ist, wenn das (gewöhnliche) Integral

$$\int_a^b \int_a^b f(t_1, \tau) f(t_2, \tau) s_{\boldsymbol{X}}(t_1, t_2) \, \mathrm{d}t_1 \mathrm{d}t_2 \tag{3.32}$$

über die Korrelationsfunktion $s_{\boldsymbol{X}}$ des Prozesses $\boldsymbol{X}$ existiert (vgl. Übungsaufgabe 3.1-5).

Ist der zufällige Prozess $\boldsymbol{X}$ stetig i.q.M., so ist $\boldsymbol{X}$ auch integrierbar i.q.M. Ist nämlich $\boldsymbol{X}$ stetig i.q.M., so ist – wie bereits im Abschnitt 3.1.1.2 erwähnt wurde – die Korrelationsfunktion $s_{\boldsymbol{X}}$ überall stetig und damit die Existenz des Integrals (3.32) gesichert.

Mit (3.13) wurde bereits gezeigt, dass die Bildung des Grenzwertes i.q.M. und die Erwartungswertbildung vertauscht werden können. Außerdem ist der Mittelwert einer Summe von Zufallsgrößen gleich der Summe der Mittelwerte dieser Zufallsgrößen (vgl. (1.134)). Wendet man diese Regeln auf (3.29) bzw. (3.31) an, so zeigt sich, dass Erwartungswertbildung und Integration i.q.M. ebenfalls miteinander vertauscht werden können. Es gilt nämlich

$$\begin{aligned} \mathrm{E}\left(\int_a^b f(t,\tau)\boldsymbol{X}(t)\,\mathrm{d}t\right) &= \mathrm{E}\left(\underset{n\to\infty}{\text{l.i.m.}} \sum_{k=1}^{n} f(t'_k,\tau)X_{t'_k}(t_k - t_{k-1})\right) \\ &= \lim_{n\to\infty} \sum_{k=1}^{n} f(t'_k,\tau)\mathrm{E}(\boldsymbol{X}(t_{k'}))(t_k - t_{k-1}) \\ &= \int_a^b f(t,\tau)\mathrm{E}(\boldsymbol{X}(t))\,\mathrm{d}t. \end{aligned} \tag{3.33}$$

Mit Hilfe von (3.33) kann die Korrelationsfunktion $s_{\boldsymbol{Y}}$ des Prozesses $\boldsymbol{Y}$ in (3.30) bestimmt werden. Dabei erhält man (vgl. Übungsaufgabe 3.1-6)

$$s_{\boldsymbol{Y}}(\tau_1,\tau_2) = \int_a^b \int_a^b f(t_1,\tau_1)f(t_2,\tau_2)s_{\boldsymbol{X}}(t_1,t_2)\,\mathrm{d}t_1\mathrm{d}t_2. \tag{3.34}$$

Die Berechnung der Verteilungs- bzw. Dichtefunktion des Prozesses $\boldsymbol{Y}$ in (3.30) aus den entsprechenden Funktionen des Prozesses $\boldsymbol{X}$ ist im allgemeinen Fall relativ kompliziert. Ist jedoch $\boldsymbol{X}$ ein Gauß-Prozess, so ist – wie sich zeigen lässt – auch $\boldsymbol{Y}$ ein Gauß-Prozess.

Es sei abschließend noch besonders darauf hingewiesen, dass bei der Herleitung des Integrals i.q.M. über einen zufälligen Prozess $\boldsymbol{X}$ nicht ohne Grund das Integral über $f(\cdot,\tau)\boldsymbol{X}$ gebildet wurde, d.h. der zufällige Prozess $\boldsymbol{X}$ wurde stets mit einer Zeitfunktion f zusammen betrachtet. Diese Betrachtungsweise ist deshalb zweckmäßig, weil in den Anwendungen (wie im folgenden Abschnitt 3.2) meistens Integrale dieser Art auftreten.

3.1.3 Aufgaben zum Abschnitt 3.1

3.1-1 Man zeige: Ein stationärer Prozess $\boldsymbol{X}$ mit der Korrelationsfunktion $s_{\boldsymbol{X}}$ ist genau dann stetig i.q.M., wenn $s_{\boldsymbol{X}}(\tau)$ in $\tau = 0$ stetig ist!
Hinweis: Man untersuche den Ausdruck

$$\|X_{t+\tau} - X_t\|^2 = \mathrm{E}\left((X_{t+\tau} - X_t)^2\right) \geq 0$$

für $\tau \to 0$!

3.1-2 Man zeige, dass ein zufälliger Prozess $\boldsymbol{X}$ mit der Korrelationsfunktion $s_{\boldsymbol{X}}$ i.q.M. differenzierbar ist, falls

$$\frac{\partial^2 s_{\boldsymbol{X}}(t_1,t_2)}{\partial t_1 \partial t_2}$$

existiert!

3.1-3 Gegeben ist ein i.q.M. differenzierbarer Prozess $\boldsymbol{X}$ mit dem Erwartungswert $m_{\boldsymbol{X}}$ und der Korrelationsfunktion $s_{\boldsymbol{X}}$. Man zeige, dass gilt:

a) $m_{\dot{\boldsymbol{X}}}(t) = \frac{\mathrm{d}}{\mathrm{d}t} m_{\boldsymbol{X}}(t)$ b) $s_{\dot{\boldsymbol{X}}}(t_1,t_2) = \frac{\partial^2}{\partial t_1 \partial t_2} s_{\boldsymbol{X}}(t_1,t_2)$

c) $s_{\boldsymbol{X}\dot{\boldsymbol{X}}}(t_1,t_2) = \frac{\partial}{\partial t_2} s_{\boldsymbol{X}}(t_1,t_2)$ d) $s_{\dot{\boldsymbol{X}}\boldsymbol{X}}(t_1,t_2) = \frac{\partial}{\partial t_1} s_{\boldsymbol{X}}(t_1,t_2)$!

e) Wie lauten diese Gleichungen, wenn $\boldsymbol{X}$ stationär ist?

3.1-4 An einer idealen Kapazität C liegt eine Spannung, die durch einen stationären Gauß-Prozess $\boldsymbol{U}$ mit $m_{\boldsymbol{U}}(t) = 0$ und

$$s_{\boldsymbol{U}}(\tau) = A^2 \exp\left(-a\tau^2\right) \qquad (A \in \mathbb{R};\ a > 0)$$

beschrieben werden kann. Man berechne für den Strom $\boldsymbol{I}$ durch C

a) den Erwartungswert $m_{\boldsymbol{I}}(t)$,

b) die Kreuzkorrelationsfunktionen $s_{\boldsymbol{IU}}(\tau)$ und $s_{\boldsymbol{UI}}(\tau)$,

c) die Korrelationsfunktion $s_{\boldsymbol{I}}(\tau)$,

d) die Dichtefunktion $f_{\boldsymbol{I}}(i,t)$!

3.1-5 Man zeige, dass der zufällige Prozess $f(\cdot\,,\tau)\boldsymbol{X}$ i.q.M. integrierbar ist, falls das Integral

$$I = \int_a^b \int_a^b f(t_1,\tau) f(t_2,\tau) s_{\boldsymbol{X}}(t_1,t_2)\,\mathrm{d}t_1 \mathrm{d}t_2$$

existiert! (Hierbei ist $f(\cdot\,,\tau)$ eine determinierte Funktion und $s_{\boldsymbol{X}}$ die Korrelationsfunktion des Prozesses $\boldsymbol{X}$).

3.1-6 Es sei $\boldsymbol{X}$ ein i.q.M. integrierbarer Prozess mit der Korrelationsfunktion $s_{\boldsymbol{X}}$ und

$$\boldsymbol{Y} : \boldsymbol{Y}(\tau) = \int_a^b f(t,\tau)\boldsymbol{X}(t)\,\mathrm{d}t.$$

Wie lautet die Korrelationsfunktion $s_{\boldsymbol{Y}}$ des Prozesses $\boldsymbol{Y}$?

3.2 Determinierte lineare Systeme

3.2.1 Prozessabbildungen determinierter linearer Systeme

3.2.1.1 Zustandsgleichungen

Wir wollen nun die Frage untersuchen, wie sich ein dynamisches System unter der Einwirkung eines zufälligen Prozesses verhält. Die Aufgabe besteht also darin, zu einem gegebenen Eingabeprozess $\boldsymbol{X}$, von dem z.B. die Verteilungsfunktion $F_{\boldsymbol{X}}$, die Dichte $f_{\boldsymbol{X}}$, die Korrelationsfunktion $s_{\boldsymbol{X}}$ usw. bekannt sind, die entsprechenden Kenngrößen des Prozesses $\boldsymbol{Y}$ am Ausgang des Systems zu bestimmen. Zur Lösung dieser Aufgabe müssen also die durch das dynamische System vermittelten Prozessabbildungen untersucht werden.

Im Abschnitt 2.2.1.1 wurde der Begriff Prozessabbildung bereits definiert (vgl. (2.41) und Bild 2.12) und die Einschränkung auf determinierte Prozessabbildungen (Realisierungsabbildungen) vorgenommen (vgl. (2.42)). Neben den bereits betrachteten *statischen*

Realisierungsabbildungen (vgl. (2.45)) sind die *dynamischen* Realisierungsabbildungen von besonderem Interesse, die nun genauer definiert werden sollen.

Wir betrachten nun also im weiteren determinierte dynamische Systeme mit l Eingängen und m Ausgängen gemäß Bild 2.12. Den Ausgangspunkt bildet die folgende fundamentale Definition.

Definition 3.7 Eine Realisierungsabbildung $\mathbf{\Phi}$ heißt *dynamisch* (oder: ist durch ein dynamisches System realisierbar), wenn sie folgende Darstellung zulässt: Es gibt einen *Zustandsprozess* $\boldsymbol{Z} = \langle \boldsymbol{Z}_1, \boldsymbol{Z}_2, \ldots, \boldsymbol{Z}_n \rangle$, so dass gilt

$$\begin{aligned} Z_t(\omega) &= F(t, t_0, Z_{t_0}(\omega), \boldsymbol{X}(\omega)) \\ Y_t(\omega) &= G(t, Z_t(\omega), X_t(\omega)). \end{aligned} \tag{3.35}$$

Anstelle von (3.35) kann auch kürzer

$$\begin{aligned} Z_t &= F(t, t_0, Z_{t_0}, \boldsymbol{X}) \\ Y_t &= G(t, Z_t, X_t) \end{aligned} \tag{3.36}$$

geschrieben werden. Hierbei stellen der Eingabeprozess $\boldsymbol{X}$ und der Ausgabeprozess $\boldsymbol{Y}$ die durch (2.39) und (2.40) erklärten Vektorprozesse dar. Der Operator F in (3.35) bzw. (3.36) heißt *Überführungsoperator*. Er überführt den (Anfangs-)Zustand $z_0 = Z_{t_0}(\omega)$ im Verlauf des Zeitintervalls $[t_0, t)$ bei Einwirkung der (Eingabe-)Realisierungen $\boldsymbol{x} = \boldsymbol{X}(\omega)$ in den (End-)Zustand $z = Z_t(\omega)$. Außerdem ist durch die *Ergebnisfunktion* G in jedem Zeitpunkt $t \in T$ durch den Zustand $z = Z_t(\omega)$, die Eingabe $x = X_t(\omega) = \boldsymbol{x}(t)$ und den Zeitpunkt t selbst eine Ausgabe $y = Y_t(\omega)$ festgelegt.

Der Operator F hat drei Grundeigenschaften (vgl. z.B. Abschnitt 2.2.2 in [23]):

1. $F(t, t_0, Z_{t_0}, \cdot)$ ist nicht vom Verlauf des Prozesses $\boldsymbol{X}$ außerhalb des Zeitintervalls $[t_0, t)$ abhängig.

2. Es gilt

$$F(t, t, Z_t, \boldsymbol{X}) = Z_t. \tag{3.37}$$

3. Der Operator F hat die *Kompositionseigenschaft*

$$F(t_3, t_1, Z_{t_1}, \boldsymbol{X}) = F(t_3, t_2, F(t_2, t_1, Z_{t_1}, \boldsymbol{X}), \boldsymbol{X}) \qquad (t_1 \leq t_2 \leq t_3), \tag{3.38}$$

wofür man mit der Abkürzung $F(t, t_0, \cdot, \boldsymbol{X}) = F_{t, t_0, \boldsymbol{X}}$ auch kürzer

$$F_{t_3, t_1, \boldsymbol{X}} = F_{t_3, t_2, \boldsymbol{X}} \circ F_{t_2, t_1, \boldsymbol{X}} \tag{3.39}$$

schreiben kann.

Zur Erläuterung von (3.38) bzw. (3.39) betrachten wir Bild 3.5. Die Gleichung besagt folgendes: Liegt in einem dynamischen System ein gewisser Anfangszustand $z_1 = Z_{t_1}(\omega)$ vor, so wird dieser durch Eingabe von $\boldsymbol{x} = \boldsymbol{X}(\omega)$ im Zeitintervall $[t_1, t_3)$ in den Endzustand $z_3 = Z_{t_3}(\omega)$ überführt (linke Seite der Gleichung). Den gleichen Endzustand erreicht man aber auch auf folgende Weise: Zunächst wird, ausgehend vom Anfangszustand $z_1 = Z_{t_1}(\omega)$ durch Eingabe der auf das Zeitintervall $[t_1, t_2)$ eingeschränkten Realisierung $\boldsymbol{x} = \boldsymbol{X}(\omega)$ ein Zustand $z_2 = Z_{t_2}(\omega)$ erzeugt und schließlich, ausgehend von dem neuen Anfangszustand $z_2 = Z_{t_2}(\omega)$, durch Eingabe der auf das Intervall $[t_2, t_3)$ eingeschränkten Realisierung $\boldsymbol{x} = \boldsymbol{X}(\omega)$ der Endzustand $z_3 = Z_{t_3}(\omega)$ herbeigeführt (rechte Seite der Gleichung). Eine nähere Erläuterung dieser Zusammenhänge für digitale und analoge Systeme findet man in [22] bzw. [23].

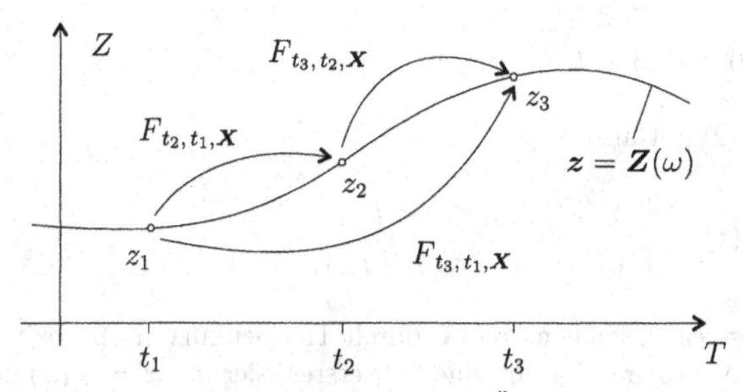

Bild 3.5: Kompositionseigenschaft des Überführungsoperators

Zu der durch (3.36) definierten Realisierungsabbildung $\boldsymbol{\Phi}$ ist noch folgendes zu bemerken: Die Eigenschaften dieser Abbildung ergeben sich aus dem Problem, die *allgemeinste* Prozessabbildung $\boldsymbol{\Phi} : \mathbb{A} \to \mathbb{A}$ (vgl. Abschnitt 2.2.1.1) darzustellen, die durch ein dynamisches System realisiert werden kann. Man überzeugt sich leicht, dass alle konkreten dynamischen Systeme (z.B. Automaten, RLC-Netzwerke u.a.) diese genannten Abbildungseigenschaften haben.

Die oben angegebene Definition (3.36) ist jedoch für die Anwendungen zu allgemein. Wir wenden uns daher einigen wichtigen Sonderfällen zu. Dabei nehmen wir zur Vereinfachung der nachfolgenden Überlegungen an, dass $\boldsymbol{X}$, $\boldsymbol{Y}$ und $\boldsymbol{Z}$ eindimensionale Vektorprozesse sind (d.h. $l = m = n = 1$, Systeme mit einem Eingang, einem Ausgang und einer Zustandsvariablen). Die Ergebnisse lassen sich dann leicht auf den mehrdimensionalen Fall übertragen.

Zunächst betrachten wir nur lineare Systeme, die durch lineare Überführungsoperatoren F gekennzeichnet sind, d.h. (3.36) geht über in

$$\begin{aligned} Z_t = F(t, t_0, Z_{t_0}, \boldsymbol{X}) &= F^{(1)}(t, t_0) Z_{t_0} + F^{(2)}_{t,t_0}(\boldsymbol{X}) \\ &= Z_t^{(1)} + Z_t^{(2)} \end{aligned} \tag{3.40}$$

und

$$Y_t = G(t, Z_t, X_t) = G^{(1)}(t) Z_t + G^{(2)}(t) X_t. \tag{3.41}$$

In (3.40) bezeichnet $F^{(1)}$ eine Funktion von t und t_0 $(t, t_0 \in T)$ und $F^{(2)}_{t,t_0}$ einen linearen Operator (Abbildung).

Auch diese Systemklasse ist noch zu allgemein. Wir untersuchen deshalb die Eigenschaften des Operators $F^{(2)}_{t,t_0}$ unter spezielleren Voraussetzungen für $\boldsymbol{X}$ und approximieren dazu den Eingabeprozess $\boldsymbol{X}$ im Intervall $[t_0, t)$ in der Form

$$\boldsymbol{X} \approx \boldsymbol{X}_n = \sum_{i=0}^{n-1} (\mathbf{1}_{t_i} - \mathbf{1}_{t_{i+1}}) \boldsymbol{X}(t_i), \tag{3.42}$$

wobei $\mathbf{1}_{t_i}$ die um t_i zeitverschobene Sprungfunktion mit

$$\mathbf{1}_{t_i}(\tau) = \begin{cases} 1 & \tau \geq t_i \\ 0 & \tau < t_i \end{cases} \tag{3.43}$$

bezeichnet. In (3.42) gilt also

$$(\mathbf{1}_{t_i} - \mathbf{1}_{t_{i+1}})(\tau) = \begin{cases} 1 & t_i \leq \tau < t_{i+1} \\ 0 & \tau < t_i,\ \tau \geq t_{i+1}, \end{cases} \tag{3.44}$$

so dass die Prozessrealisierungen von $\boldsymbol{X}$ durch Treppenkurven approximiert werden. In Bild 3.6 ist diese Approximation für eine Prozessrealisierung $\boldsymbol{x} = \boldsymbol{X}(\omega)$ aufgezeichnet.

Aus (3.42) folgt dann weiter

$$F_{t,t_0}^{(2)}(\boldsymbol{X}_n) = \sum_{i=0}^{n-1} \left(F_{t,t_0}^{(2)}(\mathbf{1}_{t_i}) - F_{t,t_0}^{(2)}(\mathbf{1}_{t_{i+1}}) \right) \boldsymbol{X}(t_i). \tag{3.45}$$

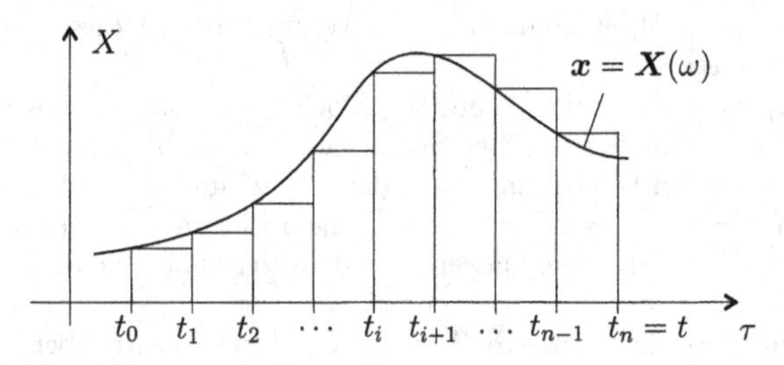

Bild 3.6: Approximation des Eingangsprozesses $\boldsymbol{X}$

Für den Ausdruck $F_{t,t_0}^{(2)}(\mathbf{1}_{t_i})$ ergibt sich nun folgendes:

1. Die Linearität von F verlangt, dass

   $$F_{t,t_0}^{(2)}(\mathbf{1}_{t_i}) = F_{t,t_0}^{(2)}(0) = 0 \tag{3.46}$$

   für $t_i \geq t$ gilt.

2. Aus der Kompositionseigenschaft (3.38) folgt

   $$F_{t,t_0}^{(2)}(\mathbf{1}_{t_i}) = F_{t,t_i}^{(2)}(\mathbf{1}_{t_i}). \tag{3.47}$$

Wir setzen nun $F^{(2)}_{t,t_0}(\mathbf{1}_{t_i}) = w(t,t_i)$ und erhalten mit (3.45) und mit $w(t_i,t_i) = 0$

$$F^{(2)}_{t,t_0}(\boldsymbol{X}_n) = \sum_{i=0}^{n-1} \big(w(t,t_i) - w(t,t_{i+1})\big)\boldsymbol{X}(t_i). \tag{3.48}$$

Setzen wir nun noch

$$-\frac{\partial w(t,t_i)}{\partial t_i} = v(t,t_i), \tag{3.49}$$

sofern w als differenzierbar und stetig an der Stelle t_i vorausgesetzt wird, so erhalten wir mit $t_i \leq t_i' \leq t_{i+1}$ näherungsweise

$$F^{(2)}_{t,t_0}(\boldsymbol{X}_n) \approx \sum_{i=0}^{n-1} v(t,t_i')(t_{i+1} - t_i)\boldsymbol{X}(t_i'). \tag{3.50}$$

Mit (3.40) erhalten wir schließlich

$$F^{(2)}_{t,t_0}(\boldsymbol{X} - \boldsymbol{X}_n) = Z^{(2)}_t - \sum_{i=0}^{n-1} v(t,t_i')(t_{i+1} - t_i)\boldsymbol{X}(t_i'). \tag{3.51}$$

Ist nun $\boldsymbol{X}$ nicht zu „irregulär“ und $F^{(2)}_{t,t_0}$ eine genügend „gutartige“ Abbildung (was in der Praxis fast immer erfüllt ist), so gilt

$$\left\| F^{(2)}_{t,t_0}(\boldsymbol{X} - \boldsymbol{X}_n) \right\| \to 0 \tag{3.52}$$

für $n \to \infty$ und $|t_{i+1} - t_i| \to 0$. Aus (3.52) folgt dann nach den Ausführungen in Abschnitt 3.1.2.2

$$Z^{(2)}_t = \int_{t_0}^{t} v(t,\tau)\boldsymbol{X}(\tau)\,\mathrm{d}\tau. \tag{3.53}$$

Damit erhalten wir für lineare dynamische Systeme (unter gewissen physikalisch nicht sehr wesentlichen Voraussetzungen) mit Berücksichtigung von (3.40) und (3.41) die *Zustandsgleichungen*

$$\begin{aligned} Z_t &= F^{(1)}(t,t_0)Z_{t_0} + \int_{t_0}^{t} v(t,\tau)\boldsymbol{X}(\tau)\,\mathrm{d}\tau \\ Y_t &= G^{(1)}(t)Z_t + G^{(2)}(t)X_t. \end{aligned} \tag{3.54}$$

Bei geeigneter Interpretation von $F^{(1)}(t,t_0)$, $v(t,\tau)$, $G^{(1)}(t)$ und $G^{(2)}(t)$ als Matrizen kann (3.54) gleichzeitig als Lösung für den allgemeineren Fall mehrdimensionaler Vektorprozesse $\boldsymbol{X}$, $\boldsymbol{Y}$ und $\boldsymbol{Z}$ ($l > 1$, $m > 1$, $n > 1$) angesehen werden. Die Vektorprozesse $\boldsymbol{X}$, $\boldsymbol{Y}$ und $\boldsymbol{Z}$ sind in diesem Fall als Spaltenmatrizen darzustellen, d.h.

$$\boldsymbol{X} = \begin{pmatrix} \boldsymbol{X}_1 \\ \vdots \\ \boldsymbol{X}_l \end{pmatrix}, \qquad \boldsymbol{Y} = \begin{pmatrix} \boldsymbol{Y}_1 \\ \vdots \\ \boldsymbol{Y}_m \end{pmatrix}, \qquad \boldsymbol{Z} = \begin{pmatrix} \boldsymbol{Z}_1 \\ \vdots \\ \boldsymbol{Z}_n \end{pmatrix}. \tag{3.55}$$

Weiterhin sollen nur noch *zeitinvariante* lineare (determinierte dynamische) Systeme betrachtet werden, bei denen die Überführung des Anfangszustandes $z_0 = Z_{t_0}(\omega)$ in den Endzustand $z = Z_t(\omega)$ nur noch von der Zeitdifferenz $t - t_0$ (und natürlich von $\boldsymbol{x} = \boldsymbol{X}(\omega)$ im Intervall $[t_0, t)$) abhängig ist. Außerdem ist die Ergebnisfunktion G zeitunabhängig, so dass anstelle (3.36) mit $\tau = t - t_0$

$$\begin{aligned} Z_t &= F(t, t_0, Z_{t_0}, \boldsymbol{X}) = F'(\tau, Z_{t_0}, \boldsymbol{X}) \\ Y_t &= G(t, Z_t, X_t) = G'(Z_t, X_t) \end{aligned} \tag{3.56}$$

gilt. Aus (3.54) folgen dann für den zeitinvarianten Fall (vgl. auch Abschnitt 2.2.2 in [23]) mit den Abkürzungen

$$F^{(1)}(t - t_0, 0) = \varphi(t - t_0) \tag{3.57}$$

$$v(t - \tau, 0) = V(t - \tau) \tag{3.58}$$

$$G^{(1)}(0) = C \tag{3.59}$$

$$G^{(2)}(0) = D \tag{3.60}$$

die Zustandsgleichungen

$$\begin{aligned} Z_t &= \varphi(t - t_0) Z_{t_0} + \int_{t_0}^{t} V(t - \tau) \boldsymbol{X}(\tau)\, \mathrm{d}\tau \\ Y_t &= C Z_t + D X_t. \end{aligned} \tag{3.61}$$

Wird die erste Gleichung aus (3.61) noch in die zweite eingesetzt, so erhält man

$$Y_t = C \varphi(t - t_0) Z_{t_0} + \int_{t_0}^{t} (C V(t - \tau) + D\delta(t - \tau))\, \boldsymbol{X}(\tau)\, \mathrm{d}\tau, \tag{3.62}$$

wobei man zur Abkürzung häufig

$$g(t) = C V(t) + D\delta(t) \tag{3.63}$$

setzt.

Die Matrix $\varphi(t)$ wird als *Fundamentalmatrix* und die Matrix $g(t)$ als *Gewichtsmatrix* des zeitinvarianten linearen Systems bezeichnet. (Vgl. Abschnitt 3.1.2.2 in [23]). Damit kann zusammenfassend festgestellt werden:

Eine Realisierungsabbildung $\boldsymbol{\Phi}$ kann durch ein zeitinvariantes lineares (determiniertes dynamisches) System realisiert werden, wenn sie eine Darstellung in Form der *Eingabe-Ausgabe-Gleichung*

$$Y_t = C\varphi(t - t_0) Z_{t_0} + \int_{t_0}^{t} g(t - \tau) \boldsymbol{X}(\tau)\, \mathrm{d}\tau \tag{3.64}$$

zulässt.

Erwähnt sei schließlich noch der Sonderfall, dass der Zustandsprozess $\boldsymbol{Z}$ differenzierbar i.q.M. ist. Die Bedingungen hierfür sind in Abschnitt 3.1.2.1 angegeben. In diesem Fall ergibt sich aus (3.61) durch Differenziation i.q.M. (mit $\dot{\boldsymbol{Z}}(t) = \dot{Z}_t$, $\boldsymbol{Z}(t) = Z_t$ usw.) in formaler Übereinstimmung wie bei dynamischen Systemen mit determinierter Erregung

$$\begin{aligned} \dot{\boldsymbol{Z}}(t) &= A\boldsymbol{Z}(t) + B\boldsymbol{X}(t) \\ \boldsymbol{Y}(t) &= C\boldsymbol{Z}(t) + D\boldsymbol{X}(t). \end{aligned} \tag{3.65}$$

Der Übergang von der ersten Gleichung in (3.61) zur ersten Gleichung in (3.65) ergibt sich folgendermaßen: Zunächst erhält man nach Differenziation i.q.M.

$$\dot{Z}_t = \dot{\varphi}(t-t_0)Z_{t_0} + \int_{t_0}^{t} \dot{V}(t-\tau)\boldsymbol{X}(\tau)\,\mathrm{d}\tau, \tag{3.66}$$

und speziell an der Stelle $t = t_0$ gilt

$$\dot{Z}_{t_0} = \dot{\varphi}(0)Z_{t_0} + \dot{V}(0)\boldsymbol{X}(t_0). \tag{3.67}$$

Setzt man in dieser Gleichung t anstelle von t_0 ein, so ergibt sich mit $\dot{\varphi}(0) = A$, $\dot{V}(0) = B$ und $\dot{Z}_t = \dot{\boldsymbol{Z}}(t)$ bzw. $Z_t = \boldsymbol{Z}(t)$

$$\dot{\boldsymbol{Z}}(t) = A\boldsymbol{Z}(t) + B\boldsymbol{X}(t),$$

was zu zeigen war.

3.2.1.2 Stationäre Prozesse

Der Ausgabeprozess $\boldsymbol{Y}$ eines zeitinvarianten linearen Systems in der Darstellung (3.64) setzt sich aus zwei Summanden zusammen. Der erste Summand

$$Y_{f,t} = C\varphi(t-t_0)Z_{t_0} \tag{3.68}$$

beschreibt einen *freien Prozess* $\boldsymbol{Y}_f$, der vom Eingangsprozess $\boldsymbol{X}$ unabhängig ist. Seine Realisierungen nehmen zwar im Zeitpunkt $t = t_0$ infolge des zufälligen Anfangszustandes Z_{t_0} zufällige Werte an, haben aber im übrigen eine durch $\varphi(t)$ gegebene determinierte Zeitabhängigkeit. Nach hinreichend langer Zeit strebt dieser Prozess wegen $\varphi(t) \to 0$ für $t \to \infty$ (stabiles System, [23]) gegen einen „Nullprozess" $\boldsymbol{\Theta}$ mit der Eigenschaft $\|\boldsymbol{\Theta}(t)\| = 0$ (d.h. alle Realisierungen von $\boldsymbol{\Theta}$ nehmen mit der Wahrscheinlichkeit 1 den wert 0 an).

Unter der Norm $\|\boldsymbol{Y}\|$ eines Vektorprozesses $\boldsymbol{Y}$ versteht man hierbei den Ausdruck

$$\|\boldsymbol{Y}(t)\| = \left\| \begin{matrix} \boldsymbol{Y}_1(t) \\ \vdots \\ \boldsymbol{Y}_m(t) \end{matrix} \right\| = \operatorname*{Max}_{i=1,\ldots,m} \|\boldsymbol{Y}_i(t)\|. \tag{3.69}$$

Die Norm des Vektorprozesses entspricht also der größten der Normen seiner Komponenten. Strebt die Norm eines betrachteten Vektorprozesses gegen Null, so trifft dies auch für die Normen aller seiner Komponenten zu.

Der zweite Summand in (3.64)

$$Y_{e,t} = \int_{t_0}^{t} g(t-\tau)\boldsymbol{X}(\tau)\,\mathrm{d}\tau \tag{3.70}$$

beschreibt einen durch den Eingabeprozess $\boldsymbol{X}$ *erzwungenen Prozess* $\boldsymbol{Y}_e$, der unabhängig vom zufälligen Anfangszustand Z_{t_0} ist.

Wir wollen nun den Sonderfall $t_0 \to -\infty$ etwas genauer betrachten und dabei noch voraussetzen, dass der Eingabeprozess $\boldsymbol{X}$ stationär ist. In diesem Fall geht der freie Prozess $\boldsymbol{Y}_f$ in den Nullprozess über (wegen $\varphi(t-t_0) \to 0$ für $t_0 \to -\infty$), so dass wir nur

$$Y_t = Y_{e,t} = \int_{-\infty}^{t} g(t-\tau)\boldsymbol{X}(\tau)\,\mathrm{d}\tau \tag{3.71}$$

zu betrachten haben. Der Zusammenhang zwischen Eingabe- und Ausgabeprozess wird also allein durch die Gewichtsmatrix $g(t)$ bestimmt (Bild 3.7).

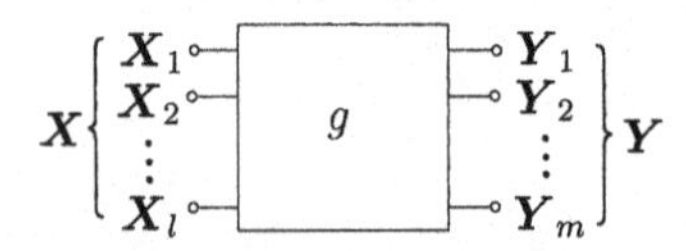

Bild 3.7: Lineares zeitkontinuierliches System

Wir lösen nun folgende Aufgabe: Gegeben sind der (konstante) Erwartungswert (eine Spaltenmatrix!)

$$\mathrm{E}(X_t) = \mathrm{E}(\boldsymbol{X}(t)) = m_{\boldsymbol{X}} \tag{3.72}$$

des stationären Eingabe(-vektor-)prozesses $\boldsymbol{X}$ und seine Matrix der Korrelationsfunktionen (vgl. (1.211))

$$s_{\boldsymbol{X}}(t_1, t_2) = s_{\boldsymbol{X}}(t_2 - t_1) = s_{\boldsymbol{X}}(\tau). \tag{3.73}$$

Gesucht sind der Erwartungswert $m_{\boldsymbol{Y}}$ und die Matrix der Korrelationsfunktionen $s_{\boldsymbol{Y}}$ des Ausgabe(-vektor-)prozesses $\boldsymbol{Y}$.

Zunächst erhalten wir aus (3.71) mit der Variablensubstitution $\lambda = t-\tau$ und $\mathrm{d}\lambda = -\mathrm{d}\tau$

$$Y_t = \int_0^{\infty} g(\lambda)\boldsymbol{X}(t-\lambda)\,\mathrm{d}\lambda. \tag{3.74}$$

Daraus ergibt sich mit (3.33) und $\mathrm{E}(\boldsymbol{X}(t-\lambda)) = m_{\boldsymbol{X}}$

$$\mathrm{E}(Y_t) = \int_0^{\infty} g(\lambda)\mathrm{E}(\boldsymbol{X}(t-\lambda))\,\mathrm{d}\lambda$$

oder

$$m_{\boldsymbol{Y}} = \int_0^{\infty} g(\lambda)\,\mathrm{d}\lambda \cdot m_{\boldsymbol{X}}. \tag{3.75}$$

Die Matrix der Korrelationsfunktionen lässt sich formal als Erwartungswert des Produktes der Spaltenmatrix Y_{t_1} mit der Zeilenmatrix Y'_{t_2} darstellen:

$$
\begin{aligned}
s_{\boldsymbol{YY}}(t_1,t_2) &= \mathrm{E}\left(Y_{t_1}\cdot Y'_{t_2}\right) = \mathrm{E}\left(\begin{pmatrix} Y_{1,t_1} \\ \vdots \\ Y_{m,t_1}\end{pmatrix}\begin{pmatrix} Y_{1,t_2} & \dots & Y_{m,t_2}\end{pmatrix}\right) \\
&= \begin{pmatrix} \mathrm{E}\left(Y_{1,t_1}Y_{1,t_2}\right) & \dots & \mathrm{E}\left(Y_{1,t_1}Y_{m,t_2}\right) \\ \vdots & & \vdots \\ \mathrm{E}\left(Y_{m,t_1}Y_{1,t_2}\right) & \dots & \mathrm{E}\left(Y_{m,t_1}Y_{m,t_2}\right)\end{pmatrix} \\
&= \begin{pmatrix} s_{\boldsymbol{Y}_1\boldsymbol{Y}_1}(t_1,t_2) & \dots & s_{\boldsymbol{Y}_1\boldsymbol{Y}_m}(t_1,t_2) \\ \vdots & & \vdots \\ s_{\boldsymbol{Y}_m\boldsymbol{Y}_1}(t_1,t_2) & \dots & s_{\boldsymbol{Y}_m\boldsymbol{Y}_m}(t_1,t_2)\end{pmatrix}.
\end{aligned}
\tag{3.76}
$$

Dann ergibt sich mit Hilfe von (3.74)

$$
\begin{aligned}
s_{\boldsymbol{YY}}(t_1,t_2) &= \mathrm{E}\left(\left(\int_0^\infty g(\lambda_1)\boldsymbol{X}(t_1-\lambda_1)\,\mathrm{d}\lambda_1\right)\cdot\left(\int_0^\infty g(\lambda_2)\boldsymbol{X}(t_2-\lambda_2)\,\mathrm{d}\lambda_2\right)'\right) \\
&= \int_0^\infty\int_0^\infty g(\lambda_1)\mathrm{E}\big(\boldsymbol{X}(t_1-\lambda_1)\boldsymbol{X}'(t_2-\lambda_2)\big)g'(\lambda_2)\,\mathrm{d}\lambda_1\mathrm{d}\lambda_2,
\end{aligned}
$$

wenn noch (3.33) und die für das Transponieren von Matrizenprodukten gültige Regel $(AB)' = B'A'$ berücksichtigt werden. Setzt man nun noch

$$
\mathrm{E}\big(\boldsymbol{X}(t_1-\lambda_1)\boldsymbol{X}'(t_2-\lambda_2)\big) = s_{\boldsymbol{XX}}(t_1-\lambda_1, t_2-\lambda_2)
$$

ein und beachtet (3.73), so folgt schließlich

$$
s_{\boldsymbol{YY}}(\tau) = \int_0^\infty\int_0^\infty g(\lambda_1)s_{\boldsymbol{XX}}(\tau+\lambda_1-\lambda_2)g'(\lambda_2)\,\mathrm{d}\lambda_1\mathrm{d}\lambda_2. \tag{3.77}
$$

Einen einfacheren Zusammenhang erhält man, wenn (3.77) in den Bildbereich der Fourier-Transformation übertragen wird. Dabei geht die Matrix der Korrelationsfunktionen in die Matrix der Leistungsdichtespektren über:

$$
S_{\boldsymbol{YY}}(\omega) = \int_{-\infty}^\infty s_{\boldsymbol{YY}}(\tau)\mathrm{e}^{-\mathrm{j}\omega\tau}\,\mathrm{d}\tau = \begin{pmatrix} S_{\boldsymbol{Y}_1\boldsymbol{Y}_1}(\omega) & \dots & S_{\boldsymbol{Y}_1\boldsymbol{Y}_m}(\omega) \\ \vdots & & \vdots \\ S_{\boldsymbol{Y}_m\boldsymbol{Y}_1}(\omega) & \dots & S_{\boldsymbol{Y}_m\boldsymbol{Y}_m}(\omega)\end{pmatrix}. \tag{3.78}
$$

Auf der rechten Seite erhalten wir das Integral

$$
\int_{-\infty}^\infty\int_0^\infty\int_0^\infty g(\lambda_1)s_{\boldsymbol{XX}}(\tau+\lambda_1-\lambda_2)g'(\lambda_2)\mathrm{e}^{-\mathrm{j}\omega\tau}\,\mathrm{d}\lambda_1\mathrm{d}\lambda_2\mathrm{d}\tau,
$$

das bei Substitution von $\tau = \tau' - \lambda_1 + \lambda_2$ in ein Produkt von drei Integralen übergeht:

$$\int_0^\infty g(\lambda_1)e^{j\omega\lambda_1}\,d\lambda_1 \cdot \int_{-\infty}^\infty s_{XX}(\tau')e^{-j\omega\tau'}\,d\tau' \cdot \int_0^\infty g'(\lambda_2)e^{-j\omega\lambda_2}\,d\lambda_2$$
$$= G(-j\omega)S_{XX}(\omega)G'(j\omega).$$

Das Ergebnis lautet damit

$$S_{YY}(\omega) = G(-j\omega)S_{XX}(\omega)G'(j\omega). \tag{3.79}$$

Wir können also festhalten: Wird das lineare dynamische System (Bild 3.7) durch einen stationären (Vektor-)Prozess $\boldsymbol{X}$ erregt, dessen Leistungsdichtespektren bekannt sind, so können die Leistungsdichtespektren des stationären (Vektor-)Prozesses $\boldsymbol{Y}$ am Ausgang des Systems durch das Matrizenprodukt (3.79) berechnet werden. Außer der Matrix der Leistungsdichtespektren von $\boldsymbol{X}$ geht in dieses Produkt die *Übertragungsmatrix* $G(j\omega)$ ein, die bei elektrischen Netzwerken z.B. mit Hilfe der verallgemeinerten symbolischen Methode bestimmt werden kann (Vgl. Abschnitt 3.2.1.3 in [23]).

Beispiel 3.6 Gegeben ist die Schaltung Bild 3.8 mit zwei korrelierten Rauschspannungsquellen, welche durch die stationären Prozesse $\boldsymbol{U}_1$ und $\boldsymbol{U}_2$ mit den Leistungsdichtespektren $S_{\boldsymbol{U}_1}(\omega) = S_{11}$ bzw. $S_{\boldsymbol{U}_2}(\omega) = S_{22}$ beschrieben werden. Die Korrelation von $\boldsymbol{U}_1$ und $\boldsymbol{U}_2$ ist durch das Kreuzleistungsdichtespektrum $S_{\boldsymbol{U}_1\boldsymbol{U}_2}(\omega) = S_{12}$ gegeben. Gesucht ist das Leistungsdichtespektrum des Stromes $\boldsymbol{I}_1$ durch den Widerstand R_1.

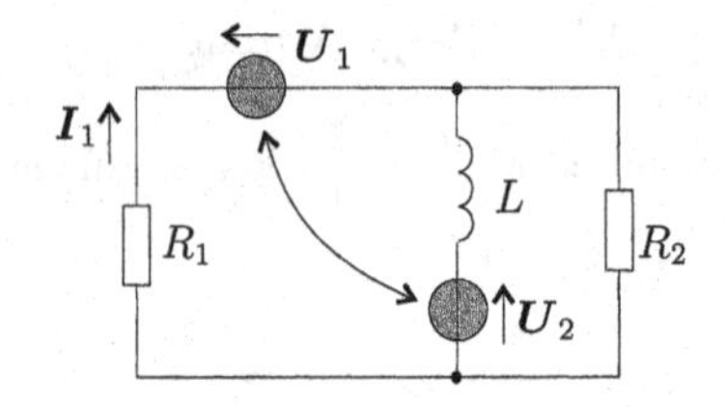

Bild 3.8: Lineares System (Beispiel)

Die Schaltung bildet ein lineares dynamisches System mit zwei Eingängen ($\boldsymbol{X}_1 = \boldsymbol{U}_1$, $\boldsymbol{X}_2 = \boldsymbol{U}_2$; $l = 2$) und einem Ausgang ($\boldsymbol{Y}_1 = \boldsymbol{I}_1$, $m = 1$) mit der Übertragungsmatrix

$$G(s) = \begin{pmatrix} G_{11}(s) & G_{12}(s) \end{pmatrix},$$

wobei

$$G_{11}(s) = \left.\frac{I_1(s)}{U_1(s)}\right|_{U_2=0} = \frac{1}{R_1 + (sL\|R_2)} = \frac{sL + R_2}{sL(R_1 + R_2) + R_1R_2}$$

$$G_{12}(s) = \left.\frac{I_1(s)}{U_2(s)}\right|_{U_1=0} = \frac{1}{sL + (R_1\|R_2)} \cdot \frac{R_2}{R_1 + R_2} = \frac{R_2}{sL(R_1 + R_2) + R_1R_2}$$

und damit

$$\begin{aligned} G(j\omega) &= \begin{pmatrix} G_{11}(j\omega) & G_{12}(j\omega) \end{pmatrix} \\ &= \begin{pmatrix} \dfrac{j\omega L + R_2}{j\omega L(R_1 + R_2) + R_1R_2} & \dfrac{R_2}{j\omega L(R_1 + R_2) + R_1R_2} \end{pmatrix}. \end{aligned}$$

Weiter folgt mit (3.79)

$$S_{\boldsymbol{YY}}(\omega) = G(-\mathrm{j}\omega)S_{\boldsymbol{XX}}(\omega)G'(\mathrm{j}\omega) = \begin{pmatrix}\overline{G}_{11} & \overline{G}_{12}\end{pmatrix}\begin{pmatrix}S_{11} & S_{12}\\ \overline{S}_{12} & S_{22}\end{pmatrix}\begin{pmatrix}G_{11}\\ G_{12}\end{pmatrix}$$

bzw.

$$S_{\boldsymbol{YY}}(\omega) = S_{\boldsymbol{I}_1}(\omega) = \underbrace{\overline{G}_{11}G_{11}}_{|G_{11}(\mathrm{j}\omega)|^2}\, S_{11} + \underbrace{\overline{G}_{11}G_{12}S_{12} + \overline{G}_{12}G_{11}\overline{S}_{12}}_{2\mathrm{Re}[\overline{G}_{11}(\mathrm{j}\omega)G_{12}(\mathrm{j}\omega)S_{12}]} + \underbrace{\overline{G}_{12}G_{12}}_{|G_{12}(\mathrm{j}\omega)|^2}\, S_{22}.$$

Setzt man wieder $S_{11} = S_{U_1}(\omega)$, $S_{22} = S_{U_2}(\omega)$ und $S_{12} = S_{U_1U_2}(\omega)$, so ergibt sich schließlich

$$S_{\boldsymbol{I}_1}(\omega) = \frac{(\omega^2L^2 + R_2^2)S_{U_1}(\omega) + R_2^2S_{U_2}(\omega) + 2\mathrm{Re}[(-\mathrm{j}\omega L + R_2)R_2S_{U_1U_2}(\omega)]}{\omega^2L^2(R_1 + R_2)^2 + (R_1R_2)^2}.$$

Die Matrix der Leistungsdichtespektren $S_{\boldsymbol{YY}}(\omega)$ enthält in diesem Beispiel nur das eine Element $S_{\boldsymbol{I}_1}(\omega)$, da das System nur einen Ausgang hat ($m = 1$).

Die für den zuletzt betrachteten Sonderfall ($t_0 \to -\infty$, stationärer Eingabeprozess) erhaltenen Gleichungen vereinfachen sich noch weiter, wenn ein System mit einem Eingang und einem Ausgang betrachtet wird ($l = m = 1$, Bild 3.9).

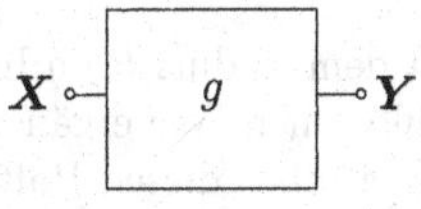

X ○— [g] —○ **Y**

Bild 3.9: Lineares System mit einem Eingang und einem Ausgang

In diesem Fall enthält die Gewichtsmatrix $g(t)$ nur ein einziges Element, nämlich die *Gewichtsfunktion* (*Impulsantwort*) g_{11}, für die wir nun gleichfalls $g_{11}(t) = g(t)$ schreiben, so dass wir anstelle (3.75), (3.77) und (3.79) erhalten

$$m_{\boldsymbol{Y}} = m_{\boldsymbol{X}}\int_0^\infty g(\lambda)\,\mathrm{d}\lambda = m_{\boldsymbol{X}}G(0) \tag{3.80}$$

$$s_{\boldsymbol{Y}}(\tau) = \int_0^\infty\int_0^\infty g(\lambda_1)g(\lambda_2)s_{\boldsymbol{X}}(\tau + \lambda_1 - \lambda_2)\,\mathrm{d}\lambda_1\mathrm{d}\lambda_2 \tag{3.81}$$

$$S_{\boldsymbol{Y}}(\omega) = |G(\mathrm{j}\omega)|^2S_{\boldsymbol{X}}(\omega). \tag{3.82}$$

Wir geben nun anstelle von (3.81) noch eine einfachere Formel zur Berechnung der Korrelationsfunktion am Ausgang des Systems an. Ausgehend von (3.82) ergibt sich mit (1.226)

$$s_{\boldsymbol{Y}}(\tau) = \frac{1}{2\pi}\int_{-\infty}^{\infty}|G(\mathrm{j}\omega)|^2S_{\boldsymbol{X}}(\omega)\mathrm{e}^{\mathrm{j}\omega\tau}\,\mathrm{d}\omega. \tag{3.83}$$

Setzen wir zunächst

$$|G(\mathrm{j}\omega)|^2 = \big(G(s)G(-s)\big)\big|_{s=\mathrm{j}\omega}$$

und mit $s_{\boldsymbol{X}}(\tau) = s_{\boldsymbol{X}}(-\tau)$

$$\begin{aligned} S_{\boldsymbol{X}}(\omega) &= \int_{-\infty}^{0} s_{\boldsymbol{X}}(\tau)\mathrm{e}^{-\mathrm{j}\omega\tau}\,\mathrm{d}\tau + \int_{0}^{\infty} s_{\boldsymbol{X}}(\tau)\mathrm{e}^{-\mathrm{j}\omega\tau}\,\mathrm{d}\tau \\ &= \int_{0}^{\infty} s_{\boldsymbol{X}}(\tau)\mathrm{e}^{\mathrm{j}\omega\tau}\,\mathrm{d}\tau + \int_{0}^{\infty} s_{\boldsymbol{X}}(\tau)\mathrm{e}^{-\mathrm{j}\omega\tau}\,\mathrm{d}\tau \\ &= \left(\widetilde{S_{\boldsymbol{X}}}(-s) + \widetilde{S_{\boldsymbol{X}}}(s)\right)\Big|_{s=\mathrm{j}\omega}, \end{aligned}$$

so erhalten wir mit $s = \mathrm{j}\omega$ in (3.83)

$$s_{\boldsymbol{Y}}(\tau) = \frac{1}{2\pi\mathrm{j}} \int_{-\mathrm{j}\infty}^{\mathrm{j}\infty} G(s)G(-s)\big(\widetilde{S_{\boldsymbol{X}}}(-s) + \widetilde{S_{\boldsymbol{X}}}(s)\big)\mathrm{e}^{s\tau}\,\mathrm{d}s. \tag{3.84}$$

Setzen wir zur Abkürzung in (3.84)

$$G(s)G(-s)\big(\widetilde{S_{\boldsymbol{X}}}(-s) + \widetilde{S_{\boldsymbol{X}}}(s)\big) = F(s),$$

so kann das Integral mit Hilfe der Residuenmethode (Vgl. Abschnitt 1.2.2.4 in [23]) für $\tau > 0$ wie folgt berechnet werden:

$$\begin{aligned} s_{\boldsymbol{Y}}(\tau) &= \frac{1}{2\pi\mathrm{j}} \oint F(s)\mathrm{e}^{s\tau}\,\mathrm{d}s - \frac{1}{2\pi\mathrm{j}} \int_{(R)} F(s)\mathrm{e}^{s\tau}\,\mathrm{d}s \\ &= \sum \operatorname*{Res}_{\mathrm{Re}(s)<0} F(s)\mathrm{e}^{s\tau}. \end{aligned} \tag{3.85}$$

Der Integrationsweg in (3.84) wird dabei durch einen Halbkreis mit dem Radius R im Innern der linken Halbebene (der komplexen s-Ebene) zu einem geschlossenen Weg ergänzt, und bei der weiteren Rechnung wird vorausgesetzt, dass das Integral über diesen Halbkreis verschwindet, wenn dessen Radius R gegen Unendlich strebt. Hinreichend hierfür ist bereits, dass $F(s)$ rational ist und im Unendlichen verschwindet. Außerdem setzen wir voraus, dass $F(s)$ für $s = \mathrm{j}\omega$ nicht singulär ist. Da die Korrelationsfunktion eine gerade Funktion ist, sind die Werte $s_{\boldsymbol{Y}}(-\tau)$ durch die Werte $s_{\boldsymbol{Y}}(\tau)$ für $\tau > 0$ mitbestimmt. Es gilt also unter den oben genannten Voraussetzungen anstelle von (3.85) allgemein für beliebige τ:

$$s_{\boldsymbol{Y}}(\tau) = \sum \operatorname*{Res}_{\mathrm{Re}(s)<0} \left(G(s)G(-s)\big(\widetilde{S_{\boldsymbol{X}}}(s) + \widetilde{S_{\boldsymbol{X}}}(-s)\big)\mathrm{e}^{s|\tau|}\right). \tag{3.86}$$

Wir demonstrieren die Anwendung von (3.80) und (3.86) nun noch an dem folgenden Beispiel.

Beispiel 3.7 Gegeben sei die Schaltung Bild 3.10, deren Eingangsspannung durch einen stationären zufälligen Prozess $\boldsymbol{X}$ mit dem Mittelwert

$$m_{\boldsymbol{X}} = m_0 = \text{konst.}$$

und der Korrelationsfunktion $s_{\boldsymbol{X}}$:

$$s_{\boldsymbol{X}}(\tau) = S_0\,\mathrm{e}^{-a|\tau|} \qquad (S_0 > 0,\ a > 0)$$

beschrieben werden kann. Gesucht sind die entsprechenden Kenngrößen der Ausgangsspannung (Ausgabeprozess $\boldsymbol{Y}$).

Wir bestimmen zunächst die Übertragungsfunktion und erhalten

$$
\begin{aligned}
G(s) &= \frac{\frac{1}{sC}}{R + sL + \frac{1}{sC}} = \frac{1}{LC} \frac{1}{s^2 + s\frac{R}{L} + \frac{1}{LC}} \\
&= \frac{1}{LC} \frac{1}{(s-s_1)(s-s_2)} \quad \text{mit} \quad s_{1,2} = -\frac{R}{2L} \pm \sqrt{\left(\frac{R}{2L}\right)^2 - \frac{1}{LC}}.
\end{aligned}
$$

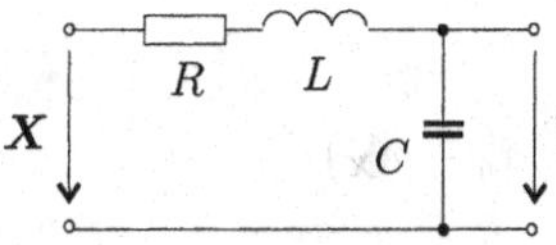

R L X C Y

Bild 3.10: RLC-Schaltung

Damit ergibt sich wegen $G(0) = 1$ der Mittelwert

$$m_{\boldsymbol{Y}} = G(0) m_{\boldsymbol{X}} = m_{\boldsymbol{X}} = m_0$$

und mit Hilfe von

$$\widetilde{S_{\boldsymbol{X}}}(s) = \int_0^\infty s_{\boldsymbol{X}}(\tau) \mathrm{e}^{-s\tau} \, \mathrm{d}\tau = \frac{S_0}{s+a}$$

und

$$\widetilde{S_{\boldsymbol{X}}}(s) + \widetilde{S_{\boldsymbol{X}}}(-s) = \frac{S_0}{s+a} + \frac{S_0}{-s+a} = \frac{-2aS_0}{(s+a)(s-a)}$$

die Korrelationsfunktion

$$
\begin{aligned}
s_{\boldsymbol{Y}}(\tau) &= \sum \operatorname*{Res}_{s=-a,s_1,s_2} \left(\frac{S_0}{L^2C^2} \frac{\mathrm{e}^{s|\tau|}}{(s-s_1)(s-s_2)(s+s_1)(s+s_2)} \frac{-2a}{(s+a)(s-a)} \right) \\
&= \frac{S_0}{L^2C^2} \left(\frac{\mathrm{e}^{-a|\tau|}}{(a^2-s_1^2)(a^2-s_2^2)} + \frac{-2a\mathrm{e}^{s_1|\tau|}}{2s_1(s_1^2-s_2^2)(s_1^2-a^2)} + \frac{-2a\mathrm{e}^{s_2|\tau|}}{2s_2(s_2^2-s_1^2)(s_2^2-a^2)} \right),
\end{aligned}
$$

wenn man noch $s_1 \neq s_2 \neq a$ voraussetzt.

3.2.1.3 Stationäre Gaußprozesse

Die Gaußprozesse spielen insofern eine bedeutsame Rolle, als bei ihrer Transformation durch lineare Systeme der Charakter der Verteilung nicht verändert wird. Wird also ein lineares System mit einem Eingang und einem Ausgang (Bild 3.9), das durch seine Gewichtsfunktion g charakterisiert ist, am Eingang durch einen stationären Gaußprozess $\boldsymbol{X}$ erregt, so erhalten wir am Ausgang (nach hinreichend langer Zeit) ebenfalls wieder einen stationären Gaußprozess $\boldsymbol{Y}$. Das ergibt sich aus den bereits im Abschnitt 3.1.2.2 erwähnten Eigenschaften des stochastischen Integrals

$$Y_t = \boldsymbol{Y}(t) = \int_0^\infty g(\tau)\boldsymbol{X}(t-\tau)\,\mathrm{d}\tau,$$

worin $\boldsymbol{Y}(t)$ normal verteilt ist, falls das für $\boldsymbol{X}(t)$ zutrifft.

Wie bereits im Abschnitt 1.3.2.3 festgestellt wurde, wird ein Gaußprozess durch seinen Mittelwert und seine Korrelationsfunktion vollständig charakterisiert. Bei einem stationären Gaußprozess ist die n-dimensionale Dichte durch

$$f_{\boldsymbol{X}}(x_1, t_1; \ldots; x_n, t_n) = \frac{1}{\sqrt{(2\pi)^n \det C_{\boldsymbol{X}}}} \exp\left(-\frac{1}{2}(x - m_{\boldsymbol{X}}){C_{\boldsymbol{X}}}^{-1}(x - m_{\boldsymbol{X}})'\right) \tag{3.87}$$

mit

$$(x - m_{\boldsymbol{X}}) = \begin{pmatrix} x_1 - m_{\boldsymbol{X}} & x_2 - m_{\boldsymbol{X}} & \ldots & x_n - m_{\boldsymbol{X}} \end{pmatrix} \tag{3.88}$$

und

$$C_{\boldsymbol{X}} = \begin{pmatrix} \mathrm{Cov}(\boldsymbol{X}(t_1), \boldsymbol{X}(t_1)) & \ldots & \mathrm{Cov}(\boldsymbol{X}(t_1), \boldsymbol{X}(t_n)) \\ \vdots & & \vdots \\ \mathrm{Cov}(\boldsymbol{X}(t_n), \boldsymbol{X}(t_1)) & \ldots & \mathrm{Cov}(\boldsymbol{X}(t_n), \boldsymbol{X}(t_n)) \end{pmatrix} = \mathrm{Cov}(\boldsymbol{X}) \tag{3.89}$$

gegeben. Die in der Kovarianzmatrix $C_{\boldsymbol{X}}$ enthaltenen Elemente sind durch

$$\mathrm{Cov}(\boldsymbol{X}(t_i), \boldsymbol{X}(t_j)) = s_{\boldsymbol{X}}(t_i - t_j) - {m_{\boldsymbol{X}}}^2 \tag{3.90}$$

bestimmt, so dass die Dichte $f_{\boldsymbol{X}}$ durch die Korrelationsfunktion $s_{\boldsymbol{X}}$ und den (konstanten) Mittelwert $m_{\boldsymbol{X}}$ vollständig festgelegt ist.

Zur vollständigen Charakterisierung des Ausgangsprozesses $\boldsymbol{Y}$ brauchen also nur die entsprechenden Parameter Mittelwert $m_{\boldsymbol{Y}}$ und Korrelationsfunktion $s_{\boldsymbol{Y}}$ berechnet zu werden. Dann sind durch

$$m_{\boldsymbol{Y}} = m_{\boldsymbol{X}} \int_0^\infty g(\tau)\,\mathrm{d}\tau \tag{3.91}$$

und

$$s_{\boldsymbol{Y}}(t_i - t_j) = \int_0^\infty \int_0^\infty g(u)g(v)s_{\boldsymbol{X}}(t_i - t_j + u - v)\,\mathrm{d}u\mathrm{d}v \tag{3.92}$$

die Kovarianzen

$$\mathrm{Cov}(\boldsymbol{Y}(t_i), \boldsymbol{Y}(t_j)) = s_{\boldsymbol{Y}}(t_i - t_j) - \left(m_{\boldsymbol{X}} \int_0^\infty g(\tau)\,\mathrm{d}\tau\right)^2 \tag{3.93}$$

festgelegt, und die Kovarianzmatrix $C_{\boldsymbol{Y}}$ kann bestimmt werden. Damit ist dann aber auch die Dichte $f_{\boldsymbol{Y}}$ des Prozesses $\boldsymbol{Y}$ durch $f_{\boldsymbol{Y}}(y_1, t_1; \ldots; y_n, t_n)$ analog zu (3.87) gegeben.

Wir demonstrieren die Berechnung der ein- und zweidimensionalen Dichte am Ausgang des Systems mit dem nachfolgenden Beispiel.

Beispiel 3.8 Gegeben ist die Schaltung Bild 3.11 mit $R_1 = R_2 = R$ und einer Kapazität C. Am Eingang der Schaltung liegt eine Spannung $\boldsymbol{X} = \boldsymbol{U}_1$, die durch einen stationären Gaußprozess mit verschwindendem Mittelwert und dem konstanten Leistungsdichtespektrum $S_{\boldsymbol{X}}(\omega) = K$ („Weißes Rauschen") beschrieben werden kann. Gesucht sind die Dichten $f_{\boldsymbol{Y}}(y,t)$ und $f_{\boldsymbol{Y}}(y_1,t_1;y_2,t_2)$ der Ausgangsspannung $\boldsymbol{Y} = \boldsymbol{U}_2$.

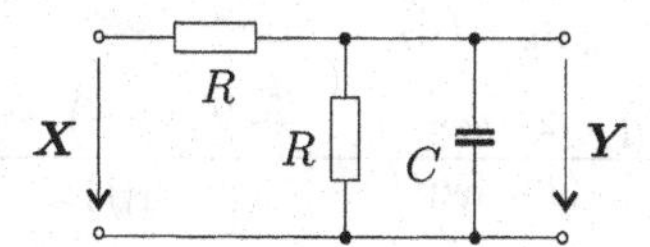

Bild 3.11: RC-Schaltung

Zunächst erhalten wir für die Übertragungsfunktion den Ausdruck

$$G(s) = \frac{U_2(s)}{U_1(s)} = \frac{R \| \frac{1}{sC}}{R + \left(R \| \frac{1}{sC}\right)} = \frac{1}{sCR + 2}.$$

Mit Hilfe von (3.80) ergibt sich der Erwartungswert

$$m_{\boldsymbol{Y}} = m_{\boldsymbol{X}}\, G(0) = 0 \cdot \frac{1}{2} = 0$$

und mittels (3.86) die Korrelationsfunktion

$$\begin{aligned} s_{\boldsymbol{Y}}(\tau) &= \operatorname*{Res}_{s=-\frac{2}{CR}} \left(\frac{1}{C^2R^2} \cdot \frac{1}{s + \frac{2}{CR}} \cdot \frac{1}{-s + \frac{2}{CR}}\, K\, \mathrm{e}^{s|\tau|} \right) \\ &= \frac{K}{4CR} \exp\left(-\frac{2}{CR} |\tau| \right). \end{aligned}$$

Aus der Korrelationsfunktion und dem Erwartungswert können die Elemente der Kovarianzmatrix $C_{\boldsymbol{Y}}$ wie folgt nach (3.93) berechnet werden:

$$\begin{aligned} \operatorname{Cov}(\boldsymbol{Y}(t_i), \boldsymbol{Y}(t_j)) &= s_{\boldsymbol{Y}}(t_i - t_j) - (m_{\boldsymbol{Y}})^2 = s_{\boldsymbol{Y}}(t_i - t_j) \\ &= \frac{K}{4CR} \exp\left(-\frac{2}{CR} |t_i - t_j| \right). \end{aligned}$$

Dann ergibt sich nach (1.243) und (1.239) die eindimensionale Dichte

$$\begin{aligned} f_{\boldsymbol{Y}}(y,t) &= \frac{1}{\sqrt{2\pi s_{\boldsymbol{Y}}(0)}} \exp\left(-\frac{1}{2} \frac{y^2}{s_{\boldsymbol{Y}}(0)} \right) \\ &= \sqrt{\frac{2CR}{\pi K}} \exp\left(-\frac{2CR}{K} y^2 \right) \end{aligned}$$

und mit

$$C_{\boldsymbol{Y}} = \begin{pmatrix} s_{\boldsymbol{Y}}(0) & s_{\boldsymbol{Y}}(t_2 - t_1) \\ s_{\boldsymbol{Y}}(t_2 - t_1) & s_{\boldsymbol{Y}}(0) \end{pmatrix}$$

die zweidimensionale Dichte

$$\begin{aligned} f_{\boldsymbol{Y}}(y_1, t_1; y_2, t_2) &= \frac{1}{2\pi\sqrt{\det C_{\boldsymbol{Y}}}} \exp\left(-\frac{1}{2} \begin{pmatrix} y_1 & y_2 \end{pmatrix} C_{\boldsymbol{Y}}^{-1} \begin{pmatrix} y_1 \\ y_2 \end{pmatrix} \right) \\ &= \frac{2CR}{\pi K \sqrt{1 - \exp\left(-\frac{4}{CR}\left|t_2 - t_1\right|\right)}} \cdot \\ &\quad \cdot \exp\left(- \frac{2CR\left(y_1^2 - 2y_1y_2 \exp\left(-\frac{2}{CR}\left|t_2 - t_1\right|\right) + y_2^2\right)}{K\left(1 - \exp\left(-\frac{4}{CR}\left|t_2 - t_1\right|\right)\right)} \right). \end{aligned}$$

3.2.2 Anwendungen stationärer Prozesse

3.2.2.1 Ergodizität

Gegeben sei ein stationärer zufälliger Prozess $\boldsymbol{X}$, dessen Realisierungen wir wie bisher mit $\boldsymbol{X}(\omega) = \boldsymbol{x}$ bezeichnen wollen. Dann gilt die folgende Definition.

Definition 3.8 Ein stationärer Prozess heißt *ergodisch im Mittel*, falls

$$\widetilde{\boldsymbol{x}(t)} = \lim_{T\to\infty} \frac{1}{2T} \int_{-T}^{+T} \boldsymbol{x}(t)\,\mathrm{d}t = \mathrm{E}(\boldsymbol{X}(t)). \tag{3.94}$$

Das bedeutet: Bei einem (im Mittel) ergodischen stationären Prozess hat der zeitliche Mittelwert $\widetilde{\boldsymbol{x}(t)}$ einer beliebigen Realisierung $\boldsymbol{x}$ des Prozesses die gleiche Größe wie der Erwartungswert $\mathrm{E}(\boldsymbol{X}(t)) = \mathrm{E}(X_t)$ (Bild 3.12).

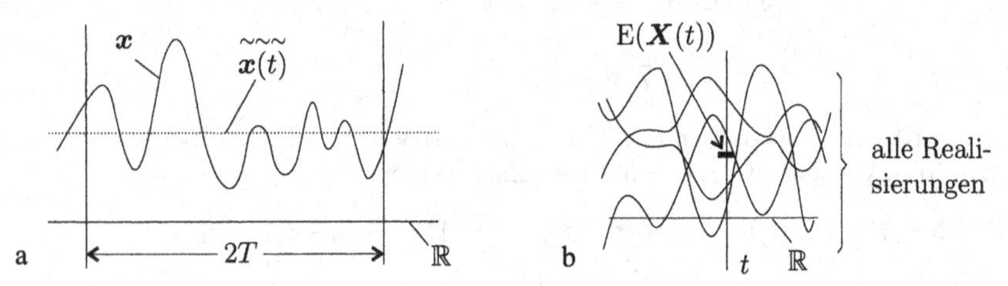

Bild 3.12: Mittelwert eines stochastischen Prozesses
a) Zeitlicher Mittelwert einer Realisierung; b) Mittelwert über die Werte aller Realisierungen zur Zeit t

Die oben für den Mittelwert definierte Eigenschaft der Ergodizität trifft bei einem stationären Prozess häufig auch für weitere Momente zu. So sagt man z.B.: $\boldsymbol{X}$ heißt ergodisch im quadratischen Mittel, falls

$$\widetilde{\boldsymbol{x}^2(t)} = \lim_{T\to\infty} \frac{1}{2T} \int_{-T}^{+T} \boldsymbol{x}^2(t)\,\mathrm{d}t = \mathrm{E}(\boldsymbol{X}^2(t)) = \mathrm{E}(X_t^2), \tag{3.95}$$

oder $\boldsymbol{X}$ heißt ergodisch bezüglich der Korrelation, falls

$$\widetilde{\boldsymbol{x}(t)\boldsymbol{x}(t+\tau)} = \lim_{T\to\infty} \frac{1}{2T} \int_{-T}^{+T} \boldsymbol{x}(t)\boldsymbol{x}(t+\tau)\,\mathrm{d}t = \mathrm{E}(\boldsymbol{X}(t)\boldsymbol{X}(t+\tau)) = s_{\boldsymbol{X}}(\tau) \tag{3.96}$$

usw.

Die Eigenschaft der Ergodizität ist für die Messtechnik von enormer Bedeutung. Dadurch wird es nämlich möglich, die messtechnische Erfassung bestimmter Parameter zufälliger Prozesse (z.B. Erwartungswert, Korrelationsfunktion, Leistungsdichtespektrum usw.) an einer einzigen (beliebigen) Realisierung des Prozesses vorzunehmen. Müsste man sich erst eine (hinreichend) große Anzahl von Realisierungen verschaffen, um diese auszuwerten, so wäre ein solches Vorgehen sicher sehr unökonomisch.

Es sei noch erwähnt, dass für die oben definierte Eigenschaft der Ergodizität im Mittel nach (3.94) die Bedingung

$$\lim_{\tau \to \infty} \operatorname{Cov}(\boldsymbol{X}(t), \boldsymbol{X}(t+\tau)) = 0 \tag{3.97}$$

hinreichend ist. Für die Ergodizität im quadratischen Mittel und die Ergodizität bezüglich der Korrelation lassen sich ähnliche hinreichende Bedingungen angeben. Eine notwendige Bedingung für die Ergodizität eines Prozesses ist, dass der betrachtete Prozess stationär ist, jedoch ist natürlich nicht jeder stationäre Prozess auch ergodisch.

3.2.2.2 Messschaltungen

Die Korrelationsfunktion $s_{\boldsymbol{X}}$ und das Leistungsdichtespektrum $S_{\boldsymbol{X}}$ sind zwei sehr wichtige Kenngrößen des stationären Prozesses. Wir geben deshalb hier noch zwei Prinzipschaltungen für die Schätzung von $s_{\boldsymbol{X}}$ und $S_{\boldsymbol{X}}$ an.

In Bild 3.13 ist zunächst die Messschaltung für die Korrelationsfunktion $s_{\boldsymbol{X}}$ dargestellt. Eine Realisierung $\boldsymbol{x}$ des Prozesses $\boldsymbol{X}$ wird einmal direkt und einmal über eine Verzögerungsschaltung mit veränderlicher Laufzeit τ auf die beiden Eingänge des Multipliziergliedes gegeben. Der am Ausgang der Schaltung erhaltene Ausdruck

$$\int_0^T \boldsymbol{x}(t)\boldsymbol{x}(t-\tau)\,\mathrm{d}t \approx T\widetilde{\boldsymbol{x}(t)\boldsymbol{x}(t-\tau)} = Ts_{\boldsymbol{X}}(\tau)$$

ist bei ergodischen Prozessen (für hinreichend große T) bis auf den Proportionalitätsfaktor T ein genügend genauer Wert für $s_{\boldsymbol{X}}(\tau)$.

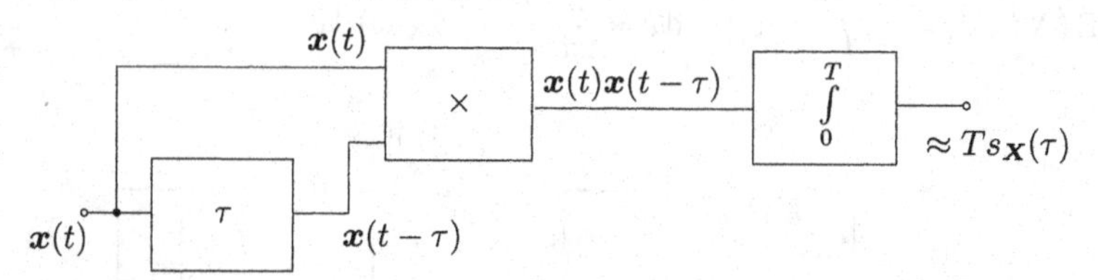

Bild 3.13: Blockschaltbild zur Schätzung der Korrelationsfunktion

Bevor wir die Schaltung zur Schätzung des Leistungsdichtespektrums angeben, wollen wir noch einige Bemerkungen zur physikalisch-inhaltlichen Bedeutung dieses Begriffes voranstellen. Im Abschnitt 1.3.2.1 wurde das Leistungsdichtespektrum zunächst als Fourier-Transformierte der Korrelationsfunktion eingeführt, d.h. es gilt (vgl. (1.226) und (1.227))

$$S_{\boldsymbol{X}}(\omega) = \int_{-\infty}^{\infty} s_{\boldsymbol{X}}(\tau)\mathrm{e}^{-\mathrm{j}\omega\tau}\,\mathrm{d}\tau, \qquad s_{\boldsymbol{X}}(\tau) = \frac{1}{2\pi}\int_{-\infty}^{\infty} S_{\boldsymbol{X}}(\omega)\mathrm{e}^{\mathrm{j}\omega\tau}\,\mathrm{d}\omega.$$

Interpretieren wir nun z.B. den stationären Prozess $\boldsymbol{X}$ als Spannung $\boldsymbol{U}$ über einem Ohmschen Widerstand R, so ist der Erwartungswert der Leistung (d.h. bei einem ergodischen Prozess gleichzeitig der zeitliche Mittelwert der Leistung)

$$\begin{aligned} \mathrm{E}(\boldsymbol{P}(t)) &= \mathrm{E}\left(\frac{\boldsymbol{U}^2(t)}{R}\right) = \frac{1}{R}\mathrm{E}\big(\boldsymbol{U}(t)\boldsymbol{U}(t+\tau)\big)_{\tau=0} \\ &= \frac{1}{R}s_{\boldsymbol{U}}(0) = \frac{1}{2\pi R}\int_{-\infty}^{\infty} S_{\boldsymbol{U}}(\omega)\,\mathrm{d}\omega, \end{aligned} \tag{3.98}$$

wenn man noch in (1.226) den Wert $\tau = 0$ einsetzt. Der Wert $S_{\boldsymbol{U}}(\omega)\Delta\omega$ gibt damit (bis auf den konstanten Faktor $2\pi R$) den Beitrag zur mittleren Leistung aus dem (sehr kleinen) Frequenzintervall $\Delta\omega$ an. Da also $S_{\boldsymbol{U}}(\omega)$ der Leistung je Frequenzeinheit proportional ist, wurde die Bezeichung Leistungsdichtespektrum eingeführt.

Wir gehen nun zur Messschaltung für das Leistungsdichtespektrum $S_{\boldsymbol{X}}$ eines stationären ergodischen Prozesses über. Zunächst wird der Prozess $\boldsymbol{X}$, dessen Leistungsdichtespektrum bestimmt werden soll, auf einen *Bandpass* mit möglichst geringer Bandbreite $\Delta\omega = 2\varepsilon$ gegeben (Bild 3.14a). Der Bandpass werde idealisiert durch ein lineares System mit der Eigenschaft

$$|G(\mathrm{j}\omega)| = \begin{cases} 1 & \omega \in [\pm\omega_1 - \varepsilon, \pm\omega_1 + \varepsilon] \\ 0 & \text{sonst} \end{cases}$$

dargestellt (Bild 3.14b). Am Ausgang des Bandpasses erhalten wir (nach hinreichend langer Zeit) ebenfalls wieder einen stationären Prozess, den wir mit $\boldsymbol{X}_1$ bezeichnen wollen. Das Leistungsdichtespektrum dieses Prozesses ist wegen (3.82)

$$S_{\boldsymbol{X}_1}(\omega) = |G(\mathrm{j}\omega)|^2 S_{\boldsymbol{X}}(\omega) = \begin{cases} S_{\boldsymbol{X}}(\omega) & \omega \in [\pm\omega_1 - \varepsilon, \pm\omega_1 + \varepsilon] \\ 0 & \text{sonst,} \end{cases}$$

und wir erhalten mit (3.98)

$$\mathrm{E}\left(\boldsymbol{X}_1^2(t)\right) = \frac{1}{2\pi}\int_{-\infty}^{\infty} S_{\boldsymbol{X}_1}(\omega)\,\mathrm{d}\omega = \frac{2}{2\pi}\int_{\omega_1-\varepsilon}^{\omega_1+\varepsilon} S_{\boldsymbol{X}}(\omega)\,\mathrm{d}\omega.$$

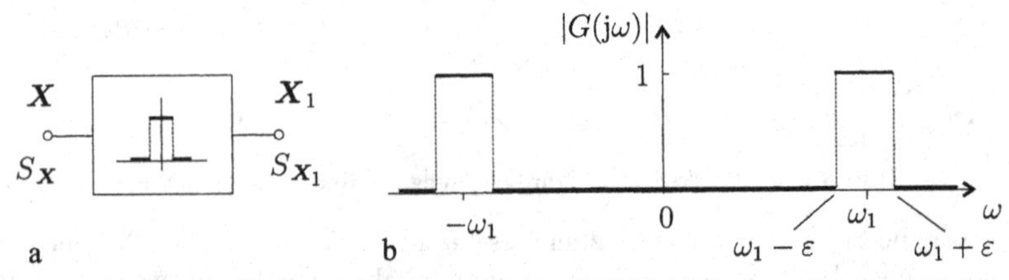

Bild 3.14: Idealer Bandpass: a) Blockschaltbild; b) Frequenzcharakteristik

Setzt man ein hinreichend schmales Durchlassband $\Delta\omega = 2\varepsilon$ voraus, so gilt für alle $\omega \in [\omega_1 - \varepsilon, \omega_1 + \varepsilon]$ genügend genau $S_{\boldsymbol{X}}(\omega) \approx S_{\boldsymbol{X}}(\omega_1)$, und es folgt

$$\mathrm{E}\left(\boldsymbol{X}_1^2(t)\right) \approx \frac{\Delta\omega}{\pi} S_{\boldsymbol{X}}(\omega_1)$$

oder umgestellt

$$S_{\boldsymbol{X}}(\omega_1) \approx \frac{\pi}{\Delta\omega} \mathrm{E}\left(\boldsymbol{X}_1^2(t)\right).$$

Beachtet man nun noch, dass für ergodische Prozesse für hinreichend große Werte von T

$$\mathrm{E}\left(\boldsymbol{X}_1^2(t)\right) = \widetilde{\boldsymbol{x}_1^2(t)} \approx \frac{1}{T} \int_0^T \boldsymbol{x}_1^2(t)\,\mathrm{d}t$$

gilt, so erhält man die in Bild 3.15 dargestellte Prinzipschaltung zur Schätzung von $S_{\boldsymbol{X}}(\omega_1)$.

Am Ausgang der Schaltung erhält man (bis auf den konstanten Faktor $\frac{1}{\pi}\Delta\omega T$) das Leistungsdichtespektrum des Prozesses an der Stelle ω_1. Wird die Bandmittenfrequenz ω_1 des Bandpasses verändert (wobei die Bandbreite $\Delta\omega$ und die Integrationszeit T konstant bleiben müssen), so kann $S_{\boldsymbol{X}}(\omega_1)$ punktweise ermittelt werden.

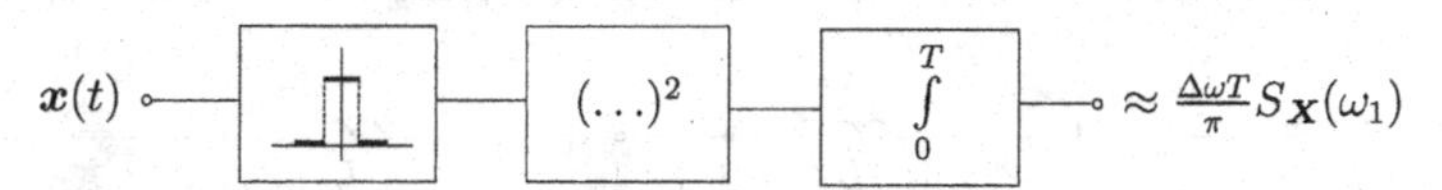

Bild 3.15: Blockschaltbild zur Schätzung des Leistungsdichtespektrums

3.2.2.3 Rauschanalyse

Von der großen Anzahl der verschiedenartigen Rauschprozesse, die in elektronischen Bauelementen eine Rolle spielen, soll hier lediglich das thermische Rauschen des Ohmschen Widerstandes näher betrachtet werden.

Wie sich messtechnisch nachprüfen lässt und auch rechnerisch gezeigt werden kann (siehe z.B. [2]), erhalten wir an den äußeren Klemmen eines Ohmschen Widerstandes R infolge der unregelmäßigen Wärmebewegungen der in ihm enthaltenen Ladungsträger eine zeitlich zufällig veränderliche Spannung, die sich in recht guter Näherung (bei konstanten äußeren Bedingungen) durch einen stationären Gaußprozess $\boldsymbol{U}$ beschreiben lässt.

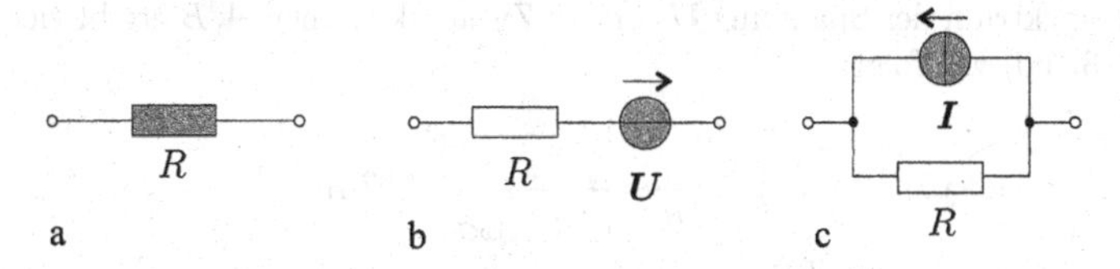

Bild 3.16: Rauschender Ohmscher Widerstand
a) Schaltbild; b) Spannungsquellen-Ersatzschaltung; c) Stromquellen-Ersatzschaltung

Ein rauschender Ohmscher Widerstand (in Bild 3.16a grau gekennzeichnet) muss also als aktiver Zweipol angesehen werden. In Bild 3.16b,c sind zwei Rauschersatzschaltungen des Widerstandes angegeben. Die erste enthält einen rauschfreien Widerstand R in Reihe mit einer Rauschspannungsquelle, die zweite den rauschfreien Widerstand R in Parallelschaltung mit einer Rauschstromquelle. Es lässt sich zeigen, dass die Rauschprozesse $\boldsymbol{U}$ und $\boldsymbol{I}$ einen verschwindenden Erwartungswert haben, d.h. es gilt

$$\mathrm{E}(U_t) = m_{\boldsymbol{U}} = 0 \qquad \text{bzw.} \qquad \mathrm{E}(I_t) = m_{\boldsymbol{I}} = 0, \tag{3.99}$$

und ihr Leistungsdichtespektrum (für metallische Leiter zumindest bis zu Frequenzen bis zu einigen 10^{10} Hz) konstant ist („Weißes Rauschen"). Man erhält (vgl. z.B. [20])

$$S_{\boldsymbol{U}}(\omega) = 2kTR \qquad \text{bzw.} \qquad S_{\boldsymbol{I}}(\omega) = \frac{2kT}{R}, \tag{3.100}$$

worin R der Widerstandswert, T die absolute Temperatur und k die Boltzmann-Konstante bedeuten. Für $\omega \to \infty$ müssen die Leistungsdichtespektren aus physikalischen Gründen gegen Null streben.

Wir betrachten nun beliebige RLC-Zweipole, welche rauschende Ohmsche Widerstände enthalten. Dabei verdeutlichen wir die wesentlichen Aussagen an einem Beispiel.

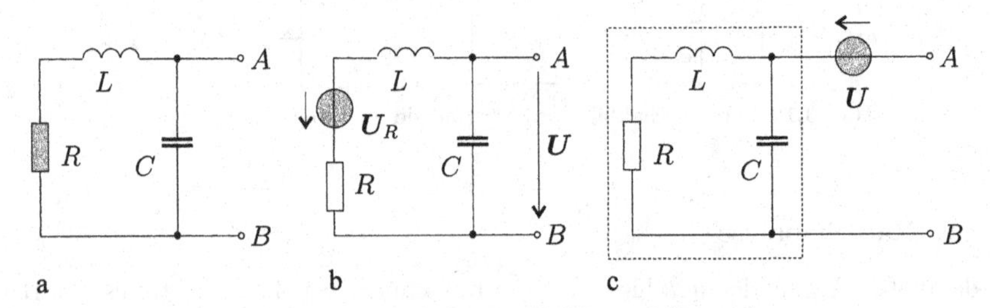

Bild 3.17: Rauschender RLC-Zweipol (Beispiel):
a) Schaltbild; b) umgeformte Schaltung; c) Rauschersatzschaltung

Beispiel 3.9 Gegeben ist der Zweipol Bild 3.17a mit einem rauschenden Widerstand R. Da die (als ideal betrachteten) Energiespeicherelemente L und C nicht rauschen, kann für den Zweipol die in Bild 3.17b dargestellte Rauschersatzschaltung angegeben werden. Diese Rauschersatzschaltung stellt ein lineares dynamisches System mit einem Eingang (Rauschspannungsquelle $\boldsymbol{U}_R$) und einem Ausgang (Klemmenpaar A, B) dar. Das Leistungsdichtespektrum der Spannung $\boldsymbol{U}$ an den Zweipolklemmen A, B ergibt sich nun aus (3.82) und (3.100) wie folgt:

$$\begin{aligned} S_{\boldsymbol{U}}(\omega) &= |G(\mathrm{j}\omega)|^2 S_{\boldsymbol{U}_R}(\omega) = \left| \frac{\frac{1}{\mathrm{j}\omega C}}{R + \mathrm{j}\omega L + \frac{1}{\mathrm{j}\omega C}} \right|^2 2kTR \\ &= \frac{2kTR}{(\omega^2 LC - 1)^2 + (\omega CR)^2}. \end{aligned}$$

Setzen wir nun noch

$$R^* = \frac{R}{(\omega^2 LC - 1)^2 + (\omega CR)^2},$$

so erhalten wir ähnlich wie in (3.100)

$$S_U(\omega) = 2kTR^*.$$

Man bestätigt leicht, dass R^* gerade der Realteil des komplexen Widerstandes des Zweipols im Sinne der Wechselstromlehre ist:

$$\begin{aligned}
\mathrm{Re}\,[Z_{AB}(\mathrm{j}\omega)] &= \mathrm{Re}\left[\frac{1}{\mathrm{j}\omega C}\|(R+\mathrm{j}\omega L)\right] = \mathrm{Re}\left[\frac{\frac{1}{\mathrm{j}\omega C}(R+\mathrm{j}\omega L)}{\frac{1}{\mathrm{j}\omega C}+R+\mathrm{j}\omega L}\right] \\
&= \mathrm{Re}\left[\frac{R+\mathrm{j}\omega L}{1-\omega^2 LC+\mathrm{j}\omega CR}\right] = \frac{R}{(\omega^2 LC-1)^2+(\omega CR)^2} = R^*.
\end{aligned}$$

Daraus ergibt sich: Der rauschende RLC-Zweipol Bild 3.17a lässt sich durch eine Ersatzschaltung, bestehend aus einem rauschfreien RLC-Zweipol in Reihe mit einer Rauschspannungsquelle mit dem Leistungsdichtespektrum

$$S_U(\omega) = 2kT\mathrm{Re}\,[Z_{AB}(\mathrm{j}\omega)] \tag{3.101}$$

äquivalent ersetzen (Bild 3.17c).

Die vorstehende Aussage gilt nicht nur für das betrachtete Beispiel, sondern auch für beliebige RLC-Zweipole. Wir können also feststellen: Die Rauschersatzschaltung eines rauschenden Zweipols besteht aus einem rauschfreien Zweipol und einer Ersatzrauschquelle mit dem Leistungsdichtespektrum (3.101) (Bild 3.18). Außer der in Bild 3.18 angegebenen gibt es natürlich noch eine duale Rauschersatzschaltung mit einer Rauschstromquelle.

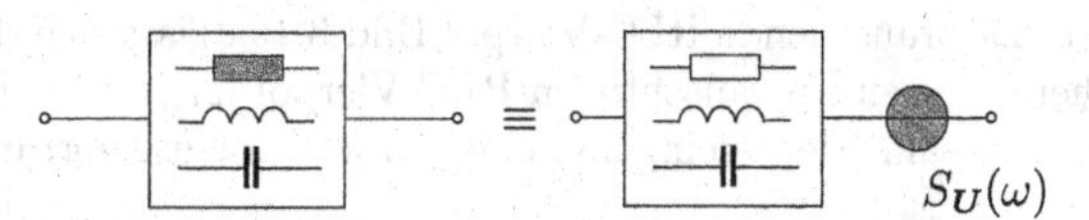

Bild 3.18: Rauschersatzschaltung eines allgemeinen RLC-Zweipols

Stellvertretend für eine Klasse von Vierpolen betrachten wir nun als Beispiel einen aus drei rauschenden RLC-Zweipolen Z_a, Z_b und Z_c aufgebauten RLC-Vierpol (T-Ersatzschaltung, Bild 3.19a). Für diesen Vierpol lässt sich mit Hilfe von Bild 3.18 die in Bild 3.19b dargestellte Rauschersatzschaltung angeben. Diese Schaltung kann als lineares System mit drei Eingängen (das sind die drei unkorrelierten Rauschspannungsquellen $\boldsymbol{X}_1 = \boldsymbol{U}_a$, $\boldsymbol{X}_2 = \boldsymbol{U}_b$ und $\boldsymbol{X}_3 = \boldsymbol{U}_c$) und zwei Ausgängen (das sind die beiden Vierpolklemmenpaare mit $\boldsymbol{Y}_1 = \boldsymbol{U}_1$ und $\boldsymbol{Y}_2 = \boldsymbol{U}_2$) aufgefasst werden.
Sind die Leistungsdichtespektren der Rauschspannungsquellen gegeben, d.h.

$$\begin{aligned}
S_{U_a}(\omega) &= 2kT\mathrm{Re}\,[Z_a(\mathrm{j}\omega)] \\
S_{U_b}(\omega) &= 2kT\mathrm{Re}\,[Z_b(\mathrm{j}\omega)] \\
S_{U_c}(\omega) &= 2kT\mathrm{Re}\,[Z_c(\mathrm{j}\omega)]\,,
\end{aligned}$$

so können die Leistungsdichtespektren von $\boldsymbol{U}_1$ und $\boldsymbol{U}_2$ mit Hilfe von (3.79) bestimmt werden. Man erhält dann

$$\begin{aligned}\begin{pmatrix} S_{\boldsymbol{U}_1}(\omega) & S_{\boldsymbol{U}_1\boldsymbol{U}_2}(\omega) \\ S_{\boldsymbol{U}_2\boldsymbol{U}_1}(\omega) & S_{\boldsymbol{U}_2}(\omega)\end{pmatrix} &= G(-\mathrm{j}\omega)\begin{pmatrix} S_{\boldsymbol{U}_a}(\omega) & 0 & 0 \\ 0 & S_{\boldsymbol{U}_b}(\omega) & 0 \\ 0 & 0 & S_{\boldsymbol{U}_c}(\omega)\end{pmatrix} G'(\mathrm{j}\omega) \\ &= \begin{pmatrix} S_{\boldsymbol{U}_a}(\omega)+S_{\boldsymbol{U}_b}(\omega) & S_{\boldsymbol{U}_b}(\omega) \\ S_{\boldsymbol{U}_b}(\omega) & S_{\boldsymbol{U}_b}(\omega)+S_{\boldsymbol{U}_c}(\omega)\end{pmatrix},\end{aligned}$$

wenn noch berücksichtigt wird, dass

$$G(\mathrm{j}\omega) = \begin{pmatrix} 1 & 1 & 0 \\ 0 & 1 & -1 \end{pmatrix}$$

gilt.

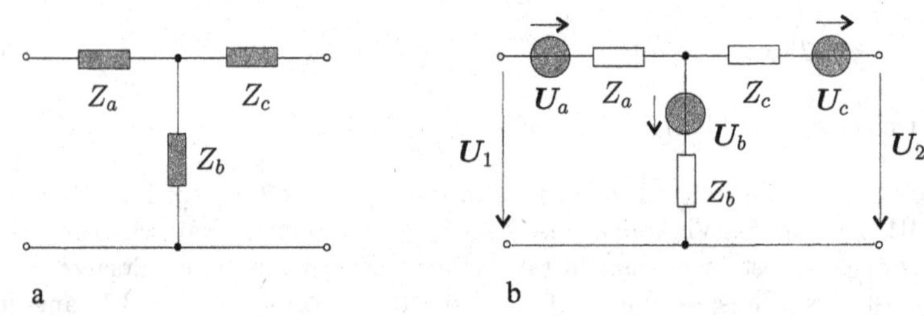

Bild 3.19: Rauschender Vierpol (T-Ersatzschaltung): a) Schaltbild; b) Rauschersatzschaltung

Daraus ergibt sich: Der rauschende RLC-Vierpol Bild 3.19a lässt sich durch eine Ersatzschaltung, bestehend aus einem rauschfreien RLC-Vierpol mit zwei korrelierten Rauschspannungsquellen (eine am Vierpoleingang, eine am Vierpolausgang) mit den Leistungsdichtespektren

$$\begin{aligned} S_{\boldsymbol{U}_1}(\omega) &= 2kT\mathrm{Re}\,[Z_a(\mathrm{j}\omega)+Z_b(\mathrm{j}\omega)] = 2kT\mathrm{Re}\,[Z_{11}(\mathrm{j}\omega)] \\ S_{\boldsymbol{U}_2}(\omega) &= 2kT\mathrm{Re}\,[Z_b(\mathrm{j}\omega)+Z_c(\mathrm{j}\omega)] = 2kT\mathrm{Re}\,[-Z_{22}(\mathrm{j}\omega)] \\ S_{\boldsymbol{U}_1\boldsymbol{U}_2}(\omega) &= 2kT\mathrm{Re}\,[Z_b(\mathrm{j}\omega)] = 2kT\mathrm{Re}\,[Z_{21}(\mathrm{j}\omega)] \end{aligned}$$

äquivalent ersetzen. In der letzten Gleichung wurden noch die bekannten Parameter der Vierpol-Impedanzmatrix Z eingesetzt. Es lässt sich zeigen, dass die durch dieses Beispiel erhaltene Aussage wie folgt verallgemeinert werden kann: Die Rauschersatzschaltung eines rauschenden Vierpols besteht aus einem rauschfreien Vierpol und zwei korrelierten Ersatzrauschquellen (Bild 3.20).

Wir bemerken noch, dass die angegebene Rauschersatzschaltung nicht die einzige ist. So kann z.B. auch eine Ersatzschaltung mit zwei korrelierten Rauschstromquellen angegeben werden oder, was für die Anwendungen häufig sehr vorteilhaft ist, man modifiziert die Ersatzschaltung derart, dass die beiden Rauschquellen (Strom- oder Spannungsquellen) entweder nur am Eingang oder nur am Ausgang des Vierpols liegen (vgl. z.B. [2]).

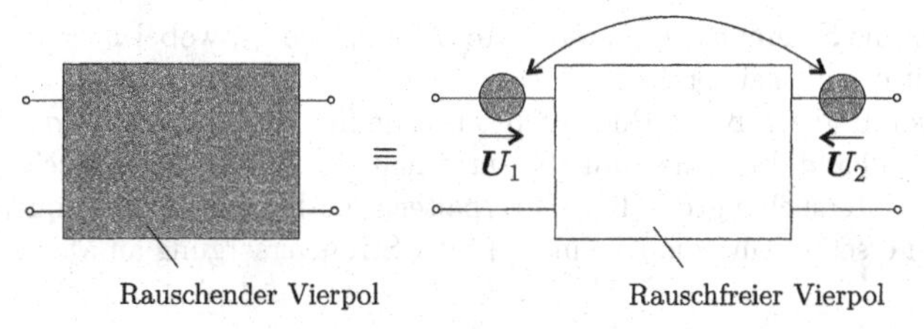

Bild 3.20: Rauschersatzschaltung eines Vierpols

Außer den hier betrachteten RLC-Zweipolen bzw. -Vierpolen lassen sich auch für andere wichtige Bauelemente (Dioden, Transistoren, Operationsverstärker usw.) Rauschersatzschaltungen angeben. Hier spielen jedoch außer dem bisher betrachteten thermischen Rauschen noch andere Rauscheffekte eine Rolle. Die Aufgabe der Rauschanalyse elektronischer Schaltungen besteht nun darin, dominierende Rauschquellen in einer Schaltung aufzufinden, um auf diese Weise Ansatzpunkte für die Verbesserung des Rauschverhaltens zu gewinnen.

Hierfür wurden bereits leistungsfähige Rechenprogramme erarbeitet. Zur Illustration des Vorgehens bei der Rauschanalyse einer elektronischen Schaltung betrachten wir das folgende einfache Beispiel.

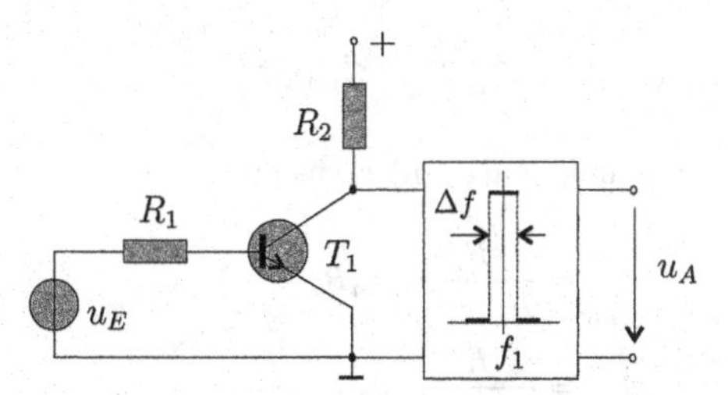

Bild 3.21: Transistorverstärker mit rauschenden Bauelementen

Beispiel 3.10 Gegeben ist der in Bild 3.21 dargestellte Transistorverstärker. In dieser Schaltung bezeichnen u_E eine Signalspannungsquelle, R_1 und R_2 zwei thermisch rauschende Widerstände und T_1 einen rauschenden Transistor. Am Ausgang des Transistors befindet sich ein ideales (rauschfreies) Schmalbandfilter mit einem Amplitudenfrequenzgang gemäß Bild 3.14 (Bandmittenfrequenz f_1, Bandbreite Δf) und unendlich hoher Eingangsimpedanz.

Für den Transistorvierpol (Bild 3.22a) kann das in Bild 3.22b dargestellte (stark vereinfachte) Rauschersatzschaltbild angegeben werden, bei dem im Gegensatz zu Bild 3.20 beide Rauschquellen am Vierpoleingang angeordnet sind. Die beiden Rauschquellen werden näherungsweise als unkorreliert betrachtet. In der Umgebung der hier interessierenden Frequenz f_1 haben die Rauschspannungsquelle $\boldsymbol{U}$ und die Rauschstromquelle $\boldsymbol{I}$ ein näherungsweise konstantes Leistungsdichtespektrum $S_{\boldsymbol{U}}(\omega) = S_U$ bzw. $S_{\boldsymbol{I}}(\omega) = S_I$. Weiterhin enthält die Rauschersatzschaltung den reellen (Eingangs-)Widerstand R_E des Transistors und eine durch die Spannung u_{R_E} gesteuerte Stromquelle i_C, wobei $i_C = g_m u_{R_E}$ gilt (g_m ist die Steilheit des Transistors).

Mit Hilfe von Bild 3.16b und Bild 3.22b kann nun für die Schaltung Bild 3.21 (zunächst ohne das Schmalbandfilter) die Rauschersatzschaltung Bild 3.23 aufgezeichnet werden, wobei für die Untersuchung des Rauschverhaltens die Signalspannungsquelle u_E durch Kurzschluss zu ersetzen und die Klemme (+) der Stromversorgung an Masse zu legen ist.

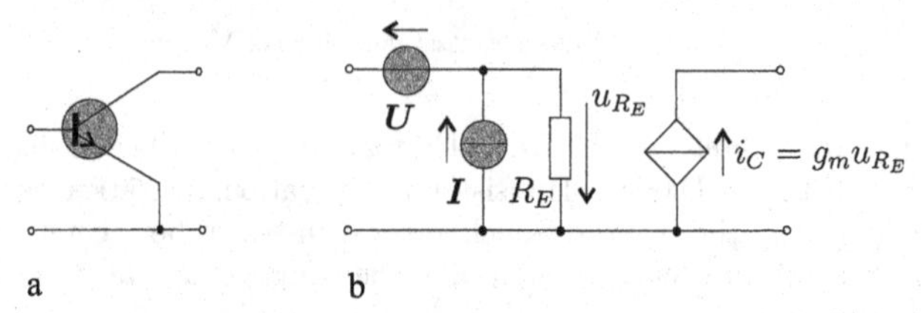

Bild 3.22: Rauschersatzschaltung eines Transistorvierpols:
a) Transistorvierpol; b) Rauschersatzschaltung

Die Schaltung Bild 3.23 stellt ein lineares System mit vier Eingängen ($\boldsymbol{X}_1 = \boldsymbol{U}_1$, $\boldsymbol{X}_2 = \boldsymbol{U}$, $\boldsymbol{X}_3 = \boldsymbol{I}$, $\boldsymbol{X}_4 = \boldsymbol{U}_2$) und einem Ausgang ($\boldsymbol{Y} = \boldsymbol{U}_A$) dar. Wir erhalten also die Übertragungsmatrix

$$G(\mathrm{j}\omega) = \begin{pmatrix} G_{11}(\mathrm{j}\omega) & G_{12}(\mathrm{j}\omega) & G_{13}(\mathrm{j}\omega) & G_{14}(\mathrm{j}\omega) \end{pmatrix}$$

mit den (hier speziell von ω unabhängigen) Elementen

$$\begin{aligned}
G_{11} &= \left.\frac{Y}{X_1}\right|_{X_2=X_3=X_4=0} = \frac{R_E}{R_1+R_E}\, g_m R_2 \\
G_{12} &= \left.\frac{Y}{X_2}\right|_{X_1=X_3=X_4=0} = \frac{R_E}{R_1+R_E}\, g_m R_2 \\
G_{13} &= \left.\frac{Y}{X_3}\right|_{X_1=X_2=X_4=0} = \frac{R_E R_1}{R_1+R_E}\, g_m R_2 \\
G_{14} &= \left.\frac{Y}{X_4}\right|_{X_1=X_2=X_3=0} = 1.
\end{aligned}$$

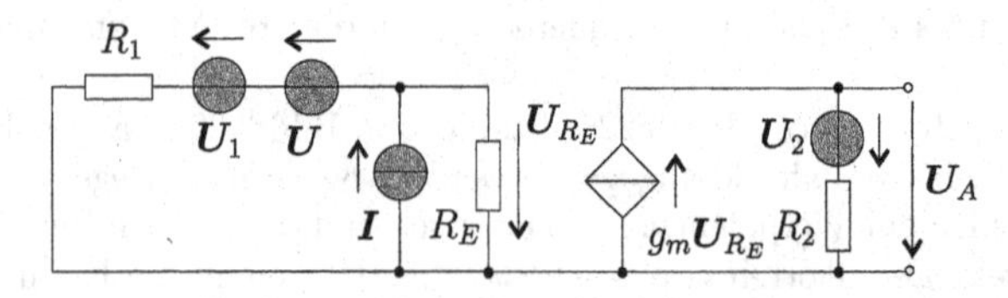

Bild 3.23: Rauschersatzschaltung des Transistorverstärkers Bild 3.21

Weiterhin erhält man für die vier unkorrelierten Rauschquellen $\boldsymbol{U}_1$, $\boldsymbol{U}$, $\boldsymbol{I}$, $\boldsymbol{U}_2$ die Matrix der Leistungsdichtespektren

$$S_{\boldsymbol{XX}}(\omega) = \begin{pmatrix} 2kTR_1 & 0 & 0 & 0 \\ 0 & S_U(\omega) & 0 & 0 \\ 0 & 0 & S_I(\omega) & 0 \\ 0 & 0 & 0 & 2kTR_2 \end{pmatrix}.$$

Daraus ergibt sich mit Hilfe von (3.79) das Leistungsdichtespektrum der Ausgangsspannung $\boldsymbol{U}_A$

$$\begin{aligned} S_{U_A}(\omega) &= \left(\frac{g_m R_2 R_E}{R_1 + R_E}\right)^2 \cdot 2kTR_1 + \left(\frac{g_m R_2 R_E}{R_1 + R_E}\right)^2 \cdot S_U(\omega) \\ &+ \left(\frac{g_m R_1 R_2 R_E}{R_1 + R_E}\right)^2 \cdot S_I(\omega) + (1)^2 \cdot 2kTR_2. \end{aligned}$$

Aus der letzten Gleichung kann der Beitrag jeder einzelnen Rauschquelle zum Leistungsdichtespektrum der Ausgangsrauschspannung abgelesen werden.

Wir wollen nun noch die Beiträge der einzelnen Rauschquellen zum Effektivwert der Ausgangsrauschspannung angeben. Der Begriff „effektive Rauschspannung" ist für einen i.q.M. ergodischen (Spannungs-)Prozess $\boldsymbol{U}$ durch

$$U_{eff} = \sqrt{\widetilde{\boldsymbol{u}^2(t)}} = \sqrt{\mathrm{E}(U_t^2)}$$

gegeben und hängt mit dem Leistungsdichtespektrum durch die Gleichung

$$U_{eff}^2 = s_U(0) = \frac{1}{2\pi}\int_{-\infty}^{\infty} S_U(\omega)\,\mathrm{d}\omega$$

zusammen. Ist das Leistungsdichtespektrum frequenzunabhängig wie in unserem Beispiel („Weißes Rauschen"), so gilt für das Frequenzintervall $\Delta f = f_2 - f_1$

$$\begin{aligned} U_{eff}^2 &= \frac{1}{2\pi}\left(\int_{-f_2}^{-f_1} S_U(2\pi f)2\pi\,\mathrm{d}f + \int_{f_1}^{f_2} S_U(2\pi f)2\pi\,\mathrm{d}f\right) \\ &= 2\int_{f_1}^{f_2} S_U(2\pi f)\,\mathrm{d}f = 2S_U(2\pi f)\Delta f. \end{aligned}$$

Der größeren Übersichtlichkeit der Ergebnisse wegen spezialisieren wir die Schaltungen Bild 3.21 bzw. Bild 3.23 nun durch die Zahlenwerte

$$R_1 = 1\,\mathrm{k\Omega}, \quad f_1 = 1\,\mathrm{kHz}, \quad k = 1{,}38 \cdot 10^{-23}\,\mathrm{Ws},$$

$$R_2 = 200\,\mathrm{k\Omega}, \quad \Delta f = 40\,\mathrm{Hz}, \quad T = 300\,\mathrm{K}$$

und Messwerte für einen hier speziell ausgewählten Transistortyp bei einer Frequenz von $f \approx 1\,\mathrm{kHz}$

$$R_E = 400\,\mathrm{k\Omega}, \quad S_U = 0{,}5 \cdot 10^{-14}\,\mathrm{V^2/Hz},$$

$$g_m = 0{,}5\,\mathrm{mA/V}, \quad S_I = 0{,}5 \cdot 10^{-25}\,\mathrm{A^2/Hz}.$$

Damit erhalten wir für die vier Rauschquellen folgende Beiträge zum Effektivwert der Ausgangsrauschspannung:

Rauschquelle	Beitrag zu $U_{A,eff}^2$		Beitrag zu $U_{A,eff}$
R_1	$\left(\frac{g_m R_2 R_E}{R_1 + R_E}\right)^2 4kTR_1\Delta f$	$= 6,63 \cdot 10^{-12}\,\mathrm{V}^2$	$2,58\,\mu\mathrm{V}$
U	$\left(\frac{g_m R_2 R_E}{R_1 + R_E}\right)^2 2S_U\Delta f$	$= 4000 \cdot 10^{-12}\,\mathrm{V}^2$	$63,3\,\mu\mathrm{V}$
I	$\left(\frac{g_m R_1 R_2 R_E}{R_1 + R_E}\right)^2 2S_I\Delta f$	$= 0,04 \cdot 10^{-12}\,\mathrm{V}^2$	$0,2\,\mu\mathrm{V}$
R_2	$4kTR_2\Delta f$	$= 0,13 \cdot 10^{-12}\,\mathrm{V}^2$	$0,36\,\mu\mathrm{V}$

Insgesamt ist also das Quadrat der effektiven Ausgangsrauschspannung

$$U_{A,eff}^2 \approx 4006 \cdot 10^{-12}\,\mathrm{V}^2$$

bzw.

$$U_{A,eff} \approx 63,3\,\mu\mathrm{V}.$$

Aus der angegebenen Übersicht ist ersichtlich, dass die Beiträge der Ohmschen Widerstände zur Ausgangsrauschspannung im Vergleich zum Beitrag des Transistors relativ gering sind. Der Effektivwert der Ausgangsrauschspannung wird praktisch allein durch den Transistor bestimmt. Man beachte ferner, dass der Beitrag des Widerstandes R_1 größer als der des Widerstandes R_2 ist, obwohl R_1 200mal kleiner als R_2 ist. Der Grund hierfür ist, dass R_1 am Eingang des Verstärkers liegt, so dass die Rauschspannung von R_1 mit dem Verstärkungsfaktor übersetzt am Ausgang wirksam ist.

3.2.2.4 Optimalfilter

Einer der wichtigsten Begriffe, den die Theorie der stationären Prozesse hervorgebracht hat, ist der Begriff des *Optimalsystems* (*Optimalfilters*). Dieser Begriff resultiert im einfachsten Fall aus folgender allgemeiner Grundaufgabe der Übertragungstheorie: Am Eingang eines linearen Systems liegen zwei stationäre Prozesse $\boldsymbol{X}_N$ und $\boldsymbol{X}_S$, die sich additiv überlagern und so den Eingangsprozess

$$\boldsymbol{X} = \boldsymbol{X}_N + \boldsymbol{X}_S \tag{3.102}$$

bilden (Bild 3.24). Das lineare System – charakterisiert durch seine noch zu bestimmende Übertragungsfunktion G – ist so zu bemessen, dass am Systemausgang so „gut wie möglich" nur noch $\boldsymbol{X}_N$ auftritt. Ist z.B. $\boldsymbol{X}_N$ ein *Nutzsignal* und $\boldsymbol{X}_S$ ein *Störsignal*, so soll am Ausgang möglichst nur noch das Nutzsignal $\boldsymbol{X}_N$ erscheinen (Bild 3.24).

Mathematisch lässt sich diese Forderung noch etwas allgemeiner folgendermaßen präzisieren: Wir verlangen, dass – bis auf eine Zeitverschiebung – der mittlere quadratische Fehler F zwischen $\boldsymbol{X}_N(t)$ und $\boldsymbol{Y}(t)$ zum Minimum wird:

$$F = \mathrm{E}\left((\boldsymbol{Y}(t+\xi) - \boldsymbol{X}_N(t))^2\right) \to \mathrm{Min} \qquad (F \geq 0). \tag{3.103}$$

Dabei muss die allgemeine Realisierbarkeitsbedingung für Übertragungsfunktionen beachtet werden, d.h. es muss $G(s)$ für alle s mit $\mathrm{Re}[s] > 0$ regulär sein (Stabiles System, vgl. z.B. [23]). Wählt man $G(s)$ so, dass

$$\mathrm{E}\left((\boldsymbol{Y}(t+\xi) - \boldsymbol{X}_N(t))^2\right) = 0$$

gilt, so ist $G(s)$ im Allgemeinen für $\mathrm{Re}[s] > 0$ nicht regulär.

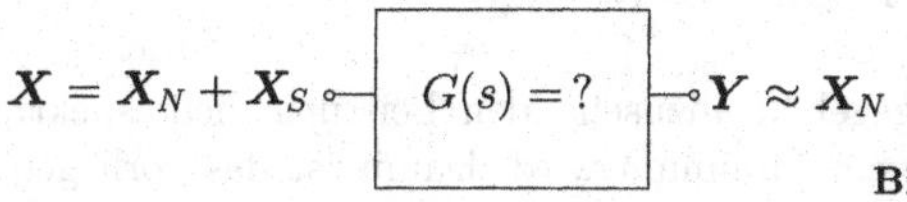

$$\boldsymbol{X} = \boldsymbol{X}_N + \boldsymbol{X}_S \circ\!\!-\!\!\boxed{\;G(s) = ?\;}\!\!-\!\!\circ \boldsymbol{Y} \approx \boldsymbol{X}_N$$

Bild 3.24: Optimalfilter (Schema)

In (3.103) ist ξ ein beliebiger, fester Parameter, der auch gleich Null sein kann. Seine Einführung in (3.103) bringt zum Ausdruck, dass es bei dem zu findenden Minimum auf eine Zeittranslation nicht ankommen soll. Ist $\xi > 0$, so darf der Ausgangsprozess $\boldsymbol{Y}$ gegenüber $\boldsymbol{X}_N$ eine gewisse *Laufzeitverzögerung* ξ haben. Für $\xi < 0$ muss dagegen $\boldsymbol{Y}$ gegenüber $\boldsymbol{X}_N$ eine gewisse *Vorlaufzeit* (*Vorhersagezeit*) aufweisen.

Damit kann man folgende vier Hauptfälle unterscheiden:

a) $\boldsymbol{X}_S = 0$, $\quad \xi > 0$: *Laufzeitsystem*,
$\qquad \xi < 0$: *Vorhersagesystem*,

b) $\boldsymbol{X}_S \neq 0$, $\quad \xi > 0$: *Filterung mit Laufzeit*,
$\qquad \xi < 0$: *Filterung mit Vorhersage*.

Im Fall a) erhalten wir für $\xi > 0$ die bekannten Verzögerungsschaltungen (z.B. Allpässe) bzw. im Fall $\xi < 0$ Schaltungen, die es gestatten, das Eingangssignal mit einer gewissen Wahrscheinlichkeit vorauszusagen.

Wir wollen nun (3.103) so umformen, dass wir eine Bedingung im Bildbereich (Spektralbereich) erhalten. Zunächst erhalten wir durch Ausquadrieren

$$F = \mathrm{E}\left(\boldsymbol{Y}^2(t+\xi) - 2\boldsymbol{Y}(t+\xi)\boldsymbol{X}_N(t) + \boldsymbol{X}_N^2(t)\right) \to \mathrm{Min}$$

oder auch (für hinreichend große Zeiten nach dem Einschalten)

$$s_{\boldsymbol{Y}}(0) - 2s_{\boldsymbol{NY}}(\xi) + s_{\boldsymbol{N}}(0) \to \mathrm{Min}, \tag{3.104}$$

worin $s_{\boldsymbol{Y}}$ und $s_{\boldsymbol{N}}$ die Korrelationsfunktionen von $\boldsymbol{Y}$ bzw. $\boldsymbol{X}_N$ bezeichnen. Der Erwartungswert

$$\mathrm{E}\big(\boldsymbol{X}_N(t)\boldsymbol{Y}(t+\xi)\big) = s_{\boldsymbol{NY}}(\xi) = s_{\boldsymbol{YN}}(-\xi) \tag{3.105}$$

stellt die Kreuzkorrelationsfunktion der Prozesse $\boldsymbol{Y}$ und $\boldsymbol{X}_N$ dar. Zur Kreuzkorrelationsfunktion $s_{\boldsymbol{NY}}$ gehört das Kreuzleistungsspektrum (vgl. (1.231))

$$S_{\boldsymbol{NY}}(\omega) = \int_{-\infty}^{\infty} s_{\boldsymbol{NY}}(\xi)\mathrm{e}^{-\mathrm{j}\omega\xi}\,\mathrm{d}\xi = \overline{S_{\boldsymbol{YN}}(\omega)}. \tag{3.106}$$

Berücksichtigt man die Umkehrformeln (1.226) und (1.230), so erhält man anstelle von (3.104)

$$F = \frac{1}{2\pi}\int_{-\infty}^{\infty} \big(S_{\boldsymbol{Y}}(\omega) - 2S_{\boldsymbol{NY}}(\omega)\mathrm{e}^{\mathrm{j}\omega\xi} + S_{\boldsymbol{N}}(\omega)\big)\,\mathrm{d}\omega \to \mathrm{Min.}$$

Nach Einführung der Übertragungsfunktion G ergibt sich mit (3.82) schließlich

$$F = \frac{1}{2\pi}\int_{-\infty}^{\infty} \big(S_{\boldsymbol{X}}(\omega)|G(\mathrm{j}\omega)|^2 - 2S_{\boldsymbol{NY}}(\omega)\mathrm{e}^{\mathrm{j}\omega\xi} + S_{\boldsymbol{N}}(\omega)\big)\,\mathrm{d}\omega \to \mathrm{Min.} \tag{3.107}$$

Im Integranden von (3.107) ist bei als gegeben anzusehenden Leistungsdichtespektren $G(s)$ so zu bestimmen, dass das Integral ein Minimum wird. Damit ist das vorliegende Minimierungsproblem auf ein Problem der Variationsrechnung zurückgeführt.

Bevor wir zur Lösung des Variationsproblems übergehen, wollen wir zunächst die in (3.107) enthaltenen Leistungsdichtespektren $S_{\boldsymbol{X}}$ und $S_{\boldsymbol{NY}}$ durch die gegebenen Leistungsdichtespektren $S_{\boldsymbol{N}}$, $S_{\boldsymbol{S}}$ und $S_{\boldsymbol{NS}}$ der Prozesse $\boldsymbol{X}_N$ und $\boldsymbol{X}_S$ ausdrücken. Aus

$$\begin{aligned} s_{\boldsymbol{X}}(\tau) &= \mathrm{E}\big(\boldsymbol{X}(t)\boldsymbol{X}(t+\tau)\big) \\ &= \mathrm{E}\big((\boldsymbol{X}_N(t) + \boldsymbol{X}_S(t))(\boldsymbol{X}_N(t+\tau) + \boldsymbol{X}_S(t+\tau))\big) \\ &= s_{\boldsymbol{N}}(\tau) + s_{\boldsymbol{NS}}(\tau) + s_{\boldsymbol{SN}}(\tau) + s_{\boldsymbol{S}}(\tau) \end{aligned}$$

erhält man durch Fourier-Transformation

$$S_{\boldsymbol{X}}(\omega) = S_{\boldsymbol{N}}(\omega) + S_{\boldsymbol{NS}}(\omega) + S_{\boldsymbol{SN}}(\omega) + S_{\boldsymbol{S}}(\omega). \tag{3.108}$$

Damit ist $S_{\boldsymbol{X}}(\omega)$ durch die gegebenen Leistungsdichtespektren ausgedrückt. Zur Berechnung von $S_{\boldsymbol{NY}}(\omega)$ gehen wir aus von (vgl. (3.74))

$$\boldsymbol{Y}(t) = \int_0^{\infty} \boldsymbol{X}(t-\tau)g(\tau)\,\mathrm{d}\tau = \int_0^{\infty} \big(\boldsymbol{X}_N(t-\tau) + \boldsymbol{X}_S(t-\tau)\big)g(\tau)\,\mathrm{d}\tau.$$

Dann ist ebenso

$$\begin{aligned} \boldsymbol{Y}(t+\xi) &= \int_0^{\infty} \boldsymbol{X}(t+\xi-\tau)g(\tau)\,\mathrm{d}\tau \\ &= \int_0^{\infty} \boldsymbol{X}_N(t+\xi-\tau)g(\tau)\,\mathrm{d}\tau + \int_0^{\infty} \boldsymbol{X}_S(t+\xi-\tau)g(\tau)\,\mathrm{d}\tau \end{aligned}$$

und folglich

$$\begin{aligned} \mathrm{E}\big(\boldsymbol{X}_N(t)\boldsymbol{Y}(t+\xi)\big) &= \mathrm{E}\left(\int_0^{\infty} \boldsymbol{X}_N(t)\boldsymbol{X}_N(t+\xi-\tau)g(\tau)\,\mathrm{d}\tau\right) \\ &\quad + \mathrm{E}\left(\int_0^{\infty} \boldsymbol{X}_N(t)\boldsymbol{X}_S(t+\xi-\tau)g(\tau)\,\mathrm{d}\tau\right). \end{aligned}$$

Da die linke Seite der letzten Gleichung die Kreuzkorrelationsfunktion der Prozesse $\boldsymbol{X}_N$ und $\boldsymbol{Y}$ darstellt, folgt weiter

$$s_{\boldsymbol{NY}}(\xi) = \int_0^\infty s_{\boldsymbol{N}}(\xi-\tau)g(\tau)\,\mathrm{d}\tau + \int_0^\infty s_{\boldsymbol{NS}}(\xi-\tau)g(\tau)\,\mathrm{d}\tau$$

und mit nachfolgender Fourier-Transformation

$$S_{\boldsymbol{NY}}(\omega) = (S_{\boldsymbol{N}}(\omega) + S_{\boldsymbol{NS}}(\omega))\,G(\mathrm{j}\omega) = S'(\omega)G(\mathrm{j}\omega), \tag{3.109}$$

wobei in der letzten Gleichung noch zur Abkürzung

$$S'(\omega) = S_{\boldsymbol{N}}(\omega) + S_{\boldsymbol{NS}}(\omega) \tag{3.110}$$

gesetzt worden ist. Da $g(t)$ für $t < 0$ verschwindet, ist die Fourier-Transformierte von g mit der Laplace-Transformierten von g identisch, sofern man in der letzteren Transformation $s = \mathrm{j}\omega$ setzt:

$$F\big(g(t)\big) = L\big(g(t)\big)\big|_{s=\mathrm{j}\omega} = G(\mathrm{j}\omega).$$

Damit ist auch $S_{\boldsymbol{NY}}(\omega)$ durch die gegebenen Leistungsdichtespektren $S_{\boldsymbol{N}}(\omega)$ und $S_{\boldsymbol{NS}}(\omega)$ ausgedrückt. Werden nun (3.108) bis (3.110) in (3.107) eingesetzt, so sind in dieser Gleichung außer der gesuchten Übertragungsfunktion G und der beliebig festzulegenden Zeittranslation ξ nur noch vorgegebene Größen enthalten.

Wir gehen nun zur Lösung des Variationsproblems über und betrachten die aus (3.107) und (3.109) resultierende Bedingung

$$F = \frac{1}{2\pi}\int_{-\infty}^{\infty} \left(|G(\mathrm{j}\omega)|^2 S_{\boldsymbol{X}}(\omega) - 2S'(\omega)G(\mathrm{j}\omega)\mathrm{e}^{\mathrm{j}\omega\xi} + S_{\boldsymbol{N}}(\omega)\right)\mathrm{d}\omega \to \text{Min.} \tag{3.111}$$

Ist $g(t)$ – was wir annehmen wollen – bereits die optimale Impulsantwort des Systems, so kann die variierte Impulsantwort

$$g_1(t) = g(t) + \varepsilon\varphi(t) \qquad (\varphi(t) = 0 \text{ für } t < 0)$$

das dann von ε abhängige Integral $F \geq 0$ in (3.111) nur vergrößern. Setzen wir

$$L\big(g_1(t)\big) = L\big(g(t) + \varepsilon\varphi(t)\big) = G(s) + \varepsilon\Phi(s) = G_1(s), \tag{3.112}$$

so ist

$$|G_1(\mathrm{j}\omega)|^2 = G_1(\mathrm{j}\omega)G_1(-\mathrm{j}\omega) = |G(\mathrm{j}\omega)|^2 + \varepsilon A(\omega) + \varepsilon^2 B(\omega),$$

wobei

$$A(\omega) = 2\mathrm{Re}[\Phi(\mathrm{j}\omega)G(-\mathrm{j}\omega)], \qquad B(\omega) = |\Phi(\mathrm{j}\omega)|^2 \tag{3.113}$$

gesetzt worden ist. Mit der variierten Impulsantwort erhält man in (3.111)

$$\begin{aligned} F(\varepsilon) \;=\; & \frac{1}{2\pi}\int_{-\infty}^{\infty} \Big(\big(|G(\mathrm{j}\omega)|^2 + \varepsilon A(\omega) + \varepsilon^2 B(\omega)\big)S_{\boldsymbol{X}}(\omega) \\ & -2S'(\omega)\big(G(\mathrm{j}\omega) + \varepsilon\Phi(\mathrm{j}\omega)\big)\mathrm{e}^{\mathrm{j}\omega\xi} + S_{\boldsymbol{N}}(\omega)\Big)\,\mathrm{d}\omega \geq F. \end{aligned}$$

Dabei ist entsprechend unserer Annahme über $g(t)$ der Wert $F(\varepsilon)$ größer als $F = F(0)$ und insbesondere wegen des vorliegenden Minimums

$$F'(0) = \left.\frac{\mathrm{d}F(\varepsilon)}{\mathrm{d}\varepsilon}\right|_{\varepsilon=0} = \frac{1}{2\pi}\int_{-\infty}^{\infty}\left(A(\omega)S_{\boldsymbol{X}}(\omega) - 2S'(\omega)\Phi(\mathrm{j}\omega)\mathrm{e}^{\mathrm{j}\omega\xi}\right)\mathrm{d}\omega = 0$$

oder mit (3.113)

$$F'(0) = \frac{1}{2\pi}\int_{-\infty}^{\infty}\left(2\mathrm{Re}[\Phi(\mathrm{j}\omega)G(-\mathrm{j}\omega)]S_{\boldsymbol{X}}(\omega) - 2S'(\omega)\Phi(\mathrm{j}\omega)\mathrm{e}^{\mathrm{j}\omega\xi}\right)\mathrm{d}\omega = 0. \tag{3.114}$$

Offensichtlich ist das Verschwinden dieses Integrals eine notwendige Bedingung dafür, dass $G(s) = L\big(g(t)\big)$ die optimale Übertragungsfunktion darstellt. Da $\mathrm{Re}[\Phi(\mathrm{j}\omega)G(-\mathrm{j}\omega)]$ und $S_{\boldsymbol{X}}$ gerade Funktionen in ω sind, $\mathrm{Im}[\Phi(\mathrm{j}\omega)G(-\mathrm{j}\omega)]$ aber ungerade, so darf man in (3.114) gleichwertig schreiben

$$\begin{aligned} F'(0) &= \frac{1}{2\pi}\int_{-\infty}^{\infty}\left(\Phi(\mathrm{j}\omega)G(-\mathrm{j}\omega)S_{\boldsymbol{X}}(\omega) - S'(\omega)\Phi(\mathrm{j}\omega)\mathrm{e}^{\mathrm{j}\omega\xi}\right)\mathrm{d}\omega \\ &= \frac{1}{2\pi}\int_{-\infty}^{\infty}\left(G(-\mathrm{j}\omega)S_{\boldsymbol{X}}(\omega) - S'(\omega)\mathrm{e}^{\mathrm{j}\omega\xi}\right)\Phi(\mathrm{j}\omega)\,\mathrm{d}\omega = 0. \end{aligned} \tag{3.115}$$

Dieses Integral ist sicher gleich Null (hinreichende Bedingung), wenn man G so wählt, dass der Ausdruck in der großen Klammer verschwindet, d.h. es muss

$$G(-\mathrm{j}\omega)S_{\boldsymbol{X}}(\omega) - S'(\omega)\mathrm{e}^{\mathrm{j}\omega\xi} = 0$$

oder mit $S_{\boldsymbol{X}}(\omega) = S_{\boldsymbol{X}}(-\omega)$

$$G(\mathrm{j}\omega) = \frac{S'(-\omega)\mathrm{e}^{-\mathrm{j}\omega\xi}}{S_{\boldsymbol{X}}(\omega)} = \frac{S_{\boldsymbol{N}}(\omega) + S_{\boldsymbol{SN}}(\omega)}{S_{\boldsymbol{X}}(\omega)}\,\mathrm{e}^{-\mathrm{j}\omega\xi} \tag{3.116}$$

gelten. Aber nur in Sonderfällen wird diese Übertragungsfunktion im Innern der rechten s-Halbebene regulär und damit realisierbar sein. Um die optimale realisierbare Übertragungsfunktion G zu erhalten, müssen wir die weiteren Schlüsse aus (3.115) etwas allgemeiner ziehen.

Das Integral (3.115) verschwindet nämlich bereits dann, wenn der Faktor

$$I(\mathrm{j}\omega) = G(-\mathrm{j}\omega)S_{\boldsymbol{X}}(\omega) - S'(\omega)\mathrm{e}^{\mathrm{j}\omega\xi}$$

des Integranden in (3.115) Randwert einer rechts regulären Funktion $I(s)$ ist:

$$I(\mathrm{j}\omega) = \lim_{\sigma\to+0} I(s) \qquad \left(s = \sigma + \mathrm{j}\omega;\ |I(s)| < \frac{k}{|s|^2}\right).$$

Da $\Phi(\mathrm{j}\omega) = L\big(\varphi(t)\big)_{s=\mathrm{j}\omega}$ diese Eigenschaft per definitionem hat, ist dann mit (3.115)

$$F'(0) = \frac{1}{2\pi}\int_{-\infty}^{\infty} I(\mathrm{j}\omega)\Phi(\mathrm{j}\omega)\,\mathrm{d}\omega = \frac{1}{2\pi\mathrm{j}}\oint_{R\to\infty} I(s)\Phi(s)\,\mathrm{d}s = 0,$$

sofern noch vorausgesetzt wird, dass $I(s)$ im Unendlichen – wenigstens für $\mathrm{Re}[s] < 0$ – verschwindet, was wir annehmen wollen.

Als notwendige Bedingung aus (3.115) ergibt sich also mit $s = \mathrm{j}\omega$, $\omega^2 = -s^2$ und $S_{\boldsymbol{X}}(\omega) = \widetilde{S_{\boldsymbol{X}}}(\omega^2)$ die Forderung

$$I(s) = G(-s)\widetilde{S_{\boldsymbol{X}}}(-s^2) - S'(-\mathrm{j}s)\,\mathrm{e}^{s\xi} \quad \text{regulär für} \quad \mathrm{Re}[s] > 0. \tag{3.117}$$

Wir zerlegen nun $\widetilde{S_{\boldsymbol{X}}}(-s^2)$ in der Form

$$\widetilde{S_{\boldsymbol{X}}}(-s^2) = \widetilde{\widetilde{S_{\boldsymbol{X}}}}(s)\widetilde{\widetilde{S_{\boldsymbol{X}}}}(-s), \tag{3.118}$$

worin $\widetilde{\widetilde{S_{\boldsymbol{X}}}}(s)$ im Innern der rechten, $\widetilde{\widetilde{S_{\boldsymbol{X}}}}(-s)$ im Innern der linken s-Halbebene regulär und nullstellenfrei ist (Bild 3.25).

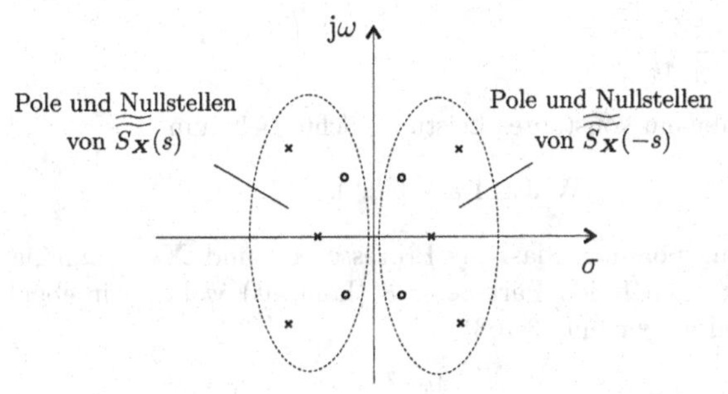

Bild 3.25: Zur Erläuterung der Produktzerlegung von $\widetilde{S_{\boldsymbol{X}}}(-s^2)$

Aus (3.117) und (3.118) folgt dann formal (ohne Angabe genauer Gültigkeitsgrenzen)

$$\frac{I(-s)}{\widetilde{\widetilde{S_{\boldsymbol{X}}}}(-s)} = G(s)\widetilde{\widetilde{S_{\boldsymbol{X}}}}(s) - \frac{S'(\mathrm{j}s)\mathrm{e}^{-s\xi}}{\widetilde{\widetilde{S_{\boldsymbol{X}}}}(-s)},$$

worin beide Seiten der Gleichung in der linken Halbebene regulär sein müssen. Dann erhält man für positive Zeiten t

$$\frac{1}{2\pi\mathrm{j}}\int_{-\mathrm{j}\infty}^{\mathrm{j}\infty} \frac{I(-s)}{\widetilde{\widetilde{S_{\boldsymbol{X}}}}(-s)}\,\mathrm{e}^{st}\,\mathrm{d}s = 0 = (g * \widetilde{\widetilde{s_{\boldsymbol{X}}}})(t) - \frac{1}{2\pi\mathrm{j}}\int_{-\mathrm{j}\infty}^{\mathrm{j}\infty} \frac{S'(\mathrm{j}s)\mathrm{e}^{-s\xi}}{\widetilde{\widetilde{S_{\boldsymbol{X}}}}(-s)}\,\mathrm{e}^{st}\,\mathrm{d}s$$

oder

$$(g * \widetilde{\widetilde{s_{\boldsymbol{X}}}})(t) = \frac{1}{2\pi}\int_{-\infty}^{\infty} \frac{S'(-\omega)\mathrm{e}^{-\mathrm{j}\omega\xi}}{\widetilde{\widetilde{S_{\boldsymbol{X}}}}(-\mathrm{j}\omega)}\,\mathrm{e}^{\mathrm{j}\omega t}\,\mathrm{d}\omega.$$

Schließlich liefert eine nochmalige Laplace-Transformation die gesuchte realisierbare „optimale Übertragungsfunktion"

$$G(s) = \frac{1}{\widetilde{\widetilde{S_{\boldsymbol{X}}}}(s)}\,L\left(\frac{1}{2\pi}\int_{-\infty}^{\infty} \frac{S'(-\omega)\mathrm{e}^{-\mathrm{j}\omega\xi}}{\widetilde{\widetilde{S_{\boldsymbol{X}}}}(-\mathrm{j}\omega)}\,\mathrm{e}^{\mathrm{j}\omega t}\,\mathrm{d}\omega\right)$$

oder mit $S'(-\omega) = S_{\boldsymbol{N}}(-\omega) + S_{\boldsymbol{NS}}(-\omega) = S_{\boldsymbol{N}}(\omega) + S_{\boldsymbol{SN}}(\omega)$ und dem Operator F^{-1} für die inverse Fourier-Transformation

$$G(s) = \frac{1}{\widetilde{\widetilde{S}}_{\boldsymbol{X}}(s)} L\left(F^{-1}\left(\frac{S_{\boldsymbol{N}}(\omega) + S_{\boldsymbol{SN}}(\omega)}{\widetilde{\widetilde{S}}_{\boldsymbol{X}}(-\mathrm{j}\omega)} \mathrm{e}^{-\mathrm{j}\omega\xi}\right)\right). \tag{3.119}$$

Beispiel 3.11 Das Nutzsignal sei durch einen stationären Prozess $\boldsymbol{X}_N$ mit der Korrelationsfunktion $s_{\boldsymbol{N}}$:

$$s_{\boldsymbol{N}}(\tau) = A^2 \mathrm{e}^{-2k|\tau|}$$

gegeben (vgl. Bild 3.3 und Übungsaufgabe 1.3-7). Dieser Prozess hat das Leistungsdichtespektrum

$$S_{\boldsymbol{N}}(\omega) = \frac{4kA^2}{\omega^2 + 4k^2}.$$

Das Störsignal habe ein konstantes Leistungsdichtespektrum

$$S_{\boldsymbol{S}}(\omega) = S_0 \qquad \text{(„Weißes Rauschen“).}$$

Es wird weiter angenommen, dass die Prozesse $\boldsymbol{X}_N$ und $\boldsymbol{X}_S$ unabhängig sind, so dass $S_{\boldsymbol{SN}}(\omega) = 0$ gilt. Den freien Parameter ξ (Laufzeit) wollen wir ebenfalls gleich Null setzen. Dann erhalten wir mit (3.108)

$$\begin{aligned} S_{\boldsymbol{X}}(\omega) &= S_{\boldsymbol{N}}(\omega) + S_{\boldsymbol{S}}(\omega) = \frac{4kA^2}{\omega^2 + 4k^2} + S_0 \\ &= \frac{\omega^2 S_0 + 4k^2 S_0 + 4kA^2}{\omega^2 + 4k^2} = \widetilde{S}_{\boldsymbol{X}}(\omega^2). \end{aligned}$$

Die Produktzerlegung von $\widetilde{S}_{\boldsymbol{X}}(-s^2)$ gemäß (3.118) ergibt

$$\begin{aligned} \widetilde{S}_{\boldsymbol{X}}(-s^2) &= \frac{-s^2 S_0 + 4k(kS_0 + A^2)}{-s^2 + 4k^2} \\ &= \frac{s\sqrt{S_0} + 2\sqrt{k(kS_0 + A^2)}}{s + 2k} \cdot \frac{-s\sqrt{S_0} + 2\sqrt{k(kS_0 + A^2)}}{-s + 2k} \\ &= \widetilde{\widetilde{S}}_{\boldsymbol{X}}(s) \cdot \widetilde{\widetilde{S}}_{\boldsymbol{X}}(-s). \end{aligned}$$

Wir bilden nun

$$F^{-1}\left(\frac{S_{\boldsymbol{N}}(\omega)}{\widetilde{\widetilde{S}}_{\boldsymbol{X}}(-\mathrm{j}\omega)}\right) = F^{-1}\left(\frac{4kA^2(-\mathrm{j}\omega + 2k)}{(-\mathrm{j}\omega + 2k)(\mathrm{j}\omega + 2k)\left(-\mathrm{j}\omega\sqrt{S_0} + 2\sqrt{k(kS_0 + A^2)}\right)}\right)$$

und erhalten für $t > 0$

$$F^{-1}\left(\frac{S_{\boldsymbol{N}}(\omega)}{\widetilde{\widetilde{S}}_{\boldsymbol{X}}(-\mathrm{j}\omega)}\right) = \frac{4kA^2}{2k\sqrt{S_0} + 2\sqrt{k(kS_0 + A^2)}} \mathrm{e}^{-2kt}.$$

Daraus ergibt sich durch Laplace-Transformation

$$L\left(F^{-1}\left(\frac{S_{\boldsymbol{N}}(\omega)}{\widetilde{\widetilde{S}}_{\boldsymbol{X}}(-\mathrm{j}\omega)}\right)\right) = \frac{4kA^2}{2k\sqrt{S_0}+2\sqrt{k(kS_0+A^2)}} \cdot \frac{1}{s+2k}$$

und schließlich mit (3.119) die gesuchte optimale Übertragungsfunktion G:

$$G(s) = \frac{4kA^2}{2k\sqrt{S_0}+2\sqrt{k(kS_0+A^2)}} \cdot \frac{1}{s\sqrt{S_0}+2\sqrt{k(kS_0+A^2)}} = \frac{a}{sb+c}.$$

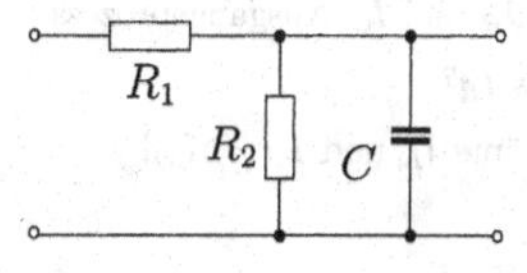

Bild 3.26: RC-Schaltung als Optimalfilter (Beispiel)

Die berechnete Übertragungsfunktion kann durch eine elektrische Schaltung nach Bild 3.26 realisiert werden. Man überzeugt sich leicht, dass die dargestellte Schaltung die Übertragungsfunktion G:

$$G(s) = \frac{\frac{1}{sC}\|R_2}{(\frac{1}{sC}\|R_2)+R_1} = \frac{R_2}{sCR_1R_2+(R_1+R_2)}$$

hat. Die Werte der Bauelemente C, R_1 und R_2 können nun durch Koeffizientenvergleich mit dem weiter oben errechneten Ausdruck für $G(s)$ ermittelt werden.

3.2.3 Aufgaben zum Abschnitt 3.2

3.2-1 Am Eingang der Schaltung Bild 3.2-1 liegt eine Spannung, die durch einen stationären Prozess $\boldsymbol{U}_1$ beschrieben werden kann. Man berechne die Korrelationsfunktion s_2 ($s_2(\tau) = s_{\boldsymbol{U}_2}(\tau)$) der stationären Ausgangsspannung $\boldsymbol{U}_2$, wenn $\boldsymbol{U}_1$ einen Prozess

a) mit konstantem Leistungsdichtespektrum $S_1(\omega) = S_0$,

b) mit der Korrelationsfunktion s_1: $s_1(\tau) = E^2\mathrm{e}^{-2k|\tau|}$ darstellt (vgl. Aufgabe 1.3-7)!

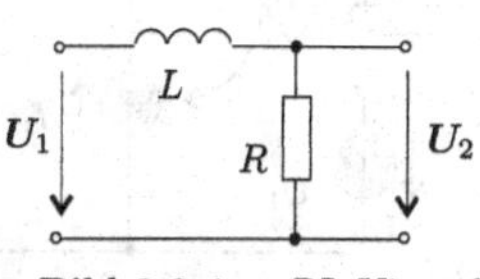

Bild 3.2-1: RL-Vierpol

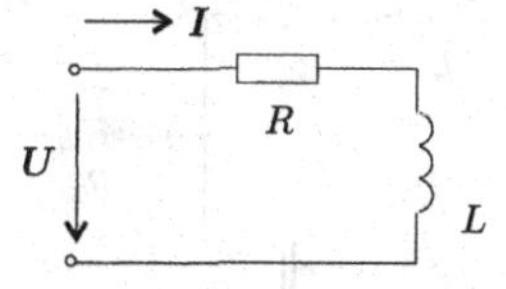

Bild 3.2-2: RL-Zweipol

3.2-2 In der Schaltung Bild 3.2-2 wird die angelegte Spannung (idealisiert) durch einen stationären Gaußprozess $\boldsymbol{U}$ mit dem Mittelwert $m_{\boldsymbol{U}} = 0$ und dem Leistungsdichtespektrum $s_{\boldsymbol{U}}(\omega) = S_0 =$ konst. beschrieben. Man berechne für den stationären Strom $\boldsymbol{I}$

a) das Leistungsdichtespektrum $S_{\boldsymbol{I}}(\omega)$,

b) die Korrelationsfunktion $s_I(\tau)$,

c) den Mittelwert m_I,

d) die Dichte $f_I(i,t)$,

e) die Dichte $f_I(i_1,t_1;i_2,t_2)$,

f) den Mittelwert der Leistung an R!

3.2-3 Die Schaltung Bild 3.2-3 wird durch zwei Rauschspannungsquellen und eine Rauschstromquelle erregt, welche durch die stationären Prozesse $\boldsymbol{U}_1$, $\boldsymbol{U}_2$ und $\boldsymbol{I}_3$ mit den Leistungsdichtespektren $S_{U_1}(\omega) = S_{11}$, $S_{U_2}(\omega) = S_{22}$ und $S_{I_3}(\omega) = S_{33}$ beschrieben werden können. Die Korrelation von $\boldsymbol{U}_1$ und $\boldsymbol{I}_3$ wird durch das Kreuzleistungsdichtespektrum $S_{U_1I_3}(\omega) = S_{13}$ berücksichtigt ($\boldsymbol{U}_2$ ist mit $\boldsymbol{U}_1$ und $\boldsymbol{I}_3$ nicht korreliert).

a) Wie lautet die Übertragungsmatrix G für den Fall, dass $\boldsymbol{I}_R$ und $\boldsymbol{I}_C$ Ausgangsprozesse sind!

b) Bestimmen Sie das Leistungsdichtespektrum des Stromes $\boldsymbol{I}_R$?

c) Berechnen Sie das Kreuzleistungsdichtespektrum der Ströme $\boldsymbol{I}_R$ und $\boldsymbol{I}_C$ ($= \boldsymbol{I}_3$)!

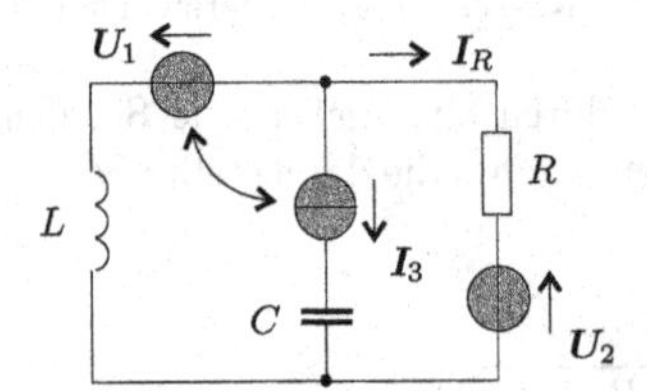

Bild 3.2-3: RLC-Schaltung

3.2-4 Man zeige, dass ein stationärer Prozess $\boldsymbol{X}$ mit verschwindendem Mittelwert ($m_{\boldsymbol{X}} = 0$) und der Korrelationsfunktion $s_{\boldsymbol{X}}$ ergodisch (im Mittel) ist, falls $s_{\boldsymbol{X}}(\tau)$ für $\tau \to \infty$ gegen Null strebt!

3.2-5 Gegeben ist der RLC-Zweipol Bild 3.2-5. Alle Schaltelemente sollen die gleiche Temperatur T haben.

a) Geben Sie die Rauschersatzschaltung (Reihenschaltung von Rauschspannungsquelle mit rauschfreiem RLC-Zweipol) an!

b) Berechnen Sie das Leistungsdichtespektrum der Ersatzrauschspannungsquelle!

c) Zeigen Sie, dass der äquivalente Rauschwiderstand $R^* = \text{Re}[Z(j\omega)]$ ist!

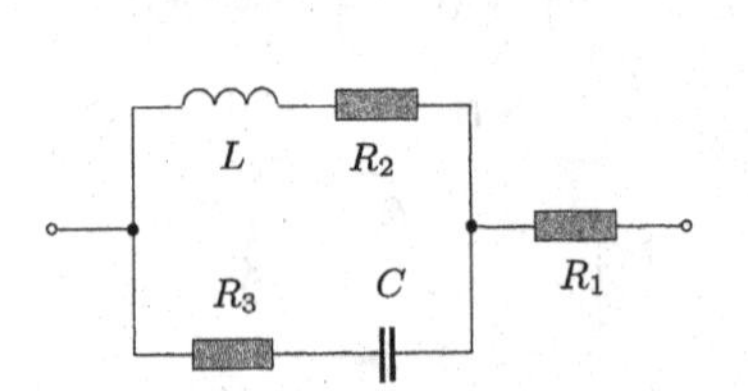

Bild 3.2-5: RLC-Zweipol

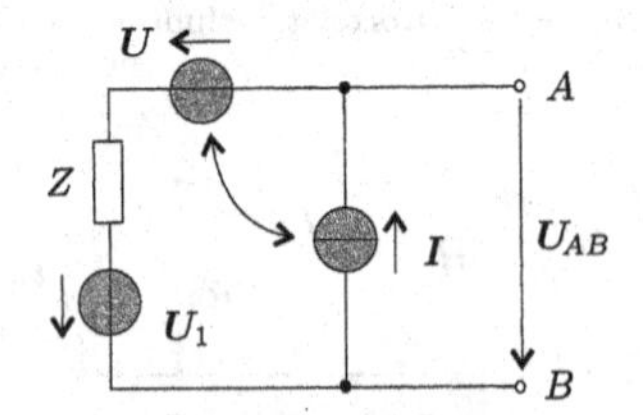

Bild 3.2-6: Schaltung

3.2-6 Man berechne das Leistungsdichtespektrum der Spannung $\boldsymbol{U}_{AB}$ an den Klemmen AB in der Schaltung Bild 3.2-6! Die Leistungsdichtespektren der Rauschquellen $\boldsymbol{U}_1$, $\boldsymbol{U}$ und $\boldsymbol{I}$ sind durch $S_{U_1}(\omega)$, $S_U(\omega)$, $S_I(\omega)$ und $S_{UI}(\omega)$ gegeben. Außerdem bezeichnet Z einen nicht rauschenden RLC-Zweipol mit der Impedanz $Z(j\omega)$.

3.2-7 Von einem zeitinvarianten linearen System mit einem Eingang und einem Ausgang sei die Impulsantwort (Gewichtsfunktion) g gegeben. Für den Fall, dass das System durch einen stationären zufälligen Prozess $\boldsymbol{X}$ mit bekannter Korrelationsfunktion erregt wird, bestimme man die Kreuzkorrelationsfunktion $s_{\boldsymbol{XY}}(\tau)$, ausgedrückt durch $s_{\boldsymbol{X}}$ und g in Integralform! Welches Ergebnis erhält man speziell, wenn $\boldsymbol{X}$ ein „Weißes Rauschen" mit $s_{\boldsymbol{X}}(\tau) = S_0\delta(\tau)$ darstellt?

3.2-8 Gegeben ist ein technischer Schwingkreis (Bild 3.2-8) mit einem thermisch rauschenden Widerstand R ($R > L/4C$).

a) Man bestimme das Leistungsdichtespektrum $S_U(\omega)$ der Rauschspannung an den Klemmen AB!

b) Man bestimme die Korrelationsfunktion $s_U(\tau)$!
Hinweis: Man benutze die Fourier-Korrespondenz

$$F^{-1}\left(\frac{\omega^2}{\omega^4 + 2\omega^2(2\beta^2 - \alpha^2) + \alpha^4}\right) = \frac{\mathrm{e}^{-\beta|\tau|}}{4\beta}\left(\cos\sqrt{\alpha^2 - \beta^2}\,\tau - \frac{\beta}{\sqrt{\alpha^2 - \beta^2}}\sin\sqrt{\alpha^2 - \beta^2}\,|\tau|\right).$$

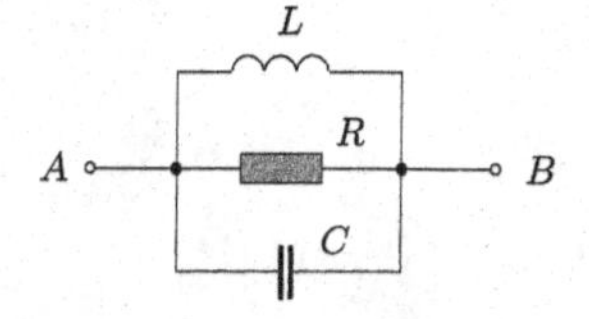

Bild 3.2-8: Technischer Schwingkreis

c) Wie groß ist die effektive Rauschspannung $U_{eff} = \sqrt{s_U(0)}$ an den Klemmen AB?

d) Welche Ergebnisse erhält man näherungsweise in c), wenn mit Hilfe der Formel von *Nyquist* $U_{eff} = \sqrt{4kTR\Delta f}$ gerechnet wird und für Δf die Bandbreite des Schwingkreises eingesetzt wird?

e) Wie müsste der Schwingkreis bei gleicher Resonanzfrequenz umdimensioniert werden, wenn die effektive Rauschspannung auf die Hälfte herabgesetzt werden soll?

f) Was erhält man in c) bis e) mit den Zahlenwerten

$$4kT = 1{,}66 \cdot 10^{-20}\ \mathrm{Ws}, \quad L = 0{,}555\ \mathrm{mH}, \quad C = 200\ \mathrm{pF}, \quad R = 416\ \mathrm{k\Omega}?$$

3.2-9 In der Schaltung Bild 3.2-9a bestimme man den Effektivwert der Ausgangsrauschspannung $U_{eff} = \sqrt{s_{U_a}(0)}$, wenn für den Transistor das im Bild 3.2-9b dargestellte (stark vereinfachte) Rauschersatzschaltbild mit konstanten Leistungsdichtespektren $S_U(\omega) = S_{U0}$ und $S_I(\omega) = S_{I0}$ zugrunde gelegt und das thermische Rauschen der Widerstände R_1 und R_2 berücksichtigt wird! Alle Rauschprozesse sind als unkorreliert und ergodisch zu betrachten.

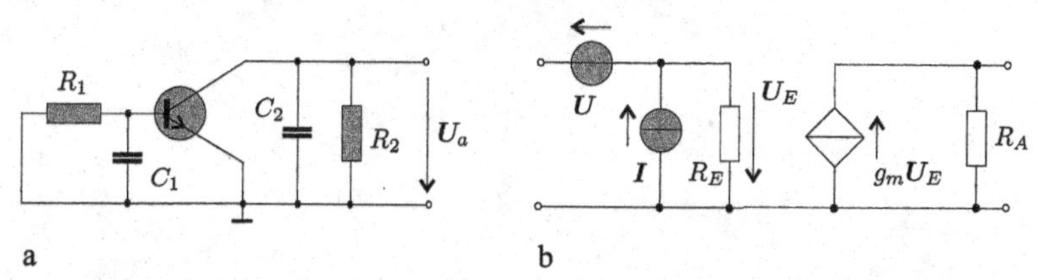

Bild 3.2-9: a) Transistorverstärker; b) Rauschersatzschaltung des Transistors

Kapitel 4

Dynamische Systeme mit diskreter Zeit

4.1 Zufällige Prozesse mit diskreter Zeit

4.1.1 Definition und Eigenschaften

4.1.1.1 Prozess und Klassifizierung

Im Abschnitt 1.3.1.1 wurde bereits kurz auf den Begriff des zufälligen Prozesses mit diskreter Zeit eingegangen. Wir wollen nun an diese Ausführungen anknüpfen und insbesondere auf die durch (1.166) und (1.170) gegebenen gleichwertigen Definitionen des Prozessbegriffes zurückkommen. Ersetzen wir in (1.166) die (überabzählbar) unendliche Zeitmenge $T \subseteq \mathbb{R}$ durch die (abzählbar) unendliche Zeitmenge $T \subseteq \mathbb{Z}$ und bezeichnen die diskreten Zeitpunkte anstelle $t \in T$ nunmehr mit $k \in T \subseteq \mathbb{Z}$, so erhalten wir anstelle der Definition 1.8 im zeitdiskreten Fall die folgende Definition:

Definition 4.1 Ein *zeitdiskreter zufälliger Prozess*

$$\boldsymbol{X} = \langle X_k \rangle_{k \in T} \qquad (T \subseteq \mathbb{Z}) \tag{4.1}$$

ist das (verallgemeinerte) direkte Produkt von Zufallsgrößen X_k, definiert durch (vgl. (1.165))

$$\boldsymbol{X}(\omega) = (X_k(\omega))_{k \in T} = (x_k)_{k \in T} = \boldsymbol{x}. \tag{4.2}$$

Hierbei ist $\boldsymbol{x}$ eine diskrete Zeitfunktion (ein diskretes Signal $\boldsymbol{x} : T \to \mathbb{R}$), welche im Zeitpunkt $k \in T$ den Wert

$$\boldsymbol{x}(k) = (\boldsymbol{X}(\omega))(k) = X_k(\omega) = x_k = x \in \mathbb{R} \tag{4.3}$$

hat. Wir bezeichnen diese diskrete Zeitfunktion $\boldsymbol{x} = \boldsymbol{X}(\omega)$ als *Zeitreihe* oder wie im zeitkontinuierlichen Fall ebenfalls als *Realisierung* des zeitdiskreten Prozesses $\boldsymbol{X}$. Ein zeitdiskreter Prozess $\boldsymbol{X}$ ist also eine Abbildung von Ω in $\mathbb{R}^T$, bei welcher jedem Elementarereignis ω eine Zeitreihe $\boldsymbol{x}$ (Realisierung des Prozesses $\boldsymbol{X}$) zugeordnet ist, in Zeichen

$$\boldsymbol{X} : \Omega \to \mathbb{R}^T, \ \boldsymbol{X}(\omega) = \boldsymbol{x}. \tag{4.4}$$

Bild 4.1 zeigt eine Veranschaulichung dieses Sachverhaltes.

Ausgehend von (4.1) bis (4.4) lassen sich auch die weiteren in Abschnitt 1.3.1 für zeitkontinuierliche zufällige Prozesse enthaltenen Ausführungen auf zeitdiskrete zufällige Prozesse übertragen. Das gilt insbesondere auch für die Begriffe Verteilungsfunktion, Verteilung und Dichtefunktion und die davon abgeleiteten Begriffe wie Randverteilungsfunktion und bedingte Verteilungsfunktion mit den entsprechenden Dichtefunktionen. Ebenso können anknüpfend an die Ausführungen in Abschnitt 1.3.2 auch stationäre Prozesse, Markovsche Prozesse und Gaußsche Prozesse mit diskreter Zeit betrachtet werden. Auf einige Sonderfälle zeitdiskreter Prozesse soll nun noch kurz eingegangen werden.

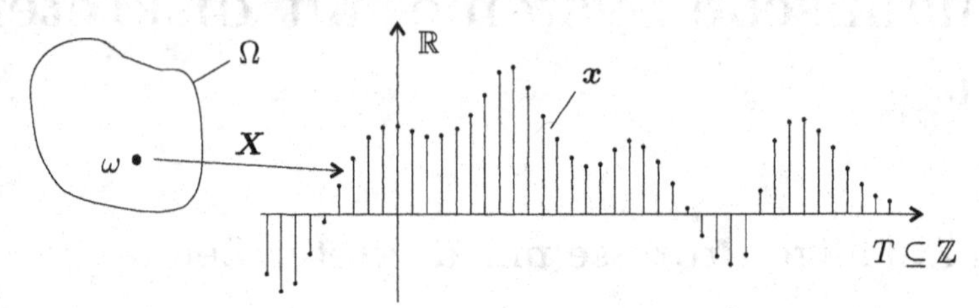

Bild 4.1: Zur Erläuterung des Begriffs zeitdiskreter zufälliger Prozess

Den Ausgangspunkt bildet der bereits im Abschnitt 1.3.2.2 behandelte rein stochastische Prozess. Wird die Definition (1.233) für diskrete Zeitpunkte $k \in T \subseteq \mathbb{Z}$ notiert, so folgt:
Ein zeitdiskreter zufälliger Prozess $\boldsymbol{X} = \langle X_k \rangle_{k \in T}$ heißt *rein stochastisch*, wenn für beliebige $k_i \in T$ $(i = 1, 2, \ldots, n;\ k_1 < k_2 < \ldots < k_n)$ gilt

$$f_{\boldsymbol{X}}(x_n, k_n | x_1, k_1; \ldots ; x_{n-1}, k_{n-1}) = f_{\boldsymbol{X}}(x_n, k_n). \tag{4.5}$$

Daraus ergibt sich, wie in 1.3.2.2 bereits näher erläutert, dass die den Zeitpunkten $k_i \in T \subseteq \mathbb{Z}$ und $k_j \in T \subseteq \mathbb{Z}$ zugeordneten Zufallsgrößen $\boldsymbol{X}(k_i) = X_{k_i}$ und $\boldsymbol{X}(k_j) = X_{k_j}$ für $k_i \neq k_j$ unabhängig voneinander sind. Damit ergibt sich die folgende Definition:

Definition 4.2 Gegeben sei ein rein stochastischer zeitdiskreter zufälliger Prozess $\boldsymbol{Z} = \langle Z_k \rangle_{k \in T}$ $(T \subseteq \mathbb{Z})$ mit dem Erwartungswert $\mathrm{E}(\boldsymbol{Z}(k)) = 0$. Dann gilt

a) Der Prozess $\boldsymbol{X} = \langle X_k \rangle_{k \in T}$ heißt *Gleitmittelprozess* (oder: *MA-Prozess*, vom englischen moving average) *der Ordnung* q, falls

$$\boldsymbol{X}(k) = \boldsymbol{Z}(k) + b_1 \boldsymbol{Z}(k-1) + b_2 \boldsymbol{Z}(k-2) + \ldots + b_q \boldsymbol{Z}(k-q) \qquad (b_i \in \mathbb{R}). \tag{4.6}$$

b) Der Prozess $\boldsymbol{X} = \langle X_k \rangle_{k \in T}$ heißt *autoregressiver Prozess* (oder: *AR-Prozess*) *der Ordnung* p, falls

$$\boldsymbol{X}(k) = \boldsymbol{Z}(k) + a_1 \boldsymbol{X}(k-1) + a_2 \boldsymbol{X}(k-2) + \ldots + a_p \boldsymbol{X}(k-p) \qquad (a_i \in \mathbb{R}). \tag{4.7}$$

c) Der Prozess $\boldsymbol{X} = \langle X_k \rangle_{k \in T}$ heißt *autoregressiver Gleitmittelprozess* (oder: *ARMA-Prozess*) *der Ordnung* (p, q), falls

$$\begin{aligned} \boldsymbol{X}(k) &= \boldsymbol{Z}(k) + b_1 \boldsymbol{Z}(k-1) + b_2 \boldsymbol{Z}(k-2) + \ldots + b_q \boldsymbol{Z}(k-q) \\ &\quad + a_1 \boldsymbol{X}(k-1) + a_2 \boldsymbol{X}(k-2) + \ldots + a_p \boldsymbol{X}(k-p) \qquad (a_i, b_j \in \mathbb{R}). \end{aligned} \tag{4.8}$$

Die genannten Prozessklassen finden in der *Zeitreihenanalyse* Anwendung. Dabei wird angenommen, dass die beobachteten und zu analysierenden Zeitreihen Realisierungen von Prozessen des Typs (4.6) bis (4.8) sind, bei denen dann lediglich endlich viele unbekannte Parameter (die Koeffizienten a_i bzw. b_j) unter Verwendung der beobachteten Werte zu schätzen sind. Durch geeignete statistische Testverfahren ist anschließend zu überprüfen, ob die getroffene Annahme beibehalten werden kann oder möglicherweise abzulehnen ist.

4.1.1.2 Momente zeitdiskreter Prozesse

Die im Abschnitt 1.3.1.4 für zeitkontinuierliche stochastische Prozesse genannten Momente können nun auch für stochastische Prozesse mit diskreter Zeit angegeben werden. Wir notieren hier lediglich einige wichtige Momente, die für die weiteren Ausführungen von Bedeutung sind.

Ist $\boldsymbol{X}$ ein zeitdiskreter zufälliger Prozess mit der Dichte $f_{\boldsymbol{X}}$, so ergibt sich der *Erwartungswert* des Prozesses für beliebige $k \in T \subseteq \mathbb{Z}$ analog zu (1.197) aus

$$\mathrm{E}(X_k) = \int_{-\infty}^{\infty} x f_{\boldsymbol{X}}(x,k)\,\mathrm{d}x = m_{\boldsymbol{X}}(k), \tag{4.9}$$

falls das angegebene Integral absolut konvergiert. Analog zu (1.199) ergibt sich mit $k_1, k_2 \in T \subseteq \mathbb{Z}$ aus

$$\mathrm{E}\left(X_{k_1} \cdot X_{k_2}\right) = \int_{-\infty}^{\infty}\int_{-\infty}^{\infty} x_1 x_2 f_{\boldsymbol{X}}(x_1,k_1;x_2,k_2)\,\mathrm{d}x_1\mathrm{d}x_2 = s_{\boldsymbol{X}}(k_1,k_2), \tag{4.10}$$

die (*Auto-*) *Korrelationsfunktion* des zeitdiskreten Prozesses $\boldsymbol{X}$. Erwähnt seien auch noch der quadratische Mittelwert

$$\mathrm{E}(X_k^2) = \int_{-\infty}^{\infty} x^2 f_{\boldsymbol{X}}(x,k)\,\mathrm{d}x = s_{\boldsymbol{X}}(k,k) \tag{4.11}$$

und die *Varianz*

$$\mathrm{E}\left((X_k - m_{\boldsymbol{X}}(k))^2\right) = \int_{-\infty}^{\infty} (x - m_{\boldsymbol{X}}(k))^2 f_{\boldsymbol{X}}(x,k)\,\mathrm{d}x = \mathrm{Var}(X_k) \tag{4.12}$$

des zeitdiskreten Prozesses $\boldsymbol{X}$. Die *Kovarianzen* des zeitdiskreten Prozesses $\boldsymbol{X}$

$$\begin{aligned}\mathrm{Cov}\left(X_{k_1}, X_{k_2}\right) &= \mathrm{E}\left((X_{k_1} - m_{\boldsymbol{X}}(k_1))(X_{k_2} - m_{\boldsymbol{X}}(k_2))\right)\\ &= s_{\boldsymbol{X}}(k_1,k_2) - m_{\boldsymbol{X}}(k_1)m_{\boldsymbol{X}}(k_2)\end{aligned} \tag{4.13}$$

lassen sich nach dem Vorbild von (1.204) auch wieder in einer *Kovarianzmatrix*

$$\mathrm{Cov}(\boldsymbol{X}) = \begin{pmatrix} \mathrm{Cov}(X_{k_1}, X_{k_1}) & \ldots & \mathrm{Cov}(X_{k_1}, X_{k_n}) \\ \vdots & & \vdots \\ \mathrm{Cov}(X_{k_n}, X_{k_1}) & \ldots & \mathrm{Cov}(X_{k_n}, X_{k_n}) \end{pmatrix} \tag{4.14}$$

zusammenfassen.

Betrachtet man den aus zwei zeitdiskreten zufälligen Prozessen $\boldsymbol{X}$ und $\boldsymbol{Y}$ gebildeten (zweidimensionalen) Vektorprozess $\langle \boldsymbol{X}, \boldsymbol{Y} \rangle$, so ergibt sich entsprechend (1.205) für zwei festgehaltene Zeitpunkte k_1 und k_2

$$\mathrm{E}\left(X_{k_1} \cdot Y_{k_2}\right) = \int_{-\infty}^{\infty} \int_{-\infty}^{\infty} x\, y\, f_{\langle \boldsymbol{X},\boldsymbol{Y} \rangle}(x, k_1; y, k_2)\, \mathrm{d}x \mathrm{d}y = s_{\boldsymbol{XY}}(k_1, k_2), \tag{4.15}$$

die *Kreuzkorrelationsfunktion* der Prozesse $\boldsymbol{X}$ und $\boldsymbol{Y}$, für welche die Bedingungen (1.206) bis (1.208) ebenfalls gelten, wenn man nur anstelle der Zeitpunkte t_1 und t_2 die diskreten Zeitpunkte k_1 und k_2 einsetzt.

Werden im allgemeineren Fall eines zeitdiskreten Vektorprozesses $\boldsymbol{X} = \langle \boldsymbol{X}_1, \boldsymbol{X}_2, \ldots, \boldsymbol{X}_l \rangle$ zwei Zeitpunkte $k_1 \in T \subseteq \mathbb{Z}$ und $k_2 \in T \subseteq \mathbb{Z}$ festgehalten, so können die durch

$$s_{\boldsymbol{X}_i \boldsymbol{X}_j}(k_1, k_2) = \mathrm{E}\left(X_{i,k_1} \cdot X_{j,k_2}\right)$$

definierten l^2 Kreuzkorrelationsfunktionen $s_{\boldsymbol{X}_i \boldsymbol{X}_j}$ in einer *Matrix der Korrelationsfunktionen* (Vgl. auch (1.211))

$$s_{\boldsymbol{XX}}(k_1, k_2) = \begin{pmatrix} s_{\boldsymbol{X}_1 \boldsymbol{X}_1}(k_1, k_2) & \ldots & s_{\boldsymbol{X}_1 \boldsymbol{X}_l}(k_1, k_2) \\ \vdots & & \vdots \\ s_{\boldsymbol{X}_l \boldsymbol{X}_1}(k_1, k_2) & \ldots & s_{\boldsymbol{X}_l \boldsymbol{X}_l}(k_1, k_2) \end{pmatrix} \tag{4.16}$$

zusammengefasst werden. In der Hauptdiagonalen enthält diese Matrix die (Auto-) Korrelationsfunktionen der Prozesse $\boldsymbol{X}_1, \ldots, \boldsymbol{X}_l$ aus $\boldsymbol{X}$.

4.1.2 Stationäre zeitdiskrete Prozesse

4.1.2.1 Korrelationsfolge

Im Abschnitt 1.3.2.1 wurde bereits erläutert, was unter einem stationären stochastischen Prozess zu verstehen ist. Die für den Fall eines zufälligen Prozesses mit kontinuierlicher Zeit erhaltenen Aussagen lassen sich auf zeitdiskrete Prozesse übertragen, wenn man in (1.217) anstelle von $t_1, t_2, \ldots, t_n$ die diskreten Zeitpunkte $k_1, k_2, \ldots, k_n$ ($k_i \in \mathbb{Z}$) einsetzt. Insbesondere gelten damit auch die aus (1.217) abgeleiteten Schlussfolgerungen (1.218) und (1.220) hinsichtlich Mittelwert und Korrelationsfunktion.

Das bedeutet: Bei einem stationären zeitdiskreten Prozess ist die eindimensionale Verteilungsdichtefunktion und damit wegen (4.9) der Mittelwert

$$m_{\boldsymbol{X}}(k) = \mathrm{E}(\boldsymbol{X}(k)) = \text{konst.} \tag{4.17}$$

unabhängig vom betrachteten Zeitpunkt $k \in T \subseteq \mathbb{Z}$. Die zweidimensionale Verteilungsdichtefunktion hängt von der Differenz $\kappa = k_2 - k_1$ der betrachteten Zeitpunkte ab, folglich gilt das wegen (4.10) auch für die Korrelationsfunktion. Man schreibt daher analog zu (1.220)

$$s_{\boldsymbol{X}}(\kappa) = \mathrm{E}(X_k X_{k+\kappa}) = \mathrm{E}(\boldsymbol{X}(k)\boldsymbol{X}(k+\kappa)). \tag{4.18}$$

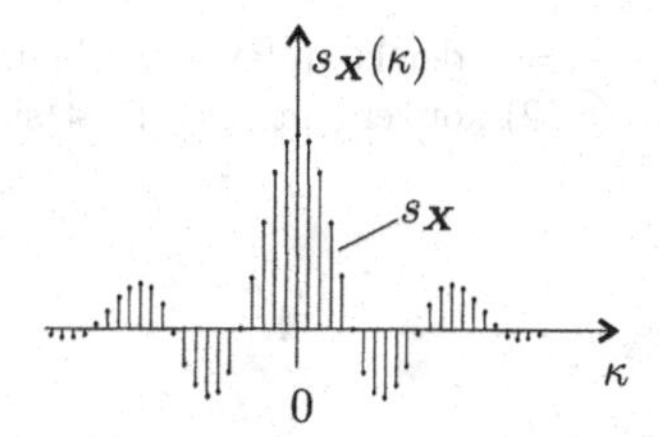

Bild 4.2: Korrelationsfolge (Beispiel)

Die Korrelationsfunktion $s_{\mathbf{X}}$ des stationären zeitdiskreten zufälligen Prozesses ist also von einer diskreten Zeitvariablen $\kappa \in \mathbb{Z}$ abhängig, daher spricht man in diesem Fall auch häufig von der *Korrelationsfolge* des zeitdiskreten Prozesses.
Die Eigenschaften der Korrelationsfolge ergeben sich auf analoge Weise wie bereits im Abschnitt 1.3.2.1 dargelegt. Anstelle von (1.224) und (1.225) erhalten wir

$$s_{\mathbf{X}}(\kappa) = s_{\mathbf{X}}(-\kappa) \tag{4.19}$$

und

$$|s_{\mathbf{X}}(\kappa)| \leq s_{\mathbf{X}}(0). \tag{4.20}$$

In Bild 4.2 ist ein typisches Beispiel einer Korrelationsfolge dargestellt, das den grundsätzlichen Verlauf dieser Prozesscharakteristik veranschaulicht.

4.1.2.2 Leistungsdichtespektrum

Unter den stationären zeitdiskreten zufälligen Prozessen betrachten wir weiterhin nur solche, deren Korrelationsfolge absolut summierbar ist, für die also gilt

$$\sum_{\kappa=-\infty}^{\infty} |s_{\mathbf{X}}(\kappa)| < \infty. \tag{4.21}$$

In diesem Fall lässt sich eine *zweiseitige Z-Transformierte* der Korrelationsfolge angeben, die durch die folgende *Laurent-Reihe* gebildet wird:

$$S_{\mathbf{X}}(z) = \sum_{\kappa=-\infty}^{\infty} s_{\mathbf{X}}(\kappa) z^{-\kappa} \tag{4.22}$$

$$= \sum_{\kappa=-\infty}^{0} s_{\mathbf{X}}(\kappa) z^{-\kappa} + \sum_{\kappa=1}^{\infty} s_{\mathbf{X}}(\kappa) z^{-\kappa}. \tag{4.23}$$

Wird die Summe (4.22) in zwei Teilsummen zerlegt, wie in (4.23) notiert, so ist ersichtlich, dass die erste Summe den ganzen Teil und die zweite Summe den Hauptteil der Laurent-Reihe darstellt. Der ganze Teil konvergiert (falls überhaupt) in einem Kreisgebiet mit dem Mittelpunkt $z = 0$ und der Hauptteil konvergiert (falls überhaupt) außerhalb eines Kreisgebietes mit dem Mittelpunkt $z = 0$. Die Reihe (4.22) kann also nur dann konvergieren, wenn ein nichtleerer Durchschnitt der beiden Konvergenzgebiete vorhanden ist. Das Konvergenzgebiet $\mathbb{C}_R$ der Reihe (4.22) – falls es existiert – ist damit ein Kreisringgebiet, das unter der Voraussetzung (4.21) den Einheitskreis $|z| = 1$ der komplexen z-Ebene enthält (Bild 4.3), denn für alle Zahlen z mit $|z| = 1$ ist (4.22) konvergent. Das lässt sich durch die Abschätzung

$$\left| \sum_{\kappa=-\infty}^{\infty} s_{\boldsymbol{X}}(\kappa) z^{-\kappa} \right| \leq \sum_{\kappa=-\infty}^{\infty} |s_{\boldsymbol{X}}(\kappa)| \, |z^{-\kappa}| < \infty \tag{4.24}$$

sofort bestätigen. Dabei wurde berücksichtigt, dass auf dem Einheitskreis $|z| = 1$ für beliebige $\kappa \in \mathbb{Z}$ die Beziehung $|z^{-\kappa}| = |z|^{-\kappa} = 1$ gilt.

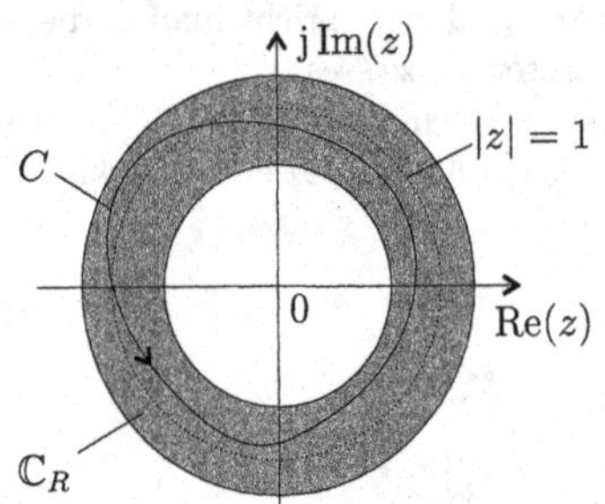

Bild 4.3: Konvergenzgebiet $\mathbb{C}_R$

Nach den Regeln der Z-Transformation (vgl. z.B. [23]) kann zu (4.22) das komplexe Umkehrintegral

$$s_{\boldsymbol{X}}(\kappa) = \frac{1}{2\pi \mathrm{j}} \oint_C S_{\boldsymbol{X}}(z) z^{\kappa-1} \, \mathrm{d}z \qquad (C \subset \mathbb{C}_R) \tag{4.25}$$

angegeben werden. In dieser Gleichung bezeichnet C einen geschlossenen Integrationsweg, der vollständig im Innern des Konvergenzgebietes $\mathbb{C}_R$ der Reihe (4.22) liegt (Bild 4.3).

Der Begriff des Leistungsdichtespektrums wird bei einem zeitdiskreten stationären Prozess auf ähnliche Weise wie beim zeitkontinuierlichen stationären Prozess eingeführt. Im Abschnitt 3.2.2.2 wurde gezeigt, dass bei einem zeitkontinuierlichen Prozess die mittlere Leistung proportional zum quadratischen Mittelwert $\mathrm{E}(X_t^2) = s_{\boldsymbol{X}}(0)$ ist. Bildet man beim zeitdiskreten Prozess mit (4.25) den Ausdruck

$$s_{\boldsymbol{X}}(0) = \frac{1}{2\pi \mathrm{j}} \oint_C S_{\boldsymbol{X}}(z) z^{-1} \, \mathrm{d}z \qquad (C: \, |z| = 1) \tag{4.26}$$

und bildet das Integral auf dem durch den Einheitskreis $|z| = 1$ gegebenen Weg, so ergibt sich mit

$$z = \mathrm{e}^{\mathrm{j}\Omega} \qquad (-\pi \leq \Omega < \pi), \qquad \mathrm{d}z = \mathrm{j}\mathrm{e}^{\mathrm{j}\Omega} \, \mathrm{d}\Omega$$

schließlich

$$s_{\boldsymbol{X}}(0) = \frac{1}{2\pi \mathrm{j}} \int_{-\pi}^{\pi} S_{\boldsymbol{X}}(\mathrm{e}^{\mathrm{j}\Omega}) \mathrm{e}^{-\mathrm{j}\Omega} \mathrm{j} \mathrm{e}^{\mathrm{j}\Omega} \, \mathrm{d}\Omega$$

oder

$$s_{\boldsymbol{X}}(0) = \frac{1}{2\pi} \int_{-\pi}^{\pi} S_{\boldsymbol{X}}(\mathrm{e}^{\mathrm{j}\Omega})\,\mathrm{d}\Omega. \tag{4.27}$$

Interpretiert man nun Ω als (normierte) Frequenz, so kann die in (4.27) durch $S_{\boldsymbol{X}}(\mathrm{e}^{\mathrm{j}\Omega})$ gegebene Funktion als *Leistungsdichtespektrum des zeitdiskreten stationären Prozesses* $\boldsymbol{X}$ aufgefasst werden (Vgl. auch (1.230)). Damit ergibt sich aus (4.22) und (4.25) mit $z = \mathrm{e}^{\mathrm{j}\Omega}$ der folgende Zusammenhang zwischen Korrelationsfolge und Leistungsdichtespektrum:

$$S_{\boldsymbol{X}}(\mathrm{e}^{\mathrm{j}\Omega}) = \sum_{\kappa=-\infty}^{\infty} s_{\boldsymbol{X}}(\kappa)\,\mathrm{e}^{-\mathrm{j}\Omega\kappa} \tag{4.28}$$

$$s_{\boldsymbol{X}}(\kappa) = \frac{1}{2\pi} \int_{-\pi}^{\pi} S_{\boldsymbol{X}}(\mathrm{e}^{\mathrm{j}\Omega})\,\mathrm{e}^{\mathrm{j}\Omega\kappa}\,\mathrm{d}\Omega. \tag{4.29}$$

Das durch (4.28) und (4.29) gebildete Gleichungssystem charakterisiert die *diskrete Fourier-Transformation*. In diesem Sinne kann das Leistungsdichtespektrum $S_{\boldsymbol{X}}$ des zeitdiskreten Prozesses auch als diskrete Fourier-Transformierte der Korrelationsfolge $s_{\boldsymbol{X}}$ bezeichnet werden.

Die Eigenschaften des Leistungsdichtespektrums $S_{\boldsymbol{X}}$ ergeben sich aus (4.28) und den Eigenschaften (4.19) und (4.20) der Korrelationsfolge $s_{\boldsymbol{X}}$. Es gilt

1. $S_{\boldsymbol{X}}$ ist eine nichtnegative Funktion:

$$S_{\boldsymbol{X}}(\mathrm{e}^{\mathrm{j}\Omega}) \geq 0. \tag{4.30}$$

2. $S_{\boldsymbol{X}}$ ist eine gerade Funktion:

$$S_{\boldsymbol{X}}(\mathrm{e}^{\mathrm{j}\Omega}) = S_{\boldsymbol{X}}(\mathrm{e}^{-\mathrm{j}\Omega}). \tag{4.31}$$

3. Außerdem ist $S_{\boldsymbol{X}}$ mit 2π periodisch:

$$S_{\boldsymbol{X}}(\mathrm{e}^{\mathrm{j}\Omega}) = S_{\boldsymbol{X}}(\mathrm{e}^{\mathrm{j}(\Omega+2n\pi)}), \qquad (n \in \mathbb{Z}). \tag{4.32}$$

Zur Illustration der Zusammenhänge betrachten wir noch ein einfaches Beispiel.

Beispiel 4.1 Gegeben sei ein rein stochastischer zeitdiskreter zufälliger Prozess $\boldsymbol{X}$ mit der eindimensionalen Dichte $f_{\boldsymbol{X}}$:

$$f_{\boldsymbol{X}}(x,k) = \begin{cases} \frac{1}{A} & -\frac{A}{2} \leq x \leq \frac{A}{2} \\ 0 & x < -\frac{A}{2},\ x > \frac{A}{2}. \end{cases}$$

Bild 4.4a zeigt einen Ausschnitt einer Realisierung dieses Prozesses. Aus der angegebenen Dichte können mit Hilfe von (4.9) und (4.11) der Erwartungswert $\mathrm{E}(\boldsymbol{X}(k)) = 0$ und der quadratische Mittelwert

$$\mathrm{E}(\boldsymbol{X}^2(k)) = \frac{A^2}{12}$$

errechnet werden. Für die Korrelationsfolge gilt wegen der Unabhängigkeit von $\boldsymbol{X}(k)$ und $\boldsymbol{X}(k+\kappa)$ bei $\kappa \neq 0$

$$s_{\boldsymbol{X}}(\kappa) = \mathrm{E}\big(\boldsymbol{X}(k)\boldsymbol{X}(k+\kappa)\big) = \begin{cases} \mathrm{E}(\boldsymbol{X}(k))\,\mathrm{E}(\boldsymbol{X}(k+\kappa)) = 0 & \kappa \neq 0 \\ \mathrm{E}(\boldsymbol{X}^2(k)) = \frac{A^2}{12} & \kappa = 0. \end{cases}$$

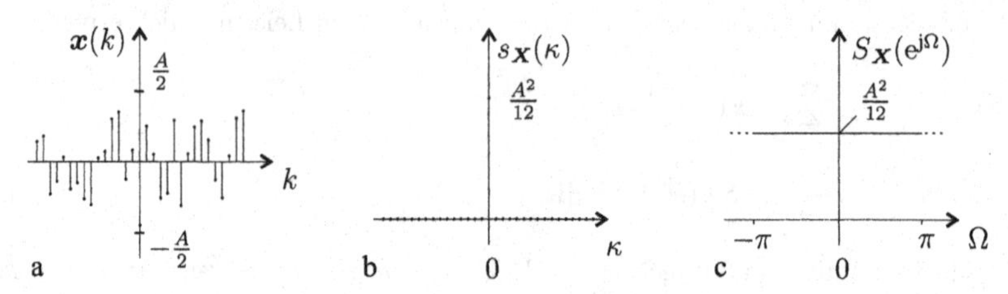

Bild 4.4: Rein stochastischer zeitdiskreter Prozess (Beispiel):
a) Realisierung; b) Korrelationsfolge; c) Leistungsdichtespektrum

Die Korrelationsfolge ist in Bild 4.4b aufgezeichnet. Das Leistungsdichtespektrum ergibt sich aus (4.28):

$$S_{\boldsymbol{X}}(e^{j\Omega}) = \sum_{\kappa=-\infty}^{\infty} s_{\boldsymbol{X}}(\kappa)\, e^{-j\Omega\kappa} = \frac{A^2}{12}.$$

Man erhält also ein konstantes Leistungsdichtespektrum und spricht in diesem Fall von einem *zeitdiskreten weißen Rauschen.* Bild 4.4c zeigt eine Darstellung dieses Sachverhaltes.

Der Vollständigkeit halber sei abschließend noch erwähnt, dass im Falle zweier stationärer (und stationär verbundener) zeitdiskreter zufälliger Prozesse $\boldsymbol{X}$ und $\boldsymbol{Y}$ die *Kreuzkorrelationsfolge* $s_{\boldsymbol{XY}}$ ebenfalls nur von der Zeitdifferenz $\kappa = k_2 - k_1$ abhängig ist, d.h. es gilt

$$\mathrm{E}\big(\boldsymbol{X}(k)\boldsymbol{Y}(k+\kappa)\big) = s_{\boldsymbol{XY}}(\kappa). \tag{4.33}$$

Analog zu (4.28) ergibt sich dann das Kreuzleistungsdichtespektrum

$$S_{\boldsymbol{XY}}(e^{j\Omega}) = \sum_{\kappa=-\infty}^{\infty} s_{\boldsymbol{XY}}(\kappa)\, e^{-j\Omega\kappa} \tag{4.34}$$

mit der Eigenschaft

$$S_{\boldsymbol{XY}}(e^{j\Omega}) = \overline{S_{\boldsymbol{YX}}(e^{j\Omega})}, \tag{4.35}$$

wobei der Querstrich den konjugiert komplexen Wert bezeichnet.

4.1.3 Aufgaben zum Abschnitt 4.1

4.1-1 Gegeben ist ein rein stochastischer stationärer zeitdiskreter zufälliger Prozess $\boldsymbol{Z}$ mit $\mathrm{E}(\boldsymbol{Z}(k)) = 0$ und der Korrelationsfolge $s_{\boldsymbol{Z}}$:

$$s_{\boldsymbol{Z}}(\kappa) = \begin{cases} A^2 & \kappa = 0, \\ 0 & \kappa \neq 0. \end{cases}$$

Man analysiere den durch die Gleichung

$$\boldsymbol{X}(k) = \frac{1}{3}\big(\boldsymbol{Z}(k) + \boldsymbol{Z}(k-1) + \boldsymbol{Z}(k-2)\big)$$

definierten Gleitmittelprozess $\boldsymbol{X}$ in folgender Weise:

a) Berechnen Sie die Korrelationsfolge $s_{\boldsymbol{X}}(\kappa) = \mathrm{E}\big(\boldsymbol{X}(k)\boldsymbol{X}(k+\kappa)\big)$ des Prozesses $\boldsymbol{X}$ und geben Sie dazu eine grafische Darstellung an!

b) Berechnen Sie die zweiseitige Z-Transformierte $S_{\boldsymbol{X}}(z)$:

$$S_{\boldsymbol{X}}(z) = \sum_{\kappa=-\infty}^{+\infty} s_{\boldsymbol{X}}(\kappa)\, z^{-\kappa}$$

der Korrelationsfolge!

c) Bestimmen Sie das durch $S_{\boldsymbol{X}}(\mathrm{e}^{\mathrm{j}\Omega})$ definierte Leistungsdichtespektrum des Prozesses $\boldsymbol{X}$ und skizzieren Sie $S_{\boldsymbol{X}}(\mathrm{e}^{\mathrm{j}\Omega})$ im Intervall $-\pi \le \Omega \le \pi$!

d) Wie groß ist der quadratische Mittelwert $\mathrm{E}(\boldsymbol{X}^2(k))$ des Prozesses $\boldsymbol{X}$?

4.1-2 Von einem stationären zeitdiskreten zufälligen Prozess $\boldsymbol{X}$ ist das Leistungsdichtespektrum $S_{\boldsymbol{X}}$ durch

$$S_{\boldsymbol{X}}(\mathrm{e}^{\mathrm{j}\Omega}) = \frac{9}{41 - 20(\mathrm{e}^{\mathrm{j}\Omega} + \mathrm{e}^{-\mathrm{j}\Omega})} = \frac{9}{41 - 40\cos\Omega} \qquad (-\pi \le \Omega \le \pi)$$

gegeben. Bestimmen Sie die Korrelationsfolge $s_{\boldsymbol{X}}$ dieses Prozesses! ($s_{\boldsymbol{X}}(\kappa) = ?$)

4.2 Determinierte lineare Systeme

4.2.1 Zeitvariables und zeitinvariantes System

4.2.1.1 Zeitvariables System

Da die allgemeine Theorie nichtdeterminierter (stochastischer) Systeme (mit gegebenenfalls nicht quadratmittel-integrierbaren Eingaben) wesentlich komplizierter ist als die für die im Abschnitt 3.2 betrachtete Systemklasse, werden wir uns im Folgenden auf zwei wichtige Sonderfälle beschränken, und zwar *lineare zeitdiskrete Systeme* (vgl. [23], Kapitel 4) und (*nichtlineare*) *Automaten* (vgl. [22], Abschnitt 2.3).

Zunächst betrachten wir lineare Systeme mit diskreter Zeit. Aus (3.36) folgt hier analog zu (3.40) und (3.41) im linearen Fall

$$Z_{k+1} = F(k+1, k, Z_k, X_k) = F^{(1)}(k+1,k)Z_k + F^{(2)}(k+1,k)X_k \tag{4.36}$$

$$Y_k = G(k, Z_k, X_k) = G^{(1)}(k)Z_k + G^{(2)}(k)X_k \tag{4.37}$$

worin die Zeit k nur die diskreten Werte $k \in T = \{0, 1, 2, \ldots\}$ annimmt. Mit $F^{(1)}(k+1, k) = A(k)$, $F^{(2)}(k+1, k) = B(k)$, $G^{(1)}(k) = C(k)$ und $G^{(2)}(k) = D(k)$ erhält man kürzer

$$Z_{k+1} = A(k)Z_k + B(k)X_k \tag{4.38}$$
$$Y_k = C(k)Z_k + D(k)X_k \tag{4.39}$$

oder mit $B(k)X_k = U_k$ für die erste Gleichung noch einfacher

$$Z_{k+1} = A(k)Z_k + U_k. \tag{4.40}$$

In (4.40) bezeichnen Z_{k+1}, Z_k und U_k zufällige Vektoren ($\boldsymbol{Z}$ und $\boldsymbol{U}$ sind Vektorprozesse).
Wird (4.40) in Komponenten vollständig aufgeschrieben, so ergibt sich

$$\begin{pmatrix} Z_{1,k+1} \\ \vdots \\ Z_{n,k+1} \end{pmatrix} = \begin{pmatrix} A_{11}(k) & \ldots & A_{1n}(k) \\ \vdots & & \vdots \\ A_{n1}(k) & \ldots & A_{nn}(k) \end{pmatrix} \begin{pmatrix} Z_{1,k} \\ \vdots \\ Z_{n,k} \end{pmatrix} + \begin{pmatrix} U_{1,k} \\ \vdots \\ U_{n,k} \end{pmatrix}. \tag{4.41}$$

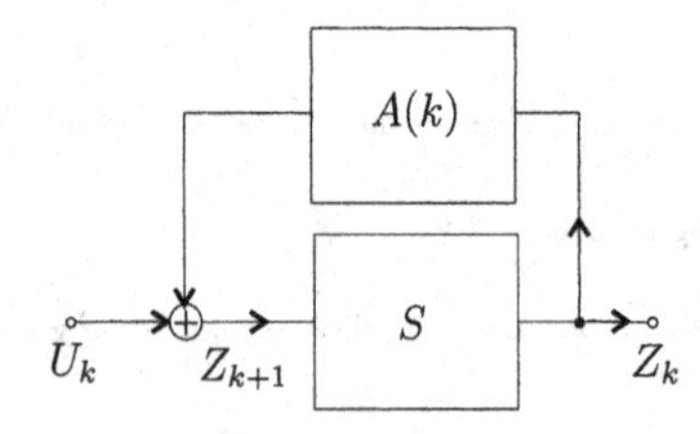

Bild 4.5: Zeitvariables lineares System mit diskreter Zeit

In Bild 4.5 ist die Zustandsgleichung (4.40) noch durch ein Blockschaltbild veranschaulicht. In diesem Bild bezeichnet S einen Speicher, der eine Zeitverzögerung um einen Takt bewirkt.
Über den Vektorprozess $\boldsymbol{U} = (U_k)_{k \in T}$ werden folgende Voraussetzungen gemacht:

1. Der Erwartungswert aller Komponenten von $\boldsymbol{U}$ habe den Wert Null, d.h.

$$m_{\boldsymbol{U}}(k) = \mathrm{E}(U_k) = 0 \qquad \text{(Nullvektor)}. \tag{4.42}$$

2. U_{k_1} und U_{k_2} sind für $k_1 \neq k_2$ unabhängige zufällige Vektoren, d.h. es gilt

$$f_{\boldsymbol{U}}(u_1, k_1; u_2, k_2) = f_{\boldsymbol{U}}(u_1, k_1) f_{\boldsymbol{U}}(u_2, k_2), \tag{4.43}$$

worin $u_1 = (u_{11}, u_{21}, \ldots, u_{n1}) \in \mathbb{R}^n$, $u_2 = (u_{12}, u_{22}, \ldots, u_{n2}) \in \mathbb{R}^n$ ist (vgl. (1.195)).

3. Z_{k_1} und U_{k_2} $(k_1, k_2 \in T)$ sind unabhängig für $k_2 \geq k_1$, d.h. es ist

$$f_{\langle \boldsymbol{Z}, \boldsymbol{U} \rangle}(z_1, k_1; u_2, k_2) = f_{\boldsymbol{Z}}(z_1, k_1) f_{\boldsymbol{U}}(u_2, k_2), \tag{4.44}$$

wobei $z_1 = (z_{11}, z_{21}, \ldots, z_{n1}) \in \mathbb{R}^n$, $u_2 = (u_{12}, u_{22}, \ldots, u_{n2}) \in \mathbb{R}^n$ gilt.

4. Der „Anfangsvektor" $\boldsymbol{Z}(0) = Z_0$ und der Vektorprozess $\boldsymbol{U} = (U_k)_{k \in T}$ sind normalverteilt.

Damit sind die Verteilungen des Vektorprozesses $\boldsymbol{U} = (U_k)_{k \in T}$ wegen $\mathrm{E}(U_k) = 0$ allein durch die Kovarianzmatrix $\mathrm{Cov}(U_{k_1}, U_{k_2})$ vollständig bestimmt. Wir berechnen nun die Kovarianzmatrix der zufälligen Vektoren U_{k_1} und U_{k_2} und erhalten mit der Voraussetzung (4.42) definitionsgemäß

$$\begin{aligned} \mathrm{Cov}(U_{k_1}, U_{k_2}) &= \mathrm{E}\Big(\big(U_{k_1} - \mathrm{E}(U_{k_1})\big)\big(U_{k_2} - \mathrm{E}(U_{k_2})\big)'\Big) = \mathrm{E}\big(U_{k_1} U_{k_2}'\big) \\ &= s_{\boldsymbol{U}}(k_1, k_2) = ((s_{i,j}))_{i,j=1,2,\ldots,n}. \end{aligned} \tag{4.45}$$

Diese Matrix enthält alle Korrelationsfunktionen der Komponenten des Vektorprozesses $\boldsymbol{U}$ (vgl. (4.16)). Zur Abkürzung wurde dabei noch

$$\mathrm{E}\big(U_{i,k_1} U_{j,k_2}\big) = s_{\boldsymbol{U}_i \boldsymbol{U}_j}(k_1, k_2) = s_{ij}(k_1, k_2) \tag{4.46}$$

gesetzt.

Nun ergibt sich aus der zweiten Voraussetzung (4.43) durch Übergang zu den Randdichten

$$f_{\langle \boldsymbol{U}_i \boldsymbol{U}_j \rangle}(u_{i,1}, k_1; u_{j,2}, k_2) = f_{\boldsymbol{U}_i}(u_{i,1}, k_1) f_{\boldsymbol{U}_j}(u_{j,2}, k_2) \qquad (k_1 \neq k_2),$$

woraus folgt, dass alle Zufallsgrößen U_{i,k_1} und U_{j,k_2} paarweise unabhängig sind, d.h. es ist für $k_1 \neq k_2$

$$\mathrm{E}\big(U_{i,k_1} U_{j,k_2}\big) = \mathrm{E}\big(U_{i,k_1}\big)\mathrm{E}\big(U_{j,k_2}\big) = 0.$$

Mit (4.45) gilt also

$$\mathrm{Cov}\big(U_{k_1}, U_{k_2}\big) = 0 \qquad \text{(Nullmatrix) für } k_1 \neq k_2 \tag{4.47}$$

und für $k_1 = k_2 = k$ folgt

$$\mathrm{Cov}\big(U_k, U_k\big) = s_{\boldsymbol{U}}(k, k) = s_{\boldsymbol{U}}(k) = \begin{pmatrix} s_{11}(k) & \ldots & s_{1n}(k) \\ \vdots & & \vdots \\ s_{n1}(k) & \ldots & s_{nn}(k) \end{pmatrix} \tag{4.48}$$

mit

$$s_{ij}(k) = \mathrm{E}\big(U_{i,k} U_{j,k}\big) = \mathrm{E}\big(\boldsymbol{U}_i(k) \boldsymbol{U}_j(k)\big). \tag{4.49}$$

Unter den oben genannten Voraussetzungen ist auch $\boldsymbol{Z} = (Z_k)_{k \in T}$ ein normalverteilter Vektorprozess. Das ergibt sich auf folgende Weise: Zunächst notieren wir (4.40) für $k = 0, 1, 2, \ldots$. Dann erhält man

$$\begin{aligned} Z_1 &= A(0) Z_0 + U_0 \\ Z_2 &= A(1) Z_1 + U_1 = A(1) A(0) Z_0 + A(1) U_0 + U_1 \\ Z_3 &= A(2) Z_2 + U_2 = A(2) A(1) A(0) Z_0 + A(2) A(1) U_0 + A(2) U_1 + U_2 \end{aligned}$$

Das allgemeine Bildungsgesetz dieser Entwicklung ist leicht erkennbar. Für beliebige $k \in T$ ergibt sich

$$Z_k = \Phi(k,0)Z_0 + \Phi(k,1)U_0 + \Phi(k,2)U_1 + \ldots + \Phi(k,k-1)U_{k-2} + U_{k-1}, \tag{4.50}$$

wenn noch zur Abkürzung

$$\begin{aligned} \Phi(k,\kappa) &= A(k-1)A(k-2)\ldots A(\kappa+1)A(\kappa) \\ \Phi(k,k) &= E \qquad \text{(Einheitsmatrix)} \end{aligned} \tag{4.51}$$

gesetzt wird.

Wie aus (4.50) ersichtlich, ist Z_k eine Linearkombination von normalverteilten zufälligen Vektoren und damit auch $\boldsymbol{Z} = (Z_k)_{k\in T}$ ein normalverteilter Vektorpropzess. Alle Verteilungen dieses Vektorprozesses sind durch den Mittelwert $\mathrm{E}(Z_k) = m_{\boldsymbol{Z}}(k)$ und die Kovarianzmatrix $\mathrm{Cov}(Z_{k_1}, Z_{k_2})$ vollständig bestimmt, die nachfolgend berechnet werden sollen.

Aus (4.40) erhält man für den Mittelwert $\mathrm{E}(Z_k) = m_{\boldsymbol{Z}}(k)$ die Vektor-Differenzengleichung

$$m_{\boldsymbol{Z}}(k+1) = A(k)m_{\boldsymbol{Z}}(k). \tag{4.52}$$

Bei der Berechnung der Kovarianzmatrix $\mathrm{Cov}(Z_{k_1}, Z_{k_2})$ können wir ohne Einschränkung der Allgemeinheit $\mathrm{E}(Z_0) = m_{\boldsymbol{Z}}(0) = 0$ annehmen, da man durch die Transformation $\widetilde{Z}_k = Z_k - m_{\boldsymbol{Z}}(k)$ immer auf einen Vektorprozess übergehen kann, der diese Voraussetzung erfüllt. Schreibt man nun (4.40) für $k = k_1, k_1+1, k_1+2, \ldots, k_2-1, k_2$ auf, so erhält man analog zu (4.50) und (4.51)

$$\begin{aligned} Z_{k_2} &= \Phi(k_2,k_1)Z_{k_1} + \Phi(k_2,k_1+1)U_{k_1} + \Phi(k_2,k_1+2)U_{k_1+1} + \ldots \\ &\quad \ldots + \Phi(k_2,k_2-1)U_{k-2} + U_{k-1}, \end{aligned} \tag{4.53}$$

und

$$\Phi(k_2,\kappa) = A(k_2-1)A(k_2-2)\ldots A(\kappa+1)A(\kappa). \tag{4.54}$$

Somit folgt für die Kovarianzmatrix des Vektorprozesses $\boldsymbol{Z} = (Z_k)_{k\in T}$ (die wir hier der übersichtlicheren Endergebnisse wegen mit vertauschten Zeitargumenten notieren)

$$\begin{aligned} \mathrm{Cov}\,(Z_{k_2}, Z_{k_1}) &= s_{\boldsymbol{Z}}(k_2,k_1) = \mathrm{E}\left(Z_{k_2}Z'_{k_1}\right) \\ &= \mathrm{E}\big(\Phi(k_2,k_1)Z_{k_1}Z'_{k_1} + \Phi(k_2,k_1+1)U_{k_1}Z'_{k_1} + \Phi(k_2,k_1+2)U_{k_1+1}Z'_{k_1} \\ &\qquad + \ldots + \Phi(k_2,k_2-1)U_{k_2-2}Z'_{k_1} + U_{k_2-1}Z'_{k_1}\big) \\ &= \Phi(k_2,k_1)\mathrm{Cov}\,(Z_{k_1}, Z_{k_1}) + \Phi(k_2,k_1+1)\mathrm{Cov}\,(U_{k_1}, Z_{k_1}) + \\ &\qquad + \Phi(k_2,k_1+2)\mathrm{Cov}\,(U_{k_1+1}, Z_{k_1}) + \ldots \\ &\qquad \ldots + \Phi(k_2,k_2-1)\mathrm{Cov}\,(U_{k_2-2}, Z_{k_1}) + \mathrm{Cov}\,(U_{k_2-1}, Z_{k_1}). \end{aligned}$$

Mit den gleichen Überlegungen, die zu (4.47) führten, ergibt sich wegen der dritten Voraussetzung (4.44)

$$\mathrm{Cov}\,(U_\kappa, Z_{k_1}) = 0 \qquad \text{(Nullmatrix) für } \kappa \geq k_1 \tag{4.55}$$

und somit, wenn wir wieder $s_{\boldsymbol{Z}}(k_1, k_1) = s_{\boldsymbol{Z}}(k_1)$ setzen,

$$s_{\boldsymbol{Z}}(k_2, k_1) = \Phi(k_2, k_1) s_{\boldsymbol{Z}}(k_1). \tag{4.56}$$

Es bleibt nun noch die Berechnung von $s_{\boldsymbol{Z}}(k) = s_{\boldsymbol{Z}}(k, k) = \mathrm{Cov}\,(Z_k, Z_k)$. Aus (4.40) erhält man mit (4.55)

$$\begin{aligned}
\mathrm{Cov}\,(Z_{k+1}, Z_{k+1}) &= \mathrm{E}\left(Z_{k+1} Z'_{k+1}\right) \\
&= \mathrm{E}\big((A(k)Z_k + U_k)(A(k)Z_k + U_k)'\big) \\
&= \mathrm{E}\big((A(k)Z_k + U_k)(Z'_k A'(k) + U'_k)\big) \\
&= \mathrm{E}\big(A(k)Z_k Z'_k A'(k) + A(k)Z_k U'_k + U_k Z'_k A'(k) + U_k U'_k\big) \\
&= A(k)\mathrm{Cov}\,(Z_k, Z_k)\, A'(k) + \mathrm{Cov}\,(U_k, U_k)
\end{aligned}$$

oder kürzer mit $s_{\boldsymbol{Z}}(k, k) = s_{\boldsymbol{Z}}(k)$

$$s_{\boldsymbol{Z}}(k+1) = A(k) s_{\boldsymbol{Z}}(k) A'(k) + s_U(k). \tag{4.57}$$

Das ist eine Matrix-Differenzengleichung für die in (4.56) benötigte Kovarianzmatrix $s_{\boldsymbol{Z}}(k)$ des Vektorprozesses $\boldsymbol{Z} = (Z_k)_{k \in T}$.

Wir fassen das erhaltene Ergebnis in dem folgenden Satz zusammen.

Satz 4.1 Die vektorielle stochastische Differenzengleichung

$$Z_{k+1} = A(k) Z_k + U_k$$

hat unter den in (4.42) ff. genannten vier Voraussetzungen einen normalverteilten Vektorprozess $\boldsymbol{Z} = (Z_k)_{k \in T}$ als Lösung. Mittelwertvektor $m_{\boldsymbol{Z}}(k)$ und Kovarianzmatrix $s_{\boldsymbol{Z}}(k_1, k_2)$ ergeben sich aus der Lösung folgender Matrizengleichungen:

$$m_{\boldsymbol{Z}}(k+1) = A(k) m_{\boldsymbol{Z}}(k), \tag{4.58}$$

$$s_{\boldsymbol{Z}}(k_2, k_1) = \Phi(k_2, k_1) s_{\boldsymbol{Z}}(k_1) \qquad (k_2 > k_1), \tag{4.59}$$

$$s_{\boldsymbol{Z}}(k+1) = A(k) s_{\boldsymbol{Z}}(k) A'(k) + s_U(k). \tag{4.60}$$

Hierbei ist $m_{\boldsymbol{Z}}(0) = \mathrm{E}(Z_0)$, $s_{\boldsymbol{Z}}(0) = \mathrm{E}(Z_0 Z'_0)$ und

$$\Phi(k_2, k_1) = A(k_2 - 1) A(k_2 - 2) \ldots A(k_1). \tag{4.61}$$

Wir notieren schließlich noch die mehrdimensionale Dichtefunktion des normalverteilten Vektorprozesses $\boldsymbol{Z} = (Z_k)_{k \in T}$. Mit Berücksichtigung von (1.196) und (1.239) gilt

$$f_{\boldsymbol{Z}}(z_1, k_1; z_2, k_2; \ldots; z_m, k_m) = \frac{1}{\sqrt{(2\pi)^{m \cdot n} \det C}} \exp\left(-\frac{1}{2}(z-m)' C^{-1} (z-m)\right) \tag{4.62}$$

mit $k_i \in T$ und den Hypermatrizen

$$(z - m) = \begin{pmatrix} z_1 - m_{\boldsymbol{Z}}(k_1) \\ z_2 - m_{\boldsymbol{Z}}(k_2) \\ \vdots \\ z_m - m_{\boldsymbol{Z}}(k_m) \end{pmatrix} \quad \text{mit} \quad z_i = \begin{pmatrix} z_{1i} \\ z_{2i} \\ \vdots \\ z_{ni} \end{pmatrix}, \; m_{\boldsymbol{Z}}(k_i) = \begin{pmatrix} m_{Z_1}(k_i) \\ m_{Z_2}(k_i) \\ \vdots \\ m_{Z_n}(k_i) \end{pmatrix}$$

sowie

$$C = \begin{pmatrix} s_{\boldsymbol{Z}}(k_1, k_1) & s_{\boldsymbol{Z}}(k_2, k_1) & \dots & s_{\boldsymbol{Z}}(k_m, k_1) \\ s_{\boldsymbol{Z}}(k_1, k_2) & s_{\boldsymbol{Z}}(k_2, k_2) & \dots & s_{\boldsymbol{Z}}(k_m, k_2) \\ \vdots & \vdots & & \vdots \\ s_{\boldsymbol{Z}}(k_1, k_m) & s_{\boldsymbol{Z}}(k_2, k_m) & \dots & s_{\boldsymbol{Z}}(k_m, k_m) \end{pmatrix},$$

worin $s_{\boldsymbol{Z}}(k_j, k_i) = \operatorname{Cov}\left(Z_{k_j}, Z_{k_i}\right)$ die in (4.56) berechnete Kovarianzmatrix bezeichnet.

4.2.1.2 Zeitinvariantes System

Die Zusammenhänge vereinfachen sich, wenn man zur Betrachtung von *zeitinvarianten* linearen zeitdiskreten dynamischen Systemen übergeht. In diesem Fall erhalten wir in (4.38) und (4.39) anstelle von $A(k)$, $B(k)$, $C(k)$ und $D(k)$ konstante (von der Zeit k unabhängige) Matrizen und es gilt

$$Z_{k+1} = A\, Z_k + B\, X_k \tag{4.63}$$
$$Y_k = C\, Z_k + D\, X_k. \tag{4.64}$$

Nach dem Vorbild von Abschnitt 3.2.1.1 wollen wir nun einen Zusammenhang zwischen Eingabe- und Ausgabeprozess herstellen. Hierzu wird angenommen, dass sich das System im Anfangszeitpunkt $k = k_0$ im (zufälligen) Anfangszustand $\boldsymbol{Z}(k_0) = Z_{k_0}$ befindet. Notieren wir nun (4.63) wieder für feste Zeitpunkte $k = k_0, k_0 + 1, k_0 + 2, \dots$, so ergibt sich

$$\begin{aligned} Z_{k_0+1} &= AZ_{k_0} + BX_{k_0} \\ Z_{k_0+2} &= AZ_{k_0+1} + BX_{k_0+1} = A^2 Z_{k_0} + ABX_{k_0} + BX_{k_0+1} \\ Z_{k_0+3} &= AZ_{k_0+2} + BX_{k_0+2} = A^3 Z_{k_0} + A^2 BX_{k_0} + ABX_{k_0+1} + BX_{k_0+2} \\ \dots & \quad \dots \end{aligned}$$

Auch hier kann das allgemeine Bildungsgesetz dieser Entwicklung leicht abgelesen werden. Für beliebige $k \in T$ ergibt sich

$$Z_{k_0+k} = A^k Z_{k_0} + \sum_{i=0}^{k-1} A^{k-i-1} BX_{k_0+i}$$

oder

$$Z_k = A^{k-k_0} Z_{k_0} + \sum_{i=0}^{k-k_0-1} A^{k-k_0-i-1} BX_{k_0+i} = A^{k-k_0} Z_{k_0} + \sum_{i=k_0}^{k-1} A^{k-i-1} BX_i. \tag{4.65}$$

Mit (4.64) ist dann

$$Y_k = CA^{k-k_0} Z_{k_0} + \sum_{i=k_0}^{k-1} CA^{k-i-1} BX_i + DX_k. \tag{4.66}$$

Mit Hilfe der *Fundamentalmatrix*

$$\varphi(k) = A^k \tag{4.67}$$

des zeitdiskreten linearen Systems und der *Gewichtsmatrix*

$$g(k) = \begin{cases} D & k = 0 \\ C\varphi(k-1)B & k = 1, 2, \dots \end{cases} \tag{4.68}$$

folgt aus (4.66) schließlich

$$Y_k = C\varphi(k - k_0)Z_{k_0} + \sum_{i=k_0}^{k} g(k-i)X_i. \tag{4.69}$$

Ähnlich wie in Abschnitt 3.2.1.2 bezeichnet in (4.69) der erste Summand einen *freien Prozess*, der von der Eingabe unabhängig ist, und der zweite einen *erzwungenen Prozess*, der nicht vom Anfangszustand abhängt. Setzen wir nun wieder voraus, dass der zeitdiskrete Eingabeprozess $\boldsymbol{X}$ stationär ist, und verlegen den Anfangszeitpunkt nach $k_0 \to -\infty$, so strebt der erste Summand in (4.69) wegen $\varphi(k - k_0) \to 0$ für $k_0 \to -\infty$ (stabiles System) gegen einen Nullprozess, so dass (4.69) in diesem Fall in

$$Y_k = \sum_{i=-\infty}^{k} g(k-i)X_i \tag{4.70}$$

übergeht. Der Ausgabeprozess ist damit durch der Eingabeprozess und die Gewichtsmatrix bestimmt.

Ausgehend von (4.70) wollen wir nun folgende Aufgabe lösen: Gegeben sei ein lineares zeitdiskretes System mit l Eingängen und m Ausgängen, das durch seine Gewichtsmatrix gegeben ist (Bild 4.6).

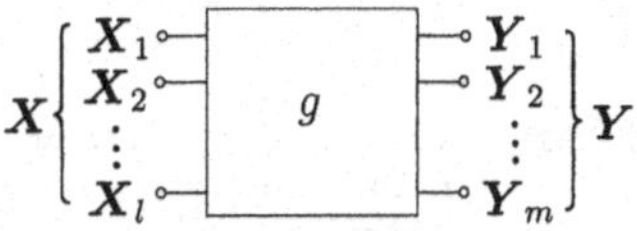

Bild 4.6: Lineares zeitdiskretes System

Der Eingabeprozess ist ein stationärer zeitdiskreter Vektorprozess $\boldsymbol{X}$, von dem der Erwartungswert $m_{\boldsymbol{X}}$ und die Matrix der Korrelationsfolgen $s_{\boldsymbol{XX}}(\kappa)$ bzw. die Matrix der zugehörigen Leistungsdichtespektren $S_{\boldsymbol{XX}}(\mathrm{e}^{\mathrm{j}\Omega})$ bekannt sind. Gesucht sind die entsprechenden Kenngrößen des Vektorprozesses $\boldsymbol{Y}$ am Ausgang des Systems.

Zunächst formen wir (4.70) um und erhalten

$$Y_k = \sum_{i=0}^{\infty} g(i)X_{k-i}. \tag{4.71}$$

Daraus ergibt sich der Erwartungswert am Systemausgang

$$m_{\boldsymbol{Y}}(k) = \mathrm{E}(Y_k) = \sum_{i=0}^{\infty} g(i)\mathrm{E}\left(X_{k-i}\right), \tag{4.72}$$

oder, da $\mathrm{E}(X_{k-i}) = m_{\boldsymbol{X}}$ und damit $m_{\boldsymbol{Y}}$ ebenfalls konstant ist,

$$m_{\boldsymbol{Y}} = \sum_{i=0}^{\infty} g(i) \cdot m_{\boldsymbol{X}}. \tag{4.73}$$

Die Berechnung der Matrix der Korrelationsfolgen am Systemausgang erfolgt nach dem Vorbild von (3.76) und (3.77). Hier ergibt sich

$$\begin{aligned} s_{\boldsymbol{YY}}(k_1, k_2) &= \mathrm{E}\left(Y_{k_1} \cdot Y_{k_2}'\right) = \mathrm{E}\left(\begin{pmatrix} Y_{1,k_1} \\ \vdots \\ Y_{m,k_1} \end{pmatrix} \begin{pmatrix} Y_{1,k_2} & \dots & Y_{m,k_2} \end{pmatrix}\right) \\ &= \begin{pmatrix} s_{\boldsymbol{Y}_1\boldsymbol{Y}_1}(k_1, k_2) & \dots & s_{\boldsymbol{Y}_1\boldsymbol{Y}_m}(k_1, k_2) \\ \vdots & & \vdots \\ s_{\boldsymbol{Y}_m\boldsymbol{Y}_1}(k_1, k_2) & \dots & s_{\boldsymbol{Y}_m\boldsymbol{Y}_m}(k_1, k_2) \end{pmatrix}. \end{aligned} \tag{4.74}$$

Weiter ergibt sich mit Hilfe von (4.71)

$$\begin{aligned} s_{\boldsymbol{YY}}(k_1, k_2) &= \mathrm{E}\left(\left(\sum_{i_1=0}^{\infty} g(i_1) X_{k_1-i_1}\right) \cdot \left(\sum_{i_2=0}^{\infty} g(i_2) X_{k_2-i_2}\right)'\right) \\ &= \sum_{i_1=0}^{\infty} \sum_{i_2=0}^{\infty} g(i_1) \mathrm{E}\left(X_{k_1-i_1} X_{k_2-i_2}'\right) g'(i_2), \end{aligned}$$

wenn noch die für das Transponieren von Matrizenprodukten gültige Regel $(AB)' = B'A'$ berücksichtigt wird. Beachtet man nun noch, dass wegen der Stationarität von $\boldsymbol{X}$

$$\mathrm{E}\left(X_{k_1-i_1} X_{k_2-i_2}'\right) = s_{\boldsymbol{XX}}(\kappa + i_1 - i_2) \qquad (\kappa = k_2 - k_1)$$

gilt, so folgt schließlich

$$s_{\boldsymbol{YY}}(\kappa) = \sum_{i_1=0}^{\infty} \sum_{i_2=0}^{\infty} g(i_1) s_{\boldsymbol{XX}}(\kappa + i_1 - i_2) g'(i_2). \tag{4.75}$$

Einen einfacheren Zusammenhang erhält man, wenn (4.75) in den Bildbereich der zweiseitigen Z-Transformation übertragen wird. Dabei ergibt sich mit (4.22)

$$\begin{aligned} S_{\boldsymbol{YY}}(z) &= \sum_{\kappa=-\infty}^{\infty} s_{\boldsymbol{YY}}(\kappa) z^{-\kappa} \\ &= \sum_{\kappa=-\infty}^{\infty} \sum_{i_1=0}^{\infty} \sum_{i_2=0}^{\infty} g(i_1) s_{\boldsymbol{XX}}(\kappa + i_1 - i_2) g'(i_2) z^{-\kappa}. \end{aligned}$$

Substituiert man in der letzten Gleichung noch $\kappa + i_1 - i_2 = \kappa'$, so kann die dreifache Summe in ein Produkt von drei einfachen Summen zerlegt werden, so dass

$$S_{\boldsymbol{YY}}(z) = \sum_{i_1=0}^{\infty} g(i_1) z^{i_1} \cdot \sum_{\kappa=-\infty}^{\infty} s_{\boldsymbol{XX}}(\kappa') z^{-\kappa'} \cdot \sum_{i_2=0}^{\infty} g'(i_2) z^{-i_2}$$

oder kurz

$$S_{\boldsymbol{YY}}(z) = G(z^{-1})S_{\boldsymbol{XX}}(z)G'(z) \tag{4.76}$$

gilt. In dieser Gleichung bezeichnet $G(z)$ die Übertragungsmatrix des linearen zeitdiskreten Systems im Bildbereich der Z-Transformation.

Ausgehend von (4.76) kann man nun auch zu den Leistungsdichtespektren übergehen, wenn man noch die Ausführungen in Abschnitt 4.1.2.2 beachtet. Dabei ergibt sich

$$S_{\boldsymbol{YY}}(e^{j\Omega}) = G(e^{-j\Omega})S_{\boldsymbol{XX}}(e^{j\Omega})G'(e^{j\Omega}). \tag{4.77}$$

Bei einem linearen zeitdiskreten System mit nur einen Eingang und einem Ausgang ($l = m = 1$) vereinfachen sich die Zusammenhänge, so dass sich anstelle von (4.75) bis (4.77) die Beziehungen

$$s_{\boldsymbol{Y}}(\kappa) = \sum_{i_1=0}^{\infty}\sum_{i_2=0}^{\infty} g(i_1)g(i_2)s_{\boldsymbol{X}}(\kappa + i_1 - i_2) \tag{4.78}$$

für die Korrelationsfolge am Ausgang,

$$S_{\boldsymbol{Y}}(z) = G(z^{-1})G(z)S_{\boldsymbol{X}}(z) \tag{4.79}$$

für deren zweiseitige Z-Transformierte und

$$S_{\boldsymbol{Y}}(e^{j\Omega}) = |G(e^{j\Omega})|^2 S_{\boldsymbol{X}}(e^{j\Omega}) \tag{4.80}$$

für das Leistungsdichtespektrum am Ausgang ergeben.

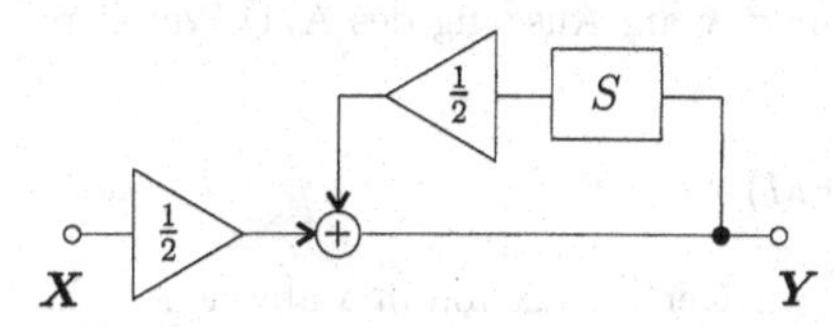

Bild 4.7: Lineares zeitdiskretes System (Beispiel)

Beispiel 4.2 Für das in Bild 4.7 dargestellte lineare zeitdiskrete System mit einem Speicher und zwei Verstärkern ergibt sich im Bildbereich der Z-Transformation die Übertragungsfunktion G (Vgl. Abschnitt 4.2.1 in [23]):

$$G(z) = \frac{z}{2z - 1}.$$

Bezeichnet $\boldsymbol{X}$ in Bild 4.7 einen rein stochastischen stationären zeitdiskreten Prozess (Abschnitt 4.1.2.2) mit verschwindendem Mittelwert und dem quadratischen Mittelwert $\mathrm{E}(\boldsymbol{X}^2(k)) = A^2$, so gilt auch $S_{\boldsymbol{X}}(z) = A^2$ und wir erhalten mit (4.79)

$$S_{\boldsymbol{Y}}(z) = G(z^{-1})G(z)S_{\boldsymbol{X}}(z) = \frac{z^{-1}}{2z^{-1} - 1} \cdot \frac{z}{2z - 1} S_{\boldsymbol{X}}(z) = \frac{1}{5 - 2(z + z^{-1})} S_{\boldsymbol{X}}(z).$$

Das Leistungsdichtespektrum am Systemausgang ergibt sich damit aus

$$S_{\boldsymbol{Y}}(e^{j\Omega}) = |G(e^{j\Omega})|^2 S_{\boldsymbol{X}}(e^{j\Omega}) = \frac{A^2}{5 - 4\cos\Omega}.$$

4.2.2 Anwendungen stationärer zeitdiskreter Prozesse

4.2.2.1 Quantisierungsrauschen

Sollen zeitkontinuierliche (analoge) Signale mit Hilfe der Methoden der digitalen Signalverarbeitung behandelt werden, müssen sie zuvor zeitlich diskretisiert und anschließend einer Analog-Digital-Umwandlung (A/D-Wandlung, Bild 4.8a) unterzogen werden. Die Zeitdiskretisierung erfolgt in der Regel durch Abtastung der Signalwerte in äquidistanten Zeitpunkten. Bei der A/D-Wandlung findet eine Amplitudenquantisierung der Signalwerte statt, bei der (überabzählbar) unendlich viele Signalwerte eines Signals $\boldsymbol{x}_N$ auf endlich viele Signalwerte eines Signals $\boldsymbol{x}_Q$ abgebildet werden. Der in Bild 4.8b aufgezeichnete Ausschnitt aus der Kennlinie eines A/D-Wandlers veranschaulicht die Zusammenhänge.

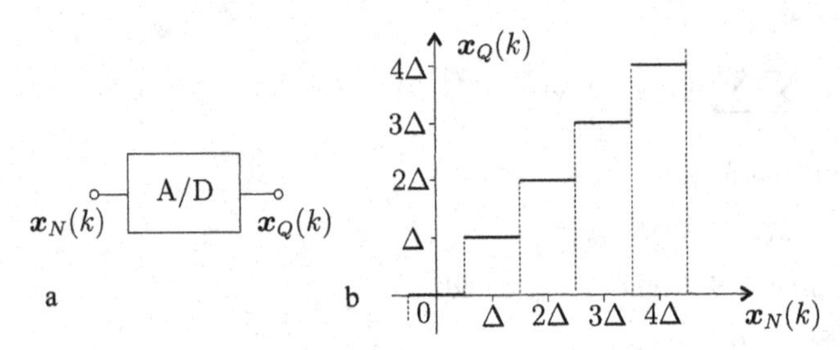

Bild 4.8: Analog-Digital-Wandler: a) Blockschaltbild; b) Kennlinie

Aus der Skizze ist ersichtlich, dass im Taktzeitpunkt k am Ausgang des A/D-Wandlers der Signalwert

$$\boldsymbol{x}_Q(k) = m\Delta \qquad (m = 0, \pm 1, \pm 2, \dots, \pm M) \tag{4.81}$$

erscheint, wenn der Eingabesignalwert $\boldsymbol{x}_N(k)$ um weniger als $\frac{1}{2}\Delta$ von $m\Delta$ abweicht, d.h.

$$\left(m - \frac{1}{2}\right)\Delta \leq \boldsymbol{x}_N(k) < \left(m + \frac{1}{2}\right)\Delta \tag{4.82}$$

gilt. In (4.81) bzw. (4.82) bezeichnet Δ die Schrittweite der Amplitudenquantisierung, die Zahl M in (4.81) ist in der Regel eine Zweierpotenz. Liegen beispielsweise die Werte des Eingabesignals $\boldsymbol{x}_N$ im Bereich $-1 \leq \boldsymbol{x}_N(k) < 1$, so erhalten wir bei einem 16-Bit-A/D-Wandler eine Schrittweite der Amplitudenquantisierung mit $\Delta = 2^{-15}$, d.h. das Intervall $[-1, 1) \subset \mathbb{R}$ wird auf 2^{16} diskrete Werte abgebildet.

Wesentlich ist nun, dass mit der A/D-Wandlung eine Verfälschung der Signalwerte verbunden ist, da $\boldsymbol{x}_N(k)$ und $\boldsymbol{x}_Q(k)$ eine Differenz

$$\boldsymbol{x}_R(k) = \boldsymbol{x}_Q(k) - \boldsymbol{x}_N(k) \tag{4.83}$$

aufweisen, die man als *Quantisierungsfehler* bezeichnet. Stellt man (4.83) um und schreibt

$$\boldsymbol{x}_Q(k) = \boldsymbol{x}_N(k) + \boldsymbol{x}_R(k), \tag{4.84}$$

so kann man diese Gleichung auch wie folgt interpretieren: Die Signalwerte am Ausgang des A/D-Wandlers setzen sich aus der Summe zweier Signalwerte zusammen, wovon der Wert $\boldsymbol{x}_N(k)$ dem Eingabesignalwert (dem exakten Signalwert) entspricht und der Wert $\boldsymbol{x}_R(k)$ einen Fehlersignalwert bildet. Untersuchungen haben gezeigt [14], dass die Fehlersignale $\boldsymbol{x}_R$ unter gewissen Voraussetzungen (hinreichend „unregelmäßiger" Zeitverlauf des Signals $\boldsymbol{x}_N$, hinreichend geringe Schrittweite Δ der Quantisierung u.a.) als Realisierungen eines zeitdiskreten zufälligen Prozesses $\boldsymbol{X}_R$ (*Quantisierungsrauschen*) aufgefasst werden können. Damit ergibt sich eine einfache Möglichkeit zur mathematischen Beschreibung dieses Sachverhaltes.

Über den zeitdiskreten zufälligen Prozesses $\boldsymbol{X}_R$, den wir weiterhin zur mathematischen Modellierung des Quantisierungsrauschens verwenden wollen, werden die folgenden Annahmen vorausgesetzt:

1. Der Prozess $\boldsymbol{X}_R$ ist ein stationärer (und ergodischer) zeitdiskreter zufälliger Prozess.
2. Der Prozess $\boldsymbol{X}_R$ ist ein rein stochastischer zeitdiskreter zufälliger Prozess (vgl. Abschnitt 4.1.2.2), d.h. $\boldsymbol{X}_R(k)$ und $\boldsymbol{X}_R(k+i)$ sind unabhängig für $i \neq 0$.
3. Die Werte der Realisierungen des Prozesses $\boldsymbol{X}_R$ sind gleichmäßig verteilt im Intervall $[-\frac{1}{2}\Delta, \frac{1}{2}\Delta]$.

Als quantitatives Maß zur Beschreibung der Störung eines Signals durch ein additives Rauschen wird der *Signal-Rausch-Abstand* eingeführt, der durch den zehnfachen Logarithmus des Quotienten von Signalleistung und Rauschleistung definiert ist:

$$a = 10 \lg \frac{P_N}{P_R} = 10 \lg \frac{\widetilde{\boldsymbol{x}_N^2(k)}}{\widetilde{\boldsymbol{x}_R^2(k)}}. \tag{4.85}$$

Beispiel 4.3 Für ein zeitdiskretes Sinussignal $\boldsymbol{x}_N$: $\boldsymbol{x}_N(k) = \sin \Omega k$ ($\Omega > 0$) ergibt sich der quadratische Mittelwert

$$\begin{aligned} \widetilde{\boldsymbol{x}_N^2(k)} &= \lim_{m\to\infty} \frac{1}{m} \sum_{k=0}^{m-1} \boldsymbol{x}_N^2(k) = \lim_{m\to\infty} \frac{1}{m} \sum_{k=0}^{m-1} \sin^2 \Omega k \\ &= \lim_{m\to\infty} \frac{1}{m} \sum_{k=0}^{m-1} \left(\frac{1}{2} - \frac{1}{2} \cos 2\Omega k \right) = \lim_{m\to\infty} \frac{1}{m} \cdot m \cdot \frac{1}{2} = \frac{1}{2}, \end{aligned}$$

da die Summe der Kosinusglieder verschwindet. Das Quantisierungsrauschen hat nach Punkt 3 der oben genannten Voraussetzungen eine Gleichverteilung der Signalwerte im Intervall $[-\frac{1}{2}\Delta, \frac{1}{2}\Delta]$ und daher den quadratischen Mittelwert

$$\widetilde{\boldsymbol{x}_R^2(k)} = \mathrm{E}\left(\boldsymbol{X}_R^2(k)\right) = \int_{-\infty}^{\infty} x^2 f_{X_R}(x,k)\, \mathrm{d}x = \int_{-\frac{\Delta}{2}}^{\frac{\Delta}{2}} x^2 \frac{1}{\Delta}\, \mathrm{d}x = \frac{\Delta^2}{12}.$$

Damit erhalten wir den Signal-Rausch-Abstand

$$a = 10 \lg \frac{\widetilde{\boldsymbol{x}_N^2(k)}}{\widetilde{\boldsymbol{x}_R^2(k)}} = 10 \lg \frac{6}{\Delta^2}. \tag{4.86}$$

Bei einer 16-Bit-A/D-Wandlung mit $\Delta = 2^{-15}$ ergibt sich beispielsweise ein Signal-Rausch-Abstand von $a = 10\lg(6 \cdot 2^{30}) \approx 98$ dB. Aus (4.86) lässt sich noch das folgende aus der Praxis bekannte Ergebnis ablesen: Jedes Bit zur Erhöhung der Auflösung bei der A/D-Wandlung ergibt eine Vergrößerung des Ausdruckes im Nenner von (4.86) um den Faktor 4 und damit eine Verbesserung des Signal-Rausch-Abstandes um $10\lg 4 \approx 6$ dB.

4.2.2.2 Vorgeschriebene Korrelationsfolge

Im folgenden Abschnitt soll gezeigt werden, wie man mit Hilfe eines linearen zeitdiskreten Systems aus einem rein stochastischen zeitdiskreten Prozess $\boldsymbol{X}$ einen zeitdiskreten Prozess $\boldsymbol{Y}$ mit vorgeschriebener Korrelationsfolge $s_{\boldsymbol{Y}}$ erzeugen kann.

Gegeben sei ein rein stochastischer zeitdiskreter Prozess $\boldsymbol{X}$ mit

$$\mathrm{E}(\boldsymbol{X}(k)) = 0 \qquad \text{und} \qquad \mathrm{E}(\boldsymbol{X}^2(k)) = A^2 \quad (A > 0),$$

so dass wir für die Korrelationsfolge

$$s_{\boldsymbol{X}}(\kappa) = \mathrm{E}\big(\boldsymbol{X}(k)\boldsymbol{X}(k+\kappa)\big) = \begin{cases} \mathrm{E}(\boldsymbol{X}(k))\,\mathrm{E}(\boldsymbol{X}(k+\kappa)) = 0 & \kappa \neq 0 \\ \mathrm{E}(\boldsymbol{X}^2(k)) = A^2 & \kappa = 0. \end{cases} \tag{4.87}$$

erhalten. Damit gilt

$$S_{\boldsymbol{X}}(z) = \sum_{\kappa=-\infty}^{\infty} s_{\boldsymbol{X}}(\kappa) z^{-\kappa} = A^2. \tag{4.88}$$

Für den zeitdiskreten Prozess am Ausgang des Systems seien die endlich vielen diskreten Werte der Korrelationsfolge

$$s_{\boldsymbol{Y}}(\kappa) = c_\kappa \qquad (\kappa = 0, \pm 1, \pm 2, \dots, \pm M) \tag{4.89}$$

vorgeschrieben. Man beachte jedoch, dass diese Werte nicht vollkommen willkürlich gewählt werden können, da wegen (4.19) und (4.30) $c_\kappa = c_{-\kappa}$ bzw.

$$S_{\boldsymbol{Y}}(\mathrm{e}^{\mathrm{j}\Omega}) = \sum_{\kappa=-M}^{M} s_{\boldsymbol{Y}}(\kappa)\mathrm{e}^{-\mathrm{j}\Omega\kappa} = c_0 + 2\sum_{\kappa=1}^{M} c_\kappa \cos\Omega\kappa \geq 0 \tag{4.90}$$

gelten muss. Durch einen hinreichend großen Wert von c_0 kann die Forderung (4.90) aber in der Regel immer eingehalten werden.

Die Aufgabe besteht nun darin, die Übertragungsfunktion G eines linearen zeitdiskreten Systems derart zu bestimmen, dass der Prozess $\boldsymbol{Y}$ am Ausgang des Systems die durch (4.89) vorgeschriebenen Werte der Korrelationsfolge $s_{\boldsymbol{Y}}$ annimmt. Zunächst erhalten wir mit (4.79) und (4.88)

$$S_{\boldsymbol{Y}}(z) = G(z)G(z^{-1})S_{\boldsymbol{X}}(z) = G(z)G(z^{-1})A^2 \tag{4.91}$$

oder mit $z = \mathrm{e}^{\mathrm{j}\Omega}$ und (4.90)

$$S_{\boldsymbol{Y}}(\mathrm{e}^{\mathrm{j}\Omega}) = |G(\mathrm{e}^{\mathrm{j}\Omega})|^2 A^2 = c_0 + 2\sum_{\kappa=1}^{M} c_\kappa \cos\Omega\kappa. \tag{4.92}$$

Damit erhalten wir weiter

$$|G(e^{j\Omega})| = \frac{1}{A}\sqrt{c_0 + 2\sum_{\kappa=1}^{M} c_\kappa \cos\Omega\kappa}. \tag{4.93}$$

Da $|G(e^{j\Omega})|$ in Ω mit 2π periodisch und darüber hinaus eine gerade Funktion ist, lässt sich (4.93) in eine Fourier-Reihe

$$|G(e^{j\Omega})| = \sum_{n=-\infty}^{\infty} b_n e^{jn\Omega} \tag{4.94}$$

mit den Koeffizienten

$$b_n = b_{-n} = \frac{1}{\pi}\int_0^\pi |G(e^{j\Omega})| \cos n\Omega \, d\Omega = \frac{1}{A\pi}\int_0^\pi \sqrt{c_0 + 2\sum_{\kappa=1}^{M} c_\kappa \cos\Omega\kappa} \, \cos n\Omega \, d\Omega \tag{4.95}$$

entwickeln. Wird die Fourier-Reihenentwicklung nach dem N-ten Glied abgebrochen, ergibt sich für $|G(e^{j\Omega})|$ näherungsweise die endliche Reihe

$$|G(e^{j\Omega})| \approx \sum_{n=-N}^{N} b_n e^{jn\Omega}. \tag{4.96}$$

Der Betrag in (4.96) verändert sich nicht, wenn mit $|e^{-jN\Omega}| = 1$ multipliziert wird. Daher gilt auch

$$|G(e^{j\Omega})| \approx \left| e^{-jN\Omega} \sum_{n=-N}^{N} b_n e^{jn\Omega} \right| \tag{4.97}$$

oder ausgeschrieben

$$|G(e^{j\Omega})| \approx \left| b_N e^{-j2N\Omega} + \ldots + b_1 e^{-j(N+1)\Omega} + b_0 e^{-jN\Omega} + b_1 e^{-j(N-1)\Omega} + \ldots + b_N \right|. \tag{4.98}$$

Aus der letzten Beziehung ist unmittelbar abzulesen, dass die durch

$$G(z) = b_N + b_{N-1} z^{-1} + \ldots + b_1 z^{-(N-1)} + b_0 z^{-N} + b_1 z^{-(N+1)} + \ldots + b_N z^{-2N} \tag{4.99}$$

gegebene Übertragungsfunktion eine Näherungslösung ist, die (4.98) befriedigt. Das zugehörige zeitdiskrete System ist ein linearphasiges nichtrekursives Filter (Bild 4.9) und der zeitdiskrete Prozess $\boldsymbol{Y}$ ein Gleitmittelprozess (MA-Prozess) der Ordnung $2N$.

4.2.3 Aufgaben zum Abschnitt 4.2

4.2-1 Am Eingang eines linearen zeitdiskreten Systems mit der Übertragungsfunktion G:

$$G(z) = \frac{z}{2z-1}$$

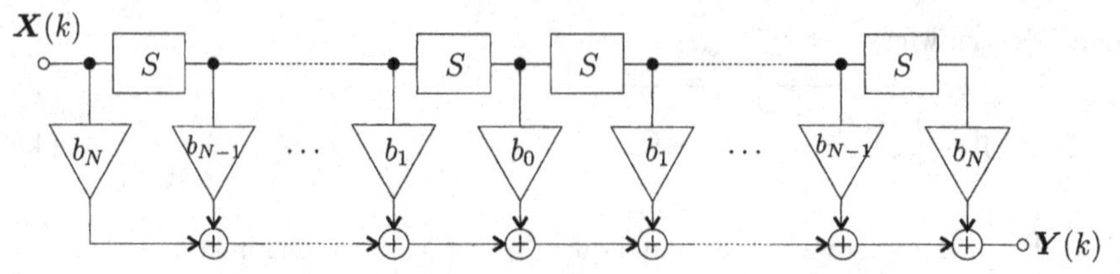

Bild 4.9: Linearphasiges nichtrekursives zeitdiskretes System

liegt ein rein stochastischer stationärer zeitdiskreter Prozess $\boldsymbol{X}$ mit $\mathrm{E}(\boldsymbol{X}(k)) = 0$ und der Korrelationsfolge $s_{\boldsymbol{X}}$:

$$s_{\boldsymbol{X}}(\kappa) = \begin{cases} A^2 & \kappa = 0, \\ 0 & \kappa \neq 0. \end{cases}$$

Wie groß ist der quadratische Mittelwert $\mathrm{E}(\boldsymbol{Y}^2(k)) = s_{\boldsymbol{Y}}(0)$ des Prozesses $\boldsymbol{Y}$ am Ausgang dieses Systems?

4.2-2 Gegeben ist ein lineares zeitdiskretes System (Bandpass 2. Grades) mit der Übertragungsfunktion G:

$$G(z) = \frac{z^2 - 1}{2{,}1z^2 + 1{,}9}.$$

Am Eingang des Systems liegt das zeitdiskrete Signal $\boldsymbol{x}_N$:

$$\boldsymbol{x}_N(k) = \hat{X} \sin \Omega k \qquad \left(\hat{X} = 1,\ \Omega = \frac{\pi}{2}\right),$$

dem ein zeitdiskretes Rauschsignal additiv überlagert ist, welches durch einen stationären rein stochastischen zeitdiskreten Prozess $\boldsymbol{X}_R$ beschrieben werden kann („Weißes Rauschen"). Es wird angenommen, dass $\boldsymbol{X}_R(k)$ im Intervall $\left[-\frac{1}{2}\Delta, +\frac{1}{2}\Delta\right]$ gleich verteilt sei (Zahlenbeispiel: $\Delta = 2^{-10}$).

a) Man berechne und skizziere den Amplitudenfrequenzgang $A(\Omega) = |G(\mathrm{e}^{\mathrm{j}\Omega})|$ des Bandpasses!

b) Man bestimme den quadratischen Mittelwert $\widetilde{\boldsymbol{x}_N^2(k)}$ am Eingang!

c) Man bestimme den quadratischen Mittelwert $\widetilde{\boldsymbol{x}_R^2(k)}$ am Eingang!

d) Man bestimme den Signal-Rausch-Abstand a am Eingang des Systems!

e) Man bestimme den quadratischen Mittelwert $\widetilde{\boldsymbol{y}_N^2(k)}$ am Ausgang!

f) Man bestimme den quadratischen Mittelwert $\widetilde{\boldsymbol{y}_R^2(k)}$ am Ausgang!

g) Man bestimme den Signal-Rausch-Abstand a am Ausgang des Systems und vergleiche das Ergebnis mit der Lösung von d)!

4.2-3 Ein zeitdiskreter zufälliger Prozess

$$\boldsymbol{Z} = (Z_k)_{k \in T} \qquad (T = \{0, 1, 2, \ldots\})$$

genügt der Differenzengleichung

$$Z_{k+1} = aZ_k + bU_k \qquad (0 < a < 1).$$

Für den diskreten Prozess $\boldsymbol{U} = (U_k)_{k \in T}$ gilt

$$\begin{aligned} \mathrm{E}(U_k) &= m_U(k) = 0 \\ \mathrm{E}(U_{k_1} U_{k_2}) &= \begin{cases} 0 & k_1 \neq k_2 \\ K_0 & k_1 = k_2 = k \end{cases} \\ \mathrm{E}(Z_{k_1} U_{k_2}) &= 0 \quad \text{für} \quad k_2 \geq k_1. \end{aligned}$$

Man berechne die Varianz $\mathrm{Var}(Z_k) = \sigma_Z^2(k)$ für die Lösung

$$Z_k = \sum_{\kappa=0}^{k-1} a^{k-1-\kappa} U_\kappa!$$

4.3 Stochastische Automaten

4.3.1 Automatenbedingung und stochastischer Operator

4.3.1.1 Automatenklassen

Die folgenden Ausführungen knüpfen an die in [22] gegebenen Darlegungen zum Begriff des (determinierten) Mealy-Automaten an (vgl. [22], Abschnitt 2.3.2). Man beachte deshalb im vorliegenden Abschnitt besonders die gegenüber den übrigen Abschnitten dieses Buches veränderte Bedeutung der Symbole.

Es seien $\boldsymbol{X}$ und $\boldsymbol{Y}$ die Menge aller Wörter $\boldsymbol{x}$ bzw. $\boldsymbol{y}$ aus den endlichen Alphabeten X bzw. Y:

$$\boldsymbol{X} = W(X), \quad \boldsymbol{x} \in \boldsymbol{X}; \qquad \boldsymbol{Y} = W(Y), \quad \boldsymbol{y} \in \boldsymbol{Y}. \tag{4.100}$$

Mit $\boldsymbol{x}_1 \cdot \boldsymbol{x}_2$ bezeichnen wir das Verkettungsprodukt (die Aneinanderfügung) zweier Wörter $\boldsymbol{x}_1$ und $\boldsymbol{x}_2$. Eine Wortabbildung

$$\boldsymbol{\Phi} : \boldsymbol{X} \to \boldsymbol{Y},\ \boldsymbol{\Phi}(\boldsymbol{X}) = \boldsymbol{Y} \tag{4.101}$$

ist – wie in [22] gezeigt wird – genau dann durch einen Mealy-Automaten realisierbar, wenn die Länge $l(\boldsymbol{x})$ des Eingabewortes $\boldsymbol{x}$ immer gleich der Wortlänge $l(\boldsymbol{y})$ des Ausgabewortes $\boldsymbol{y}$ ist (d.h. $l(\boldsymbol{x}) = l(\boldsymbol{y})$), und wenn aus

$$\boldsymbol{\Phi}(\boldsymbol{x}_1 \cdot \boldsymbol{x}_2) = \boldsymbol{y}_1 \cdot \boldsymbol{y}_2 \tag{4.102}$$

mit

$$\boldsymbol{y}_1 = \boldsymbol{\Phi}(\boldsymbol{x}_1) \tag{4.103}$$

immer

$$\boldsymbol{y}_1 \cdot \boldsymbol{y}_2 = \boldsymbol{\Phi}(\boldsymbol{x}_1 \cdot \boldsymbol{x}_2) \Leftrightarrow \boldsymbol{y}_1 = \boldsymbol{\Phi}(\boldsymbol{x}_1) \wedge \boldsymbol{y}_2 = \boldsymbol{\Phi}_{\boldsymbol{x}_1}(\boldsymbol{x}_2) \tag{4.104}$$

oder

$$\boldsymbol{\Phi}(\boldsymbol{x}_1 \cdot \boldsymbol{x}_2) = \boldsymbol{\Phi}(\boldsymbol{x}_1) \cdot \boldsymbol{\Phi}_{\boldsymbol{x}_1}(\boldsymbol{x}_2) \tag{4.105}$$

folgt. Hierbei bezeichnet $\boldsymbol{\Phi}_{\boldsymbol{x}_1}(\boldsymbol{x}_2)$ also dasjenige Wort, welches man aus $\boldsymbol{y}_1 \cdot \boldsymbol{y}_2 = \boldsymbol{\Phi}(\boldsymbol{x}_1 \cdot \boldsymbol{x}_2)$ erhält, indem man das „Anfangswort" $\boldsymbol{y}_1 = \boldsymbol{\Phi}(\boldsymbol{x}_1)$ „weglässt", in Zeichen

$$\boldsymbol{y}_2 = \boldsymbol{\Phi}_{\boldsymbol{x}_1}(\boldsymbol{x}_2) \Leftrightarrow \boldsymbol{y}_1 \cdot \boldsymbol{y}_2 = \boldsymbol{\Phi}(\boldsymbol{x}_1 \cdot \boldsymbol{x}_2), \quad \boldsymbol{y}_1 = \boldsymbol{\Phi}(\boldsymbol{x}_1). \tag{4.106}$$

Ein Mealy-Automat arbeitet determiniert: Jedem Eingabewort $\boldsymbol{x} \in \boldsymbol{X}$ ist mit (4.101) genau ein Ausgabewort $\boldsymbol{y} \in \boldsymbol{Y}$ zugeordnet. Im allgemeineren Fall ist diese Zuordnung unbestimmt, d.h. zu einer Eingabe $\boldsymbol{x} \in \boldsymbol{X}$ sind mehrere Ausgaben $\boldsymbol{y} \in \boldsymbol{Y}$ möglich, die in einer gewissen Teilmenge $\boldsymbol{Y}' = \boldsymbol{\Phi}(\{\boldsymbol{x}\}) \subset \boldsymbol{Y}$ liegen. Anstelle von (4.101) gilt also allgemeiner (vgl. Bild 4.10)

$$\boldsymbol{y} \in \boldsymbol{\Phi}(\{\boldsymbol{x}\}), \quad \boldsymbol{\Phi}(\{\boldsymbol{x}\}) \subset \boldsymbol{Y}. \tag{4.107}$$

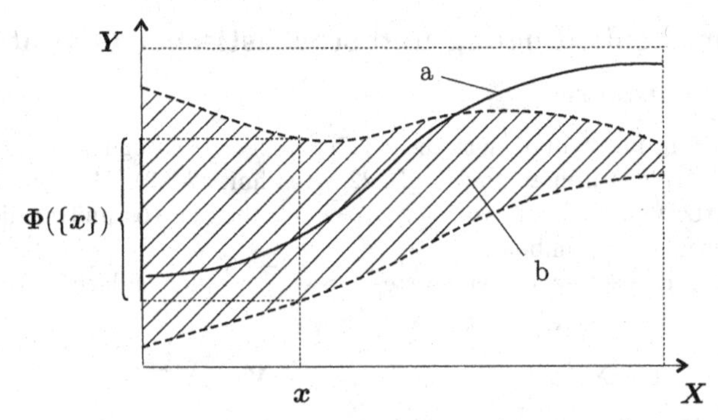

Bild 4.10: Automatenrelation: a) determinierter (Mealy-)Automat; b) stochastischer Automat

Die Automatenbedingung (4.104) ist nun wie folgt zu verallgemeinern:

$$\boldsymbol{y}_1 \cdot \boldsymbol{y}_2 \in \boldsymbol{\Phi}(\{\boldsymbol{x}_1 \cdot \boldsymbol{x}_2\}) \Leftrightarrow \boldsymbol{y}_1 \in \boldsymbol{\Phi}(\{\boldsymbol{x}_1\}) \wedge \boldsymbol{y}_2 \in \boldsymbol{\Phi}_{\boldsymbol{x}_1,\boldsymbol{y}_1}(\{\boldsymbol{x}_2\}). \tag{4.108}$$

Hierbei bedeutet in Verallgemeinerung von (4.106)

$$\boldsymbol{y}_2 \in \boldsymbol{\Phi}_{\boldsymbol{x}_1,\boldsymbol{y}_1}(\{\boldsymbol{x}_2\}) \Leftrightarrow \boldsymbol{y}_1 \cdot \boldsymbol{y}_2 \in \boldsymbol{\Phi}(\{\boldsymbol{x}_1 \cdot \boldsymbol{x}_2\}), \quad \boldsymbol{y}_1 \in \boldsymbol{\Phi}(\{\boldsymbol{x}_1\}). \tag{4.109}$$

Um also $\boldsymbol{y}_2 \in \boldsymbol{\Phi}_{\boldsymbol{x}_1,\boldsymbol{y}_1}(\{\boldsymbol{x}_2\})$ zu erhalten, muss aus $\boldsymbol{y}_1 \cdot \boldsymbol{y}_2 \in \boldsymbol{\Phi}(\{\boldsymbol{x}_1 \cdot \boldsymbol{x}_2\})$ wieder der Anfangsteil $\boldsymbol{y}_1 \in \boldsymbol{\Phi}(\{\boldsymbol{x}_1\})$ weggelassen werden.

Der Übergang zum stochastischen Automaten, bei dem den Wörtern Wahrscheinlichkeiten zugeordnet werden, wird aus folgender Überlegung plausibel: Für

$$\boldsymbol{y} \in \boldsymbol{\Phi}(\{\boldsymbol{x}\}) \qquad (l(\boldsymbol{x}) = l(\boldsymbol{y}))$$

kann man auch setzen

$$P\{\boldsymbol{y} \in \boldsymbol{\Phi}(\{\boldsymbol{x}\}) \,|\, \boldsymbol{x} \in \{\boldsymbol{x}\}\} = p(\boldsymbol{y} \,|\, \boldsymbol{x}) = \begin{cases} 1 & \boldsymbol{y} \in \boldsymbol{\Phi}(\{\boldsymbol{x}\}) \\ 0 & \boldsymbol{y} \notin \boldsymbol{\Phi}(\{\boldsymbol{x}\}), \end{cases} \tag{4.110}$$

wenn $p(\cdot \mid \boldsymbol{x})$ ein (bedingtes) Wahrscheinlichkeitsmaß auf der (abzählbaren) Menge $\boldsymbol{Y_x} = \{\boldsymbol{y} \in \boldsymbol{Y} \mid l(\boldsymbol{y}) = l(\boldsymbol{x})\}$ bezeichnet. Der Wert $p(\boldsymbol{y} \mid \boldsymbol{x})$ gibt die Wahrscheinlichkeit dafür an, dass bei Eingabe von $\boldsymbol{x}$ das Wort $\boldsymbol{y}$ ausgegeben wird, wobei beide Wörter gleiche Wortlänge haben.
Bemerkung: Geht man von einem Wahrscheinlichkeitsmaß p' auf der Menge $(\boldsymbol{Y} \times \boldsymbol{X})' = \{(\boldsymbol{x}, \boldsymbol{y}) \in \boldsymbol{Y} \times \boldsymbol{X} \mid l(\boldsymbol{x}) = l(\boldsymbol{y})\}$ aus, so muss nach den Regeln der Wahrscheinlichkeitsrechnung (vgl. (1.23) und (1.33)) gelten (Übungsaufgabe 4.3-1)

$$p(\boldsymbol{y} \mid \boldsymbol{x}) = \frac{p'(\boldsymbol{y}, \boldsymbol{x})}{\sum_{\boldsymbol{y} \in \boldsymbol{Y_x}} p'(\boldsymbol{y}, \boldsymbol{x})} \qquad (\boldsymbol{y}, \boldsymbol{x}) \in (\boldsymbol{Y} \times \boldsymbol{X})'. \tag{4.111}$$

Allgemein ist $p(\boldsymbol{y} \mid \boldsymbol{x}) \in [0, 1]$ eine von 1 und 0 verschiedene Wahrscheinlichkeit, und wir haben somit folgende Automaten-Hierarchie:

(Nichtdeterminierter) Automat: $p(\boldsymbol{y} \mid \boldsymbol{x}) \in [0, 1] \qquad \boldsymbol{y} \in \boldsymbol{\Phi}(\{\boldsymbol{x}\})$

↓

Stochastischer Automat: $p(\boldsymbol{y} \mid \boldsymbol{x}) \in [0, 1]$

↓

(Determinierter) Mealy-Automat: $p(\boldsymbol{y} \mid \boldsymbol{x}) = 1 \qquad \boldsymbol{y} = \boldsymbol{\Phi}(\boldsymbol{x})$.

Die allgemeine theoretische Grundlage für alle Automaten bildet also die Theorie der nichtdeterminierten Automaten, in die insbesondere die Theorie der stochastischen Automaten als Sonderfall eingeht. Wir werden diesen Weg der Darstellung aber hier aus Platzgründen nicht beschreiten und die Theorie der stochastischen Automaten weitgehend als eigenständige Theorie darlegen.

4.3.1.2 Stochastischer Operator

Das Wahrscheinlichkeitsmaß $p(\cdot \mid \boldsymbol{x}) : \boldsymbol{Y_x} \to [0, 1]$ des stochastischen Automaten muss folgende Grundeigenschaften haben: Zunächst gilt

$$\sum_{\boldsymbol{y}_2 \in \boldsymbol{Y}_{\boldsymbol{x}_2}} p(\boldsymbol{y}_1 \cdot \boldsymbol{y}_2 \mid \boldsymbol{x}_1 \cdot \boldsymbol{x}_2) = p(\boldsymbol{y}_1 \mid \boldsymbol{x}_1) \tag{4.112}$$

und weiterhin natürlich für alle $\boldsymbol{x} \in \boldsymbol{X}$

$$\sum_{\boldsymbol{y} \in \boldsymbol{Y_x}} p(\boldsymbol{y}, \boldsymbol{x}) = 1. \tag{4.113}$$

Die Richtigkeit von (4.112) kann wie folgt begründet werden: Identifiziert man das Verkettungsprodukt $\boldsymbol{y}_1 \cdot \boldsymbol{y}_2$ zweier Wörter $\boldsymbol{y}_1$ und $\boldsymbol{y}_2$ mit $\{(\boldsymbol{y}_1, \boldsymbol{y}_2)\} = \{\boldsymbol{y}_1\} \times \{\boldsymbol{y}_2\}$, so findet man nach den Rechengesetzen der Wahrscheinlichkeitstheorie (z.B. unter Verwendung von (1.112))

$$\sum_{\boldsymbol{y}_2 \in \boldsymbol{Y}_{\boldsymbol{x}_2}} p(\boldsymbol{y}_1 \cdot \boldsymbol{y}_2 \mid \boldsymbol{x}_1 \cdot \boldsymbol{x}_2) = p(\boldsymbol{y}_1 \mid \boldsymbol{x}_1 \cdot \boldsymbol{x}_2).$$

Nun kann aber aus physikalischen Gründen die Wahrscheinlichkeit der Ausgabe von $\boldsymbol{y}_1$ nicht von dem erst nach der Ausgabe von $\boldsymbol{y}_1$ eingegebenen Eingangswort $\boldsymbol{x}_2$ abhängen (Bild 4.11), d.h. $p(\boldsymbol{y}_1 \,|\, \boldsymbol{x}_1 \cdot \boldsymbol{x}_2)$ muss von $\boldsymbol{x}_2$ unabhängig sein. Man sagt: Die Abbildung $p(\,\cdot \,|\, \boldsymbol{x}) : \boldsymbol{Y}_{\boldsymbol{x}} \to [0,1]$ ist – wie jede Systemabbildung – *nichtantizipativ* (nicht vorgreifend).

Die Abbildung

$$p(\,\cdot\,|\,\cdot\,) = p : \ (\boldsymbol{Y} \times \boldsymbol{X})' \to [0,1], \ p(\boldsymbol{y}, \boldsymbol{x}) = p(\boldsymbol{y} \,|\, \boldsymbol{x}) \tag{4.114}$$

mit den Eigenschaften (4.112) und (4.113) wird auch als *stochastischer Operator* bezeichnet. Für jedes $\boldsymbol{x} \in \boldsymbol{X}$ definiert dieser Operator also ein (bedingtes) Wahrscheinlichkeitsmaß $p(\,\cdot \,|\, \boldsymbol{x})$. Man beachte, dass $p = p(\,\cdot\,|\,\cdot\,)$ aber kein Wahrscheinlichkeitsmaß ist!

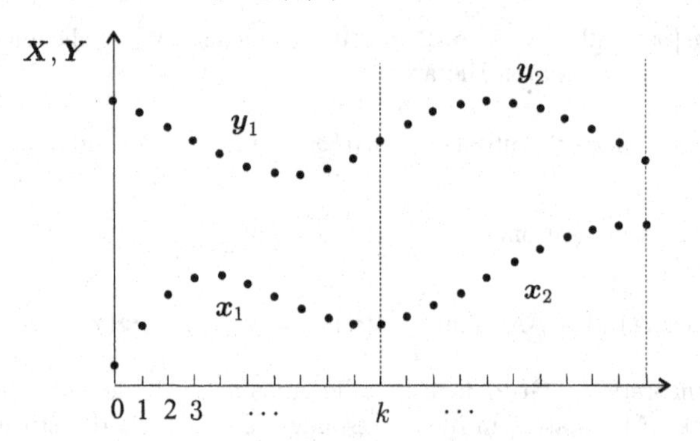

Bild 4.11: Zur Veranschaulichung von (4.112)

Wir kommen nun zu einigen Folgerungen aus (4.112) bzw. (4.113). Zunächst gilt mit den leeren Wörtern $\boldsymbol{x}_1 = \boldsymbol{y}_1 = \boldsymbol{e}$ formal

$$p(\boldsymbol{e} \,|\, \boldsymbol{e}) = 1. \tag{4.115}$$

Aus einem stochastischen Operator $p = p(\,\cdot\,|\,\cdot\,)$ lässt sich weiter ein neuer stochastischer Operator $p' = p'(\,\cdot\,|\,\cdot\,)$ herleiten, der wie folgt definiert ist:

$$p'(\boldsymbol{y}_2 \,|\, \boldsymbol{x}_2) = p_{\boldsymbol{y}_1, \boldsymbol{x}_1}(\boldsymbol{y}_2 \,|\, \boldsymbol{x}_2) = \frac{p(\boldsymbol{y}_1 \cdot \boldsymbol{y}_2 \,|\, \boldsymbol{x}_1 \cdot \boldsymbol{x}_2)}{p(\boldsymbol{y}_1 \,|\, \boldsymbol{x}_1)}. \tag{4.116}$$

Es gilt in der Tat mit (4.112) und (4.113) sowie (4.115) und (4.116)

$$\sum_{\boldsymbol{y}_2 \in \boldsymbol{Y}_{\boldsymbol{x}_2}} p'(\boldsymbol{y}_2 \,|\, \boldsymbol{x}_2) = \frac{\sum_{\boldsymbol{y}_2 \in \boldsymbol{Y}_{\boldsymbol{x}_2}} p(\boldsymbol{y}_1 \cdot \boldsymbol{y}_2 \,|\, \boldsymbol{x}_1 \cdot \boldsymbol{x}_2)}{p(\boldsymbol{y}_1 \,|\, \boldsymbol{x}_1)} = \frac{p(\boldsymbol{y}_1 \,|\, \boldsymbol{x}_1)}{p(\boldsymbol{y}_1 \,|\, \boldsymbol{x}_1)} = 1$$

und außerdem mit (4.112) sowie (4.115) und (4.116)

$$\begin{aligned} \sum_{\boldsymbol{y}_3 \in \boldsymbol{Y}_{\boldsymbol{x}_3}} p'(\boldsymbol{y}_2 \cdot \boldsymbol{y}_3 \,|\, \boldsymbol{x}_2 \cdot \boldsymbol{x}_3) &= \frac{\sum_{\boldsymbol{y}_3 \in \boldsymbol{Y}_{\boldsymbol{x}_3}} p(\boldsymbol{y}_1 \cdot \boldsymbol{y}_2 \cdot \boldsymbol{y}_3 \,|\, \boldsymbol{x}_1 \cdot \boldsymbol{x}_2 \cdot \boldsymbol{x}_3)}{p(\boldsymbol{y}_1 \,|\, \boldsymbol{x}_1)} \\ &= \frac{p(\boldsymbol{y}_1 \cdot \boldsymbol{y}_2 \,|\, \boldsymbol{x}_1 \cdot \boldsymbol{x}_2)}{p(\boldsymbol{y}_1 \,|\, \boldsymbol{x}_1)} = p'(\boldsymbol{y}_2 \,|\, \boldsymbol{x}_2). \end{aligned}$$

In der offensichtlich wegen (4.116) bestehenden Identität

$$p(\boldsymbol{y}_1 \cdot \boldsymbol{y}_2 \,|\, \boldsymbol{x}_1 \cdot \boldsymbol{x}_2) = p(\boldsymbol{y}_1 \,|\, \boldsymbol{x}_1) \cdot p_{\boldsymbol{y}_1,\boldsymbol{x}_1}(\boldsymbol{y}_2 \,|\, \boldsymbol{x}_2), \tag{4.117}$$

die man als stochastisches Gegenstück zu (4.104) bzw. (4.108) interpretieren kann, wird damit $p(\boldsymbol{y}_1 \cdot \boldsymbol{y}_2 \,|\, \boldsymbol{x}_1 \cdot \boldsymbol{x}_2)$ als Produkt zweier stochastischer Operatoren dargestellt. Aus (4.116) folgt mit (4.115)

$$p_{e,e}(\cdot \,|\, \cdot) = p(\cdot \,|\, \cdot). \tag{4.118}$$

Wenn mit p auch $p_{\boldsymbol{y}_1,\boldsymbol{x}_1}$ ein stochastischer Operator ist, so gilt das auch für $\left(p_{\boldsymbol{y}_1,\boldsymbol{x}_1}\right)_{\boldsymbol{y}_2,\boldsymbol{x}_2}$ und $p_{\boldsymbol{y}_1\cdot\boldsymbol{y}_2,\boldsymbol{x}_1\cdot\boldsymbol{x}_2}$. Dabei findet man den Zusammenhang

$$p_{\boldsymbol{y}_1\cdot\boldsymbol{y}_2,\boldsymbol{x}_1\cdot\boldsymbol{x}_2} = \left(p_{\boldsymbol{y}_1,\boldsymbol{x}_1}\right)_{\boldsymbol{y}_2,\boldsymbol{x}_2}, \tag{4.119}$$

denn nach der Definition (4.116) ist einerseits

$$p_{\boldsymbol{y}_1\cdot\boldsymbol{y}_2,\boldsymbol{x}_1\cdot\boldsymbol{x}_2}(\boldsymbol{y}_3 \,|\, \boldsymbol{x}_3) = \frac{p(\boldsymbol{y}_1 \cdot \boldsymbol{y}_2 \cdot \boldsymbol{y}_3 \,|\, \boldsymbol{x}_1 \cdot \boldsymbol{x}_2 \cdot \boldsymbol{x}_3)}{p(\boldsymbol{y}_1 \cdot \boldsymbol{y}_2 \,|\, \boldsymbol{x}_1 \cdot \boldsymbol{x}_2)}$$

und andererseits erhält man dieses Ergebnis auch für die rechte Seite von (4.119), nämlich

$$\begin{aligned}
\left(p_{\boldsymbol{y}_1,\boldsymbol{x}_1}\right)_{\boldsymbol{y}_2,\boldsymbol{x}_2}(\boldsymbol{y}_3 \,|\, \boldsymbol{x}_3) &= \frac{p_{\boldsymbol{y}_1,\boldsymbol{x}_1}(\boldsymbol{y}_2 \cdot \boldsymbol{y}_3 \,|\, \boldsymbol{x}_2 \cdot \boldsymbol{x}_3)}{p_{\boldsymbol{y}_1,\boldsymbol{x}_1}(\boldsymbol{y}_2 \,|\, \boldsymbol{x}_2)} \\
&= \frac{p(\boldsymbol{y}_1 \cdot \boldsymbol{y}_2 \cdot \boldsymbol{y}_3 \,|\, \boldsymbol{x}_1 \cdot \boldsymbol{x}_2 \cdot \boldsymbol{x}_3)p(\boldsymbol{y}_1 \,|\, \boldsymbol{x}_1)}{p(\boldsymbol{y}_1 \,|\, \boldsymbol{x}_1)p(\boldsymbol{y}_1 \cdot \boldsymbol{y}_2 \,|\, \boldsymbol{x}_1 \cdot \boldsymbol{x}_2)},
\end{aligned}$$

wenn noch $p(\boldsymbol{y}_1 \,|\, \boldsymbol{x}_1)$ gekürzt wird.

4.3.2 Automatendarstellung

4.3.2.1 Überführungs- und Ergebnisfunktion

Der in (4.114) definierte stochastische Operator p gibt die Wahrscheinlichkeit $p(\boldsymbol{y} \,|\, \boldsymbol{x})$ dafür an, dass bei Eingabe von $\boldsymbol{x}$ das Wort $\boldsymbol{y}$ ausgegeben wird (Ausgabe von $\boldsymbol{y}$ unter der Bedingung $\boldsymbol{x}$).

Im einfachsten Fall ist p von $\boldsymbol{x}$ und $\boldsymbol{y}$ unabhängig; dann werden wir den Automaten (das System) als statisch bezeichnen (vgl. Kapitel 2). Im allgemeineren Fall ist das aber nicht so, wie aus (4.117) oder (4.119) zu entnehmen ist. Liegt nämlich nach dem Auftreten des Eingabe-Ausgabe-Wortpaares $(\boldsymbol{y}_1, \boldsymbol{x}_1)$ der Operator $p' = p_{\boldsymbol{y}_1,\boldsymbol{x}_1}$ vor, so wird er durch das nachfolgende Wortpaar $(\boldsymbol{y}_2, \boldsymbol{x}_2)$ in $\left(p_{\boldsymbol{y}_1,\boldsymbol{x}_1}\right)_{\boldsymbol{y}_2,\boldsymbol{x}_2} = p_{\boldsymbol{y}_1\cdot\boldsymbol{y}_2,\boldsymbol{x}_1\cdot\boldsymbol{x}_2} = p''$ überführt. Bezeichnen wir diese Abbildung mit ψ, so können wir statt (4.119)

$$\psi(p_{\boldsymbol{y}_1,\boldsymbol{x}_1}, \boldsymbol{y}_2, \boldsymbol{x}_2) = p_{\boldsymbol{y}_1\cdot\boldsymbol{y}_2,\boldsymbol{x}_1\cdot\boldsymbol{x}_2} \tag{4.120}$$

oder auch

$$\psi(p', \boldsymbol{y}_2, \boldsymbol{x}_2) = p'' \tag{4.121}$$

schreiben. Nach dem Weglassen überflüssiger Indizes und Strichbezeichnungen erhält man kürzer

$$\psi(p, \boldsymbol{y}, \boldsymbol{x}) = p'. \tag{4.122}$$

Hierbei ist ψ eine Abbildung von $P \times \boldsymbol{Y} \times \boldsymbol{X}$ in P und P die Menge aller stochastischen Operatoren $p_{\boldsymbol{y},\boldsymbol{x}}$ $((\boldsymbol{y}, \boldsymbol{x}) \in (\boldsymbol{Y} \times \boldsymbol{X})')$, deren Mächtigkeit höchstens abzählbar ist, da $(\boldsymbol{Y} \times \boldsymbol{X})'$ abzählbar ist.

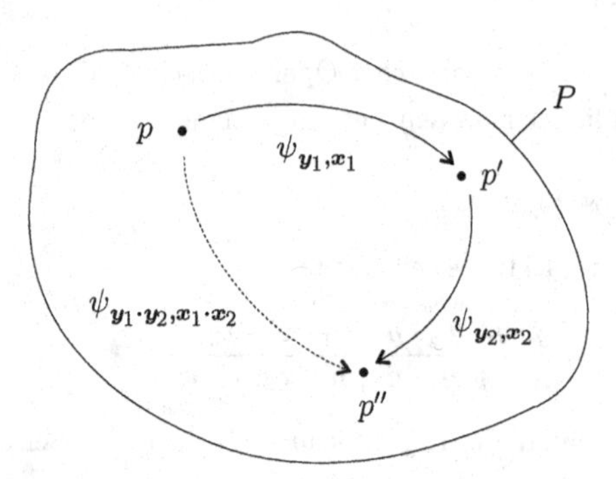

Bild 4.12: Zur Veranschaulichung von (4.124)

Bemerkung: Für das bessere Verständnis der im weiteren noch einzuführenden Begriffe ist es nützlich, folgende Eigenschaften der Abbildung ψ zu beachten:

$$\psi\big(\psi(p, \boldsymbol{y}_1, \boldsymbol{x}_1), \boldsymbol{y}_2, \boldsymbol{x}_2\big) = \psi(p, \boldsymbol{y}_1 \cdot \boldsymbol{y}_2, \boldsymbol{x}_1 \cdot \boldsymbol{x}_2). \tag{4.123}$$

Mit $\psi(p, \boldsymbol{y}, \boldsymbol{x}) = \psi_{\boldsymbol{y},\boldsymbol{x}}(p)$ kann man anstelle von (4.123) auch übersichtlicher

$$\psi_{\boldsymbol{y}_1,\boldsymbol{x}_1} \circ \psi_{\boldsymbol{y}_2,\boldsymbol{x}_2} = \psi_{\boldsymbol{y}_1 \cdot \boldsymbol{y}_2, \boldsymbol{x}_1 \cdot \boldsymbol{x}_2} \tag{4.124}$$

schreiben (Bild 4.12). Die Abbildungen $\psi_{\boldsymbol{y},\boldsymbol{x}}$ bilden bezüglich des Produktes $\circ$ eine Halbgruppe, und es ist daher mit Blick auf die Theorie der (determinierten) Mealy-Automaten naheliegend, den stochastischen Operator $p \in P$ als *Zustandsvariable* zu bezeichnen. Im determinierten Fall ist nämlich in (4.123) $\boldsymbol{y} = G(p, \boldsymbol{x})$ und folglich mit $\psi_{\boldsymbol{y},\boldsymbol{x}} = \overline{\psi}_{\boldsymbol{x}}$

$$\overline{\psi}_{\boldsymbol{x}_1} \circ \overline{\psi}_{\boldsymbol{x}_2} = \overline{\psi}_{\boldsymbol{x}_1 \cdot \boldsymbol{x}_2}. \tag{4.125}$$

In der Theorie der determinierten Automaten (vgl. [22], Abschnitt 2.3.2) wird $\overline{\psi}_{\boldsymbol{x}}$ als (erweiterte) Überführungsfunktion F des Mealy-Automaten bezeichnet. Wir werden deshalb auch im allgemeineren Fall $\psi_{\boldsymbol{y},\boldsymbol{x}}$ *Überführungsfunktion des stochastischen Automaten* nennen.

Neben der Abbildung ψ in (4.122) betrachten wir noch die Abbildung $q : P \times \boldsymbol{Y} \times \boldsymbol{X} \to [0, 1]$, die durch

$$q(p, \boldsymbol{y}, \boldsymbol{x}) = p(\boldsymbol{y} \mid \boldsymbol{x}) \tag{4.126}$$

definiert ist. Hiernach ist die durch q definierte Funktion

$$q(p,\,\cdot\,,\boldsymbol{x}) = p(\,\cdot\,|\,\boldsymbol{x}) \tag{4.127}$$

ein (bedingtes) Wahrscheinlichkeitsmaß auf $\boldsymbol{Y}$, und deshalb ist es zweckmäßig

$$q(p,\,\cdot\,,\boldsymbol{x}) = q(\,\cdot\,|\,p,\boldsymbol{x}) \tag{4.128}$$

zu setzen, worin $q(\,\cdot\,|\,p,\boldsymbol{x})$ für jedes Paar $(p,\boldsymbol{x}) \in P\times\boldsymbol{X}$ ein durch (4.126) definiertes Wahrscheinlichkeitsmaß darstellt. Der Wert $q(\boldsymbol{y}\,|\,p,\boldsymbol{x})$ ist die Wahrscheinlichkeit dafür, dass bei Eingabe von $\boldsymbol{x}$ im Zustand p das Wort $\boldsymbol{y}$ ausgegeben wird. Die Funktion $q(\,\cdot\,|\,p,\boldsymbol{x})$ kann als *stochastische Ergebnisfunktion* bezeichnet werden, was folgende Bemerkung verständlich macht.

Bemerkung: Ist $\boldsymbol{y} = G(p,\boldsymbol{x})$ (determinierter Fall), so folgt aus (4.128)

$$q(p,\boldsymbol{y},\boldsymbol{x}) = q(\boldsymbol{y}\,|\,p,\boldsymbol{x}) = \begin{cases} 1 & \boldsymbol{y} = G(p,\boldsymbol{x}) \\ 0 & \text{sonst.} \end{cases}$$

Hiernach entspricht $q(\,\cdot\,|\,p,\boldsymbol{x})$ der (erweiterten) Ergebnisfunktion G des Mealy-Automaten (vgl. [22], Abschnitt 2.3.2).

4.3.2.2 Verhaltensfunktion

Die Überlegungen des letzten Abschnittes haben gezeigt, dass die Arbeitsweise eines stochastischen Automaten durch zwei Abbildungen ψ und q charakterisiert werden kann:

$$\psi(p,\boldsymbol{y},\boldsymbol{x}) \;=\; p' = p_{\boldsymbol{y},\boldsymbol{x}} \tag{4.129}$$
$$q(p,\boldsymbol{y},\boldsymbol{x}) \;=\; q(\boldsymbol{y}\,|\,p,\boldsymbol{x}) = p(\boldsymbol{y}\,|\,\boldsymbol{x}). \tag{4.130}$$

Bemerkung: Man kann den Gleichungen (4.129) und (4.130) noch eine andere, äquivalente Form geben. Nach (4.129) gilt: Bei gegebenen p und $\boldsymbol{x}$ ist die Wahrscheinlichkeit w_p von p' gleich der Wahrscheinlichkeit der Menge $\boldsymbol{Y}_p$ aller $\boldsymbol{y}$, die die Bedingung $\psi(p,\boldsymbol{y},\boldsymbol{x}) = p'$ erfüllen. Also kann man statt (4.129) mit Beachtung von (4.130) auch schreiben

$$w_p(p'\,|\,p,\boldsymbol{x}) = \sum_{\boldsymbol{y}\in\boldsymbol{Y}_{p'}} p(\boldsymbol{y}\,|\,\boldsymbol{x}). \tag{4.131}$$

Formal schlüssiger ergibt sich diese Beziehung aus den nachfolgenden Betrachtungen.

Es ist nun üblich, die beiden Abbildungen ψ und q in (4.129) bzw. (4.130) zu einer Abbildung w zusammenzufassen. Dabei erhält man

$$\begin{aligned} w(\boldsymbol{y},p',p,\boldsymbol{x}) &= q(p,\boldsymbol{y},\boldsymbol{x})\,\delta\big(p' - \psi(p,\boldsymbol{y},\boldsymbol{x})\big) \\ &= p(\boldsymbol{y}\,|\,\boldsymbol{x})\,\delta\big(p' - \psi(p,\boldsymbol{y},\boldsymbol{x})\big), \end{aligned} \tag{4.132}$$

worin δ die „diskrete Dirac-Funktion" bezeichnet:

$$\delta(y-x) = \begin{cases} 1 & y = x \\ 0 & y \neq x. \end{cases} \tag{4.133}$$

Man verifiziert nun leicht, dass

$$w(\cdot\,,\cdot\,,p,\boldsymbol{x}) = p(\cdot\,|\,\boldsymbol{x})\,\delta(\,\cdot\, - \psi(p,\boldsymbol{y},\boldsymbol{x}))$$

ein (bedingtes) Wahrscheinlichkeitsmaß auf $\boldsymbol{Y} \times P$ darstellt; denn $w(\cdot\,,\cdot\,,p,\boldsymbol{x})$ ist für alle Argumente $(\boldsymbol{y},p')$ nicht negativ, und es ist

$$\sum_{\boldsymbol{y}\in\boldsymbol{Y}}\sum_{p'\in P} w(\boldsymbol{y},p',p,\boldsymbol{x}) = \sum_{\boldsymbol{y}\in\boldsymbol{Y}} p(\boldsymbol{y}\,|\,\boldsymbol{x}) = 1.$$

Wir bringen diese Tatsache deshalb wieder durch eine entsprechende Symbolik zum Ausdruck und setzen

$$w(\boldsymbol{y},p',p,\boldsymbol{x}) = w(\boldsymbol{y},p'\,|\,p,\boldsymbol{x}) = p(\boldsymbol{y}\,|\,\boldsymbol{x})\,\delta\big(p' - \psi(p,\boldsymbol{y},\boldsymbol{x})\big). \tag{4.134}$$

Die Abbildung $w = w(\cdot\,,\cdot\,|\,\cdot\,,\cdot\,)$ soll als *Verhaltensfunktion* des stochastischen Automaten bezeichnet werden. Durch die Funktion $w = w(\cdot\,,\cdot\,|\,p,\boldsymbol{x})$, das (bedingte) *Wahrscheinlichkeitsmaß* des stochastischen Automaten, ist das Wahrscheinlichkeitsverhalten des Automaten vollständig charakterisiert:
Der Wert $w(\boldsymbol{y},p'\,|\,p,\boldsymbol{x})$ gibt die Wahrscheinlichkeit dafür an, dass bei Eingabe von $\boldsymbol{x}$ im Zustand p der Automat in den Zustand p' übergeht und dabei das Wort $\boldsymbol{y}$ ausgibt.
Bemerkung: Man kann auch hier von einem Wahrscheinlichkeitsmaß w' auf $\boldsymbol{Y} \times P \times P \times \boldsymbol{X}$ ausgehen und definieren

$$w(\boldsymbol{y},p'\,|\,p,\boldsymbol{x}) = \frac{w'(\boldsymbol{y},p',p,\boldsymbol{x})}{\sum_{p\in P}\sum_{\boldsymbol{x}\in\boldsymbol{X}} w'(\boldsymbol{y},p',p,\boldsymbol{x})}. \tag{4.135}$$

Beim Übergang zu den beiden Randverteilungen von w erhält man wieder (4.130) und (4.131):

$$w_{\boldsymbol{y}}(\boldsymbol{y}\,|\,p,\boldsymbol{x}) = q(\boldsymbol{y}\,|\,p,\boldsymbol{x}) = p(\boldsymbol{y}\,|\,\boldsymbol{x}) \tag{4.136}$$

$$w_p(p'\,|\,p,\boldsymbol{x}) = \sum_{\boldsymbol{y}\in\boldsymbol{Y}_{p'}} p(\boldsymbol{y}\,|\,\boldsymbol{x}), \tag{4.137}$$

worin $\boldsymbol{Y}_{p'} = \{\boldsymbol{y}\,|\,\delta\big(p' - \psi(p,\boldsymbol{y},\boldsymbol{x})\big) = 1\}$ ist.

Die den Automaten charakterisierenden Wahrscheinlichkeitsmaße $w(\cdot\,,\cdot\,|\,p,\boldsymbol{x})$ müssen einer bestimmten Bedingung genügen, die sich aus der Halbgruppeneigenschaft (4.123) bzw. (4.124) von ψ ergibt. Es gilt nämlich mit (4.134)

$$\begin{aligned}
&\sum_{p_2\in P} w(\boldsymbol{y}_2,p_3\,|\,p_2,\boldsymbol{x}_2)w(\boldsymbol{y}_1,p_2\,|\,p_1,\boldsymbol{x}_1)\\
&\quad= \sum_{p_2\in P} p_2(\boldsymbol{y}_2\,|\,\boldsymbol{x}_2)\delta\big(p_3 - \psi(p_2,\boldsymbol{y}_2,\boldsymbol{x}_2)\big)p_1(\boldsymbol{y}_1\,|\,\boldsymbol{x}_1)\delta\big(p_2 - \psi(p_1,\boldsymbol{y}_1,\boldsymbol{x}_1)\big)\\
&\quad= \sum_{p_2\in P} p_2(\boldsymbol{y}_2\,|\,\boldsymbol{x}_2)\delta\big(p_3 - \psi(\psi(p_1,\boldsymbol{y}_1,\boldsymbol{x}_1),\boldsymbol{y}_2,\boldsymbol{x}_2)\big)p_1(\boldsymbol{y}_1\,|\,\boldsymbol{x}_1).
\end{aligned} \tag{4.138}$$

Nach (4.129) ist $p_2 = \psi(p_1,\boldsymbol{y}_1,\boldsymbol{x}_1) = p_{\boldsymbol{y}_1,\boldsymbol{x}_1}$ und mit (4.116)

$$p_{\boldsymbol{y}_1,\boldsymbol{x}_1}(\boldsymbol{y}_2\,|\,\boldsymbol{x}_2) = \frac{p_1(\boldsymbol{y}_1\cdot\boldsymbol{y}_2\,|\,\boldsymbol{x}_1\cdot\boldsymbol{x}_2)}{p(\boldsymbol{y}_1\,|\,\boldsymbol{x}_1)}.$$

Wird die letzte Gleichung und die aus (4.134) folgende Identität

$$p(\boldsymbol{y}_1 \cdot \boldsymbol{y}_2 \,|\, \boldsymbol{x}_1 \cdot \boldsymbol{x}_2)\delta\big(p_3 - \psi(p_1, \boldsymbol{y}_1 \cdot \boldsymbol{y}_2, \boldsymbol{x}_1 \cdot \boldsymbol{x}_2)\big) = w(\boldsymbol{y}_1 \cdot \boldsymbol{y}_2, p_3 \,|\, p_1, \boldsymbol{x}_1 \cdot \boldsymbol{x}_2)$$

in (4.138) eingesetzt, so erhält man die wichtige Beziehung (Bild 4.13)

$$\sum_{p_2 \in P} w(\boldsymbol{y}_2, p_3 \,|\, p_2, \boldsymbol{x}_2) w(\boldsymbol{y}_1, p_2 \,|\, p_1, \boldsymbol{x}_1) = w(\boldsymbol{y}_1 \cdot \boldsymbol{y}_2, p_3 \,|\, p_1, \boldsymbol{x}_1 \cdot \boldsymbol{x}_2). \tag{4.139}$$

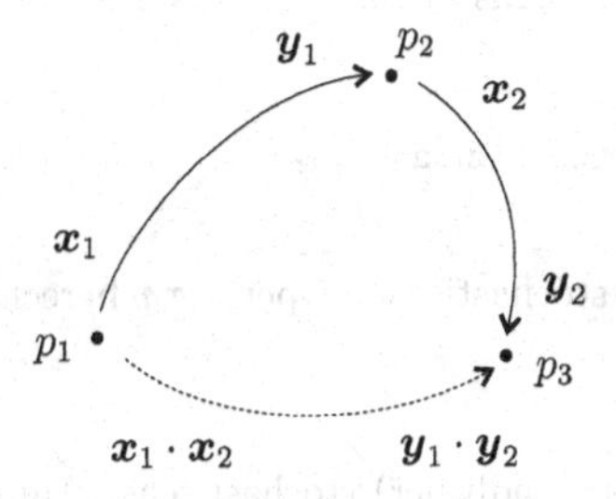

Bild 4.13: Zur Veranschaulichung von (4.139)

Fassen wir die bisherigen Ausführungen der Abschnitte 4.3.1 und 4.3.2 noch einmal kurz zusammen, so stellen wir fest: Wir waren von der Wortabbildung $\boldsymbol{\Phi}$ eines Mealy-Automaten ausgegangen, konnten damit zum stochastischen Operator p (vgl. (4.110)) und den Abbildungen ψ (Überführungsfunktion) und q (Ergebnisfunktion) übergehen und erhielten schließlich als Automatencharakteristik die Verhaltensfunktion w.

Wir können nun die Gedankenfolge auch umkehren und die folgende einfache Definition des stochastischen Automaten an den Anfang stellen. Indem wir weiterhin für die Zustandsvariable besser z statt $p = p(\cdot\,|\,\cdot)$, $z \in Z = P$, schreiben, erhalten wir:

Definition 4.3 Ein 4-Tupel (X, Y, Z, w) heißt *endlicher stochastischer Automat*, wenn folgendes gilt:

a) X (*Eingabealphabet*), Y (*Ausgabealphabet*) und Z (*Zustandsalphabet*) sind endliche Mengen.

b) $w = w(\cdot\,,\cdot\,|\,\cdot\,,\cdot\,)$ (*Verhaltensfunktion*) ist eine Abbildung von $Y \times Z \times Z \times X$ in $[0,1] \subset \mathbb{R}$:

$$w(y, z', z, x) = w(y, z' \,|\, z, x) \in [0, 1]. \tag{4.140}$$

c) $w = w(\,\cdot\,, \cdot\,|\, z, x)$ ist für alle $(z, x) \in Z \times X$ ein Wahrscheinlichkeitsmaß auf $Y \times Z$.

d) Auf $\boldsymbol{Y} \times Z \times Z \times \boldsymbol{X}$ wird w rekursiv definiert durch (vgl. (4.139))

$$w(\boldsymbol{y} \cdot y, z' \,|\, z, \boldsymbol{x} \cdot x) = \sum_{\overline{z} \in Z} w(y, z' \,|\, \overline{z}, x) w(\boldsymbol{y}, \overline{z} \,|\, z, x). \tag{4.141}$$

Hierbei haben die Wörter $\boldsymbol{x}$ und $\boldsymbol{y}$ gleiche Wortlänge und die Buchstaben x und y sind mit den eingliedrigen Wörtern (x) bzw. (y) zu identifizieren.

Man beachte, dass die Abbildung $w : \boldsymbol{Y} \times Z \times Z \times \boldsymbol{X} \to [0,1]$ in (4.141) speziell auf $Y \times Z \times Z \times X$ mit der Abbildung w nach (4.140) übereinstimmt, wenn noch für das leere Wort $\boldsymbol{e}$

$$w(\boldsymbol{e}, z' \,|\, z, \boldsymbol{e}) = \begin{cases} 1 & z' = z \\ 0 & z' \neq z \end{cases} \tag{4.142}$$

gesetzt wird. Anders ausgedrückt heißt das: Durch (4.141) wird die auf $Y \times Z \times Z \times X$ definierte Funktion w auf $\boldsymbol{Y} \times Z \times Z \times \boldsymbol{X}$ fortgesetzt. Aus (4.141) kann dann schließlich auch wieder (4.139) mit $p = z$ hergeleitet werden:

$$\sum_{z_2 \in Z} w(\boldsymbol{y}_2, z_3 \,|\, z_2, \boldsymbol{x}_2) w(\boldsymbol{y}_1, z_2 \,|\, z_1, \boldsymbol{x}_1) = w(\boldsymbol{y}_1 \cdot \boldsymbol{y}_2, z_3 \,|\, z_1, \boldsymbol{x}_1 \cdot \boldsymbol{x}_2). \tag{4.143}$$

Aus der Verhaltensfunktion w kann man wieder den stochastischen Operator p berechnen.

4.3.2.3 Matrixdarstellung

Eine übersichtlichere Darstellung der Wirkungsweise (endlicher) stochastischer Automaten erhält man mit der folgenden Matrizenschreibweise: Setzt man in (4.140) kürzer

$$w(y, z_j \,|\, z_i, x) = w_{ij}(y \,|\, x) \tag{4.144}$$

und bildet mit diesen Größen die quadratische Matrix

$$W(y \,|\, x) = \begin{pmatrix} w_{11}(y \,|\, x) & \dots & w_{1n}(y \,|\, x) \\ \vdots & & \vdots \\ w_{n1}(y \,|\, x) & \dots & w_{nn}(y \,|\, x) \end{pmatrix}, \tag{4.145}$$

so erhält man mit Hilfe von (4.141)

$$W(y_1 \cdot \ldots \cdot y_m \,|\, x_1 \cdot \ldots \cdot x_m) = \prod_{i=1}^{m} W(y_i \,|\, x_i) \tag{4.146}$$

oder

$$W(y_1 \cdot y_2 \,|\, x_1 \cdot x_2) = W(y_1 \,|\, x_1) W(y_2 \,|\, x_2). \tag{4.147}$$

Aus (4.146) folgt:

$$W(x) = \sum_{y \in Y} W(y \,|\, x) \tag{4.148}$$

ist eine *stochastische Matrix*, d.h. alle Elemente

$$w_{ij}(x) = \sum_{y \in Y} w_{ij}(y \,|\, x) \tag{4.149}$$

sind nichtnegativ (nichtnegative Matrix) und die Summe aller Elemente $w_{ij}(x)$ der i-ten Zeile hat den Wert 1:

$$\sum_{i=1}^{n} w_{ij}(x) = 1 \qquad (i = 1, 2, \ldots, n). \tag{4.150}$$

Da die stochastischen Matrizen den stochastischen Automaten ebenfalls eindeutig charakterisieren, erhält man mit ihrer Hilfe die folgende weitere Definition.

Definition 4.4 Ein stochastischer Automat (X, Y, Z, w) ist eindeutig charakterisiert durch eine (über (4.144) und (4.145) definierte) Menge

$$\underline{W} = \{W(y \mid x) \mid y \in Y, x \in X\} \tag{4.151}$$

quadratischer nichtnegativer Matrizen $W(y \mid x)$ gleicher Ordnung, so dass für alle $x \in X$ die Matrix

$$W(x) = \sum_{y \in Y} W(y \mid x) \tag{4.152}$$

stochastisch ist.

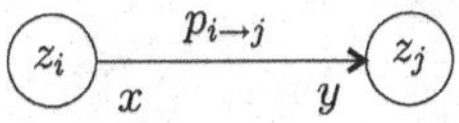

$$z_i \xrightarrow[x \quad y]{p_{i \to j}} z_j$$

Bild 4.14: Zur Konstruktion des Automatengraphen

Ähnlich wie beim determinierten Mealy-Automaten kann das Verhalten des stochastischen Automaten auch durch einen Automatengraphen veranschaulicht werden (vgl. [22], Abschnitt 2.3.1.3). Die Zustände $z \in Z$ des Automaten werden dabei im Graphen durch Knoten gekennzeichnet, die durch Pfeile miteinander verbunden sind. Es wird genau dann ein vom Knoten z_i zum Knoten z_j gerichteter Verbindungspfeil eingezeichnet, wenn die Wahrscheinlichkeit dafür, dass bei Eingabe von x im Zustand z_i der Automat in den Zustand z_j übergeht und dabei y ausgegeben wird, größer als Null ist, d.h.

$$w(y, z_j \mid z_i, x) = w_{ij}(y \mid x) = p_{i \to j} > 0$$

gilt. Die Beschriftung der Verbindungspfeile ist in Bild 4.14 angegeben.

Beispiel 4.4 Es sei $X = Y = \{0, 1\}$ und $Z = \{(0,1), (1,0), (1,1)\} \subset \{0,1\}^2$. Gegeben seien folgende Matrizen $W(y \mid x)$:

$$W(0 \mid 0) = \begin{pmatrix} 0{,}2 & 0 & 0{,}2 \\ 0 & 1 & 0 \\ 0{,}1 & 0 & 0{,}1 \end{pmatrix} \qquad W(1 \mid 0) = \begin{pmatrix} 0 & 0{,}6 & 0 \\ 0 & 0 & 0 \\ 0 & 0{,}5 & 0{,}3 \end{pmatrix}$$

$$W(0 \mid 1) = \begin{pmatrix} 0 & 0{,}9 & 0 \\ 0 & 0 & 0{,}5 \\ 0 & 0 & 0 \end{pmatrix} \qquad W(1 \mid 1) = \begin{pmatrix} 0 & 0 & 0{,}1 \\ 0{,}3 & 0{,}2 & 0 \\ 0 & 1 & 0 \end{pmatrix}.$$

Man überzeugt sich leicht, dass

$$W(0) = \sum_{y \in Y} W(y \,|\, 0) = \begin{pmatrix} 0,2 & 0,6 & 0,2 \\ 0 & 1 & 0 \\ 0,1 & 0,5 & 0,4 \end{pmatrix}$$

und

$$W(1) = \sum_{y \in Y} W(y \,|\, 1) = \begin{pmatrix} 0 & 0,9 & 0,1 \\ 0,3 & 0,2 & 0,5 \\ 0 & 1 & 0 \end{pmatrix}$$

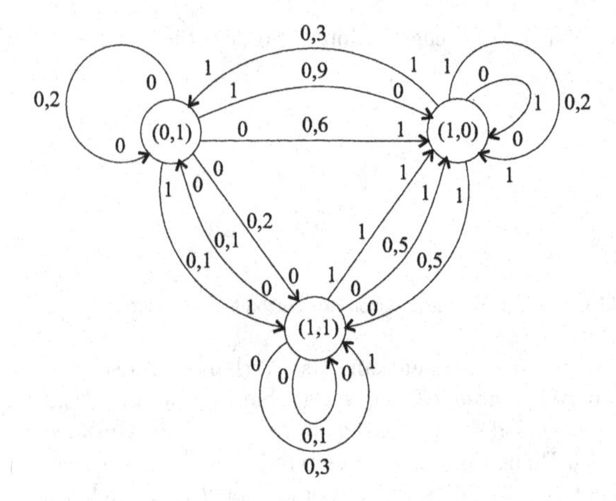

Bild 4.15: Automatengraph (Beispiel)

tatsächlich stochastische Matrizen sind (Die Zeilensummen haben den Wert 1). Der Automatengraph ist in Bild 4.15 aufgezeichnet. Aus ihm kann man z.B. folgendes ablesen: Befindet sich der Automat im Zustand $z_1 = (0, 1)$ und wird der Eingabebuchstabe $x = 1$ eingegeben, so geht der Automat mit der Wahrscheinlichkeit 0,9 in den Zustand $z_2 = (1, 0)$ über und gibt den Buchstaben $y = 0$ aus, und mit der Wahrscheinlichkeit 0,1 geht er in den Zustand $z_3 = (1, 1)$ über und gibt dabei den Buchstaben $y = 1$ aus. Ähnliche Aussagen lassen sich auch für beliebige andere Anfangszustände und Eingaben ablesen.

4.3.3 Aufgaben zum Abschnitt 4.3

4.3-1 Man verifiziere die Gültigkeit der Gleichung (4.111) !

4.3-2 Gegeben ist der stochastische Automat (X, Y, Z, w) mit dem in Bild 4.15 (Abschnitt 4.3.2.3) dargestellten Automatengraphen. Für das Eingabewort $\boldsymbol{x} = (1, 1)$ bestimme man die Matrix $W(\boldsymbol{y} \,|\, \boldsymbol{x})$ für alle $\boldsymbol{y} \in \boldsymbol{Y}_{\boldsymbol{x}} = \{\boldsymbol{y} \in \boldsymbol{Y} \,|\, l(\boldsymbol{x}) = l(\boldsymbol{y})\}$ und zeige, dass

$$W(\boldsymbol{x}) = \sum_{\boldsymbol{y} \in \boldsymbol{Y}_{\boldsymbol{x}}} W(\boldsymbol{y} \,|\, \boldsymbol{x})$$

eine stochastische Matrix ist!

Kapitel 5

Lösungen zu den Übungsaufgaben

5.1 Lösungen der Aufgaben zum Abschnitt 1.1

1.1-1 a) $\underline{A} = \underline{P}(\Omega) = \{\emptyset, \{\omega_1\}, \ldots, \{\omega_4\}, \{\omega_1, \omega_2\}, \ldots, \{\omega_3, \omega_4\}, \{\omega_1, \omega_2, \omega_3\}, \ldots, \{\omega_2, \omega_3, \omega_4\}, \Omega\}$

b) $\underline{A} = \underline{A}_4 = \{\Omega, \emptyset, A, \overline{A}\}$

c) $\Omega = \{\{\omega_{ij}\} \mid i, j \in \{1, 2, \ldots, 6\}\}$

$\omega_{ij} \Leftrightarrow$ Beim ersten Würfel liegt die Augenzahl i und beim zweiten die Augenzahl j oben.
$\underline{A} = \underline{P}(\Omega)$ enthält $2^{36} = 68\,719\,476\,736$ Ereignisse.

1.1-2 a) $A \setminus (B \cap C)$

b) $A \cap B \cap C$

1.1-3 $C = (A_1 \cup A_2) \cap \big((B_1 \cap B_2) \cup (B_1 \cap B_3) \cup (B_2 \cap B_3)\big)$

1.1-4 Elementarereignisse: $\omega_i \Leftrightarrow$ Herausnehmen von 3 Kugeln aus 36.
Raum der Elementarereignisse: $\Omega = \{\omega_1, \omega_2, \ldots, \omega_n\}$, $n = \binom{36}{3}$.
Wahrscheinlichkeitsmaß: $P(\{\omega_i\}) = \frac{1}{n}$, $(P(\Omega) = 1)$.
Das Ereignis A enthält $\binom{32}{2}\binom{4}{1}$ Elementarereignisse, daher ist

$$P(A) = \sum_{\omega_i \in A} P(\{\omega_i\}) = \frac{\binom{32}{2}\binom{4}{1}}{\binom{36}{3}} = \frac{496}{1785} \approx 0{,}2778.$$

1.1-5 a) $A = (A \setminus B) \cup (A \cap B)$; $A \setminus B$ und $A \cap B$ sind unvereinbar.
$P(A) = P(A \setminus B) + P(A \cap B)$.

b) $A \cup B = (A \setminus B) \cup B$; $A \setminus B$ und B sind unvereinbar. Daher gilt mit dem Ergebnis von a)
$P(A \cup B) = P(A \setminus B) + P(B) = P(A) + P(B) - P(A \cap B)$.

c) $P(A \setminus B) = P(A) + P(\emptyset) = P(A)$;
$P(A \cup B) = P(A) + P(B)$.

d) Wegen $A \cap B = B$ folgt
$P(A \setminus B) = P(A) - P(B)$.

1.1-6 Mit der Regel von Aufgabe 1.1-5b erhält man
$P(A \cup B) = P(A) + P(B) - P(A \cap B) = 0{,}8 + 0{,}9 - 0{,}8 \cdot 0{,}9 = 0{,}98$

1.1-7 Ereignisse $A_k \Leftrightarrow$ Es werden k Treffer erzielt $(k = 0, 1, 2, 3)$.
$P(A_0) = 0{,}21$; $P(A_1) = 0{,}44$; $P(A_2) = 0{,}29$; $P(A_3) = 0{,}06$.

1.1-8 a) B wird als Summe unvereinbarer Ereignisse dargestellt. Dann gilt

$$B = B \cap \Omega = B \cap \left(\bigcup_{i=1}^{n} A_i \right) = \bigcup_{i=1}^{n} (B \cap A_i)$$

$$P(B) = \sum_{i=1}^{n} P(B \cap A_i) = \sum_{i=1}^{n} P(B \mid A_i) P(A_i) \text{ (nach (1.33))}$$

b) $P(A \cap B) = P(A \mid B)P(B) = P(B \mid A)P(A)$

$$A = A_i : \; P(A_i \mid B) = \frac{P(B \mid A_i)P(A_i)}{P(B)} = \frac{P(B \mid A_i)P(A_i)}{\sum_{i=1}^{n} P(B \mid A_i)P(A_i)}$$

1.1-9 a) Ereignis $A_i \Leftrightarrow$ Bauelement der Qualität i wird eingebaut (i = I, II, III).
Ereignis $B \Leftrightarrow$ Gerät hat die geforderten Eigenschaften. Mit dem Ergebnis von Aufgabe 1.1-8a folgt

$$P(B) = \sum_{i=\text{I}}^{\text{III}} P(B \mid A_i)P(A_i) = 0,9 \cdot 0,3 + 0,6 \cdot 0,6 + 0,2 \cdot 0,1 = 0,65.$$

b) Mit der Lösung von Aufgabe 1.1-8b ergibt sich

$$P(A_{\text{III}} \mid \overline{B}) = \frac{P(\overline{B} \mid A_{\text{III}})P(A_{\text{III}})}{P(\overline{B})} = \frac{(1 - P(B \mid A_{\text{III}}))P(A_{\text{III}})}{1 - P(B)} = \frac{(1 - 0,2) \cdot 0,1}{1 - 0,65} \approx 0,2286$$

1.1-10 a) Ereignis $A_0 \Leftrightarrow$ Signal 000 wird gesendet,
Ereignis $A_1 \Leftrightarrow$ Signal 111 wird gesendet,
Ereignis $B \Leftrightarrow$ Signal 101 wird empfangen.
Man erhält

$$\begin{aligned} P(B \mid A_0) &= 0,2 \cdot 0,8 \cdot 0,2 = 0,032; \\ P(B \mid A_1) &= 0,8 \cdot 0,2 \cdot 0,8 = 0,128. \end{aligned}$$

Mit der Lösung von Aufgabe 1.1-8a ergibt sich

$$P(B) = \sum_{i=0}^{1} P(B \mid A_i)P(A_i) = 0,032 \cdot 0,3 + 0,128 \cdot 0,7 = 0,0992.$$

b) Mit der Lösung von Aufgabe 1.1-8b folgt

$$P(A_i \mid B) = \frac{P(B \mid A_i)P(A_i)}{P(B)};$$

$$\alpha)\; P(A_1 \mid B) = \frac{0,128 \cdot 0,7}{0,0992} \approx 0,903; \quad \beta)\; P(A_0 \mid B) = \frac{0,032 \cdot 0,3}{0,0992} \approx 0,097.$$

5.2 Lösungen der Aufgaben zum Abschnitt 1.2

1.2-1 a) Nach Definition ist

$$F_X(\xi') - F_X(\xi) = P\big(X^{-1}(I_{\xi'})\big) - P\big(X^{-1}(I_\xi)\big).$$

Aus $\xi' > \xi$ folgt $I_{\xi'} \supset I_\xi$ und damit $X^{-1}(I_{\xi'}) \supset X^{-1}(I_\xi)$. Daraus folgt (Grundeigenschaft der Wahrscheinlichkeit) $P\big(X^{-1}(I_{\xi'})\big) \geq P\big(X^{-1}(I_\xi)\big)$.

b) Wegen $F_X(\xi') - F_X(\xi) = P\big(X^{-1}(I_{\xi'}) \setminus X^{-1}(I_\xi)\big)$ folgt

$$\begin{aligned} F_X(\xi') - F_X(\xi) &= P\big(X^{-1}(I_{\xi'} \setminus I_\xi)\big) = P\big(X^{-1}([\xi,\xi'))\big) \\ &= P\{\omega \mid X(\omega) \in [\xi,\xi')\} = P\{X \in [\xi,\xi')\}. \end{aligned}$$

Bemerkung: $\varphi^{-1}(A \setminus B) = \varphi^{-1}(A) \setminus \varphi^{-1}(B)$ gilt für jede Abbildung $\varphi : M \to N$ $(A, B \subset N)$ mit $B \subset A$.

c) Es gilt

$$F_X(\xi') - F_X(\xi) = \int_{-\infty}^{\xi'} f_X(x)\,\mathrm{d}x - \int_{-\infty}^{\xi} f_X(x)\,\mathrm{d}x = \int_{\xi}^{\xi'} f_X(x)\,\mathrm{d}x.$$

1.2-2 a) Für die Dichte folgt

$$f_X(\xi) = F_X'(\xi) = \begin{cases} -2\xi & \text{für} \quad \xi \in (-1,0] \\ 0 & \text{für} \quad \xi \notin (-1,0]. \end{cases}$$

Die Skizze von F_X und f_X zeigt Bild 1.2-2*.

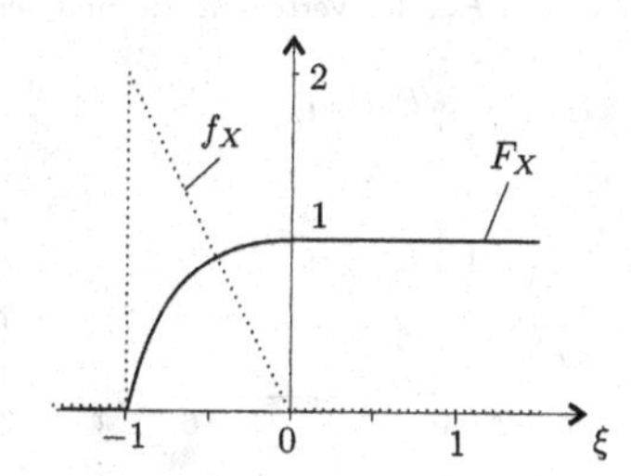

Bild 1.2-2*: Verteilungsfunktion F_X und Dichtefunktion f_X

b) $P\{X < -0,5\} = F_X(-0,5) = 1 - (0,5)^2 = 0,75.$

c) Die gesuchte Wahrscheinlichkeit ist

$$P\left\{-\frac{1}{3} \le X < 2\right\} = \int_{-\frac{1}{3}}^{2} f_X(x)\,\mathrm{d}x = \int_{-\frac{1}{3}}^{0} (-2x)\,\mathrm{d}x = \frac{1}{9}.$$

1.2-3 a) Aus

$$\int_{-\infty}^{\infty} f_X(x)\,\mathrm{d}x = \int_{0}^{\infty} k\mathrm{e}^{-ax}\,\mathrm{d}x = 1 \quad (a > 0)$$

folgt $k = a$.

b) Für die gesuchte Verteilungsfunktion gilt

$$F_X(\xi) = \int_{-\infty}^{\xi} f_X(x)\,\mathrm{d}x = \begin{cases} 0 & \text{für} \quad \xi \le 0 \\ 1 - \mathrm{e}^{-a\xi} & \text{für} \quad \xi > 0. \end{cases}$$

1.2-4 Es gilt

$$P\{|X| > 3\sigma\} = 1 - P\{|X| \le 3\sigma\} = 1 - \int_{-3\sigma}^{3\sigma} f_X(x)\,\mathrm{d}x.$$

Mit

$$\Phi(x) = \frac{1}{\sqrt{2\pi}} \int_0^x e^{-\frac{u^2}{2}} \, du$$

erhält man

$$P\{|X| > 3\sigma\} = 1 - \big(\Phi(3) - \Phi(-3)\big) = 1 - 2\Phi(3) \approx 0,0027.$$

1.2-5 Für die definierte Zufallsgröße gilt

$$\begin{array}{lll} X(\omega_1) = 1 & X(\omega_2) = -2 & X(\omega_3) = -3 \\ X(\omega_4) = -2 & X(\omega_5) = 1 & X(\omega_6) = 6. \end{array}$$

Daraus folgt

$$\begin{aligned} P\{X = 1\} = P\{X = -2\} &= \frac{2}{6} \\ P\{X = -3\} = P\{X = 6\} &= \frac{1}{6}. \end{aligned}$$

Die Skizzen der Verteilungsfunktion F_X, der Verteilung P_X und der Dichte f_X zeigt Bild 1.2-5*.

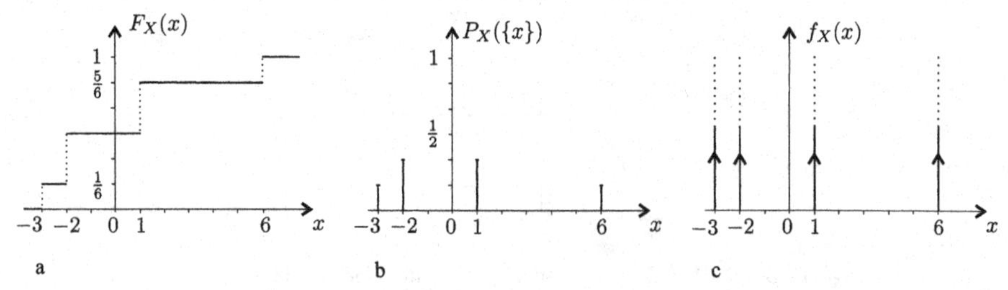

Bild 1.2-5*: a) Verteilungsfunktion; b) Verteilung; c) Dichtefunktion

1.2-6 Eine Möglichkeit für das i-malige Eintreten von A bei n Versuchen erhält man, wenn bei den ersten i Versuchen A eintritt und bei den übrigen $n - i$ Versuchen $\overline{A}$. Die Wahrscheinlichkeit für dieses Ereignis ist $q^i(1-q)^{n-i}$. Unter Berücksichtigung aller Möglichkeiten (i Versuche, bei denen A eintritt, können beliebig aus den n Versuchen ausgewählt werden) erhält man

$$P\{X = i\} = \binom{n}{i} q^i (1-q)^{n-i}$$

bzw. die Verteilung P_X der Zufallsgröße

$$P_X(\{x\}) = \binom{n}{x} q^x (1-q)^{n-x} \qquad (x = 0, 1, 2, \ldots, n)$$

(Binomialverteilung).

1.2-7 Für das Integral über die Dichte gilt

$$\int_{-\infty}^{\infty}\int_{-\infty}^{\infty}\int_{-\infty}^{\infty} f_X(x_1, x_2, x_3)\, dx_1 dx_2 dx_3 = 1 = \int\int\int_{(B)} K \, dx_1 dx_2 dx_3.$$

In dieser Gleichung ist B das Kugelvolumen. Damit gilt

$$\frac{4}{3}\pi R^3 K = 1 \quad \text{oder} \quad K = \frac{3}{4\pi R^3}$$

und folglich

$$f_X(x_1, x_2, x_3) = \begin{cases} \frac{3}{4\pi R^3} & \text{für} \quad x_1^2 + x_2^2 + x_3^2 \leq R^2 \\ 0 & \text{für} \quad x_1^2 + x_2^2 + x_3^2 > R^2. \end{cases}$$

1.2-8 a) Es gilt

$$P\{x \in B_2\} = \int\int_{B_2} f_X(x_1, x_2)\, \mathrm{d}x_1 \mathrm{d}x_2 = \frac{1}{ab} \int\int_{B_2} \mathrm{d}x_1 \mathrm{d}x_2 = \frac{1}{ab} \cdot b^2 \frac{\pi}{4} = \frac{\pi b}{4a}.$$

b) Mit

$$P\{X_1 > b\} = P\{b < X_1 < \infty, -\infty < X_2 < \infty\} = \int_b^\infty \int_{-\infty}^\infty f_X(x_1, x_2)\, \mathrm{d}x_1 \mathrm{d}x_2$$

folgt

$$P\{X_1 > b\} = \int_b^a \int_0^b \frac{1}{ab}\, \mathrm{d}x_1 \mathrm{d}x_2 = \frac{1}{ab}(a - b)b = 1 - \frac{b}{a}.$$

1.2-9 a) Wegen

$$\int_{-\infty}^\infty \int_{-\infty}^\infty f_X(x_1, x_2)\, \mathrm{d}x_1 \mathrm{d}x_2 = 1$$

gilt

$$f_X(x_1, x_2) = \begin{cases} \frac{1}{2} & \text{für} \quad (x_1, x_2) \in B \\ 0 & \text{für} \quad (x_1, x_2) \notin B. \end{cases}$$

b) Es folgt

$$f_{X_1}(x_1) = \int_{-\infty}^\infty f_X(x_1, x_2)\, \mathrm{d}x_2 = \begin{cases} \frac{1}{2} \int_{-(1-x_1)}^{(1-x_1)} \mathrm{d}x_2 = 1 - x_1 & (0 \leq x_1 \leq 1) \\ \frac{1}{2} \int_{-(1+x_1)}^{(1+x_1)} \mathrm{d}x_2 = 1 + x_1 & (-1 \leq x_1 \leq 0) \end{cases}$$

oder kurz

$$f_{X_1}(x_1) = \begin{cases} 1 - |x_1| & |x_1| \leq 1 \\ 0 & |x_1| > 1. \end{cases}$$

1.2-10 Allgemein gilt

$$P\{X \in [\xi_1, \xi_1') \times [\xi_2, \xi_2')\} = F_X(\xi_1', \xi_2') - F_X(\xi_1', \xi_2) - F_X(\xi_1, \xi_2') + F_X(\xi_1, \xi_2).$$

a) $P\{X \in B_1\} = F_X(a_2, b_2) - F_X(-\infty, b_2) - F_X(a_2, b_1) + F_X(-\infty, b_1) = F_X(a_2, b_2) - F_X(a_2, b_1)$

b) $P\{X \in B_1 \,|\, X \in B_2\} = P_X(B_1 \,|\, B_2) = \dfrac{P_X(B_1 \cap B_2)}{P_X(B_2)}$

$$= \frac{F_X(a_2, b_2) - F_X(a_1, b_2) - F_X(a_2, b_1) + F_X(a_1, b_1)}{F_X(\infty, \infty) - F_X(a_1, \infty) - F_X(\infty, -\infty) + F_X(a_1, -\infty)}$$

$$= \frac{F_X(a_2, b_2) - F_X(a_1, b_2) - F_X(a_2, b_1) + F_X(a_1, b_1)}{1 - F_X(a_1, \infty)}$$

1.2-11 a) Aus der gegebenen Verteilungsfunktion liest man ab

$$\mathrm{E}(X) = \sum_{i=1}^{4} x_i P\{X = x_i\} = 1; \qquad \mathrm{Var}(X) = \sum_{i=1}^{4} (x_i - \mathrm{E}(X))^2 P\{X = x_i\} = 2,2.$$

b) Zunächst muss die Dichtefunktion bestimmt werden:

$$f(x) = F'(x) = \begin{cases} 2x & 0 \le x \le 1 \\ 0 & x < 0,\, x > 1 \end{cases}$$

$$\mathrm{E}(X) = \int_{-\infty}^{\infty} x\, f(x)\,\mathrm{d}x = \frac{2}{3}; \qquad \mathrm{Var}(X) = \int_{-\infty}^{\infty} (x - \mathrm{E}(X))^2 f(x)\,\mathrm{d}x = \frac{1}{18}.$$

1.2-12 Aus dem bekannten Mittelwert

$$\mathrm{E}(X) = \int_{-\infty}^{\infty} x\, f_X(x)\,\mathrm{d}x = \int_{0}^{\infty} x\, a\, \mathrm{e}^{-ax}\,\mathrm{d}x = \frac{1}{a} = 200\,\mathrm{h}$$

folgt

$$P\{X > 10\,\mathrm{h}\} = \int_{10\,\mathrm{h}}^{\infty} a\, \mathrm{e}^{-ax}\,\mathrm{d}x = \mathrm{e}^{-a\cdot 10\,\mathrm{h}} = \mathrm{e}^{-0{,}05} \approx 0,951.$$

1.2-13 Aus der Dichte

$$f_X(x) = \begin{cases} \dfrac{1}{b-a} & a \le x \le b \\ 0 & x < a,\, x > b \end{cases}$$

folgt

$$\mathrm{E}(X^n) = \int_{-\infty}^{\infty} x^n f_X(x)\,\mathrm{d}x = \frac{b^{n+1} - a^{n+1}}{(n+1)(b-a)}$$

$$\mathrm{E}\left((X - \mathrm{E}(X))^n\right) = \int_{-\infty}^{\infty} (x - \mathrm{E}(X))^n f_X(x)\,\mathrm{d}x = \begin{cases} \dfrac{(b-a)^n}{2^n(n+1)} & (n = 2, 4, 6, \ldots) \\ 0 & (n = 1, 3, 5, \ldots). \end{cases}$$

1.2-14 a) Wir skizzieren nachfolgend den Beweis für eine Zufallsgröße X mit der Dichte f_X. Zunächst ist $P\{|X| \ge k\} = P\{X \in B\}$, worin B das in Bild 1.2-14* eingezeichnete Intervall darstellt.

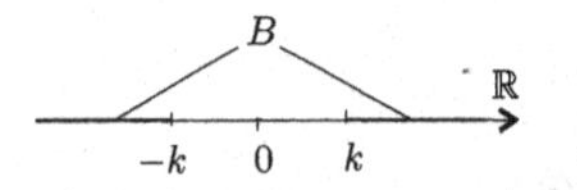

Bild 1.2-14*: Zur Lösung von 1.2-14a

Dann ist

$$P\{X \in B\} = \int_B f_X(x)\,\mathrm{d}x \le \int_B \frac{x^2}{k^2} f_X(x)\,\mathrm{d}x,$$

da für alle $x \in B$ die Bedingung $\frac{|x|}{k} \ge 1$ gilt. Somit ist, wie behauptet

$$P\{X \in B\} = \frac{1}{k^2}\int_B x^2 f_X(x)\,\mathrm{d}x \le \frac{1}{k^2}\int_{-\infty}^{\infty} x^2 f_X(x)\,\mathrm{d}x = \frac{\|X\|^2}{k^2}.$$

b) Wir betrachten die (positiv semidefinite) quadratische Form ($\alpha, \beta \in \mathbb{R}$)

$$\mathrm{E}((\alpha X + \beta Y)^2) = \alpha^2 \mathrm{E}(X^2) + 2\alpha\beta \mathrm{E}(XY) + \beta^2 \mathrm{E}(Y^2) \geq 0.$$

Da die letzte Ungleichung offensichtlich für $\beta = 0$ gilt, folgt für $\beta \neq 0$

$$\psi\left(\frac{\alpha}{\beta}\right) = \left(\frac{\alpha}{\beta}\right)^2 \mathrm{E}(X^2) + 2\left(\frac{\alpha}{\beta}\right) \mathrm{E}(XY) + \mathrm{E}(Y^2) \geq 0.$$

Das Minimum dieses Ausdruckes erhält man für

$$\frac{\alpha}{\beta} = -\frac{\mathrm{E}(XY)}{\mathrm{E}(X^2)},$$

d.h. es muss gelten

$$\frac{(\mathrm{E}(XY))^2}{\mathrm{E}(X^2)} - 2\frac{(\mathrm{E}(XY))^2}{\mathrm{E}(X^2)} + \mathrm{E}(Y^2) \geq 0$$

oder $(\mathrm{E}(XY))^2 \leq \mathrm{E}(X^2) \cdot \mathrm{E}(Y^2)$, woraus $|\mathrm{E}(XY)| \leq \|X\| \cdot \|Y\|$ sofort folgt.

c) Zunächst folgt aus $\det \mathrm{Cov}(X) = 0$, dass die quadratische Form (β_i und β_j sind beliebige reelle Zahlen)

$$\sum_{i=1}^{l} \sum_{j=1}^{l} \beta_i \beta_j \mathrm{Cov}(X_i, X_j) = \mathrm{E}\left(\left(\sum_{i=1}^{l} \beta_i (X_i - \mathrm{E}(X_i))\right)^2\right)$$

für eine gewisse Wertekombination $\beta_1 = \beta_1', \ldots, \beta_l = \beta_l'$ verschwindet. Also ist wegen $\|Z\| = 0 \Leftrightarrow Z \doteq 0$ (Vgl. (1.140))

$$\sum_{i=1}^{l} \beta_i'(X_i - \mathrm{E}(X_i)) \doteq 0,$$

und mit $\beta_i' = \alpha_i$ und $-\sum_{i=1}^{l} \beta_i' \mathrm{E}(X_i) = k$ folgt

$$\sum_{i=1}^{l} \alpha_i X_i + k \doteq 0.$$

Da diese Schlussweise auch in umgekehrter Richtung gültig ist, ist der Satz vollständig bewiesen. Der Beweis von (1.153) ist als Sonderfall hierin enthalten, da wegen (1.150) gilt

$$\begin{aligned} \varrho^2 = 1 \quad &\Leftrightarrow \quad (\mathrm{Cov}(X,Y))^2 = \mathrm{Cov}(X,X) \cdot \mathrm{Cov}(Y,Y) \\ &\Leftrightarrow \quad \det \begin{pmatrix} \mathrm{Cov}(X,X) & \mathrm{Cov}(X,Y) \\ \mathrm{Cov}(Y,X) & \mathrm{Cov}(Y,Y) \end{pmatrix} = 0. \end{aligned}$$

1.2-15 Die Lösung ergibt sich aus

$$\varphi_X(u) = \int_{-\infty}^{\infty} \mathrm{e}^{\mathrm{j}ux} f_X(x) \, \mathrm{d}x = a \int_0^{\infty} \mathrm{e}^{\mathrm{j}ux} \mathrm{e}^{-ax} \, \mathrm{d}x = \frac{a}{a - \mathrm{j}u}$$

$$\varphi_X'(u) = \frac{\mathrm{j}a}{(a - \mathrm{j}u)^2}; \qquad \varphi_X''(u) = \frac{-2a}{(a - \mathrm{j}u)^3}.$$

Daraus folgt

$$\mathrm{E}(X) = \frac{1}{\mathrm{j}} \varphi_X'(0) = \frac{1}{a}; \qquad \mathrm{E}(X^2) = \frac{1}{\mathrm{j}^2} \varphi_X''(0) = \frac{2}{a^2}.$$

1.2-16 Die charakteristische Funktion lautet

$$\varphi_Y(u) = \int_{-\infty}^{\infty} \dots \int_{-\infty}^{\infty} \mathrm{e}^{\mathrm{j}u(x_1+\ldots+x_l)} f_X(x_1+\ldots+x_l)\,\mathrm{d}x_1\ldots\mathrm{d}x_l$$

$$= \int_{-\infty}^{\infty} \mathrm{e}^{\mathrm{j}ux_1} f_{X_1}(x_1)\,\mathrm{d}x_1 \dots \int_{-\infty}^{\infty} \mathrm{e}^{\mathrm{j}ux_l} f_{X_l}(x_l)\,\mathrm{d}x_l = \prod_{i=1}^{l} \varphi_{X_i}(u).$$

1.2-17 Für die diskrete Zufallsgröße X_1 (und ebenso für X_2) gilt

$$\varphi_{X_1}(u) = \sum_{i=1}^{2} \mathrm{e}^{\mathrm{j}ux_{1i}} P\{X_1 = x_{1i}\} = \mathrm{e}^{-\mathrm{j}ua}\cdot\frac{1}{2} + \mathrm{e}^{\mathrm{j}ua}\cdot\frac{1}{2} = \varphi_{X_2}(u).$$

$$\varphi_Y(u) = \varphi_{X_1}(u)\cdot\varphi_{X_2}(u) = \mathrm{e}^{-\mathrm{j}u2a}\cdot\frac{1}{4} + \mathrm{e}^{-\mathrm{j}u0}\cdot\frac{1}{2} + \mathrm{e}^{\mathrm{j}u2a}\cdot\frac{1}{4}$$

Daraus ergibt sich die Verteilungsfunktion F_Y (Bild 1.2-17*).

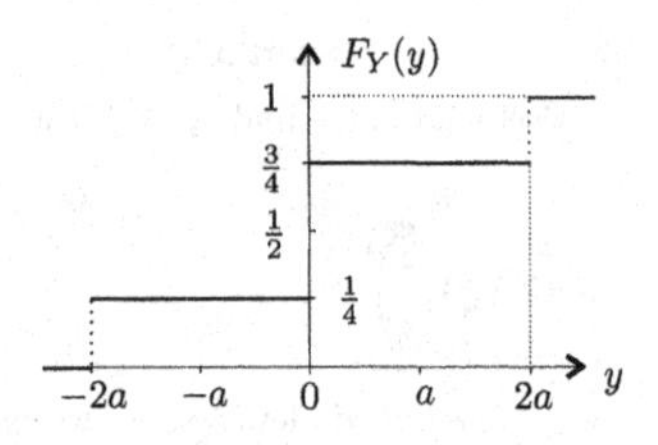

Bild 1.2-17*: Verteilungsfunktion F_Y

1.2-18 Allgemein gilt für gleichverteilte X

$$f_X(x) = \begin{cases} \frac{1}{b-a} & a < x \le b \\ 0 & x \le a, x > b. \end{cases}$$

Daraus ergibt sich

$$\mathrm{E}(X) = \int_{-\infty}^{\infty} x f_X(x)\,\mathrm{d}x = \int_a^b \frac{x}{b-a}\,\mathrm{d}x = \frac{1}{2}(a+b)$$

$$\mathrm{Var}(X) = \int_{-\infty}^{\infty} (x-\mathrm{E}(X))^2 f_X(x)\,\mathrm{d}x = \int_a^b \left(x - \frac{1}{2}(a+b)\right)^2 \frac{1}{b-a}\,\mathrm{d}x = \frac{1}{12}(b-a)^2$$

$$\left.\begin{array}{lll} \mathrm{E}(X) = \frac{1}{2}(a+b) = 4 & \Rightarrow & a+b=8 \\ \mathrm{Var}(X) = \frac{1}{12}(b-a)^2 = 12 & \Rightarrow & b-a=12 \end{array}\right\} \Rightarrow \left\{\begin{array}{l} b=10 \\ a=-2 \end{array}\right.$$

$$f_X(x) = \begin{cases} \frac{1}{12} & -2 < x \le 10 \\ 0 & x \le -2, x > 10. \end{cases}$$

1.2-19 Mit der Lösung von Aufgabe 1.2-16 haben wir

$$\varphi_Y(u) = \prod_{i=1}^{n} \varphi_{X_i}(u).$$

Aus

$$\varphi_{X_i}(u) = \int_{-\infty}^{\infty} \mathrm{e}^{\mathrm{j}ux_i} f_{X_i}(x_i)\,\mathrm{d}x_i = \int_{-\infty}^{\infty} \mathrm{e}^{\mathrm{j}ux_i} \frac{1}{\sqrt{2\pi}\sigma_i} \exp\left(-\frac{1}{2}\left(\frac{x_i - m_i}{\sigma_i}\right)^2\right)\mathrm{d}x_i$$

$$= \exp\left(jum_i + \frac{1}{2}\sigma_i^2 u^2\right)$$

folgt

$$\varphi_Y(u) = \exp\left(ju\sum_{i=1}^{n} m_i + \frac{1}{2}u^2\sum_{i=1}^{n}\sigma_i^2\right) = \exp\left(jum + \frac{1}{2}u^2\sigma^2\right),$$

wobei noch

$$m = \sum_{i=1}^{n} m_i \quad \text{bzw.} \quad \sigma^2 = \sum_{i=1}^{n}\sigma_i^2 .$$

eingesetzt wurde. Daraus ergibt sich die Dichte f_Y:

$$f_Y(y) = \frac{1}{\sqrt{2\pi}\sigma}\exp\left(-\frac{1}{2}\left(\frac{y-m}{\sigma}\right)^2\right).$$

5.3 Lösungen der Aufgaben zum Abschnitt 1.3

1.3-1 Mit $X_1(\omega) = x_1$ und $X_2(\omega) = x_2$ gilt für $\boldsymbol{X}(\omega) = \boldsymbol{x}$: $\boldsymbol{x}(t) = x_1\sin(\omega_0 t - x_2)$. Dabei können x_1 und x_2 beliebige Werte aus dem Intervall $(0, 2\pi]$ sein. Realisierungen von $\boldsymbol{X}$ sind also z.B.

$\boldsymbol{x}:\ \boldsymbol{x}(t) = 4\sin(\omega_0 t - 3)$

$\boldsymbol{x}':\ \boldsymbol{x}'(t) = 0,35\sin(\omega_0 t - \pi)$

$\boldsymbol{x}'':\ \boldsymbol{x}''(t) = 0,7\pi\sin(\omega_0 t - 0,1)$ usw.

1.3-2 $\mathrm{E}((X_t \pm X_{t+\tau})^2) = \mathrm{E}(X_t^2 \pm 2X_tX_{t+\tau} + X_{t+\tau}^2) \geq 0$

$\mathrm{E}(X_t^2) \pm 2\mathrm{E}(X_tX_{t+\tau}) + \mathrm{E}(X_{t+\tau}^2) \geq 0$

$s_{\boldsymbol{X}}(0) \pm 2s_{\boldsymbol{X}}(\tau) + s_{\boldsymbol{X}}(0) \geq 0$

$2s_{\boldsymbol{X}}(0) \geq \pm 2s_{\boldsymbol{X}}(\tau)$

$s_{\boldsymbol{X}}(0) \geq |s_{\boldsymbol{X}}(\tau)|$.

1.3-3 a) Die gesuchte Wahrscheinlichkeit ergibt sich aus

$$P\{\boldsymbol{x}(t) \geq a_0\} = \int_{a_0}^{\infty}\frac{1}{2a}\exp\left(-\frac{x}{a}\right)\,\mathrm{d}x = \frac{1}{2}\exp\left(-\frac{a_0}{a}\right).$$

b) Der Erwartungswert ist

$$\mathrm{E}(X_t) = m_{\boldsymbol{X}}(t) = \int_{-\infty}^{0}\frac{x}{2a}\exp\left(\frac{x}{a}\right)\,\mathrm{d}x + \int_{0}^{\infty}\frac{x}{2a}\exp\left(-\frac{x}{a}\right)\,\mathrm{d}x = 0.$$

c) Aus dem quadratischen Mittelwert

$$\mathrm{E}(X_t^2) = \int_{-\infty}^{\infty}\frac{x^2}{2a}\exp\left(-\frac{|x|}{a}\right)\,\mathrm{d}x = 2\int_{0}^{\infty}\frac{x^2}{2a}\exp\left(-\frac{x}{a}\right)\,\mathrm{d}x = 2a^2$$

folgt die mittlere Leistung

$$\mathrm{E}(P_t) = \mathrm{E}\left(\frac{1}{R}X_t^2\right) = \frac{2a^2}{R}.$$

d) Mit den Zahlenwerten erhalten wir

$$P\{\boldsymbol{x}(t) \geq 2\,\mathrm{V}\} = \frac{1}{2}\mathrm{e}^{-2} \approx 0,0676; \qquad \mathrm{E}(P_t) = \frac{2}{3}\,\mathrm{W}.$$

1.3-4 Der zufällige Prozess $\boldsymbol{X}$ hat die Dichte $f_{\boldsymbol{X}}$:

$$f_{\boldsymbol{X}}(x,t) = \frac{1}{\sqrt{2\pi}\,\sigma}\exp\Big(-\frac{x^2}{2\sigma^2}\Big),$$

wobei $\sigma^2 = \mathrm{E}(X_t^2) = s_{\boldsymbol{X}}(0) = A^2$ gilt. Mit

$$\Phi(u) = \frac{1}{\sqrt{2\pi}}\int_0^u \exp\Big(-\frac{v^2}{2}\Big)\,\mathrm{d}v, \qquad \Phi(u) = -\Phi(-u),$$

erhält man mit $\Phi(\infty) = 0,5$ und $\Phi(0,5) \approx 0,1915$

$$P\{X_t > a\} = \int_{\frac{a}{A}}^{\infty} \frac{1}{\sqrt{2\pi}}\exp\Big(-\frac{v^2}{2}\Big)\,\mathrm{d}v = \Phi(\infty) - \Phi\Big(\frac{a}{A}\Big) \approx 0,3085.$$

1.3-5 a) Die Dichte lautet

$$f_{\boldsymbol{X}}(x,t) = \frac{1}{\sqrt{2\pi}\,A}\exp\Big(-\frac{x^2}{2A^2}\Big).$$

b) Die zweidimensionale Dichte ergibt sich aus folgender Rechnung:

$$(x-m) = \begin{pmatrix} x_1 & x_2 \end{pmatrix} \qquad (x-m)' = \begin{pmatrix} x_1 \\ x_2 \end{pmatrix}$$

$$C = \mathrm{Cov}(\boldsymbol{X}) = \begin{pmatrix} A^2 & A^2\mathrm{e}^{-\alpha|\tau|} \\ A^2\mathrm{e}^{-\alpha|\tau|} & A^2 \end{pmatrix}$$

$$f_{\boldsymbol{X}}(x_1,t_1;x_2,t_2) = \frac{1}{\sqrt{(2\pi)^2\det C}}\exp\Big(-\frac{1}{2}(x-m)C^{-1}(x-m)'\Big)$$

$$= \frac{1}{2\pi A^2\sqrt{1-\mathrm{e}^{-2\alpha|\tau|}}}\exp\Big(-\frac{x_1^2 - 2x_1x_2\mathrm{e}^{-\alpha|\tau|} + x_2^2}{2A^2(1-\mathrm{e}^{-2\alpha|\tau|})}\Big).$$

c) Das Leistungsdichtespektrum ist

$$S_{\boldsymbol{X}}(\omega) = \frac{2aA^2}{\omega^2 + a^2}.$$

d) Mittlere Leistung: $\mathrm{E}(P_t) = R\,\mathrm{E}(X_t^2) = R\,s_{\boldsymbol{X}}(0) = R\,A^2$.

1.3-6 Wir erhalten zunächst

$$s_{\boldsymbol{X}}(\tau) = \frac{1}{2\pi}\int_{-\infty}^{\infty} S_{\boldsymbol{X}}(\omega)\,\mathrm{e}^{\mathrm{j}\omega\tau}\,\mathrm{d}\omega = \frac{1}{2\pi\mathrm{j}}\int_{-\mathrm{j}\infty}^{\mathrm{j}\infty} S_{\boldsymbol{X}}\Big(\frac{s}{\mathrm{j}}\Big)\,\mathrm{e}^{s\tau}\,\mathrm{d}s.$$

Für $\tau > 0$ gilt, falls der Integrationsweg durch einen Halbkreis über die linke s-Halbebene geschlossen wird und das Integral über diesen Halbkreis für $R \to \infty$ verschwindet (Residuensatz):

$$s_{\boldsymbol{X}}(\tau) = \sum \operatorname*{Res}_{\mathrm{Re}(s)<0} S_{\boldsymbol{X}}\Big(\frac{s}{\mathrm{j}}\Big)\,\mathrm{e}^{s\tau}.$$

Mit $s_1 = \alpha + \mathrm{j}\beta$, $s_2 = \alpha - \mathrm{j}\beta$, $s_3 = -\alpha + \mathrm{j}\beta$ und $s_4 = -\alpha - \mathrm{j}\beta$ folgt

$$S_{\boldsymbol{X}}\Big(\frac{s}{\mathrm{j}}\Big) = \frac{2\alpha A^2(-s^2+\alpha^2+\beta^2)}{(s-s_1)(s-s_2)(s-s_3)(s-s_4)}$$

und damit für $\tau > 0$

$$s_{\boldsymbol{X}}(\tau) = \sum \operatorname*{Res}_{s=s_3,s=s_4} S_{\boldsymbol{X}}\Big(\frac{s}{\mathrm{j}}\Big)\,\mathrm{e}^{s\tau} = A^2\mathrm{e}^{-\alpha\tau}\cos\beta\tau.$$

Da $s_{\boldsymbol{X}}$ eine gerade Funktion ist, gilt somit für beliebige τ

$$s_{\boldsymbol{X}}(\tau) = A^2\mathrm{e}^{-\alpha|\tau|}\cos\beta\tau.$$

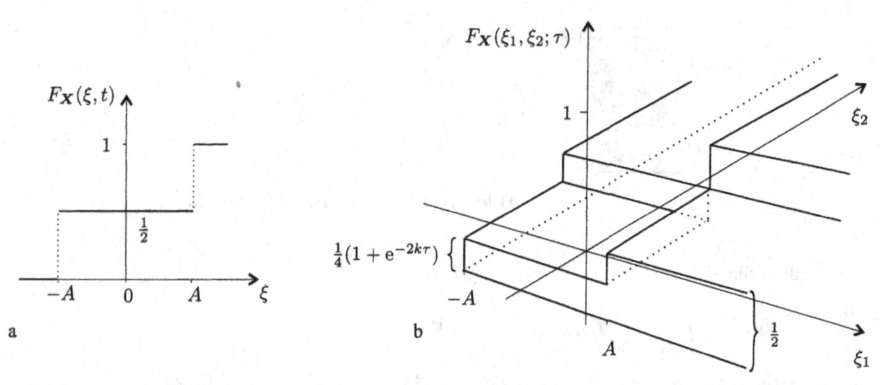

Bild 1.3-7*: a) Eindimensionale Verteilungsfunktion; b) Zweidimensionale Verteilungsfunktion

1.3-7 Wegen

$$P\{X_t = A\} = P\{X_t = -A\} = \frac{1}{2}$$

gilt

$$F_X(\xi, t) = \begin{cases} 0 & \xi \leq -A \\ \frac{1}{2} & -A < \xi \leq A \\ 1 & \xi > A. \end{cases}$$

Außerdem gilt für $\tau > 0$

$$F_X(\xi_1, t; \xi_2, t + \tau) = \begin{cases} 0 & \xi_1 \leq -A;\ \xi_2 \leq -A \\ \frac{1}{4}(1 + e^{-2k\tau}) & -A < \xi_1 \leq A;\ -A < \xi_2 \leq A \\ \frac{1}{2} & -A < \xi_1 \leq A;\ \xi_2 > A \\ \frac{1}{2} & -A < \xi_2 \leq A;\ \xi_1 > A \\ 1 & \xi_1 > A;\ \xi_2 > A. \end{cases}$$

Für die Korrelationsfunktion gilt damit

$$s_X(t, t + \tau) = E(X_t X_{t+\tau}) = \sum_{i=1}^{2} \sum_{j=1}^{2} x_{1i} x_{2j} P\{X_t = x_{1i}, X_{t+\tau} = x_{2j}\}.$$

Mit $x_{11} = x_{21} = -A$ und $x_{12} = x_{22} = A$ ergibt sich nach einiger Zwischenrechnung

$$s_X(\tau) = A^2 e^{-2k|\tau|}.$$

Bild 1.3-7* zeigt die Darstellung der ein- und zweidimensionalen Verteilungsfunktion.

5.4 Lösungen der Aufgaben zum Abschnitt 2.1

2.1-1 Aus $y = \varphi(x_1, x_2) = x_1^2 + x_2^2$ folgt das Urbild

$$\varphi^{-1}(I_\eta) = \{(x_1, x_2) \,|\, x_1^2 + x_2^2 < \eta\} \qquad \text{(Bild 2.1-1*)}.$$

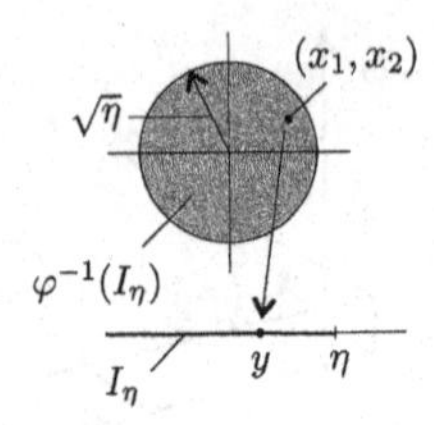

Bild 2.1-1*: Urbild $\varphi^{-1}(I_\eta)$ von I_η

Damit ergibt sich

$$F_Y(\eta) = \int\int_{\varphi^{-1}(I_\eta)} f_{\langle x_1,x_2\rangle}(x_1,x_2)\,\mathrm{d}x_1\mathrm{d}x_2$$

$$= \frac{1}{2\pi\sigma^2}\int\int_{x_1^2+x_2^2<\eta} \exp\left(-\frac{x_1^2+x_2^2}{2\sigma^2}\right)\mathrm{d}x_1\mathrm{d}x_2.$$

Mit $x_1 = r\cos\varphi$, $x_2 = r\sin\varphi$ und $\mathrm{d}x_1\mathrm{d}x_2 = r\,\mathrm{d}r\mathrm{d}\varphi$ ergibt sich

$$F_Y(\eta) = \frac{1}{2\pi\sigma^2}\int_0^{2\pi}\int_0^{\sqrt{\eta}} \exp\left(-\frac{r^2}{2\sigma^2}\right) r\,\mathrm{d}r\mathrm{d}\varphi = 1 - \exp\left(-\frac{\eta}{2\sigma^2}\right) \qquad (\eta > 0)$$

bzw.

$$f_Y(y) = F_Y'(y) = \begin{cases} \frac{1}{2\sigma^2}\exp\left(-\frac{y}{2\sigma^2}\right) & (y \geq 0) \\ 0 & (y < 0). \end{cases}$$

2.1-2 Nach Abschnitt 2.1.1.2 folgt für unabhängige Zufallsgrößen X_1 und X_2 für $Y = X_1 + X_2$ die Dichte $f_Y = f_{X_1} * f_{X_2}$, d.h.

$$f_Y(y) = \int_{-\infty}^{\infty} f_{X_1}(x) f_{X_2}(y-x)\,\mathrm{d}x.$$

Als Lösung erhält man

$$f_Y(y) = \begin{cases} 0 & (y < 2a,\ y > 2b) \\ \frac{y-2a}{(b-a)^2} & (2a \leq y \leq a+b) \\ \frac{2b-y}{(b-a)^2} & (a+b \leq y \leq 2b). \end{cases}$$

Bemerkung: Die Auswertung des Faltungsintegrals kann z.B. mit Hilfe der Laplace-Transformation erfolgen ($b > a > 0$), indem man die Bildfunktionen der Dichtefunktionen miteinander multipliziert und anschließend die Rücktransformation ausführt.

2.1-3 a) Aus der Werteabbildung folgt

$$\left.\begin{array}{l} y_1 = \varphi_1(x_1,x_2) = x_1 + x_2 \\ y_2 = \varphi_2(x_1,x_2) = ax_2 \end{array}\right\} \Rightarrow \left\{\begin{array}{l} x_1 = \varphi_1^{-1}(y_1,y_2) = y_1 - \frac{y_2}{a} \\ x_2 = \varphi_2^{-1}(y_1,y_2) = \frac{y_2}{a}. \end{array}\right.$$

$$f_{\langle Y_1,Y_2\rangle}(y_1,y_2) = \left(\frac{f_{\langle X_1,X_2\rangle}(x_1,x_2)}{\left|\frac{\partial(\varphi_1,\varphi_2)}{\partial(x_1,x_2)}\right|}\right)_{\substack{x_1=y_1-a^{-1}y_2 \\ x_2=a^{-1}y_2}} = \frac{1}{|a|} f_{\langle X_1,X_2\rangle}\left(y_1 - \frac{y_2}{a}, \frac{y_2}{a}\right).$$

b) Für unabhängige X_1, X_2 folgt

$$
\begin{aligned}
f_{\langle Y_1,Y_2\rangle}(y_1,y_2) &= \frac{1}{|a|} f_{X_1}\left(y_1 - \frac{y_2}{a}\right) f_{X_2}\left(\frac{y_2}{a}\right) \\
&= \begin{cases} \frac{1}{|a|}\frac{\beta}{2\alpha}\exp\left(-\frac{\beta}{\alpha}y_2\right) & \left|y_1 - \frac{y_2}{a}\right| < \alpha,\ \frac{y_2}{a} \ge 0, \\ 0 & \text{sonst.} \end{cases} \\
\mathrm{E}(Y_1Y_2) &= \int_{-\infty}^{\infty}\int_{-\infty}^{\infty} y_1y_2 f_{\langle Y_1,Y_2\rangle}(y_1,y_2)\,\mathrm{d}y_1\mathrm{d}y_2 \\
&= \frac{1}{|a|}\int_0^{\infty} y_2\beta\exp\left(-\frac{\beta y_2}{a}\right)\mathrm{d}y_2 \int_{-\alpha+a^{-1}y_2}^{\alpha+a^{-1}y_2} \frac{y_1}{2\alpha}\,\mathrm{d}y_1 \\
&= \frac{1}{2\alpha|a|}\int_0^{\infty} y_2\beta\exp\left(-\frac{\beta y_2}{a}\right) 2y_2\,\mathrm{d}y_2 = \frac{2a^3}{\alpha\beta^2|a|}
\end{aligned}
$$

2.1-4 Man erhält

$$\mathrm{E}(Y) = \mathrm{E}\left(\sum_{i=1}^{l} a_iX_i\right) = \sum_{i=1}^{l} a_i\mathrm{E}(X_i) = 0.$$

Wegen $\mathrm{E}(X_iX_j) = \mathrm{E}(X_i)\mathrm{E}(X_j) = 0$ für $i \neq j$ folgt

$$\mathrm{Var}(Y) = \mathrm{E}\left((Y - \mathrm{E}(Y))^2\right) = \mathrm{E}(Y^2) = \mathrm{E}\left(\sum_{i=1}^{l} a_i^2X_i^2\right)$$

Daraus ergibt sich mit $\mathrm{E}(X_i^2) = \mathrm{Var}(X_i) = \sigma_i^2$

$$\mathrm{Var}(Y) = \sum_{i=1}^{l} a_i^2\sigma_i^2.$$

2.1-5 a) Für den Korrelationskoeffizienten erhält man

$$\varrho(Y_1,Y_2) = \frac{\mathrm{Cov}(Y_1,Y_2)}{\sqrt{\mathrm{Var}(Y_1)\mathrm{Var}(Y_2)}}.$$

Wegen $\mathrm{E}(X_1) = \mathrm{E}(X_2) = 0$ folgt $\mathrm{E}(Y_1) = \mathrm{E}(Y_2) = 0$. Damit ergibt sich

$$
\begin{aligned}
\mathrm{Var}(Y_1) &= \mathrm{E}\left((Y_1 - \mathrm{E}(Y_1))^2\right) = \mathrm{E}(Y_1^2) \\
&= \mathrm{E}\left((\alpha X_1 + \beta X_2)^2\right) = \mathrm{E}\left(\alpha^2X_1^2 + 2\alpha\beta X_1X_2 + \beta^2X_2^2\right) \\
&= \alpha^2\mathrm{E}\left(X_1^2\right) + \beta^2\mathrm{E}\left(X_2^2\right) \qquad \text{wegen} \quad \mathrm{E}(X_1X_2) = \mathrm{E}(X_1)\mathrm{E}(X_2) = 0 \\
&= (\alpha^2 + \beta^2)\sigma^2.
\end{aligned}
$$

Ebenso erhält man $\mathrm{Var}(Y_2) = (\alpha^2 + \beta^2)\sigma^2$ und $\mathrm{Cov}(Y_1,Y_2) = (\alpha^2 - \beta^2)\sigma^2$. Damit ist

$$\varrho(Y_1,Y_2) = \frac{\alpha^2 - \beta^2}{\alpha^2 + \beta^2}.$$

b) Wir erhalten

$$
\begin{aligned}
y_1 &= \varphi_1(x_1,x_2) = \alpha x_1 + \beta x_2 & x_1 &= \frac{1}{2\alpha}(y_1 + y_2) \\
y_2 &= \varphi_2(x_1,x_2) = \alpha x_1 - \beta x_2 & x_2 &= \frac{1}{2\beta}(y_1 - y_2).
\end{aligned}
$$

$$\frac{\partial(\varphi_1,\varphi_2)}{\partial(x_1,x_2)} = \begin{vmatrix} \alpha & \beta \\ \alpha & -\beta \end{vmatrix} = -2\alpha\beta$$

$$f_Y(y_1,y_2) = \left(\frac{f_X(x_1,x_2)}{\left|\frac{\partial(\varphi_1,\varphi_2)}{\partial(x_1,x_2)}\right|} \right)_{\substack{x_1=(2\alpha)^{-1}(y_1+y_2)\\ x_2=(2\beta)^{-1}(y_1-y_2)}}$$

$$= \frac{1}{4\pi\sigma^2|\alpha\beta|} \exp\left(-\frac{1}{2\sigma^2} \left(\left(\frac{y_1+y_2}{2\alpha}\right)^2 + \left(\frac{y_1-y_2}{2\beta}\right)^2 \right) \right).$$

2.1-6 a) Für $y > 0$ gilt

$$f_Y(y) = \int_{-\infty}^{\infty} f(y\,|\,x) f_X(x)\,\mathrm{d}x = \int_0^{\infty} x\,\mathrm{e}^{-yx}\alpha\,\mathrm{e}^{-\alpha x}\,\mathrm{d}x = \alpha \int_0^{\infty} x\,\mathrm{e}^{-(\alpha+y)x}\,\mathrm{d}x = \frac{\alpha}{(\alpha+y)^2}.$$

Für $y \le 0$ erhalten wir $f_Y(y) = 0$.

b) Für die drei Fälle erhalten wir

$$\mathrm{b}_1)\quad x = 1: \quad f(y\,|\,1) = f_Y(y) = \mathrm{e}^{-y} \quad (y > 0)$$

$$P\{Y \in (0,1)\} = \int_0^1 \mathrm{e}^{-y}\,\mathrm{d}y = 1 - \mathrm{e}^{-1} \approx 0,6321;$$

$$\mathrm{b}_2)\quad x = -3: \quad f(y\,|-3) = f_Y(y) = |-3|\mathrm{e}^{-|-3|y} = 3\,\mathrm{e}^{-3y} \quad (y > 0)$$

$$P\{Y \in (0,1)\} = \int_0^1 3\,\mathrm{e}^{-3y}\,\mathrm{d}y = 1 - \mathrm{e}^{-3} \approx 0,9502;$$

$$\mathrm{b}_3)\quad P\{Y \in (0,1)\} = \int_0^1 \frac{\alpha}{(\alpha+y)^2}\,\mathrm{d}y = \frac{1}{1+\alpha}.$$

c) Der bedingte Erwartungswert lautet

$$\mathrm{E}(Y\,|\,x) = \int_{-\infty}^{\infty} y\,f(y\,|\,x)\,\mathrm{d}y = \int_{-\infty}^{\infty} y\,|x|\,\mathrm{e}^{-y|x|}\,\mathrm{d}y = \frac{1}{|x|} \qquad (x \ne 0).$$

5.5 Lösungen der Aufgaben zum Abschnitt 2.2

2.2-1 a) Wegen $\mathrm{E}(X_1) = \mathrm{E}(X_2) = 0$ folgt

$$m_{\boldsymbol{Y}}(t) = \mathrm{E}(X_1 \cos\omega_0 t + X_2 \sin\omega_0 t) = 0.$$

b) Wegen $\mathrm{E}(X_1X_2) = \mathrm{E}(X_1)\mathrm{E}(X_2) = 0$ folgt

$$\begin{aligned} s_{\boldsymbol{Y}}(t_1,t_2) &= \mathrm{E}\big((X_1\cos\omega_0t_1 + X_2\sin\omega_0t_1)(X_1\cos\omega_0t_2 + X_2\sin\omega_0t_2)\big) \\ &= \sigma^2(\cos\omega_0t_1\cos\omega_0t_2 + \sin\omega_0t_1\sin\omega_0t_2) = \sigma^2\cos\omega_0(t_2-t_1). \end{aligned}$$

c) Es gilt: $m_{\boldsymbol{Y}}(t)$ ist konstant, $s_{\boldsymbol{Y}}(t_1,t_2)$ hängt von $t_2 - t_1$ ab und $\mathrm{E}(Y_t^2) = s_{\boldsymbol{Y}}(0) = \sigma^2 < \infty$. Damit ist $\boldsymbol{Y}$ stationär im weiteren Sinne.

d) Aus $Y_{t_1} = Y_1 = X_1\cos\omega_0t_1 + X_2\sin\omega_0t_1$ und $Y_{t_2} = Y_2 = X_1\cos\omega_0t_2 + X_2\sin\omega_0t_2$ folgt

$$X_1 = \frac{Y_1\sin\omega_0t_2 + Y_2\sin\omega_0t_1}{\sin\omega_0(t_2-t_1)}, \qquad X_2 = \frac{-Y_1\cos\omega_0t_2 + Y_2\cos\omega_0t_1}{\sin\omega_0(t_2-t_1)}.$$

Daraus folgt weiter

$$\frac{\partial(y_1,y_2)}{\partial(x_1,x_2)} = \begin{vmatrix} \cos\omega_0 t_1 & \sin\omega_0 t_1 \\ \cos\omega_0 t_2 & \sin\omega_0 t_2 \end{vmatrix} = \sin\omega_0(t_2-t_1),$$

$$f_{\langle X_1,X_2\rangle}(x_1,x_2) = f_{X_1}(x_1)\cdot f_{X_2}(x_2) = \frac{1}{\sqrt{2\pi}\,\sigma}\exp\left(-\frac{x_1^2}{2\sigma^2}\right)\frac{1}{\sqrt{2\pi}\,\sigma}\exp\left(-\frac{x_2^2}{2\sigma^2}\right)$$

$$f_Y(y_1,t_1;y_2,t_2) = \frac{1}{2\pi\sigma^2|\sin^2\omega_0(t_2-t_1)|}\exp\left(-\frac{y_1^2-2y_1y_2\cos\omega_0(t_2-t_1)+y_2^2}{2\sigma^2\sin^2\omega_0(t_2-t_1)}\right).$$

2.2-2 a) Für feste Werte von t und ω gilt

$$y=\varphi(x)=\begin{cases} e^{ax}-1 & (x\ge 0)\\ 0 & (x<0);\end{cases} \qquad \frac{d\varphi}{dx}=\begin{cases} a\,e^{ax} & (x\ge 0)\\ 0 & (x<0).\end{cases}$$

$$x=\varphi^{-1}(y)=\frac{1}{a}\ln(1+y) \qquad (y\ge 0);$$

$$f_Y(y)=\left(\frac{f_X(x)}{\left|\frac{d\varphi}{dx}\right|}\right)_{x=\varphi^{-1}(y)} = \frac{f_X\left(\frac{1}{a}\ln(1+y)\right)}{a(1+y)} \qquad (y\ge 0);$$

$$f_{\boldsymbol{Y}}(y,t)=\begin{cases}\frac{1}{a(1+y)}f_X\left(\frac{1}{a}\ln(1+y),t\right) & (y\ge 0)\\ 0 & (y<0).\end{cases}$$

b) In diesem Fall lautet die Dichte

$$f_{\boldsymbol{Y}}(y,t)=\begin{cases}\frac{1}{a(1+y)}\cdot\frac{1}{1+t^2}\exp\left(-\frac{\ln(1+y)}{a(1+t^2)}\right) & (y\ge 0)\\ 0 & (y<0).\end{cases}$$

2.2-3 a) Die Korrelationsfunktion von $\boldsymbol{U}_2$ lautet

$$s_{\boldsymbol{U}_2}(t_1,t_2)=\mathrm{E}(U_{2,t_1}U_{2,t_2})=\mathrm{E}\left(\frac{R_2U_{1,t_1}}{R_1+R_2}\cdot\frac{R_2U_{1,t_2}}{R_1+R_2}\right)=\left(\frac{R_2}{R_1+R_2}\right)^2 2A^2e^{-\alpha|\tau|}\cos\beta\tau.$$

b) Für die mittlere Leistung erhält man

$$\mathrm{E}(P_t)=\mathrm{E}\left(\frac{U_{2,t}^2}{R_2}\right)=\frac{1}{R_2}s_{\boldsymbol{U}_2}(0)=\frac{2A^2R_2}{(R_1+R_2)^2}.$$

c) Zunächst bestimmen wir die Dichte von $\boldsymbol{U}_2$ und erhalten mit $U_{1,t}=U_1$ und $U_{2,t}=U_2$

$$U_2=\frac{R_2U_1}{R_1+R_2}=\varphi(U_1) \qquad U_1=\frac{R_1+R_2}{R_2}U_2 \qquad \frac{d\varphi}{du_1}=\frac{R_2}{R_1+R_2}$$

$$f_{\boldsymbol{U}_2}(u_2,t)=\frac{R_1+R_2}{2AR_2}\exp\left(-\frac{R_1+R_2}{AR_2}|u_2|\right)$$

$$P\{U_{2,t}>a\}=\int_a^\infty f_{\boldsymbol{U}_2}(u_2,t)\,du_2=\frac{1}{2}\exp\left(-\left(1+\frac{R_1}{R_2}\right)\frac{a}{A}\right).$$

d) Mit den Zahlenwerten folgt

$$\mathrm{E}(P_t)=\frac{4}{9}\,\mathrm{W}; \qquad P\{U_{2,t}>2\,\mathrm{V}\}=\frac{1}{2}e^{-3}\approx 0,025.$$

2.2-4 Setzen wir $I_{2,t} = \boldsymbol{I}_2(t)$, so ergibt sich

$$\boldsymbol{I}_2(t) = \frac{1}{R_1 + R_2}\big(\boldsymbol{U}(t) - R_1\boldsymbol{I}(t)\big); \qquad s_{\boldsymbol{I}_2}(t_1,t_2) = \mathrm{E}\big(\boldsymbol{I}_2(t_1)\boldsymbol{I}_2(t_2)\big);$$

$$s_{\boldsymbol{I}_2}(t_1,t_2) = \mathrm{E}\left(\frac{1}{R_1+R_2}\big(\boldsymbol{U}(t_1) - R_1\boldsymbol{I}(t_1)\big)\,\frac{1}{R_1+R_2}\big(\boldsymbol{U}(t_2) - R_1\boldsymbol{I}(t_2)\big)\right)$$

$$= \frac{1}{(R_1+R_2)^2}\left(s_{\boldsymbol{U}}(t_1,t_2) - R_1 s_{\boldsymbol{UI}}(t_1,t_2) - R_1 s_{\boldsymbol{UI}}(t_2,t_1) + R_1^2 s_{\boldsymbol{I}}(t_1,t_2)\right).$$

Für die mittlere Leistung erhält man

$$\mathrm{E}(P_t) = R_2 s_{\boldsymbol{I}_2}(t,t) = R_2 s_{\boldsymbol{I}_2}(0) = \frac{R_2}{(R_1+R_2)^2}\left(s_{\boldsymbol{U}}(0) - 2R_1 s_{\boldsymbol{I}}(0) + R_1^2 s_{\boldsymbol{I}}(0)\right),$$

falls $s_{\boldsymbol{I}_2}(t_1,t_2) = s_{\boldsymbol{I}_2}(t_2 - t_1)$ gilt (stationärer Prozess).

2.2-5 a) **Fall I:** Wir setzen $\boldsymbol{X}(t_1) = X_1$, $\boldsymbol{Y}(t_1) = Y_1$ und erhalten

$$Y_1 = X_1^3 \qquad X_1 = \sqrt[3]{Y_1} \qquad \frac{\mathrm{d}\varphi}{\mathrm{d}x_1} = 3x_1^2$$

$$f_{\boldsymbol{Y}}(y_1,t_1) = \frac{1}{3\sqrt[3]{y_1^2}}\, f_{\boldsymbol{X}}(\sqrt[3]{y_1},t_1).$$

Fall II: Wir setzen $\boldsymbol{X}(t_1) = X_1$, $\boldsymbol{X}(t_2) = X_2$, $\boldsymbol{Y}(t_1) = Y_1$, $\boldsymbol{Y}(t_2) = Y_2$ und erhalten

$$\begin{array}{lll} Y_1 = X_1^3 & X_1 = \sqrt[3]{Y_1} & \dfrac{\partial(\varphi_1,\varphi_2)}{\partial(x_1,x_2)} = \begin{vmatrix} 3x_1^2 & 0 \\ 0 & 3x_2^2 \end{vmatrix} = 9x_1^2x_2^2 \\ Y_2 = X_2^3 & X_2 = \sqrt[3]{Y_2} & \end{array}$$

$$f_{\boldsymbol{Y}}(y_1,t_1;y_2,t_2) = \frac{1}{9\sqrt[3]{y_1^2y_2^2}}\, f_{\boldsymbol{X}}(\sqrt[3]{y_1},t_1;\sqrt[3]{y_2},t_2).$$

b) In diesem Fall erhalten wir

$$f_{\boldsymbol{Y}}(y_1,t_1) = \frac{1}{3\sqrt[3]{y_1^2}\sqrt{2\pi A}}\exp\left(-\frac{\sqrt[3]{y_1^2}}{2A}\right);$$

$$f_{\boldsymbol{Y}}(y_1,t_1;y_2,t_2) = \frac{1}{18\pi A\sqrt[3]{y_1^2y_2^2}\sqrt{1-\mathrm{e}^{-\alpha|t_1-t_2|}}}\exp\left(-\frac{\sqrt[3]{y_1^2} - 2\sqrt[3]{y_1y_2}\,\mathrm{e}^{-0{,}5\alpha|t_1-t_2|} + \sqrt[3]{y_2^2}}{2A(1-\mathrm{e}^{-\alpha|t_1-t_2|})}\right).$$

2.2-6 a) Wir setzen $X_{i,t} = X_i$ ($i \in \{1,2,3\}$), $Y_t = Y$ und erhalten

$$\begin{array}{ll} Y = Y_1 = X_1 + X_2 + X_3 & X_1 = Y_1 - Y_2 - Y_3 \\ Y_2 = X_2 & X_2 = Y_2 \\ Y_3 = X_3 & X_3 = Y_3 \end{array} \qquad \frac{\partial(\varphi_1,\varphi_2,\varphi_3)}{\partial(x_1,x_2,x_3)} = \begin{vmatrix} 1 & 1 & 1 \\ 0 & 1 & 0 \\ 0 & 0 & 1 \end{vmatrix} = 1.$$

Daraus ergibt sich $f_Y(y_1,y_2,y_3) = f_X(y_1 - y_2 - y_3, y_2, y_3)$ und

$$f_{\boldsymbol{Y}}(y,t) = \int_{-\infty}^{\infty}\int_{-\infty}^{\infty} f_{\boldsymbol{X}}(y_1 - y_2 - y_3, t; y_2, t; y_3, t)\,\mathrm{d}y_2\mathrm{d}y_3.$$

b) Für $y \geq 0$ gilt damit

$$f_Y(y) = \int_{y_2=0}^{y}\int_{y_3=0}^{y-y_2} a\,\mathrm{e}^{-a(y-y_2-y_3)}a\,\mathrm{e}^{-ay_2}a\,\mathrm{e}^{-ay_3}\,\mathrm{d}y_2\mathrm{d}y_3 = \frac{a^3}{2}\,y^2\,\mathrm{e}^{-ay}$$

oder kurz

$$f_{\boldsymbol{Y}}(y,t) = \begin{cases} \frac{a^3}{2}\,y^2\,\mathrm{e}^{-ay} & y \geq 0 \\ 0 & y < 0. \end{cases}$$

2.2-7 Mit

$$\boldsymbol{Y}(t) = Y_1 = X_1 + b\cos(\omega_0 t + X_2) \qquad X_1 = Y_1 - b\cos(\omega_0 t + Y_2)$$
$$Y_2 = X_2 \quad \text{(wird gewählt)} \qquad X_2 = Y_2$$

folgt

$$\frac{\partial(\varphi_1, \varphi_2)}{\partial(x_1, x_2)} = \begin{vmatrix} 1 & -b\sin(\omega_0 t + x_2) \\ 0 & 1 \end{vmatrix} = 1$$

und

$$f_{\langle Y_1, Y_2\rangle}(y_1, y_2) = f_{\langle X_1, X_2\rangle}(y_1 - b\cos(\omega_0 t + y_2), y_2).$$

Nach Übergang zur Randdichte ($Y_1 \Leftrightarrow Y$) folgt

$$f_Y(y) = \int_{-\infty}^{\infty} f_{X_1}(y - b\cos(\omega_0 t + y_2)) f_{X_2}(y_2)\, \mathrm{d}y_2$$
$$= \frac{1}{2\pi}\int_0^{2\pi} \exp(-2|y - b\cos(\omega_0 t + y_2)|)\, \mathrm{d}y_2 = f_{\boldsymbol{Y}}(y, t).$$

2.2-8 a) Mit $\boldsymbol{I} = \frac{3}{4R}\boldsymbol{U}$ folgt für einen festen Wert von ω und einen festen Wert von t

$$i = \frac{3}{4R}u = \varphi(u); \qquad u = \frac{4R}{3}i = \varphi^{-1}(i); \qquad \frac{\mathrm{d}\varphi}{\mathrm{d}u} = \frac{3}{4R}.$$

Damit erhält man die Dichte

$$f_{\boldsymbol{I}}(i, t) = \left(\frac{f_{\boldsymbol{U}}(u, t)}{\left|\frac{\mathrm{d}\varphi}{\mathrm{d}u}\right|}\right)_{u=\varphi^{-1}(i)} = \frac{2R}{3U_0}\exp\left(-\frac{4R}{3U_0}|i|\right)$$

und die Korrelationsfuktion

$$s_{\boldsymbol{I}}(\tau) = \mathrm{E}(\boldsymbol{I}_t \boldsymbol{I}_{t+\tau}) = \frac{9}{16R^2}s_{\boldsymbol{U}}(\tau) = \frac{9U_0^2}{8R^2}\exp\left(-\frac{|\tau|}{t_0}\right).$$

b) Die gesuchte Wahrscheinlichkeit ist

$$P\{|\boldsymbol{I}_t| < I_0\} = 2\int_0^{I_0} \frac{2R}{3U_0}\exp\left(-\frac{4Ri}{3U_0}\right) \mathrm{d}i = 1 - \exp\left(-\frac{4RI_0}{3U_0}\right) = 1 - \mathrm{e}^{-0,4} \approx 0,33.$$

2.2-9 Zunächst folgt mit (1.185)

$$f_{\boldsymbol{Y}}(y_n, t_n \,|\, y_{n-1}, t_{n-1}; \ldots; y_1, t_1) = \frac{f_{\boldsymbol{Y}}(y_n, t_n; \ldots; y_1, t_1)}{f_{\boldsymbol{Y}}(y_{n-1}, t_{n-1}; \ldots; y_1, t_1)}$$

und mit (2.49)

$$f_{\boldsymbol{Y}}(y_n, t_n \,|\, y_{n-1}, t_{n-1}; \ldots; y_1, t_1) = \frac{\left(\dfrac{f_{\boldsymbol{X}}(x_n, t_n; \ldots; x_1, t_1)}{\left|\frac{\partial\varphi}{\partial x_1}\right| \cdots \left|\frac{\partial\varphi}{\partial x_n}\right|}\right)_{x_i=\varphi^{-1}(y_i)}}{\left(\dfrac{f_{\boldsymbol{X}}(x_{n-1}, t_{n-1}; \ldots; x_1, t_1)}{\left|\frac{\partial\varphi}{\partial x_1}\right| \cdots \left|\frac{\partial\varphi}{\partial x_{n-1}}\right|}\right)_{x_i=\varphi^{-1}(y_i)}}$$

$$= \left(\frac{f_{\boldsymbol{X}}(x_n, t_n \,|\, x_{n-1}, t_{n-1}; \ldots; x_1, t_1)}{\left|\frac{\partial\varphi}{\partial x_n}\right|}\right)_{x_i=\varphi^{-1}(y_i)} = \left(\frac{f_{\boldsymbol{X}}(x_n, t_n \,|\, x_{n-1}, t_{n-1})}{\left|\frac{\partial\varphi}{\partial x_n}\right|}\right)_{x_i=\varphi^{-1}(y_i)}$$
$$= f_{\boldsymbol{Y}}(y_n, t_n \,|\, y_{n-1}, t_{n-1}).$$

5.6 Lösungen der Aufgaben zum Abschnitt 3.1

3.1-1 Es gilt

$$\begin{aligned}\|X_{t+\tau} - X_t\|^2 &= \mathrm{E}\left((X_{t+\tau} - X_t)^2\right) = \mathrm{E}\left(X_{t+\tau}^2\right) - 2\mathrm{E}\left(X_t X_{t+\tau}\right) + \mathrm{E}\left(X_t^2\right) \\ &= s_{\boldsymbol{X}}(0) - 2s_{\boldsymbol{X}}(\tau) + s_{\boldsymbol{X}}(0) = 2\big(s_{\boldsymbol{X}}(0) - s_{\boldsymbol{X}}(\tau)\big).\end{aligned}$$

Ist $s_{\boldsymbol{X}}$ in $\tau = 0$ stetig, so gilt $s_{\boldsymbol{X}}(\tau) \to s_{\boldsymbol{X}}(0)$ für $\tau \to 0$. Damit gilt auch $\|X_{t+\tau} - X_t\| \to 0$ für $\tau \to 0$, d.h. $\boldsymbol{X}$ ist stetig i.q.M. Die Schlussweise gilt auch in umgekehrter Richtung.

3.1-2 Der Prozess $\boldsymbol{X}$ ist differenzierbar i.q.M., falls

$$\underset{\tau\to 0}{\mathrm{l.i.m.}}\, \frac{X_{t+\tau} - X_t}{\tau}$$

existiert, d.h. mit (3.12) gilt

$$\left\| \frac{X_{t+\tau_1} - X_t}{\tau_1} - \frac{X_{t+\tau_2} - X_t}{\tau_2} \right\| \to 0$$

für $\tau_1 \to 0, \tau_2 \to 0$. Wegen $\|X\|^2 = \mathrm{E}(X^2)$ erhalten wir

$$\begin{aligned}&\mathrm{E}\left(\left(\frac{X_{t+\tau_1} - X_t}{\tau_1} - \frac{X_{t+\tau_2} - X_t}{\tau_2}\right)^2\right) \\ &= \frac{1}{\tau_1^2}\left(s_{\boldsymbol{X}}(t+\tau_1, t+\tau_1) + s_{\boldsymbol{X}}(t,t) - s_{\boldsymbol{X}}(t+\tau_1, t) - s_{\boldsymbol{X}}(t, t+\tau_1)\right) \\ &\quad + \frac{1}{\tau_2^2}\left(s_{\boldsymbol{X}}(t+\tau_2, t+\tau_2) + s_{\boldsymbol{X}}(t,t) - s_{\boldsymbol{X}}(t+\tau_2, t) - s_{\boldsymbol{X}}(t, t+\tau_2)\right) \\ &\quad - \frac{2}{\tau_1\tau_2}\left(s_{\boldsymbol{X}}(t+\tau_1, t+\tau_2) + s_{\boldsymbol{X}}(t,t) - s_{\boldsymbol{X}}(t+\tau_1, t) - s_{\boldsymbol{X}}(t, t+\tau_2)\right)\end{aligned}$$

und, da es beim Grenzübergang $\tau_1 \to 0, \tau_2 \to 0$ nicht auf die Bezeichnung von τ_1 und τ_2 ankommt, weiter

$$\lim_{\tau_1\to 0, \tau_2\to 0} \mathrm{E}\left((\ldots)^2\right) = \left(\frac{\partial^2 s_{\boldsymbol{X}}(t_1,t_2)}{\partial t_1 \partial t_2} + \frac{\partial^2 s_{\boldsymbol{X}}(t_1,t_2)}{\partial t_1 \partial t_2} - 2\frac{\partial^2 s_{\boldsymbol{X}}(t_1,t_2)}{\partial t_1 \partial t_2}\right)_{t_1=t_2=t} = 0,$$

falls die enthaltene partielle Ableitung von $s_{\boldsymbol{X}}$ existiert.

3.1-3 a) Mit (3.13) erhält man

$$\begin{aligned}m_{\dot{\boldsymbol{X}}}(t) &= \mathrm{E}\left(\dot{X}_t\right) = \mathrm{E}\left(\underset{\tau\to 0}{\mathrm{l.i.m.}}\, \frac{X_{t+\tau} - X_t}{\tau}\right) = \lim_{\tau\to 0} \frac{1}{\tau}\left(\mathrm{E}(X_{t+\tau}) - \mathrm{E}(X_t)\right) \\ &= \lim_{\tau\to 0} \frac{1}{\tau}\left(m_{\boldsymbol{X}}(t+\tau) - m_{\boldsymbol{X}}(t)\right) = \frac{\mathrm{d}}{\mathrm{d}t} m_{\boldsymbol{X}}(t).\end{aligned}$$

b) Für die Korrelationsfunktion der Ableitung gilt

$$\begin{aligned}s_{\dot{\boldsymbol{X}}}(t_1,t_2) &= \mathrm{E}\left(\dot{X}_{t_1}\dot{X}_{t_2}\right) = \mathrm{E}\left(\underset{\tau_1\to 0, \tau_2\to 0}{\mathrm{l.i.m.}}\, \frac{X_{t_1+\tau_1} - X_{t_1}}{\tau_1} \cdot \frac{X_{t_2+\tau_2} - X_{t_2}}{\tau_2}\right) \\ &= \lim_{\tau_1\to 0, \tau_2\to 0} \frac{1}{\tau_1\tau_2} \mathrm{E}\left((X_{t_1+\tau_1} - X_{t_1})(X_{t_2+\tau_2} - X_{t_2})\right) \\ &= \lim_{\tau_1\to 0, \tau_2\to 0} \frac{1}{\tau_1\tau_2}\left(s_{\boldsymbol{X}}(t_1+\tau_1, t_2+\tau_2) + s_{\boldsymbol{X}}(t_1,t_2) - s_{\boldsymbol{X}}(t_1+\tau_1, t_2) - s_{\boldsymbol{X}}(t_1, t_2+\tau_2)\right) \\ &= \frac{\partial^2 s_{\boldsymbol{X}}(t_1,t_2)}{\partial t_1 \partial t_2}.\end{aligned}$$

c) Für die Kreuzkorrelationsfunktion des Prozesses und seiner Ableitung gilt

$$s_{\boldsymbol{X}\dot{\boldsymbol{X}}}(t_1,t_2) = \mathrm{E}\left(X_{t_1}\dot{X}_{t_2}\right) = \mathrm{E}\left(\underset{\tau\to 0}{\mathrm{l.i.m.}}\ X_{t_1}\cdot\frac{X_{t_2+\tau}-X_{t_2}}{\tau}\right)$$

$$= \lim_{\tau\to 0}\frac{1}{\tau}\mathrm{E}(X_{t_1}(X_{t_2+\tau}-X_{t_2}))$$

$$= \lim_{\tau\to 0}\frac{1}{\tau}(s_{\boldsymbol{X}}(t_1,t_2+\tau)-s_{\boldsymbol{X}}(t_1,t_2)) = \frac{\partial s_{\boldsymbol{X}}(t_1,t_2)}{\partial t_2}.$$

d) Analog hierzu erhält man

$$s_{\dot{\boldsymbol{X}}\boldsymbol{X}}(t_1,t_2) = \frac{\partial s_{\boldsymbol{X}}(t_1,t_2)}{\partial t_1}.$$

e) Ist $\boldsymbol{X}$ stationär, so gilt

$$m_{\boldsymbol{X}}(t) = m = \text{konst.}, \qquad s_{\boldsymbol{X}}(t_1,t_2) = s_{\boldsymbol{X}}(t_2-t_1) = s_{\boldsymbol{X}}(\tau),$$

$$m_{\dot{\boldsymbol{X}}}(t) = 0, \qquad s_{\dot{\boldsymbol{X}}}(\tau) = -\frac{\mathrm{d}^2}{\mathrm{d}\tau^2}s_{\boldsymbol{X}}(\tau),$$

$$s_{\dot{\boldsymbol{X}}\boldsymbol{X}}(\tau) = -\frac{\mathrm{d}}{\mathrm{d}\tau}s_{\boldsymbol{X}}(\tau), \qquad s_{\boldsymbol{X}\dot{\boldsymbol{X}}}(\tau) = \frac{\mathrm{d}}{\mathrm{d}\tau}s_{\boldsymbol{X}}(\tau).$$

3.1-4 a) Wegen $m_{\boldsymbol{U}}(t) = 0$ gilt mit $\boldsymbol{I} = C\dot{\boldsymbol{U}}$

$$m_{\boldsymbol{I}}(t) = Cm_{\dot{\boldsymbol{U}}}(t) = 0.$$

b) Für die Kreuzkorrelationsfunktion von $\boldsymbol{I}$ und $\boldsymbol{U}$ erhält man

$$s_{\boldsymbol{IU}}(\tau) = \mathrm{E}(I_tU_{t+\tau}) = \mathrm{E}\left(C\dot{U}_tU_{t+\tau}\right) = Cs_{\dot{\boldsymbol{U}}\boldsymbol{U}}(\tau)$$

$$= -C\frac{\mathrm{d}}{\mathrm{d}\tau}s_{\boldsymbol{U}}(\tau) = 2a\tau A^2C\exp\left(-a\tau^2\right).$$

Ebenso ergibt sich

$$s_{\boldsymbol{UI}}(\tau) = -2a\tau A^2C\exp\left(-a\tau^2\right).$$

c) Die Korrelationsfunktion des Stromes ergibt sich aus

$$s_{\boldsymbol{I}}(\tau) = \mathrm{E}(I_tI_{t+\tau}) = \mathrm{E}\left(C\dot{U}_tC\dot{U}_{t+\tau}\right)$$

$$= C^2s_{\dot{\boldsymbol{U}}}(\tau) = -C^2\frac{\mathrm{d}^2}{\mathrm{d}\tau^2}s_{\boldsymbol{U}}(\tau) = 2aA^2C^2(1-2a\tau^2)\exp\left(-a\tau^2\right).$$

d) Ist $\boldsymbol{U}$ ein Gaußprozess, so ist auch $\dot{\boldsymbol{U}}$ und damit $\boldsymbol{I} = C\dot{\boldsymbol{U}}$ ein Gaußprozess. Mit $m_{\boldsymbol{I}} = 0$ und $\sigma^2 = s_{\boldsymbol{I}}(0) = 2aA^2C^2$ gilt

$$f_{\boldsymbol{I}}(i,t) = \frac{1}{\sqrt{2\pi}\,\sigma}\exp\left(-\frac{(i-m_{\boldsymbol{I}})^2}{2\sigma^2}\right) = \frac{1}{2AC\sqrt{a\pi}}\exp\left(-\frac{i^2}{4aA^2C^2}\right).$$

3.1-5 Der Prozess $f(\cdot,\tau)\boldsymbol{X}$ ist integrierbar i.q.M., falls für $\mathrm{Max}\,|t_k-t_{k-1}|\to 0$

$$\underset{n\to\infty}{\mathrm{l.i.m.}}\sum_{k=1}^{n}f(t_k',\tau)\boldsymbol{X}(t_k')(t_k-t_{k-1})$$

existiert, d.h. mit

$$\sum_{k=1}^{n}(\ldots) = Y_n(\tau)$$

und (3.12) gilt

$$\|Y_n(\tau) - Y_m(\tau)\| \to 0 \quad \text{für} \quad \text{Min}\,(m,n) \to \infty.$$

Wegen $\|X\|^2 = \mathrm{E}(X^2)$ erhalten wir

$$\mathrm{E}\left((Y_n(\tau) - Y_m(\tau))^2\right) =$$

$$= \mathrm{E}\left(\left(\sum_{k=1}^{n}(\ldots)\right)^2\right) + \mathrm{E}\left(\left(\sum_{j=1}^{m}(\ldots)\right)^2\right) - 2\mathrm{E}\left(\left(\sum_{k=1}^{n}(\ldots)\right)\left(\sum_{j=1}^{m}(\ldots)\right)\right)$$

$$= \sum_{i=1}^{n}\sum_{k=1}^{n} f(t_i',\tau)f(t_k',\tau)s_{\boldsymbol{X}}(t_i',t_k')(t_i - t_{i-1})(t_k - t_{k-1})$$
$$+\sum_{i=1}^{m}\sum_{j=1}^{m} f(t_i',\tau)f(t_j',\tau)s_{\boldsymbol{X}}(t_i',t_j')(t_i - t_{i-1})(t_j - t_{j-1})$$
$$-2\sum_{k=1}^{n}\sum_{j=1}^{m} f(t_k',\tau)f(t_j',\tau)s_{\boldsymbol{X}}(t_k',t_j')(t_k - t_{k-1})(t_j - t_{j-1})$$

und wegen der Existenz des Integrals

$$I = \int_a^b \int_a^b f(t_1,\tau)f(t_2,\tau)s_{\boldsymbol{X}}(t_1,t_2)\,\mathrm{d}t_1\mathrm{d}t_2$$

beim Grenzübergang $\text{Min}\,(m,n) \to \infty$ und $\text{Max}\,(|t_i - t_{i-1}|, |t_k - t_{k-1}|) \to 0$

$$\mathrm{E}\left((Y_n(\tau) - Y_m(\tau))^2\right) \to I + I - 2I = 0.$$

3.1-6 Wir erhalten

$$s_{\boldsymbol{Y}}(\tau_1,\tau_2) = \mathrm{E}\big(\boldsymbol{Y}(\tau_1)\boldsymbol{Y}(\tau_2)\big) = \mathrm{E}\left(\int_a^b f(t_1,\tau_1)\boldsymbol{X}(t_1)\,\mathrm{d}t_1 \cdot \int_a^b f(t_2,\tau_2)\boldsymbol{X}(t_2)\,\mathrm{d}t_2\right)$$

$$= \int_a^b\int_a^b f(t_1,\tau_1)f(t_2,\tau_2)\mathrm{E}\big(\boldsymbol{X}(t_1)\boldsymbol{X}(t_2)\big)\,\mathrm{d}t_1\mathrm{d}t_2 = \int_a^b\int_a^b f(t_1,\tau_1)f(t_2,\tau_2)s_{\boldsymbol{X}}(t_1,t_2)\,\mathrm{d}t_1\mathrm{d}t_2.$$

5.7 Lösungen der Aufgaben zum Abschnitt 3.2

3.2-1 a) Die Lösung ergibt sich aus

$$G(s) = \frac{R}{sL+R} = \frac{a}{s+a} \quad \left(a = \frac{R}{L}\right); \qquad \widetilde{S_1}(s) + \widetilde{S_1}(-s) = S_0;$$

$$s_2(\tau) = \sum \operatorname*{Res}_{\mathrm{Re}(s)<0}\left(G(s)G(-s)S_0\,\mathrm{e}^{s|\tau|}\right) = \operatorname*{Res}_{s=-a}\left(\frac{S_0a^2\mathrm{e}^{s|\tau|}}{(a+s)(a-s)}\right) = \frac{S_0a}{2}\,\mathrm{e}^{-a|\tau|}.$$

b) In diesem Fall gilt

$$\widetilde{S_1}(s) = \frac{E^2}{s+2k}; \qquad \widetilde{S_1}(s) + \widetilde{S_1}(-s) = \frac{4kE^2}{(2k+s)(2k-s)};$$

$$s_2(\tau) = \sum \operatorname*{Res}_{s=-2k,s=-a}\left(\frac{a^2}{(a+s)(a-s)} \cdot \frac{4kE^2}{(2k+s)(2k-s)}\,\mathrm{e}^{s|\tau|}\right)$$
$$= \frac{2E^2a^2k}{a^2-4k^2}\left(\frac{\mathrm{e}^{-2k|\tau|}}{2k} - \frac{\mathrm{e}^{-a|\tau|}}{a}\right).$$

3.2-2 a) Das Leistungsdichtespektrum des Stromes lautet

$$S_I(\omega) = |G(\mathrm{j}\omega)|^2 S_U(\omega) = \frac{S_0}{R^2 + (\omega L)^2}.$$

b) Die Korrelationsfunktion des Stromes ergibt sich aus

$$s_I(\tau) = \sum \operatorname*{Res}_{\mathrm{Re}(s)<0} \left(G(s)G(-s)S_0 \,\mathrm{e}^{s|\tau|} \right)$$

$$= \operatorname*{Res}_{s=-\frac{R}{L}} \frac{S_0}{L^2} \left(\frac{1}{\frac{R}{L}+s} \cdot \frac{1}{\frac{R}{L}-s} \mathrm{e}^{s|\tau|} \right) = \frac{S_0}{2RL} \exp\left(-\frac{R}{L}|\tau| \right).$$

c) Wegen $m_U = 0$ ist auch

$$m_I = m_U \int_0^\infty g(\tau)\,\mathrm{d}\tau = 0.$$

d) Wegen $m_I = 0$ und

$$\sigma_I^2 = \mathrm{E}\big(I^2(t)\big) = s_I(0) = \frac{S_0}{2RL}$$

folgt

$$f_I(i,t) = \frac{1}{\sqrt{2\pi\sigma_I^2}} \exp\left(-\frac{(i-m_I)^2}{2\sigma_I^2} \right) = \sqrt{\frac{RL}{\pi S_0}} \exp\left(-\frac{RL}{S_0} i^2 \right).$$

e) Die zweidimensionale Dichte ergibt sich aus

$$f_I(i_1,t_1;i_2,t_2) = \frac{1}{\sqrt{(2\pi)^2 \det C_I}} \exp\left(-\frac{1}{2} (i-m_I) C_I^{-1} (i-m_I)' \right).$$

Wegen $m_I = 0$ ist

$$(i-m_I) = \begin{pmatrix} i_1 - m_I & i_2 - m_I \end{pmatrix} = \begin{pmatrix} i_1 & i_2 \end{pmatrix}; \qquad C_I = \begin{pmatrix} s_I(0) & s_I(t_2-t_1) \\ s_I(t_1-t_2) & s_I(0) \end{pmatrix};$$

$$f_I(i_1,t_1;i_2,t_2) =$$

$$= \frac{RL}{S_0\pi\sqrt{1-\exp\left(-\frac{2R}{L}|t_2-t_1|\right)}} \exp\left(-\frac{RL\left(i_1^2 - 2\exp\left(-\frac{R}{L}|t_2-t_1|\right) i_1 i_2 + i_2^2\right)}{S_0\left(1-\exp\left(-\frac{2R}{L}|t_2-t_1|\right)\right)} \right).$$

f) Für die mittlere Leistung gilt

$$\mathrm{E}(P_t) = \mathrm{E}\left(I_t^2 R\right) = R s_I(0) = \frac{S_0}{2L}.$$

3.2-3 a) Die Schaltung wird als lineares System mit drei Eingängen (mit den Eingabeprozessen $\boldsymbol{U}_1$, $\boldsymbol{U}_2$ und $\boldsymbol{I}_3$) und zwei Ausgängen (mit den Ausgabeprozessen $\boldsymbol{I}_R$ und $\boldsymbol{I}_C$) aufgefasst. Dann gilt für determinierte Vorgänge im Bildbereich der Laplace-Transformation

$$\begin{pmatrix} I_R(s) \\ I_C(s) \end{pmatrix} = \begin{pmatrix} G_{11}(s) & G_{12}(s) & G_{13}(s) \\ G_{21}(s) & G_{22}(s) & G_{23}(s) \end{pmatrix} \begin{pmatrix} U_1(s) \\ U_2(s) \\ I_3(s) \end{pmatrix} = G(s) \begin{pmatrix} U_1(s) \\ U_2(s) \\ I_3(s) \end{pmatrix}$$

mit

$$\begin{aligned} G_{11}(s) &= \frac{1}{R+sL}; & G_{12}(s) &= \frac{1}{R+sL}; & G_{13}(s) &= \frac{-sL}{R+sL}; \\ G_{21}(s) &= 0; & G_{22}(s) &= 0; & G_{23}(s) &= 1. \end{aligned}$$

b) Aus

$$\begin{pmatrix} S_{I_R}(\omega) & S_{I_R I_C}(\omega) \\ S_{I_C I_R}(\omega) & S_{I_C}(\omega) \end{pmatrix} = G(-\mathrm{j}\omega) \begin{pmatrix} S_{11}(\omega) & 0 & S_{13}(\omega) \\ 0 & S_{22}(\omega) & 0 \\ \overline{S}_{13}(\omega) & 0 & S_{33}(\omega) \end{pmatrix} G'(\mathrm{j}\omega)$$

folgt

$$\begin{aligned} S_{I_R}(\omega) &= |G_{11}(\mathrm{j}\omega)|^2 S_{11}(\omega) + |G_{12}(\mathrm{j}\omega)|^2 S_{22}(\omega) + |G_{13}(\mathrm{j}\omega)|^2 S_{33}(\omega) \\ &\quad + G_{11}(-\mathrm{j}\omega) G_{13}(\mathrm{j}\omega) S_{13}(\omega) + G_{11}(\mathrm{j}\omega) G_{13}(-\mathrm{j}\omega) \overline{S}_{13}(\omega) \\ &= \frac{S_{11}(\omega) + S_{22}(\omega) + \omega^2 L^2 S_{33}(\omega) + 2\mathrm{Re}(-\mathrm{j}\omega L S_{13}(\omega))}{R^2 + \omega^2 L^2}. \end{aligned}$$

c) Für das Kreuzleistungsdichtespektrum erhält man

$$S_{I_R I_C}(\omega) = \frac{S_{13}(\omega) + \mathrm{j}\omega L S_{33}(\omega)}{R - \mathrm{j}\omega L}.$$

3.2-4 Es ist zu zeigen, dass

$$\underset{T\to\infty}{\mathrm{l.i.m.}} \frac{1}{2T} \int_{-T}^{T} \boldsymbol{X}(t)\,\mathrm{d}t \doteq \mathrm{E}(\boldsymbol{X}(t)) = 0$$

gilt. Wegen (3.9) ist

$$\underset{T\to\infty}{\mathrm{l.i.m.}} X_i \doteq 0, \quad \text{falls} \quad \|X_i\| \to 0.$$

Wir untersuchen also, ob die Wurzel aus

$$\left\| \frac{1}{2T} \int_{-T}^{T} \boldsymbol{X}(t)\,\mathrm{d}t \right\|^2 = \mathrm{E}\left(\frac{1}{4T^2} \int_{-T}^{T} \int_{-T}^{T} \boldsymbol{X}(t_1)\boldsymbol{X}(t_2)\,\mathrm{d}t_1 \mathrm{d}t_2 \right) = \frac{1}{4T^2} \int_{-T}^{T} \int_{-T}^{T} s_{\boldsymbol{X}}(t_1, t_2)\,\mathrm{d}t_1 \mathrm{d}t_2$$

für $T \to \infty$ verschwindet. Mit Hilfe der Koordinatentransformation (Bild 3.2-4*)

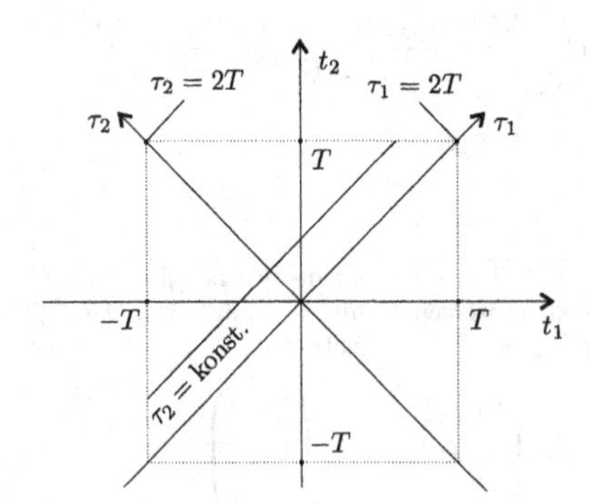

Bild 3.2-4*: Koordinatentransformation

$$\begin{aligned} \tau_1 &= t_1 + t_2 \\ \tau_2 &= t_2 - t_1 \end{aligned} \qquad \mathrm{d}\tau_1 \mathrm{d}\tau_2 = \begin{vmatrix} 1 & 1 \\ -1 & 1 \end{vmatrix} \mathrm{d}t_1 \mathrm{d}t_2 = 2\mathrm{d}t_1 \mathrm{d}t_2$$

ergibt sich mit $s_{\mathbf{X}}(t_1, t_2) = s_{\mathbf{X}}(t_2 - t_1)$

$$\frac{1}{4T^2}\int_{-T}^{T}\int_{-T}^{T} s_{\mathbf{X}}(t_2 - t_1)\,\mathrm{d}t_1\mathrm{d}t_2 = \frac{1}{4T^2}\int_{\tau_2-2T}^{2T-\tau_2}\int_{-2T}^{2T} s_{\mathbf{X}}(\tau_2)\,\frac{1}{2}\,\mathrm{d}\tau_1\mathrm{d}\tau_2$$

$$= \frac{2}{4T^2}\int_0^{2T} s_{\mathbf{X}}(\tau_2)\,(4T - 2\tau_2)\,\frac{1}{2}\,\mathrm{d}\tau_2 = \frac{1}{T}\int_0^{2T} s_{\mathbf{X}}(\tau)\left(1 - \frac{\tau}{2T}\right)\mathrm{d}\tau.$$

Wegen $0 \leq \frac{\tau}{2T} \leq 1$ ist lediglich das Verhalten von

$$\lim_{T\to\infty}\frac{1}{T}\int_0^{2T} s_{\mathbf{X}}(\tau)\,\mathrm{d}\tau$$

von Interesse. Mit der Regel von l'Hospital erhält man

$$\lim_{T\to\infty}\frac{1}{T}\int_0^{2T} s_{\mathbf{X}}(\tau)\,\mathrm{d}\tau = \lim_{T\to\infty} 2\,s_{\mathbf{X}}(2T) = 0,$$

falls die Korrelationsfunktion im Unendlichen verschwindet.

3.2-5 a) Die Lösung zeigt Bild 3.2-5*.

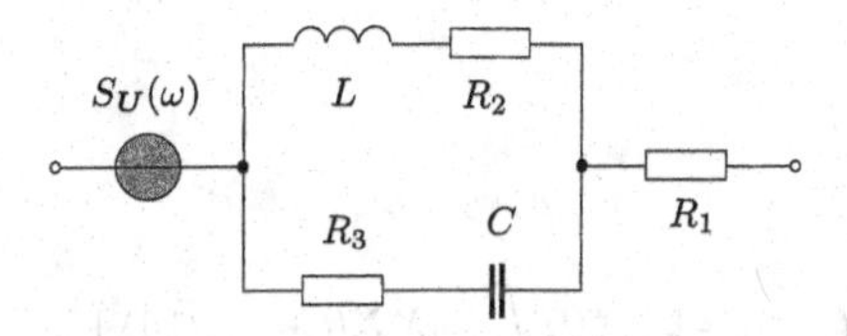

Bild 3.2-5*: Rauschersatzschaltung

b) Das Leistungsdichtespektrum der Ersatzrauschspannungsquelle ergibt sich aus

$$S_U(\omega) = G(-\mathrm{j}\omega)S(\omega)G'(\mathrm{j}\omega)$$

mit

$$G(\mathrm{j}\omega) = \begin{pmatrix} G_{11}(\mathrm{j}\omega) & G_{12}(\mathrm{j}\omega) & G_{13}(\mathrm{j}\omega) \end{pmatrix},$$

wobei $G_{11}(\mathrm{j}\omega) = 1$ und

$$G_{12}(\mathrm{j}\omega) = \frac{R_3 + \frac{1}{\mathrm{j}\omega C}}{R_2 + R_3 + \mathrm{j}\omega L + \frac{1}{\mathrm{j}\omega C}}, \qquad G_{13}(\mathrm{j}\omega) = \frac{R_2 + \mathrm{j}\omega L}{R_2 + R_3 + \mathrm{j}\omega L + \frac{1}{\mathrm{j}\omega C}}$$

gilt. Außerdem ist

$$S(\omega) = \begin{pmatrix} 2kTR_1 & 0 & 0 \\ 0 & 2kTR_2 & 0 \\ 0 & 0 & 2kTR_3 \end{pmatrix},$$

so dass

$$S_U(\omega) = |G_{11}(\mathrm{j}\omega)|^2 2kTR_1 + |G_{12}(\mathrm{j}\omega)|^2 2kTR_2 + |G_{13}(\mathrm{j}\omega)|^2 2kTR_3$$

$$= 2kT\left(R_1 + \frac{R_2\left(R_3^2 + \frac{1}{\omega^2C^2}\right) + R_3\left(R_2^2 + \omega^2L^2\right)}{(R_2 + R_3)^2 + \left(\omega L - \frac{1}{\omega C}\right)^2}\right) = 2kTR^*.$$

c) Anderseits gilt ebenso

$$\mathrm{Re}\big(Z(\mathrm{j}\omega)\big) = \mathrm{Re}\left(R_1 + \frac{(R_2 + \mathrm{j}\omega L)\left(R_3 + \frac{1}{\mathrm{j}\omega C}\right)}{R_2 + R_3 + \mathrm{j}\omega L + \frac{1}{\mathrm{j}\omega C}}\right) = R^*.$$

3.2-6 Die Übertragungsmatrix lautet

$$G(\mathrm{j}\omega) = \begin{pmatrix} 1 & 1 & Z(\mathrm{j}\omega) \end{pmatrix}.$$

Damit folgt

$$S_{U_{AB}}(\omega) = \begin{pmatrix} 1 & 1 & \overline{Z(\mathrm{j}\omega)} \end{pmatrix} \begin{pmatrix} S_{U_1}(\omega) & 0 & 0 \\ 0 & S_{\boldsymbol{U}}(\omega) & S_{\boldsymbol{UI}}(\omega) \\ 0 & S_{\boldsymbol{IU}}(\omega) & S_{\boldsymbol{I}}(\omega) \end{pmatrix} \begin{pmatrix} 1 \\ 1 \\ Z(\mathrm{j}\omega). \end{pmatrix}$$

$$S_{U_{AB}}(\omega) = S_{U_1}(\omega) + S_{\boldsymbol{U}}(\omega) + |Z(\mathrm{j}\omega)|^2 S_{\boldsymbol{I}}(\omega) + 2\mathrm{Re}\big(Z(\mathrm{j}\omega) S_{\boldsymbol{UI}}(\omega)\big).$$

3.2-7 Für den stationären Ausgangsprozess gilt

$$Y_t = \boldsymbol{Y}(t) = \int_0^\infty g(\lambda) \boldsymbol{X}(t-\lambda)\,\mathrm{d}\lambda.$$

Damit folgt

$$s_{\boldsymbol{XY}}(\tau) = \mathrm{E}\,(X_t Y_{t+\tau}) = \mathrm{E}\big(\boldsymbol{X}(t)\boldsymbol{Y}(t+\tau)\big) = \mathrm{E}\left(\boldsymbol{X}(t)\int_0^\infty g(\lambda)\boldsymbol{X}(t+\tau-\lambda)\,\mathrm{d}\lambda\right)$$

$$= \mathrm{E}\left(\int_0^\infty g(\lambda)\boldsymbol{X}(t)\boldsymbol{X}(t+\tau-\lambda)\,\mathrm{d}\lambda\right) = \int_0^\infty g(\lambda)\mathrm{E}\big(\boldsymbol{X}(t)\boldsymbol{X}(t+\tau-\lambda)\big)\,\mathrm{d}\lambda$$

$$= \int_0^\infty g(\lambda) s_{\boldsymbol{X}}(\tau-\lambda)\,\mathrm{d}\lambda.$$

Für $s_{\boldsymbol{X}}(\tau) = S_0\delta(\tau)$ erhält man $s_{\boldsymbol{XY}}(\tau) = S_0 g(\tau)$. Auf diese Weise kann durch Messung von $s_{\boldsymbol{XY}}(\tau)$ die Impulsantwort $g(\tau)$ bestimmt werden.

3.2-8 a) Das Leistungsdichtespektrum ergibt sich aus

$$S_{\boldsymbol{U}}(\omega) = 2kT\,\mathrm{Re}\left(\frac{1}{\mathrm{j}\omega C} \,\|\, R \,\|\, \mathrm{j}\omega L\right) = 2kT\,\frac{\omega^2 L^2 R}{R^2(1-\omega^2 LC)^2 + (\omega L)^2}$$

$$= \frac{2kT}{C^2 R} \cdot \frac{\omega^2}{\omega^4 + 2\omega^2\left(\frac{2}{(2CR)^2} - \frac{1}{LC}\right) + \frac{1}{(LC)^2}}.$$

b) Durch Koeffizientenvergleich mit der vorgegebenen Fourier-Korrespondenz erhält man

$$s_{\boldsymbol{U}}(\tau) = \frac{kT}{C}\exp\left(-\frac{|\tau|}{2CR}\right)\left(\cos\omega_0\tau - \frac{1}{2\omega_0 CR}\sin\omega_0|\tau|\right); \quad \omega_0 = \sqrt{\frac{1}{LC} - \frac{1}{(2CR)^2}}.$$

c) Die effektive Rauschspannung ist

$$U_{eff} = \sqrt{s_{\boldsymbol{U}}(0)} = \sqrt{\frac{kT}{C}}.$$

d) Mit der Näherungsformel ergibt sich

$$U_{eff} = \sqrt{4kTR\Delta f} = \sqrt{\frac{2kT}{\pi C}}, \qquad \Delta f = \frac{1}{2\pi CR}.$$

Diskussion: Mit der Näherungsformel wird U_{eff} um den Faktor $\sqrt{\frac{2}{\pi}} \approx 0,8$ zu klein berechnet.

e) Die Werte von L und C müssten wie folgt geändert werden:

$$C' = 4C \qquad L' = \frac{1}{4}L.$$

f) Mit den angegebenen Zahlenwerten erhält man

$$\text{im Fall c)} \quad U_{eff} = \sqrt{\frac{kT}{C}} \approx 4,55\,\mu\text{V}; \qquad \text{im Fall d)} \quad U_{eff} = \sqrt{\frac{2kT}{\pi C}} \approx 3,64\,\mu\text{V}.$$

Weiterhin ist $C' = 800\,\text{pF}$ und $L' = 0,1388\,\text{mH}$.

3.2-9 Die Rauschersatzschaltung ist in Bild 3.2-9* dargestellt. Für determinierte Vorgänge gilt im Bildbereich der Laplace-Transformation

$$U_a(s) = \begin{pmatrix} G_{11}(s) & G_{12}(s) & G_{13}(s) & G_{14}(s) \end{pmatrix} \begin{pmatrix} U_1(s) \\ U(s) \\ I(s) \\ U_2(s) \end{pmatrix}$$

mit

$$G_{11}(s) = \frac{\frac{1}{sC_1} \| R_E}{R_1 + \left(\frac{1}{sC_1} \| R_E\right)} \cdot g_m R_A \| R_2 \| \frac{1}{sC_2} = \frac{g_m R_2}{\tau_1 \tau_2} \cdot \frac{1}{(s+a_1)(s+a_2)};$$

$$G_{12}(s) = \frac{R_E}{R_E + \left(\frac{1}{sC_1} \| R_1\right)} \cdot g_m R_A \| R_2 \| \frac{1}{sC_2} = \frac{g_m R_2}{\tau_1 \tau_2} \cdot \frac{1 + s\tau_1}{(s+a_1)(s+a_2)};$$

$$G_{13}(s) = \left(R_E \| R_1 \| \frac{1}{sC_1}\right) \cdot g_m R_A \| R_2 \| \frac{1}{sC_2} = \frac{g_m R_2}{\tau_1 \tau_2} \cdot \frac{R_1}{(s+a_1)(s+a_2)};$$

$$G_{14}(s) = \frac{\frac{1}{sC_2} \| R_A}{R_2 + \left(\frac{1}{sC_2} \| R_A\right)} = \frac{1}{\tau_2 (s + a_2)}$$

und

$$a_1 = \frac{R_1 + R_E}{\tau_1 R_E}; \quad a_2 = \frac{R_2 + R_A}{\tau_2 R_A}; \quad \tau_1 = R_1 C_1; \quad \tau_2 = R_2 C_2.$$

Für stationäre stochastische Prozesse gilt dann

$$S_{U_a}(\omega) = G(-\mathrm{j}\omega) S(\omega) G'(\mathrm{j}\omega),$$

wobei

$$S(\omega) = \begin{pmatrix} 2kTR_1 & 0 & 0 & 0 \\ 0 & S_{U_0} & 0 & 0 \\ 0 & 0 & S_{I_0} & 0 \\ 0 & 0 & 0 & 2kTR_2 \end{pmatrix}$$

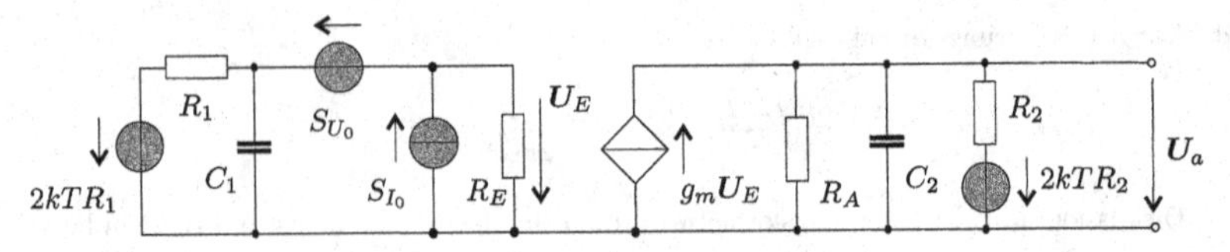

Bild 3.2-9*: Rauschersatzschaltung

ist. Daraus ergibt sich die Korrelationsfunktion

$$s_{U_a}(\tau) = \sum \operatorname*{Res}_{\mathrm{Re}(s)<0} \left(G(-s)S(\omega)G'(s)\,\mathrm{e}^{s|\tau|} \right)$$

$$= \sum_{s_1=-a_1, s_2=-a_2} \operatorname{Res} \left(\frac{2kTR_1 g_m^2 R_2^2 + S_{U_0} g_m^2 R_2^2 (1+s\tau_1)(1-s\tau_1) + S_{I_0} g_m^2 R_2^2}{\tau_1^2 \tau_2^2 (s+a_1)(s+a_2)(-s+a_1)(-s+a_2)} \mathrm{e}^{s|\tau|} \right.$$

$$\left. + \frac{2kTR_2 \tau_1^2 (s+a_1)(-s+a_1)}{\tau_1^2 \tau_2^2 (s+a_1)(s+a_2)(-s+a_1)(-s+a_2)} \mathrm{e}^{s|\tau|} \right)$$

$$= \frac{g_m^2 R_2^2 (2kTR_1 + (1-a_1^2\tau_1^2) S_{U_0} + R_1^2 S_{I_0})}{2\tau_1^2 \tau_2^2 (a_2^2 - a_1^2) a_1} \mathrm{e}^{-a_1|\tau|}$$

$$+ \frac{g_m^2 R_2^2 (2kTR_1 + (1-a_2^2\tau_1^2) S_{U_0} + R_1^2 S_{I_0}) + 2kTR_2 \tau_1^2 (a_1^2 - a_2^2)}{2\tau_1^2 \tau_2^2 (a_1^2 - a_2^2) a_2} \mathrm{e}^{-a_2|\tau|}$$

und schließlich die effektive Rauschspannung

$$U_{eff} = \sqrt{s_{U_a}(0)} = \sqrt{\frac{g_m^2 R_2^2 (2kTR_1 + (1+a_1 a_2 \tau_1^2) S_{U_0} + R_1^2 S_{I_0})}{2\tau_1^2 \tau_2^2 (a_1+a_2) a_1 a_2} + \frac{kTR_2}{a_2 \tau_2^2}}.$$

5.8 Lösungen der Aufgaben zum Abschnitt 4.1

4.1-1 a) Die Korrelationsfolge von $\boldsymbol{X}$ ergibt sich aus $s_{\boldsymbol{X}}(\kappa) = \mathrm{E}(\boldsymbol{X}(k)\boldsymbol{X}(k+\kappa))$

$$= \frac{1}{9}\mathrm{E}\big[\big(\boldsymbol{Z}(k) + \boldsymbol{Z}(k-1) + \boldsymbol{Z}(k-2)\big)\big(\boldsymbol{Z}(k+\kappa) + \boldsymbol{Z}(k+\kappa-1) + \boldsymbol{Z}(k+\kappa-2)\big)\big].$$

Durch Ausmultiplizieren erhält man weiter

$$\begin{aligned}
s_{\boldsymbol{X}}(\kappa) &= \frac{1}{9}\mathrm{E}\big[\boldsymbol{Z}(k)\boldsymbol{Z}(k+\kappa) + \boldsymbol{Z}(k)\boldsymbol{Z}(k+\kappa-1) + \boldsymbol{Z}(k)\boldsymbol{Z}(k+\kappa-2) \\
&\quad + \boldsymbol{Z}(k-1)\boldsymbol{Z}(k+\kappa) + \boldsymbol{Z}(k-1)\boldsymbol{Z}(k+\kappa-1) + \boldsymbol{Z}(k-1)\boldsymbol{Z}(k+\kappa-2) \\
&\quad + \boldsymbol{Z}(k-2)\boldsymbol{Z}(k+\kappa) + \boldsymbol{Z}(k-2)\boldsymbol{Z}(k+\kappa-1) + \boldsymbol{Z}(k-2)\boldsymbol{Z}(k+\kappa-2)\big] \\
s_{\boldsymbol{X}}(\kappa) &= \frac{1}{9}\big(s_{\boldsymbol{Z}}(\kappa) + s_{\boldsymbol{Z}}(\kappa-1) + s_{\boldsymbol{Z}}(\kappa-2) + s_{\boldsymbol{Z}}(\kappa+1) + s_{\boldsymbol{Z}}(\kappa) \\
&\quad + s_{\boldsymbol{Z}}(\kappa-1) + s_{\boldsymbol{Z}}(\kappa+2) + s_{\boldsymbol{Z}}(\kappa+1) + s_{\boldsymbol{Z}}(\kappa)\big)
\end{aligned}$$

oder schließlich

$$s_{\boldsymbol{X}}(\kappa) = \frac{1}{9}\big(s_{\boldsymbol{Z}}(\kappa+2) + 2s_{\boldsymbol{Z}}(\kappa+1) + 3s_{\boldsymbol{Z}}(\kappa) + 2s_{\boldsymbol{Z}}(\kappa-1) + s_{\boldsymbol{Z}}(\kappa-2)\big).$$

Mit $s_{\boldsymbol{Z}}(\kappa) = \begin{cases} A^2 & \kappa = 0, \\ 0 & \kappa \neq 0 \end{cases}$

folgt die in Bild 4.1-1* skizzierte Darstellung von $s_{\boldsymbol{X}}(\kappa)$.

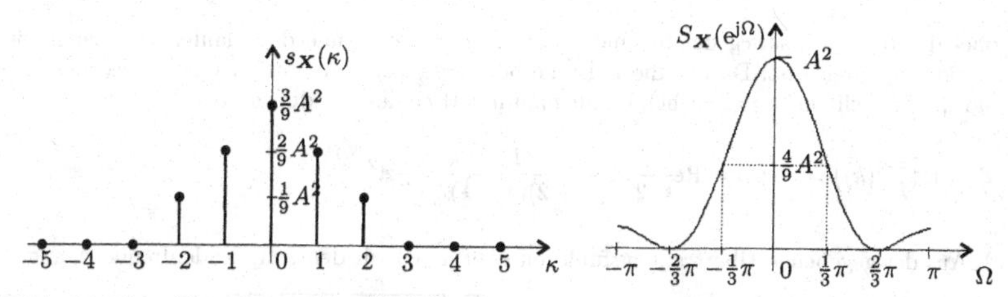

Bild 4.1-1*: Korrelationsfolge (links) und Leistungsdichtespektrum (rechts) des Prozesses $\boldsymbol{X}$

b) Die zweiseitige Z-Transformierte $S_{\boldsymbol{X}}(z)$ der durch $s_{\boldsymbol{X}}(\kappa)$ gegebenen Korrelationsfolge ergibt sich aus

$$S_{\boldsymbol{X}}(z) = \sum_{\kappa=-\infty}^{+\infty} s_{\boldsymbol{X}}(\kappa) z^{-\kappa} = \frac{A^2}{9}(3 + 2(z + z^{-1}) + (z^2 + z^{-2})).$$

c) Für das Leistungsdichtespektrum $S_{\boldsymbol{X}}(e^{j\Omega})$ des Prozesses $\boldsymbol{X}$ ergibt sich

$$S_{\boldsymbol{X}}(e^{j\Omega}) = \frac{A^2}{9}(3 + 2(e^{j\Omega} + e^{-j\Omega}) + (e^{2j\Omega} + e^{-2j\Omega})) = \frac{A^2}{9}(3 + 4\cos\Omega + 2\cos 2\Omega).$$

Die Skizze von $S_{\boldsymbol{X}}(e^{j\Omega})$ zeigt Bild 4.1-1*.

d) Der quadratische Mittelwert folgt aus $\mathrm{E}(\boldsymbol{X}^2(k)) = s_{\boldsymbol{X}}(0) = \frac{1}{3}A^2$ (Siehe Bild 4.1-1*).

4.1-2 Mit $e^{j\Omega} = z$ folgt aus dem gegebenen Ausdruck für $S_{\boldsymbol{X}}(e^{j\Omega})$ die Form

$$S_{\boldsymbol{X}}(z) = \frac{9}{41 - 20(z + z^{-1})} = \frac{-9z}{20z^2 - 41z + 20} = \frac{-9}{20} \cdot \frac{z}{(z - \frac{5}{4})(z - \frac{4}{5})}.$$

Die Korrelationsfolge ergibt sich aus

$$s_{\boldsymbol{X}}(\kappa) = \frac{1}{2\pi j} \oint_C S_{\boldsymbol{X}}(z)\, z^{\kappa-1}\, dz \qquad (C: \text{Kreis mit } |z| = 1).$$

Die Berechnung des Integrals erfolgt mit der Residuenmethode. Für $\kappa \geq 0$ folgt

$$s_{\boldsymbol{X}}(\kappa) = \frac{1}{2\pi j} 2\pi j \sum \operatorname*{Res}_{|z|<1} \frac{-9}{20} \cdot \frac{z\, z^{\kappa-1}}{(z - \frac{5}{4})(z - \frac{4}{5})} = \operatorname*{Res}_{z=\frac{4}{5}} \frac{-9}{20} \cdot \frac{z^{\kappa}}{(z - \frac{5}{4})(z - \frac{4}{5})} = \left(\frac{4}{5}\right)^{\kappa}.$$

Wegen $s_{\boldsymbol{X}}(\kappa) = s_{\boldsymbol{X}}(-\kappa)$ folgt damit

$$s_{\boldsymbol{X}}(\kappa) = \left(\frac{4}{5}\right)^{|\kappa|} \qquad (\kappa \in \mathbb{Z}).$$

5.9 Lösungen der Aufgaben zum Abschnitt 4.2

4.2-1 Aus $S_{\boldsymbol{Y}}(z) = G(z)G(z^{-1})S_{\boldsymbol{X}}(z)$ folgt mit $S_{\boldsymbol{X}}(z) = A^2$

$$S_{\boldsymbol{Y}}(z) = \frac{z}{2z - 1} \cdot \frac{z^{-1}}{2z^{-1} - 1} \cdot A^2 = \frac{A^2}{2} \cdot \frac{-z}{(z - 2)(z - \frac{1}{2})}.$$

Der quadratische Mittelwert am Systemausgang ergibt sich aus

$$\mathrm{E}\left(\boldsymbol{Y}^2(k)\right) = s_{\boldsymbol{Y}}(0) = \frac{1}{2\pi j} \oint_{|z|=1} S_{\boldsymbol{Y}}(z) z^{-1}\, dz,$$

wobei der Integrationsweg der im mathematisch positiven Sinne durchlaufene Einheitskreis der komplexen z-Ebene ist. Da nur die Polstelle bei $z = \frac{1}{2}$ vom Integrationsweg eingeschlossen wird (und die Polstelle bei $z = 2$ nicht), erhält man mit Hilfe des Residuensatzes

$$\mathrm{E}\left(\boldsymbol{Y}^2(k)\right) = s_{\boldsymbol{Y}}(0) = \operatorname*{Res}_{z=\frac{1}{2}} \frac{A^2}{2} \cdot \frac{-1}{(z-2)(z-\frac{1}{2})} = \frac{1}{3}A^2.$$

4.2-2 a) Aus der gegebenen Übertragungsfunktion G erhalten wir den Amplitudenfrequenzgang

$$\begin{aligned} A(\Omega) &= \sqrt{G(z)G(z^{-1})}\Big|_{z=\mathrm{e}^{\mathrm{j}\Omega}} = \sqrt{\frac{z^2-1}{2,1z^2+1,9} \cdot \frac{z^{-2}-1}{2,1z^{-2}+1,9}}\Bigg|_{z=\mathrm{e}^{\mathrm{j}\Omega}} \\ &= \sqrt{\frac{2-2\cos 2\Omega}{8,02+7,98\cos 2\Omega}} \qquad \text{(Bild 4.2-2*)}. \end{aligned}$$

An der Stelle $\Omega = \frac{\pi}{2}$ gilt $A(\frac{\pi}{2}) = 10$.

b) Am **Systemeingang** erhalten wir für den quadratischen Mittelwert des zeitdiskreten Signals $\boldsymbol{x}_N$ mit $\hat{X} = 1$ und $\Omega = \frac{\pi}{2}$

$$\widetilde{\boldsymbol{x}_N^2(k)} = \lim_{m\to\infty} \frac{1}{m} \sum_{k=0}^{m-1} \hat{X}^2 \sin^2 \Omega k = \lim_{m\to\infty} \frac{1}{m} \sum_{k=0}^{m-1} \left(\frac{1}{2} - \frac{1}{2}\cos \pi k\right) = \frac{1}{2}.$$

c) Für das Rauschsignal $\boldsymbol{X}_R$ ergibt sich der quadratische Mittelwert durch Integration über die Dichtefunktion mit $\Delta = 2^{-10}$

$$\widetilde{\boldsymbol{x}_R^2(k)} = \mathrm{E}(\boldsymbol{X}_R^2(k)) = \int_{-\frac{\Delta}{2}}^{\frac{\Delta}{2}} f_X(x,k)\, x^2 \,\mathrm{d}x = \int_{-\frac{\Delta}{2}}^{\frac{\Delta}{2}} \frac{1}{\Delta} x^2 \,\mathrm{d}x = \frac{\Delta^2}{12} = \frac{1}{12} \cdot 2^{-20}.$$

d) Aus b) und c) ergibt sich der Signal-Rausch-Abstand am Systemeingang

$$a = 10 \lg \frac{\widetilde{\boldsymbol{x}_N^2(k)}}{\widetilde{\boldsymbol{x}_R^2(k)}} = 10 \lg \frac{\frac{1}{2}}{\frac{1}{12} \cdot 2^{-20}} = 10 \lg 6 \cdot 2^{20} \approx 68\,\mathrm{dB}.$$

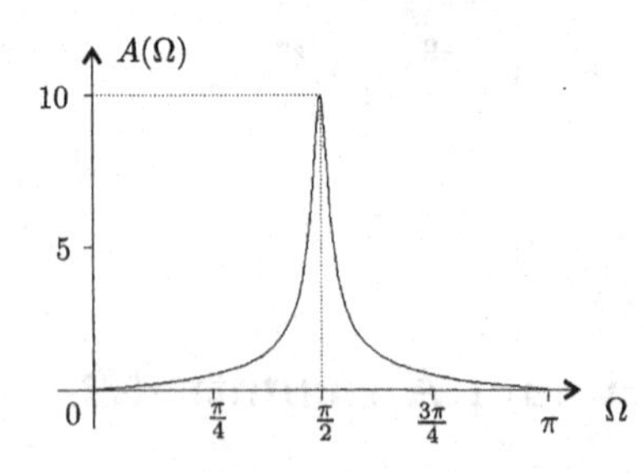

Bild 4.2-2*: Amplitudenfrequenzgang

e) Am **Systemausgang** erhalten wir das zeitdiskrete Signal $\boldsymbol{y}_N$:

$$\boldsymbol{y}_N(k) = \hat{Y} \sin(\Omega k + \varphi_y)$$

mit der Amplitude

$$\hat{Y} = \left|G(\mathrm{e}^{\mathrm{j}\Omega})\right| \hat{X} = A(\Omega)\hat{X} = A\left(\frac{\pi}{2}\right) \cdot 1 = 10 \cdot 1 = 10$$

und der Phase φ_y, die jedoch für die nachfolgende Berechnung des quadratischen Mittelwertes nicht von Bedeutung ist.

Damit erhalten wir den quadratischen Mittelwert von $\boldsymbol{y}_N$ analog zu b)

$$\widetilde{\boldsymbol{y}_N^2(k)} = \lim_{m\to\infty} \frac{1}{m} \sum_{k=0}^{m-1} \hat{Y}^2 \sin^2(\Omega k + \varphi_y) = 10^2 \cdot \frac{1}{2} = 50.$$

f) Für die Berechnung des quadratischen Mittelwertes des Rauschsignals am Systemausgang ist zu beachten, dass das Rauschsignal am Systemeingang ein zeitdiskretes „Weißes Rauschen" mit der Autokorrelationsfolge

$$s_{X_R}(\kappa) = \begin{cases} \frac{1}{12}\Delta^2 & \kappa = 0 \\ 0 & \kappa \neq 0 \end{cases}$$

bildet. Daraus ergibt sich die zweiseitige Z-Transformierte dieser Folge

$$S_{X_R}(z) = \sum_{\kappa=-\infty}^{\infty} s_{X_R}(\kappa) z^{-\kappa} = \frac{\Delta^2}{12}.$$

Nun kann die zweiseitige Z-Transformierte der Autokorrelationsfolge des Rauschsignals am Systemausgang bestimmt werden. Man erhält

$$S_{Y_R}(z) = G(z)G(z^{-1})S_{X_R}(z) = \frac{z^2-1}{2,1z^2+1,9} \cdot \frac{z^{-2}-1}{2,1z^{-2}+1,9} \cdot \frac{\Delta^2}{12}. \qquad (*)$$

Der quadratische Mittelwert des Rauschsignals am Systemausgang ergibt sich aus dem Wert der Autokorrelationsfolge bei $\kappa = 0$. Diesen erhält man mit Hilfe der Umkehrformel (inverse Z-Transformation)

$$s_{Y_R}(\kappa) = \frac{1}{2\pi \mathrm{j}} \oint_C S_{Y_R}(z) z^{\kappa-1}\, \mathrm{d}z$$

demnach für $\kappa = 0$ aus

$$\widetilde{\boldsymbol{y}_R^2(k)} = \mathrm{E}(\boldsymbol{Y}_R^2(k)) = s_{Y_R}(0) = \frac{1}{2\pi \mathrm{j}} \oint_C S_{Y_R}(z) z^{-1}\, \mathrm{d}z. \qquad (**)$$

Der Integrationsweg C ist der im mathematisch positiven Sinne durchlaufene Einheitskreis $|z| = 1$ in der komplexen z-Ebene.

Wir berechnen nun das Integral (**) mit Hilfe der Residuenmethode

$$\oint_C f(z)\, \mathrm{d}z = 2\pi \mathrm{j} \sum_i \operatorname*{Res}_{z=z_i} f(z),$$

wobei der rechts angegebene Ausdruck die Summe der Residuen an den singulären Stellen z_i von $f(z)$ im Innern des geschlossenen Integrationsweges bezeichnet. Damit folgt mit (*) aus (**)

$$\begin{aligned}
\widetilde{\boldsymbol{y}_R^2(k)} &= \frac{\Delta^2}{12} \sum_i \operatorname*{Res}_{z=z_i} \frac{z^2-1}{2,1z^2+1,9} \cdot \frac{z^{-2}-1}{2,1z^{-2}+1,9} \cdot \frac{1}{z} \\
&= \frac{\Delta^2}{12} \sum_i \operatorname*{Res}_{z=z_i} \frac{1}{2,1 \cdot 1,9} \cdot \frac{z^2-1}{z^2+\frac{1,9}{2,1}} \cdot \frac{1-z^2}{z^2+\frac{2,1}{1,9}} \cdot \frac{1}{z} \\
&= \frac{\Delta^2}{12} \sum_i \operatorname*{Res}_{z=z_i} \frac{1}{2,1 \cdot 1,9} \cdot \frac{z^2-1}{(z-\mathrm{j}\alpha)(z+\mathrm{j}\alpha)} \cdot \frac{1-z^2}{(z-\mathrm{j}\alpha^{-1})(z+\mathrm{j}\alpha^{-1})} \cdot \frac{1}{z},
\end{aligned}$$

wenn noch die Abkürzung $\alpha = \sqrt{\frac{1,9}{2,1}}$ mit $|\alpha| < 1$ eingeführt wird. In unserem Fall werden nur die singulären Punkte bei $z = 0$, $z = \mathrm{j}\alpha$ und $z = -\mathrm{j}\alpha$ vom Integrationsweg eingeschlossen, während die Punkte $z = \mathrm{j}\alpha^{-1}$ und $z = -\mathrm{j}\alpha^{-1}$ außerhalb des Einheitskreises liegen.

Die Berechnung der Residuen an den singulären Punkten innerhalb des Integrationsweges liefert schließlich

$$\widetilde{y_R^2(k)} = \frac{\Delta^2}{12} \cdot \frac{1}{2,1 \cdot 1,9}\left(\frac{1+\alpha^2}{1-\alpha^2} - 1\right) = \frac{10}{2,1} \cdot \frac{\Delta^2}{12}.$$

g) Mit den Ergebnissen von e) und f) und mit $\Delta = 2^{-10}$ erhalten wir den Signal-Rausch-Abstand am Systemausgang

$$\begin{aligned} a &= 10\lg\frac{\widetilde{y_N^2(k)}}{\widetilde{y_R^2(k)}} = 10\lg\frac{\frac{1}{2}\cdot 100}{\frac{1}{12}\cdot 2^{-20}\cdot\frac{10}{2,1}} = 10\lg 6\cdot 2^{20} + 10\lg 21 \\ &\approx 68\,\mathrm{dB} + 13,2\,\mathrm{dB} = 81,2\,\mathrm{dB}. \end{aligned}$$

Offensichtlich ist der gegenüber von d) zusätzlich hinzugekommene Summand von 13,2 dB der Beitrag des Filters zur Verbesserung des Signal-Rausch-Abstandes.

4.2-3 Mit $\mathrm{Var}(U_k) = \mathrm{E}(U_k^2) = \sigma_U^2(k)$ erhält man allgemein

$$\begin{aligned} \sigma_Z^2(k) &= a^{2k}\sum_{\kappa=0}^{k-1}\sigma_U^2(\kappa)\,a^{-2(\kappa+1)} \\ &= \sigma_U^2(0)\,a^{2k-2} + \sigma_U^2(1)\,a^{2k-4} + \ldots + \sigma_U^2(k-2)\,a^2 + \sigma_U^2(k-1). \end{aligned}$$

Wegen $0 < a < 1$ gilt also für $k \to \infty$

$$\lim_{k\to\infty}\sigma_Z^2(k) = K < \sum_{k=0}^{\infty}\sigma_U^2(k).$$

Ist speziell $\sigma_U^2(k) = K_0$, so folgt

$$\sigma_Z^2(k) = K_0(1 + a^2 + a^4 + \ldots + a^{2k-2})$$

und

$$\lim_{k\to\infty}\sigma_Z^2(k) = K_0\sum_{n=0}^{\infty}a^{2n} = \frac{K_0}{1-a^2} \qquad \text{(Geometrische Reihe).}$$

5.10 Lösungen der Aufgaben zum Abschnitt 4.3

4.3-1 Ereignis $A_{\boldsymbol{x}}$: Wort $\boldsymbol{x} \in \boldsymbol{X}$ wird eingegeben;
Ereignis $A_{\boldsymbol{y}}$: Wort $\boldsymbol{y} \in \boldsymbol{Y}_{\boldsymbol{x}}$ wird ausgegeben ($\boldsymbol{Y}_{\boldsymbol{x}} = \{\boldsymbol{y} \in \boldsymbol{Y} \mid l(\boldsymbol{x}) = l(\boldsymbol{y})\}$);
Ereignis $A_{\boldsymbol{y},\boldsymbol{x}}$: Wortpaar $(\boldsymbol{y}, \boldsymbol{x})$ tritt auf, $P(A_{\boldsymbol{y},\boldsymbol{x}}) = p'(\boldsymbol{y}, \boldsymbol{x})$.
Mit (1.33) gilt

$$p(\boldsymbol{y} \mid \boldsymbol{x}) = P(A_{\boldsymbol{y}} \mid A_{\boldsymbol{x}}) = \frac{P(A_{\boldsymbol{y}} \cap A_{\boldsymbol{x}})}{P(A_{\boldsymbol{x}})} = \frac{P(A_{\boldsymbol{y},\boldsymbol{x}})}{P(A_{\boldsymbol{x}})}.$$

Mit $\boldsymbol{Y}_{\boldsymbol{x}} = \{\boldsymbol{y}_1, \boldsymbol{y}_2, \ldots, \boldsymbol{y}_n\}$ bildet $\{A_{\boldsymbol{y}_1}, A_{\boldsymbol{y}_2}, \ldots, A_{\boldsymbol{y}_n}\}$ ein vollständiges System unvereinbarer Ereignisse, so dass

$$\begin{aligned} A_{\boldsymbol{x}} &= \Omega \cap A_{\boldsymbol{x}} = (A_{\boldsymbol{y}_1} \cup A_{\boldsymbol{y}_2} \cup \ldots \cup A_{\boldsymbol{y}_n}) \cap A_{\boldsymbol{x}} \\ &= (A_{\boldsymbol{y}_1} \cap A_{\boldsymbol{x}}) \cup (A_{\boldsymbol{y}_2} \cap A_{\boldsymbol{x}}) \cup \ldots \cup (A_{\boldsymbol{y}_n} \cap A_{\boldsymbol{x}}) \end{aligned}$$

und mit (1.23)

$$P(A_{\boldsymbol{x}}) = \sum_{i=1}^{n} P(A_{\boldsymbol{y}_i} \cap A_{\boldsymbol{x}}) = \sum_{i=1}^{n} P(A_{\boldsymbol{y}_i,\boldsymbol{x}}) = \sum_{\boldsymbol{y}_i \in \boldsymbol{Y}_{\boldsymbol{x}}} p'(\boldsymbol{y}_i, \boldsymbol{x}).$$

Damit erhält man schließlich

$$p(\boldsymbol{y} \mid \boldsymbol{x}) = \frac{P(A_{\boldsymbol{y},\boldsymbol{x}})}{P(A_{\boldsymbol{x}})} = \frac{p'(\boldsymbol{y}, \boldsymbol{x})}{\sum\limits_{\boldsymbol{y}_i \in \boldsymbol{Y}_{\boldsymbol{x}}} p'(\boldsymbol{y}_i, \boldsymbol{x})}.$$

4.3-2 Mit $\boldsymbol{Y}_{\boldsymbol{x}} = \{(0,0), (0,1), (1,0), (1,1)\}$ folgt

$$W((0,0) \mid (1,1)) = W(0 \mid 1) \cdot W(0 \mid 1) = \begin{pmatrix} 0 & 0 & 0,45 \\ 0 & 0 & 0 \\ 0 & 0 & 0 \end{pmatrix};$$

$$W((0,1) \mid (1,1)) = W(0 \mid 1) \cdot W(1 \mid 1) = \begin{pmatrix} 0,27 & 0,18 & 0 \\ 0 & 0,5 & 0 \\ 0 & 0 & 0 \end{pmatrix};$$

$$W((1,0) \mid (1,1)) = W(1 \mid 1) \cdot W(0 \mid 1) = \begin{pmatrix} 0 & 0 & 0 \\ 0 & 0,27 & 0,1 \\ 0 & 0 & 0,5 \end{pmatrix};$$

$$W((1,1) \mid (1,1)) = W(1 \mid 1) \cdot W(1 \mid 1) = \begin{pmatrix} 0 & 0,1 & 0 \\ 0,06 & 0,04 & 0,03 \\ 0,3 & 0,2 & 0 \end{pmatrix};$$

$$W((1,1)) = \sum_{\boldsymbol{y} \in \boldsymbol{Y}_{\boldsymbol{x}}} W(\boldsymbol{y} \mid (1,1)) = \begin{pmatrix} 0,27 & 0,28 & 0,45 \\ 0,06 & 0,81 & 0,13 \\ 0,3 & 0,2 & 0,5 \end{pmatrix}.$$

Die Matrix $W((1,1))$ ist stochastisch, da die Zeilensummen den Wert 1 haben.

Literaturverzeichnis

[1] G. Adomian. *Stochastic Systems.* Academic Press, New York, London, Paris, 1983.

[2] A. Ambrozy. *Electronic Noise.* Akademiai kiado, Budapest, 1982.

[3] A.G. Evlanov and V.M. Konstantinov. *Sistemy so slučajnymi parametrami.* Nauka, Moskva, 1976.

[4] M. Fisz. *Wahrscheinlichkeitsrechnung und mathematische Statistik.* Deutscher Verlag der Wissenschaften, Berlin, 1989.

[5] I.I. Gihmann and A.V. Skorohod. *The Theory of Stochastic Processes.* Springer-Verlag, Berlin, 1979.

[6] M. Gössel. *Wahrscheinlichkeitsautomaten und Zufallsfolgen.* Akademie-Verlag, Berlin, 1975.

[7] E. Hänsler. *Grundlagen der Theorie statistischer Signale.* Springer-Verlag, Berlin, 1983.

[8] V. Kempe. *Analyse stochastischer Systeme.* Akademie-Verlag, Berlin, 1976.

[9] V. Kempe und N. Ahlberendt. *Analyse stochastischer Systeme.* Springer-Verlag, Berlin, 1984.

[10] F.H. Lange. *Methoden der Meßstochastik.* Akademie-Verlag, Berlin, 1978.

[11] B.R. Levin. *Teoretičeskie osnovy sttističeskoj radiotechniki.* Tom 1–3, Sovetskoe radio, Moskva, 1974–1976.

[12] B.R. Levin und W. Schwarz. *Verojastnye modeli i metody v sistemach svjazii upravlenija.* Radio i svjaz, Moskva, 1985.

[13] G. Maibaum. *Wahrscheinlichkeitstheorie und mathematische Statistik.* Deutscher Verlag der Wissenschaften, Berlin, 1976.

[14] A.V. Oppenheim und R.W. Schafer. *Zeitdiskrete Signalverarbeitung.* R. Oldenbourg Verlag, München Wien, 1995.

[15] V.A. Ptičkin. *Analiz nelinejnych stochastičeskich sistem metodami uravnenij momentov.* Nauka i technika, Minsk, 1980.

[16] W. Schwarz, B.R. Levin und G. Wunsch. *Stochastische Signale und Systeme in der Übertragungs- und Steuerungstechnik.* Akademie-Verlag, Berlin, 1991.

[17] A.N. Sirjaev. *Wahrscheinlichkeit.* Deutscher Verlag der Wissenschaften, Berlin, 1988.

[18] A.D. Wentzel. *Theorie zufälliger Prozesse.* Akademie-Verlag, Berlin, 1979.

[19] E.G. Woschni. *Informationstechnik: Signal, System, Information.* Verlag Technik, Berlin, 1981.

[20] G. Wunsch. *Systemanalyse.* Band 2, Verlag Technik, Berlin, 1974.

[21] G. Wunsch. *Systemtheorie.* Akademische Verlagsgesellschaft Geest & Portig K.G., Leipzig, 1975.

[22] G. Wunsch und H. Schreiber. *Digitale Systeme.* Springer-Verlag, Berlin Heidelberg, 1993.

[23] G. Wunsch und H. Schreiber. *Analoge Systeme.* Springer-Verlag, Berlin Heidelberg, 1993.

[24] G. Wunsch und H. Schreiber. *Stochastische Systeme.* Springer-Verlag, Berlin Heidelberg, 1992.

[25] G. Wunsch und H. Schreiber. *Digitale Systeme.* In Vorbereitung, 2005.

[26] G. Wunsch und H. Schreiber. *Analoge Systeme.* In Vorbereitung, 2005.

[27] G. Wunsch. *Grundlagen der Prozesstheorie.* B.G. Teubner, Stuttgart, 2000.

Index